Frank A. Klötzli

Ökosysteme

Aufbau, Funktionen, Störungen

3., durchgesehene und ergänzte Auflage

182 Abbildungen und 96 Tabellen

Gustav Fischer Verlag · Stuttgart · Jena

Über den Autor:

Professor Dr. Frank Klötzli, am 7. Februar 1934 in Zürich geboren, ist Leiter der Gruppe Synökologie und Naturschutz am Geobotanischen Institut der Eidgenössischen Technischen Hochschule in Zürich/Schweiz (ETHZ). Nach dem Studium der Biologie und Chemie promovierte er 1965 mit einer wildökologischen Arbeit und habilitierte sich 1969 über ein Thema zur Ökologie von Feuchtgebieten. Seit 1976 ist er Professor und hält Vorlesungen, Übungen und Exkursionen zur angewandten Pflanzensoziologie und Ökologie, einschließlich Vegetationskartierung sowie Vegetation der Erde. Von 1984–1990 war Professor Klötzli Präsident der Sektion Umweltwissenschaften und Geographie der Schweizerischen Akademie der Naturwissenschaften und ist heute noch Präsident der Schweizerischen Akadem. Gesellschaft für Umweltforschung und Ökologie. Im Rahmen von Forschungsaufträgen für verschiedene Institutionen der Entwicklungszusammenarbeit und zur Bearbeitung von Zielen seiner Forschungsrichtung – Grenzlagen dominanter Organismen – hat er alle Kontinente bereist.

Professor Klötzli hat über 130 wissenschaftliche Publikationen und eine Vielzahl umweltschutzbezogener Beiträge für Zeitungen und Zeitschriften geschrieben.

Anschrift: Geobotanisches Institut der ETHZ, Zürichbergstraße 38, CH-8044 Zürich.

In 1. Auflage erschienen unter dem Titel «Unsere Umwelt und wir», Hallwag Verlag, Bern und Stuttgart 1980

Die Deutsche Bibliothek – CIP-Einheitsaufnahme

Klötzli, Frank:
Ökosysteme : Aufbau, Funktionen, Störungen / von Frank A. Klötzli. – 3., durchges. und erg. Aufl. – Stuttgart : G. Fischer, 1993
  (UTB für Wissenschaft : Uni-Taschenbücher ; 1479)
  ISBN 3-8252-1479-6 (UTB)
  ISBN 3-437-20490-4 (Fischer)
NE: UTB für Wissenschaft / Uni-Taschenbücher

© Gustav Fischer Verlag · Stuttgart · Jena · 1993
Wollgrasweg 49, D-7000 Stuttgart 70
Das Werk einschließlich aller seiner Teile ist urheberrechtlich geschützt. Jede Verwertung außerhalb der engen Grenzen des Urheberrechtsgesetzes ist ohne Zustimmung des Verlages unzulässig und strafbar. Das gilt insbesondere für Vervielfältigungen, Übersetzungen, Mikroverfilmungen und die Einspeicherung und Verarbeitung in elektronischen Systemen.
Satz: Filmsatz Jovanović, Neuhaus/Inn
Druck und Einband: Graph. Großbetrieb Friedrich Pustet, Regensburg
Umschlaggestaltung: Alfred Krugmann, Stuttgart
Printed in Germany   0 1 2 3 4 5

UTB-Bestellnummer: **ISBN 3-8252-1479-6**

Vorwort zur 3. Auflage

Es sind zwar nur drei Jahre seit der letzten Auflage vergangen, aber trotz der kurzen Zeitspanne waren wiederum Ergänzungen, kleinere Berichtigungen, ja teilweise Neugestaltungen notwendig (Evolution, CO_2, Waldschäden).
Einige Theorien – z.B. die Chaostheorie, die Selektivitätstheorie, das Mosaik-Zyklus-Konzept – gehören heute bereits zur Grundausbildung im Ökologie-Studium. Diese und ein Exkurs über die Folgen von Tschernobyl wurden deshalb in Kurzfassung aufgenommen. Auch in diesen Zusammenhang bin ich mir bewußt, daß manche gängigen Ansichten angezweifelt werden können.
Viele Tendenzen im Bereich der Umweltveränderungen, die in der 2. Auflage angesprochen wurden, haben sich z.T. noch verstärkt, so daß einige Abschnitte um- oder neugeschrieben, oder aber mit neueren und farblich vereinheitlichten Abbildungen belegt werden mußten.
Um das Volumen des Buches nicht zu stark anschwellen zu lassen, wurde auf das Glossar und ein ausführliches Literaturverzeichnis verzichtet. Dafür wurde das Sachregister und der neueste Teil der Literatur-Referenzen noch ausgebaut. Dies dürfte das Auffinden aller Bezüge zu den Ökosystemen, Meer, Wald, Grasland, Wüste usw. erleichtern und ihre Bedeutung besser betonen.
Wie in den anderen Auflagen soll auch jetzt eine vertiefte Achtung vor dem Leben die Aussagen des Buches als Leitlinie durchziehen.
Ohne die großzügige Unterstützung durch den Verlag wäre eine «Neubelebung» des Inhalts in diesem Ausmaß und nach so wenigen Jahren nicht möglich gewesen. Dafür schulde ich den Verantwortlichen im Verlag ganz besonderen Dank. Insbesondere danke ich Herrn von Breitenbuch für seine Zuvorkommenheit und sein Eingehen auf viele unerwartete Wünsche des Autors, dann den Lektoren, Herrn Dr. Ulrich G. Moltmann und Frau Inga Eicken für ihre vielen wertvollen Ratschläge und ihre ständige Bereitschaft, auch sehr komplexe ökologische Probleme und ihre Gestaltung und Umsetzung zu diskutieren und schließlich auch der Herstellerin, Frau Karin Mielich, die keine Mühe gescheut hat, um den so variablen Inhalt betrachter- und leserfreundlich darzustellen. Ebenso danke ich wiederum allen hier nicht namentlich genannten Kollegen, die mit Hinweisen und Ratschlägen die Taufe der 3. Auflage ermöglichten.

Zürich und Wallisellen, im Herbst 1992   Frank Klötzli

Inhalt

1 Die Struktur
Prinzipien des Aufbaus, der Stabilität und der Grenzen von Ökosystemen

1.1	Was ist Ökologie?	1
1.2	Evolution: Das Werden unserer Umwelt	9
1.3	Chaos und Ordnung	25
1.3.1	Konsequenzen des Chaos für Evolution	26
1.3.2	Synergetik	27
1.4	Koevolution: Gemeinsame Entwicklung	27
1.5	Die regulierenden Kräfte	34
1.5.1	Regelkreis und Rückkopplung	48
1.6	Das Gefüge der Ökosysteme	50
1.6.1	Offene und geschlossene Ökosysteme	52
1.6.2	Gestörte und ungestörte Ökosysteme	53
1.6.3	Verhalten eines belasteten Ökosystems	58
1.7	Ansprüche und Grenzmarken des Lebens: Physikalische Umweltfaktoren	59
1.8	Sukzession: Natürliche Veränderung der Umwelt	66
1.8.1	Allgemeines Schema der Sukzession	78
1.9	Stabilität: Konstanz und Elastizität	82
1.9.1	Führt Vielfalt zu Stabilität?	86
1.10	Monokulturen: Abbruch der Stabilität	89

2 Der Kreislauf
Prinzipien der Stoffkreisläufe und des Energieflusses

2.1	Was ist ein Kreislauf?	95
2.2	Gasstoffkreisläufe	96
2.2.1	Wasser: Transport und Reaktionsmedium des Lebens	98
2.2.2	Sauerstoff: Brücke des Lebens	103
2.2.3	Kohlenstoff: Baustein des Lebens	106
2.2.4	Stickstoff: Düngungsstoffe der Ökosysteme	117
2.2.5	Schwefel: Weltweite Belastung der Ökosysteme	131
2.3	Feststoffkreisläufe und Bodenbildung	149
2.3.1	Vom Fels zum humusreichen Boden	150
2.3.2	Die wichtigsten Bodentypen	160

2.3.3	Nährstofftransport in die Pflanze	165
2.3.4	Mineralstoffkreisläufe	169
2.4	Energiefluß	174
2.4.1	Energiekonsum in natürlichen und künstlichen Ökosystemen	179
2.4.2	Einige Grundlagen der Thermodynamik	198
2.5	Wasser- und Luftversorgung	200
2.5.1	Die Krise der Wasserversorgung	200
2.5.2	Die Überdüngung der Gewässer	203
2.5.3	Die Enststehung von Smog	210
2.5.4	Sauerstoffvorrat und Ozonschild	218
2.6	Störungen der Kreisläufe	226
3	**Die organismische Beziehung** Prinzipien der Aufnahme und Abwehr von Fremdstoffen und Fremdorganismen	
3.1	Ordnung und Stabilität	228
3.1.1	Konkurrenz bei Tier und Pflanze	228
3.1.2	Allelopathie	235
3.1.3	Die ökologische Nische	237
3.1.4	Stabilität durch Wechselbeziehungen	240
3.2	Die Nahrungsbeziehung	243
3.2.1	Nahrungskette und Nahrungspyramide	244
3.2.2	Räuber-Beute-Beziehungen	249
3.2.3	Energiefluß im Ökosystem	253
3.3	Die Grenze der Vermehrung	255
3.3.1	Die Lemminge: Ein klassischer Fall	258
3.3.2	Inseltheorie	261
3.3.3	Vermehrung von Räuber und Beute	266
3.4	Reduktion oder Destruktion	270
3.4.1	Reduzenten im Zentrum der Erneuerungsprozesse	272
3.4.2	Stoffumsatz im Ökosystem	277
3.4.3	Das Abfallproblem	278
3.5	Veränderungen durch Anreicherung von Schadstoffen	284
3.5.1	Pestizide als Auslöser von Umweltveränderungen	291
3.5.2	Herbizide als Vermittler von Umweltveränderungen für den Produzenten	293
3.5.2.1	Derivate der chlorierten Phenoxiessigsäure	295
3.5.2.2	Triazine und substituierte Harnstoffderivate	298

3.5.3	Schwermetalle als Festiger von Umweltveränderungen	299
3.5.4	Radioaktive Stoffe in Organismen und Ökosystemen	310
3.6	Überlegungen zur Wirkung der Radioaktivität in Mitteleuropa	320
3.6.1	Grundbelastung und Zusatzbelastungen für den ds Mitteleuropäer	320
3.6.2	Kritische Wertung der Wirkung zusätzlicher niederer radioaktiver Dosen	323
3.6.3	Die Form der Dosis-Wirkungs-Kurve im niederradioaktiven Bereich	324
3.6.4	Schlußfolgerungen	325
3.6.5	Aktueller Stand der Kenntnisse zu den Auswirkungen der Katastrophe von Tschernobyl	325
3.7	Alternative Nutzung von Ökosystemen	327
3.7.1	Biologische Schädlingsbekämpfung	327
3.7.1.1	Bekämpfung von Insekten mit ihren natürlichen Feinden	328
3.7.1.2	Autozidverfahren: Insektenmännchen werden mit Röntgenstrahlen sterilisiert und ausgesetzt	328
3.7.1.3	Verwendung von Insektenhormonen (Insekten-Wachstumsregulatoren)	329
3.7.1.4	Biologische Insektizide	330
3.7.1.5	Biologische Unkrautbekämpfung	330
3.7.2	Biologischer Landbau	331
3.8	Der Mensch als Außenseiter ökologischer Gesetzmäßigkeiten	334

4 Die Nutzung und Erhaltung von Ökosystemen

4.1	Nutzung von Ökosystemen	348
4.1.1	Meere: An den Grenzen der Nutzung	351
4.1.2	Wälder: Vergehende Stabilisatoren unserer Umwelt	355
4.1.2.1	Die Regenwaldzone: Kurzcharakteristik des trop. Regenwaldes	362
4.1.3	Wüsten: In alarmierender Ausbreitung	364
4.1.4	Grasländer: Reste der Ur-Umwelt des Menschen	371
4.1.5	Äcker: Breschen in den Kreisläufen	376
4.1.6	Städte: Kunstprodukte und ihre Wirkung	394
4.2	Umweltveränderung und weltweite Probleme	394

4.2.1	Industrie- und Entwicklungsländer als geteilte Welt	400
4.2.2	Eiweißmangel als Ausdruck fehlgeleiteter Ökosysteme	404
4.3	Lösungsversuche	407
4.3.1	Lebensqualität auf der Grundlage stabiler Umweltbedingungen	409
4.3.2	Schlußgedanken	412

Mathematische Ableitungen von Wachstum und Populationsschwankungen ... 415

Literatur ... 420

Sachwortverzeichnis ... 437

1 Die Struktur
Prinzipien des Aufbaus, der Stabilität
und der Grenzen von Ökosystemen

1.1 Was ist Ökologie?

Umwelt – ein Schlagwort unserer Zeit. Wir modernen Menschen, die es geprägt haben, betrachten unsere natürliche Umwelt mit den Augen des Außenseiters, der sich an ihrem Leben und Treiben kaum beteiligt fühlt. Umgeben von Städten und Industrien, Kraftwerken und Autobahnen, leben wir in einer völlig veränderten Landschaft, einer Künstlichen Umwelt, die wir uns mit Hilfe der modernen Technik selber geschaffen haben. So ist den meisten von uns kaum mehr bewußt, wie sehr wir immer noch ein Teil der natürlichen Umwelt sind – ein Teil, der sich zwar von seinem ursprünglichen Platz entfernt hat, aber dennoch nur innerhalb ihres Gefüges leben kann.

Das Licht und die Wärme der Sonne, das Wasser und die chemischen Stoffe in Luft und Boden, die Gase und Nährstoffe, bilden die Grundlage allen Lebens auf unserem Planeten. Mechanische Einflüsse wie Wind, fließendes Wasser und die Verwitterung der Gesteine sorgen für einen ständigen weltweiten Austausch der Stoffe; auch Lawinen und Vulkane formen die Landschaft. Die Lebewesen spielen von Anfang an eine wichtige Rolle: Sie prägen das Gesicht der unbelebten Umwelt entscheidend mit. Bakterien, Algen, Pilze, höhere Pflanzen und Tiere bis hin zum Menschen bilden vielfältige Lebensgemeinschaften, die miteinander und mit den unbelebten Umweltfaktoren durch ein dichtes Netz von Wechselbeziehungen verbunden sind.

Diese Wechselwirkungen zwischen Lebewesen und ihrer belebten und unbelebten Umwelt untersucht die Ökologie, ein Teilgebiet der Biologie, das sich mit dem Haushalt der Natur befaßt (griechisch «oikos», bedeutet Haus, Haushalt). Die Ökologie fragt nach den **Zusammenhängen** in unserer Umwelt; sie sucht herauszufinden, wie die Umwelt auf die Lebewesen wirkt:

- Warum werden Äcker und andere vom Menschen angelegte Kulturen so häufig von Schädlingen heimgesucht, im Gegensatz etwa zum Wald? (s. S. 376)

- Warum schädigt ein lebensnotwendiger Nährstoff wie das Phosphat die Lebensgemeinschaften, wenn er in zu großen Mengen in die Gewässer gelangt? (s. S. 169)

- Warum kann eine bestimmte Art von Wild nicht durch Raubtiere ausgerottet, wohl aber durch den Menschen oder durch eine andere Wildart verdrängt werden? (s. S. 243)

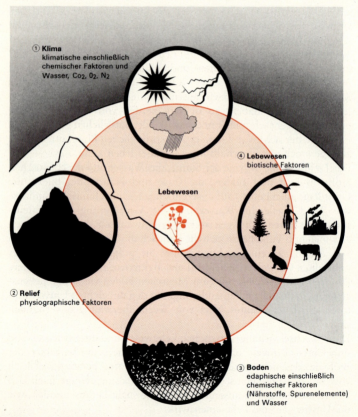

Abb. 1.1: **Ein Lebewesen und seine Umwelt.**

- Wie weit reichen die Reserven an Sauerstoff, Trinkwasser und anderen lebenswichtigen Gütern unseres Planeten? Wie und in welchem Maße läßt sich die Nahrungsproduktion noch steigern? (s. S. 200ff., 218, 376ff.) (Abb. 1.1)

Diese und andere Fragen, die für unser Überleben von oft entscheidender Bedeutung sind, möchte dieses Buch dem Leser nahebringen und, soweit dies mit den heutigen Kenntnissen der Wissenschaft möglich ist, auch beantworten. Besonders in neuerer Zeit zeigt sich immer deutlicher, daß sich die ungeheure Vielfalt der Wechselbeziehungen und Zusammenhänge in unserer Umwelt nur mit Hilfe der Kybernetik, der Lehre von den Regelvorgängen, einigermaßen übersichtlich beschreiben und einleuchtend verstehen läßt. Ursprünglich für die Bedürfnisse der Steuer- und Regeltechnik entwickelt, erweist sie sich heute auch in der Biologie als ein äußerst nützliches theoretisches Instrument. Ökologie ist, etwas überspitzt gesagt, eine naturwissenschaftlich orientierte Kybernetik (Abb. 1.2).
Die Ökologie untersucht also ein sehr breites Feld von Fragestellungen und nimmt deshalb innerhalb der Biologie eine zentrale und **vermittelnde Stellung** ein. Ohne Verständnis von Aufbau (Morphologie), Stoffwechsel – inkl. Wachstum – (Physiologie), Entwicklungsgeschichte (Evolutionslehre) und Verhalten (Ethologie) der Lebewesen läßt sich kaum ökologisch arbeiten. Anderseits sind auch diese Teilgebiete der Biologie auf ökologische Grundkenntnisse angewiesen.
Zugleich verbindet die Ökologie aber auch die Biologie mit anderen Wissenschaften: mit den Erdwissenschaften (Geographie im weiteren Sinne), der Bodenkunde sowie mit Land- und Forstwirtschaft, Wirtschaftslehre (Ökonomie), Ingenieurwissenschaften und Medizin, insbesondere der Lehre von den Krankheiten (Pathologie). Zusammen mit der übrigen Biologie stützt sie sich zudem auf die Gebäude der Chemie, der Physik und der Mathematik.
Im Gegensatz zur landläufigen Meinung, die von ihr als modernem Schlagwort mitgeprägt wird, ist die Ökologie keine junge Wissenschaft. Sie gründet ursprünglich auf dem Versuch, die Fülle von Tatsachen und Erkenntnissen über Pflanzen, Tiere und ihre Umwelt in ein logisches System zu bringen (vgl. Trepls Geschichte der Ökologie; vgl. Kurzfassung im Anhang).
1866 schuf Haeckel die ersten Grundlagen aus der Sicht des Zoologen, und 1879 schrieb er die sog. «Ökonomie der Natur», worunter er «die Wechselbeziehungen aller Organismen, welche an einem und demselben Orte miteinander leben», verstand, eine Forschungsrichtung

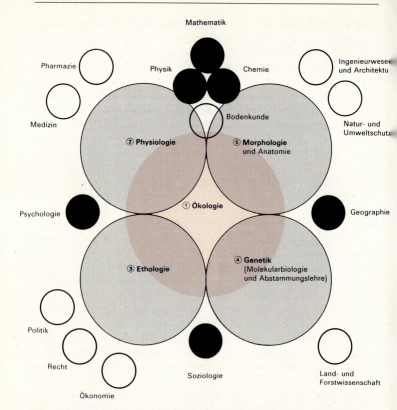

Abb. 1.2: **Stellung der Ökologie innerhalb der Wissenschaften** (im Gesamtbereich der Biologie und ihrer Hilfswissenschaften). Ökologie befaßt sich generell mit Umweltbeziehungen: Morphologie untersucht Gestalt und Struktur (Vielfalt), Genetik den Formwandel. Ökologisch betrachtet ist Form und Formwandel umweltbezogen. Eine Form paßt sich bestmöglich an ihre Umwelt an. Physiologie untersucht Steuerung und Regelung des Stoffwechsels und andere Lebensvorgänge (Wachstum, Bewegung), Ethologie die Beziehungen zwischen Lebewesen. Ökologisch betrachtet beeinflußt die Umwelt Stoffwechselprozesse und Verhalten. Geographie i.w.S. = Erdwissenschaften (Geologie, Meteorologie, Klimatologie usw.).

also, die sich den Beziehungen von und zwischen Lebensgemeinschaften von Pflanzen und Tieren zuwandte.

Aus einer solchen Lebensgemeinschaft läßt sich indessen auch eine einzelne Art herausgreifen und untersuchen, wie die verschiedenen Umwelteinflüsse auf diese Art (die Buche, das Reh usw.) wirken. Es gibt also zwei Hauptbereiche der Ökologie, nämlich die Ökologie der Einzelart, die «Autökologie», und die Ökologie der Lebensgemeinschaft an einem bestimmten Lebensort, die «Synökologie».

- Die **Autökologie** untersucht Form, Verhalten und Leistung eines Organismus unter dem Einfluß der Umwelt und der Auseinandersetzung mit ihr; die Demökologie (Populationsökologie) analysiert entsprechende Verhältnisse bei (einartigen) Populationen.

- Die **Synökologie** erfaßt den ganzen Lebensraum, dessen Bewohner in mannigfacher Weise miteinander direkt oder indirekt verknüpft und voneinander abhängig sind und sich gegenseitig hemmen oder fördern sowie auf ihre Umgebung wirken und von dieser beeinflußt werden (nach Tischler, 1955). In diesem Lebensraum interessiert die Erfassung der Gesetzmäßigkeiten:
  - Stoff-Kreislauf (Öko-Zirkulation) (S. 95)
  - Energiefluß (Öko-Energetik) (S. 174)
  - Aufbau, Struktur und Regulationsmechanismen (S. 240, 249)
  - Begrenzung von Raum und Lebensmöglichkeiten (S. 237) (ökolog. Nische) sowie die Sukzession einzelner Stadien bei der Entwicklung des Lebensraums (S. 66)

Die Anpassungsfähigkeit von Lebewesen an die herrschenden Umweltbedingungen ist erstaunlich; je nachdem, in welchem Klima sie vorkommt, kann ein und dieselbe Art ganz verschieden aussehen. Diese Anpassungen folgen bestimmten Gesetzmäßigkeiten; für Tiere gelten dabei die folgenden Klimaregeln (Abb. 1.3):
Bergmannsche Regel (Größenregel): «Bei sonst vergleichbaren Lebensbedingungen ist ein Tier in kälteren Gebieten durchschnittlich größer als in wärmeren.» So sind die Bären, Wölfe und Rehe in den polnäheren Gebieten eher größer als in südlicheren Breiten. Vgl. Masse aus Alaska, Kamtschatka, Taiga Sibiriens mit entsprechenden Angaben aus dem Mittelmeergebiet oder Mexiko. Dies läßt sich damit erklären, daß ein großer Körper im Verhältnis zu seinem Volumen eine kleinere Oberfläche hat als ein kleiner Körper und dadurch einen geringeren Anteil der produzierten Wärme abstrahlt.

① Giraffengazelle *(Litocranius walleri)* (Ostafrika)
② Orongo *(Pantholops hodgsoni)* (Hochland von Tibet)
③ Fennek *(Fennecus zerda)* (Sahara)
④ Rotfuchs *(Vulpes vulpes)* (Mitteleuropa)
⑤ Eisfuchs *(Alopex lagopus)* (arktische Tundra)

Abb. 1.3: **Klima und Körperbau.** Nach der Allenschen Regel sind die Extremitäten und Körperfortsätze um so kürzer, je kälter das Klima ist.

Allensche Regel (Proportionenregel): «Extremitäten und andere Körperfortsätze (Ohren, Schwänze usw.) sind bei Tieren wärmerer Gebiete länger als bei Tieren kälterer Gebiete.» So hat der Polarfuchs kurze Ohren und Beine, der Wüstenfuchs oder Fennek dagegen verhältnismäßig lange Ohren und Beine bei kleinerer Gestalt (Bergmannsche Regel!). Da die Körperfortsätze im Verhältnis zu ihrem Volumen eine große Oberfläche haben und entsprechend viel Wärme abstrahlen, müssen sie in kalten Gebieten reduziert werden.

Glogersche Regel (Färbungsregel): «Säuger (einschließlich des Menschen) und Vögel sind in kühleren und trockeneren Gebieten heller gefärbt.» Dunkle Färbung schützt besser gegen die Sonnenstrahlung in den wärmeren Gebieten der Tropen, und helle Färbung dient in den trockenen, oft helleren Gebieten als gute Schutzfarbe.

Hessesche Regel (Herzgewichtsregel): «Bei Tieren ist das Herzvolumen und das Herzgewicht von Rassen in kälteren Gebieten deutlich größer als das von Rassen in wärmeren Gebieten.» In kälteren Gebieten muß eine größere Temperaturdifferenz gegenüber der Umgebungstemperatur erzeugt werden. Dies erfordert eine entsprechend große Leistung des Stoffwechsels.

Jordansche Regel (Wirbelzahlregel): «Fische in kühleren Gewässern haben mehr Wirbel als nahverwandte Arten in wärmeren Gewässern.» Dafür gibt es bisher keine ganz überzeugende Erklärung. Allenfalls ist im stärker viskosen, kühleren Wasser eine größere Beweglichkeit erforderlich.

Unter ähnlichen Umweltbedingungen bilden sich ähnliche Lebensformen aus, und zwar auch bei Pflanzen und Tieren, die nicht miteinander verwandt sind. Diese Entwicklung zu übereinstimmender Form wird als **Konvergenz** bezeichnet.

So haben sowohl die Kakteen in Amerika als auch kakteenartige Euphorbien (Wolfsmilchgewächse) sowie Seidenpflanzengewächse und Korbblütler in Afrika fleischige Sprosse und reduzierte Blätter entwickelt; in den tropischen Regenwäldern gibt es sehr viele nicht näher miteinander verwandte, Arten, die magnolien- oder lorbeerartige Blätter besitzen; in allen Waldgebieten mit mediterranem Klima (außer dem eigentlichen Mittelmeergebiet auch in Kalifornien, Süd- und Südwestaustralien, im Kapland und im nördlichen Chile) besitzen die Bäume dagegen ölbaumartige, hartlaubige Blätter. In den Steppen Eurasiens und den Prärien Nordamerikas wie auch in anderen entsprechenden Gebieten haben sich konvergente ähnliche Nischen besiedelnde Tierformen entwickelt: das eurasische Steppenmurmeltier entspricht dem amerikanischen Präriehund, die Saiga der Gabelhornantilope in Funktion und Gewohnheiten, und in allen Wüstengebieten gibt es den Typus der «Springmaus». Auch zwischen den Beuteltieren Australiens und den übrigen Säugetieren (Plazentatiere) ähnlicher Klimaregionen hat sich eine ganze Reihe von Konvergenzen herausgebildet: Opossum/Ratte, Flugbeutler/Flughörnchen, Beutelwolf/Wolf usw. Evolutive Schlüsselereignisse, so beispielsweise die Veränderung von Klimafaktoren, lenken die Entwicklung in parallele Bahnen und bewirken das Aussterben von Zwischenformen (Tab. 1.1).

Tab. 1.1: **Reaktion von Organismen auf Umweltfaktoren.** (Nach Collier u. M. 1973 und Walter 1960)

Umweltfaktoren	Reaktionen pflanzlicher und tierischer Organismen		
	direkt	indirekt	langfristig
klimatisch		**physiologisch**	**genetische Änderungen**
• Lufttemperatur	• Körpertemperatur • Atmung • Wasserverlust	• Temperaturregulierung • Welken	• Toleranz • Fähigkeit zur schnellen Reaktion auf Veränderungen
• Luft- und Bodenfeuchtigkeit • Strahlung • Wind	• Photosynthese	**Akklimatisierung** • Veränderung physiologischer Größen, z.B. Hitzebeständigkeit	• Anpassung in Wuchsform, Flexibilität, Reproduktion usw.
mechanisch • Mahd, Verbiß • Schneedruck • Steinschlag • Feuer	• Substanzverluste	**Verhalten** • Veränderung des Lebensorts usw.	
chemisch • Nährstoffe • Mineralstoffe • Spurenelemente • Gase • Giftstoffe	• Aufnahme und Ausscheidung von Nährstoffen • Vergiftung	**Ernährung** • Nährstoffregulierung • Einbau • Verwertung **physiologisch** • Neutralisierung von Giften	
biotisch • Konkurrenz • Symbiose	• fehlende Reproduktion • besserer Wuchs	• stärkere veg. Vermehrung • Änderung der Wuchsform	**Aussterben** • Verdrängung durch konkurrierende Arten

Lebewesen und Umwelt
Die Wechselbeziehungen zwischen Lebewesen und Umwelt lassen sich in einer Reihe von Merksätzen festhalten (in Anlehnung an MacNaughton u. a. 1973):

- Die Umwelt besteht aus energetischen und chemischen Faktoren (inkl. Wasser), denen sich mechanische (durch die Energie beeinflußte) und biotische (von Lebewesen ausgehende) Faktoren überlagern.

- Die Umwelt ist somit die Summe aller äußeren Kräfte oder Substanzen, die vom Lebewesen als Rohstoffe aufgenommen und genutzt werden oder diese Nutzung regulieren.

- Die Umwelt ist auf die Lebewesen bezogen; sie wird durch deren Lebenszyklen und -äußerungen gesteuert und wirkt ihrerseits auf die Lebewesen zurück.

- Die (natürliche) Umwelt besitzt Mechanismen, um mit den Abfallstoffen fertig zu werden, die das Lebewesen, das sie erzeugt hat, in seinen Lebensäußerungen beeinträchtigen würden.

- In der (natürlichen) Umwelt sind die Lebensäußerungen durch diejenigen Faktoren oder Faktorenkomplexe begrenzt, die am weitesten von den Bedürfnissen des betreffenden Lebewesens entfernt sind.

1.2 Evolution: Das Werden unserer Umwelt

Vor etwa 4,7 Milliarden Jahren entstand in einem der zahllosen Sonnensysteme der Milchstraße unser Planet Erde. Seine Oberfläche, eine noch dünne Kruste erstarrten Magmas, muß sich in ständigem vulkanischem Umbruch befunden haben, teilweise bedingt durch Meteoriteneinschläge, teilweise ausgelöst durch radioaktive Prozesse im Innern. Auch seine **Atmosphäre**, die aus verschiedenen Gasen – vor allem Methan, Ammoniak und Wasserdampf, als Gas aus vulkanischem Gestein entweichend, aber auch Kohlenmonoxid, Cyanwasserstoff sowie Ameisensäure und Formaldehyd (aus Methan und Wasser entstanden) – bestand, war äußerst lebensfeindlich: ihre Temperatur, seit etwa 4 Milliarden Jahren durch Treibhauseffekte (vgl. S. 38, 119 ff.) immer stärker erhöht, betrug über 200 Grad Celsius bei einem sehr hohen Druck. Freier Sauerstoff jedoch, ohne den es Leben in unserem Sinne nicht geben kann, fehlte völlig. Wie aus diesem Chaos nach und nach unsere gewohnte Umwelt entstand, beschreibt dieses Kapitel in groben Zügen (vgl. Chaos-Theorie Kap. 1.3).

Ob **erste organische Substanzen** sich unter dem Einfluß der damaligen Umwelt aus den vorhandenen Gasen gebildet haben oder ob sie mit kohlenstoffhaltigen Meteoriten auf die Erde gelangten, dürfte wohl nie ganz entschieden werden. Immerhin wurde im Labor nachgewiesen, daß die Bildung lebenswichtiger **Aminosäuren** und der Stickstoffbasen, sowie anderer organischer Stoffe (Zucker, Fettsäuren usw.) unter den damaligen Umweltbedingungen, der sog. «präbiotischen Zeit» mit ausschließlich «chemischer Evolution», möglich war. All diese Stoffe, die in ähnlicher Form auch im Erdöl vorkommen, fanden sich in den erwähnten Meteoriten, den sogenannten «kohligen Chondriten» (Aminosäuren auch in Kometen-Emissionen).

Kleinere Moleküle dieser Grundstoffe lagerten sich nun, nachdem die Erde sich inzwischen beträchtlich abgekühlt hatte – dies alles unter rein chemischem, sterisch bedingten Selektionsdruck – zu größeren zusammen. So entwickelten sich, vermutlich in warmen Tümpeln oder an Tonmineralien[1] angelagert, in der **«Ursuppe»** die ersten zellkernartigen Substanzen, die Nucleinsäuren und Nucleotide, die künftigen Träger der Erbinformation. In der «Ursuppe» der warmen Tümpel konnten sich eiweißartige Substanzen (Proteinoide) und Nucleotide zusammenfinden und auf einfache Art vermehren[2]. Dieser sich selbst ordnende Prozeß[3] gab Anlaß zu vielen erklärenden Theorien, auf die hier nicht näher eingegangen werden kann. Immerhin dürfte feststehen, daß dieser Synthesevorgang durch die Umweltbedingungen vorgegeben war und daß vor allem der Faktor «Zeit» – rund 1500 Millionen Jahre allein für diesen Aufbauvorgang – berücksichtigt werden muß (Näheres in der Literatur) (Tab. 1.2).

---

[1] Filmartige Überzüge organischer Substanzen auch an Pyrit, FeS_2 möglich.
[2] Heute ablaufender DNA-Verdopplungs-Prozeß nur eiweißkatalysiert (Enzym); bestimmte RNA-Sorten sind verdopplungsfähig.
[3] Synergetische Evolutionstheorie vs. Darwinsche Selektionstheorie; vgl. auch die Prinzipien der Chaostheorie, Chaos als «schöpferisches Element» in Selbstorganisations-Prozessen (Kap. 1.3).

Die komplizierten Eiweiß-Nucleinsäure-Verbindungen lagerten sich schließlich zu kleinen, gallertartigen Klümpchen, ähnlich den «Mikrosphären» oder Proteinoiden, zusammen und waren vielleicht die erste Voraussetzung zur Bildung gleichartiger «Nachkommen» (**Reproduktion;** vgl. auch hier die Prinzipien frühen Lebens: Deszendenz, Selektion und Selbstreproduktion). Sie konkurrierten bereits miteinander um die verfügbaren Nährstoffe. Diejenigen Klümpchen, die aus der Fülle der «Ursuppe» die wichtigen Grundsubstanzen besser auszuwählen vermochten, waren im Vorteil. In dieser Phase waren wohl bereits die Grundgerüste der Blatt- und Blutfarbstoffe, die **Porphyrine,** vorhanden. In ihren primitiven Stoffwechselvorgängen, Gärungsprozessen ähnlich, erzeugten die Gallertkugeln auch schon **Kohlendioxid.** Dieses Gas entstand ebenfalls durch Oxidation von Methan und anderen Kohlenwasserstoffen.

In diese Evolutionsstufe fällt die Entstehung eigentlichen Lebens: Die **Nucleinsäuren** werden zu Trägern einer Information, die den Aufbau der Eiweiße aus Aminosäuren regelt. Ihr Bau gibt jetzt über die mit ihnen zusammen vorkommenden Eiweiße Auskunft. Aus dieser Beziehung zwischen Eiweiß und Nucleinsäure entstanden die ersten Lebewesen, die **«Eobionten».** Ihr **Stoffwechsel,** unterstützt durch die semipermeable Membran, aber noch ohne Enzyme, war noch sehr einfach, sie **vermehrten sich** und zeigten dabei bereits eine gewisse **erbliche Variabilität** durch kleine Veränderungen in den Nucleinsäuren (vor allem in der t-RNS). Sie besaßen also schon die drei typischen Eigenschaften des Lebens.

Die zellähnlichen Eobionten vermehrten sich nun rasch und ernährten sich heterotroph von der Ursuppe. Die Bildung der Grundstoffe, die **chemische Evolution,** konnte nach 1–2 Milliarden Jahren mit dem wachsenden Verbrauch nicht mehr Schritt halten. Die Eobionten mußten also ihren Stoffwechsel verbessern, um zu überleben. Eine Möglichkeit dazu bot sich in der Grundsubstanz «Adenosintriphosphorsäure» (**ATP**), deren gespeicherte Energie sie nun zu nutzen begannen. Außerdem wurde die genetische Information durch identische Reduplikation gesichert.

Die harte, tödliche **ultraviolette Strahlung** der Sonne traf damals unsere Erde. Keine Sauerstoffatmosphäre schirmte sie genügend ab, und nur in Felsspalten oder ausreichend tiefen Gewässern gab es Schutz vor ihr. Diese bis auf den Boden durchdringende Strahlung setzte zudem aus dem Wasser **Sauerstoff** frei, wohl ebenso Stickstoff aus Ammoniak («Photodissoziation»). Nur unter starken Wolkenbänken konnten empfindliche wasserhaltige organische Substanzen

Tab. 1.2: **Die Evolution unserer Umwelt.** Der Zeitmaßstab beginnt 4,7 Milliarden Jahre vor unserer Zeit, bei der Entstehung des Sonnensystems, und endet in der heutigen Zeit. Um diese riesige Zeitspanne etwas besser zu veranschaulichen, ist sie auf einen Tag gerafft und symbolisch durch eine Uhr dargestellt. Vor vergleichsweise 14 Stunden entstand das erste Leben auf der Erde, vor etwas mehr als einer halben Stunde entwickelten sich die Säugetiere. Der Mensch entstand erst vor vergleichsweise 18 Sekunden.

24-Stunden-Uhr zum Vergleich	Jahre vor unserer Zeit	Geologisches Zeitalter	Lithosphäre Bereich der Gesteine
24 Std.	5000 Mio.		• Entstehung des Sonnensystems • Entstehung der Erde • älteste Urgesteine (bis 3,96 Mio J., NW-Kanada) Acasta-Gneis
19 Std. 12 Min.	4000 Mio.		• erste Sedimente älteste Blaualgenriffe
16 Std. 48 Min.	3500 Mio.		Stromatolithen ab 3400 Mio. J.
14 Std. 24 Min.	3000 Mio.		• Vulkanismus • Bandeisenformation

Biosphäre* Bereich der Organismen	Primär- produktion	Hydrosphäre Bereich des Wassers	Atmosphäre Bereich der Luft
• Bildung kleinerer und größerer Moleküle: Aminosäuren, Eiweiße und Enzyme • gallertartige Klumpen, DNS		• Bildung der Ozeane	• Ur-Atmo- sphäre: Ammo- niak, Methan, Wasserdampf, Wasserstoff, Cyan- und Schwefelwas- serstoff • starke Nieder- schläge
• Eiweißbildung in selbsterhalten- dem Zyklus, or- ganische Stoffe beeinflussen Umwelt, CO_2-Abgabe			• Kohlendioxid- gehalt nimmt zu
• zellähnliche Gebilde mit Nah- rungsaufnahme und Stoffwechsel • erste kernfreie Zellen (Proka- ryota), anaerob	• sehr wenig	• Beginn der Sauerstoffbil- dung mit zwei- wertigem Eisen als O_2- Empfänger	• Atmosphäre aus Stickstoff, Methan, Wasserdampf, Kohlenoxide (ca. das 10– 30fache des ak- tuellen Werts)

* 99% marin! ($^3/_4$ Volumen der Ozeane unter 1000m)

14 · Die Struktur

Tab. 1.2: **Fortsetzung**

24-Stunden-Uhr zum Vergleich	Jahre vor unserer Zeit	Geologisches Zeitalter	Lithosphäre Bereich der Gesteine
12 Std.	2500 Mio.	• Archaikum	• Vergletscherung
9 Std. 36 Min.	2000 Mio.	• frühes Proterozoikum	• Red Beds
7 Std. 12 Min.	1500 Mio.	• spätes Proterozoikum	
4 Std. 48 Min.	1000 Mio.	• frühes Präkambrium	• Vulkanismus Gips-Sedimente
3 Std. 48 Min.	800 Mio.	• spätes Präkambrium	• Vergletscherung
3 Std. 06 Min.	650 Mio.	**Erdaltertum** • Kambrium** • Ordovicium †	• Kalk
2 Std. 24 Min.	500 Mio.	• Silur • Devon †	

** seit Kambrium Kontinuität bei tierischen Lebensformen aber bei † katastrophale (durch Asteroiden bzw. Meteore?) ausgelöste Artrückgänge.

Biosphäre Bereich der Organismen	Primär- produktion	Hydrosphäre Bereich des Wassers	Atmosphäre Bereich der Luft
• Blaualgen: Beginn der Blütezeit • erste sauerstofferzeugende photosynthetische Zellen	• sehr wenig	• Sauerstoff diffundiert in Atmosphäre	• Sauerstoffgehalt nimmt zu
• fortgeschrittene sauerstoffverarbeitende Enzyme • autotrophe Algen	• sehr wenig	• Sauerstoff diffundiert in Atmosphäre	• Sauerstoffgehalt nimmt zu
• Zellen mit echten Zellkernen (Eucaryota) • anaerobe Zellen dominieren	• sehr wenig	• Sauerstoff diffundiert in Atmosphäre	• Gehalt an Sauerstoff zu-, an Kohlendioxid abnehmend
• geschlechtliche Zellteilung (Meiose) • explosionsartige Vermehrung des Phytoplanktons	• schnell zunehmend		• Sauerstoffgehalt 1% des heutigen Wertes • Ozonschirm wirksam
• viele Grün- und Blaualgen • tierische Zellen • erste Vielzeller	• schnellzunehmend		• Sauerstoffgehalt 3–10% des heutigen Wertes
• erste Organe • zahlreiche Wirbellose • Panzerfische			
• Amphibien Landpflanzen • Insekten Reptilien	• hoch stabil		• Ozonschirm wird dichter

Tab. 1.2: **Fortsetzung**

24-Stunden-Uhr zum Vergleich	Jahre vor unserer Zeit	Geologisches Zeitalter	Lithosphäre Bereich der Gesteine
1 Std. 42 Min.	350 Mio.	• Perm †	• Steinkohle • starker Vulkanismus
57 Min. 36 Sek.	200 Mio.	**Erdmittelalter** • Trias † • Jura	• Kalk
28 Min. 48 Sek.	100 Mio.	• Kreide †	
24 Min.	65 Mio.	**Erdneuzeit** • frühes Tertiär	• Vulkanismus • Braunkohle
8 Min. 24 Sek.	30 Mio.	• spätes Tertiär	
18 Sek.	1 Mio.	• Quartär	• Vergletscherung
0,18 Sek.	10 000		

† Im Perm (vor 240 Mio J.) Aussterben von 77–99% aller maritimen Tiere.
Am Ende der Kreide (vor ca. 65 Mio J.) Aussterben der Dinosaurier (Iridium-Anomalie, teilweise umstrittener Einschlag eines Asteroiden oder Meteors; T-Maximum vor >200–65 Mio. J., 10–15 °C höher als heute, vgl. Abb. 1.13/14)

Biosphäre* Bereich der Organismen	Primär- produktion	Hydrosphäre Bereich des Wassers	Atmosphäre Bereich der Luft
• warmblütige Landtiere • explosionsartige Zunahme der Pflanzenfresser	• abneh- mend	• Ozeanvolumen nimmt zu	
• Säugetiere	• zuneh- mend • stabil		
• Blütenpflanzen • staatenbildende Insekten • Halbaffen	• zuneh- mend		• Sauerstoff- gehalt nimmt fluktuierend zu
• viele Diatomeen (Kieselalgen) • Menschenaffen und Affen	• oszillie- rendes Gleich- gewicht		• Sauerstoff- gehalt erreicht heutigen Wert
• starke Aufsplitte- rung der Gräser • starke Aufsplitte- rung der Säuge- tiere Australopithecus			
• Mensch: Homo erectus			
• Kultur			

* 99% marin! ($^3/_4$ Volumen der Ozeane unter 1000 m)

überdauern. Freilich entstand nur sehr wenig Sauerstoff, aber die Folgen waren enorm. Dieses heute lebenswichtige Gas muß für das damalige Leben giftig gewesen sein, ähnlich wie für einige heutige Organismen, die bestimmte Gärungsprozesse bewirken, so z.B. die Archaebakterien, unter ihnen die Methanbakterien, anaerobe Chemoautotrophe, die Kohlendioxid mit Wasserstoff in Methan umwandeln.[1] Sauerstoff kam nämlich in der damaligen Umwelt nicht vor; das Leben hatte sich also nicht daran anpassen können. Spuren von Sauerstoff, entstanden aus der Photodissoziation, wurden sogar durch zweiwertiges Eisen (aus dem Urgestein) direkt abgefangen.[2] So entstanden die **Bändereisenerze** in den ersten Ablagerungen (Sedimenten). Dieser Mechanismus begann nun zu versagen, und die Lebewesen mußten sich anpassen. Die ersten Lebewesen, die den Sauerstoff nicht nur ertragen, sondern sogar zur Energieproduktion nutzen konnten, verdankten ihre Eigenschaften einer sprunghaften und zufälligen Veränderung (**Mutation**) der Erbsubstanz. Aus diesen bakterienartigen Lebewesen entwickelten sich vor 2,7 bis 3 Milliarden Jahren solche, die neben Sauerstoff auch Kohlenstoff umsetzen konnten: Die **Photosynthese** war geboren, und mit ihr die ersten primitiven Pflanzen, die **Blaualgen,** wie die Bakterien Prokaryoten, also Lebewesen ohne eigentlichen membranumschlossenen Zellkern. Zusätzlich erschienen vermutlich aus Archaebakterien abgeleitete Urkaryoten, die sich endobiontisch zu Chromosomen[3] weiterentwickelten. Aber schon vor dieser Periode, frühestens vor 3500 Millionen Jahren, entstanden die Stromatolithen (Isua-Formation in Grönland und Australien, Shark Bay, älteste Lebensspuren). Ihre Schichtung erklärt sich durch das schichtweise Verkleben von Sand mit Bakterienschleim in seichtwarmen Meereslagunen. Ähnliches könnte sich auch mit Cyanophyten bei anaerober Photosynthese abgespielt haben.

---

[1] Methanbakterien oft in Grenzlagen von aerob/anaerob.
[2] Photochenmische Oxydation von Fe^{2+} unter dem Einfluß von UV-Licht in reduzierendem Milieu benötigt Energielieferung durch Thio-Ester-Bindung ($-S-CO-$).
[3] Vgl. auch das ähnlich strukturierte «Farbstreifen-Sandwatt» (z.B. auf den Friesischen Inseln), wo nach Krumbein (zit. in Kremer 1988) fädige Cyanophyten (z.B. *Microcoleus chthonoplastus*) Sandkörner zu 8–10 cm mächtigen Mikromatten (grünblaue Farbe) vernetzen und von S-Purpur-Bakterien (*Thiopectia rosea, Chromatium viscosum,* rote Farbe) bzw. Sulfatreduzierern (*Desulfovibrio desulfuricans,* schwarze Farbe) unterlagert werden.

Zwischen den Lebewesen begann sich nun ein neues Gleichgewicht abzuzeichnen: Auf der einen Seite fanden sich die Blaualgen, die Sauerstoff selbständig produzierten und auf der anderen die **Bakterien**, die auch Sauerstoff nutzen konnten. Im Verlaufe einer weiteren Milliarde von Jahren stellte das primitive Leben sich immer mehr auf die Nutzung und Umsetzung des Sauerstoffs um, damals erst ein Tausendstel des aktuellen durch Photosynthese gebildeten Sauerstoffgehalts. Und nur etwa 0,2 % des photosynthetisch entstandenen organischen Materials wurde durch anaerobe Prozesse in Meeressedimenten vergraben (z. B. in Verbindung mit der Bildung von Pyrit, FeS_2). Überschüssiger Sauerstoff wurde damals eher für die Oxidation von C- und S-haltigem Gestein und für die Oxidation einer Reihe von Gasen (Wasserstoff, Kohlenmonoxid, Schwefeldioxid) verwendet.

Aber noch immer war nicht genügend Sauerstoff vorhanden, um die tödliche ultraviolette Strahlung ganz von der Erde abzuhalten: sein Anteil in der Atmosphäre betrug noch weniger als ein Prozent. Erst als aus den Blaualgen – vermutlich durch Einlagerung selbständiger Blattgrünzellen – vor etwa 800 Millionen Jahren die ersten **Grünalgen** entstanden, steigerten diese schlagartig die Sauerstoffproduktion. Die Grünalgen sind übrigens die ersten Lebewesen mit einem modernen **Zellkern**, der nun durch eine Membran vom übrigen Zellinhalt abgetrennt ist und die Stoffwechselvorgänge organisiert und kontrolliert. Sie sind demnach Vertreter der **Eukaryoten** mit gleichartigem molekularen Vererbungsmechanismus wie heute. Vielleicht läßt sich die Aufnahme der Blattgrünzelle in die Blaualge ursprünglich als Symbiose – ein «Pakt auf Gegenseitigkeit» – verstehen: Einerseits wurde durch die enge Zusammenarbeit der Symbiosepartner die gemeinsame Energieproduktion gesteigert, andererseits gewährte die Blaualge der Blattgrünzelle Schutz vor Umwelteinflüssen sowie günstige Ernährungsbedingungen (vgl. die «Endosymbionten-Theorie»; vgl. heutige Methanbakterien als Episymbionten von Ciliaten aus Pansen, z. B. *Eudiplodinium* mit *Methanobrevibacter* (Abb. 1.4)).

Eine ähnliche Symbiose finden wir heute zwischen Pilzen und Algen in der Flechte. Vgl. auch die Symbiosen zwischen chemosynthetischen (S-) Bakterien und Röhrenwürmern in Warmbereichen der Tiefsee mit vulkanischen Exhalationen («Schwarze Raucher» mit H_2S, H_2, CH_4; erstes Leben im Schutz der Tiefsee?).

Zwischen den Algen und der Atmosphäre fand nun eine Wechselwirkung statt: Immer mehr Grünalgen produzierten immer mehr Sauerstoff, der nun – durch Bildung von Ozon – die ultravioletten Strahlen

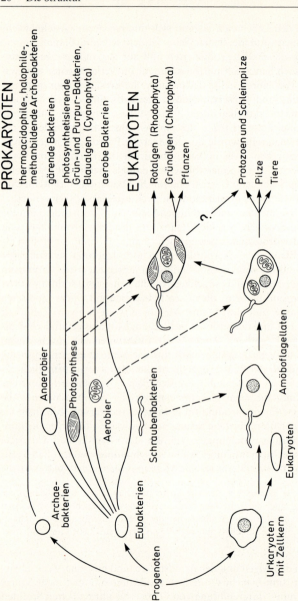

Abb. 1.4: **Hypothetische Entwicklung der tierischen und pflanzlichen Eukaryotenzelle** mit Geißeln, Mitochondrien und Chloroplasten aus organellenfreien «Urkaryoten» und Bakterien als Endosymbionten. (Aus Follmann 1981, weiterentwickelt durch Cavalier-Smith).

zurückzuhalten begann, so daß die Grünalgen immer bessere Bedingungen vorfanden (mehr über den Mechanismus der Ultraviolettabsorption auf S. 219 ff.). Am Ende dieser Entwicklung enthielt die Atmosphäre unseres Planeten rund ein Prozent des heutigen Wertes an Sauerstoff. Dies reichte aus, um zusammen mit dem chemisch verwandten Ozon die vernichtenden Strahlen wirksam von der Erde abzuschirmen.

Aber auch unter diesen nun günstigeren Bedingungen hätte sich bald eine Ummweltkatastrophe angebahnt: Die Pflanzen begannen ihre Nahrungsgrundlage, das **Kohlendioxid**, aufzubrauchen. Doch wieder ereignete sich eine günstige Mutation, die nun aus bestimmten autotrophen Prokaryoten im Verlaufe langer Zeiträume tierische Lebewesen entstehen ließ: die einzelligen **Urtiere**. Diese waren auf den Sauerstoff der Pflanzen angewiesen, produzierten ihrerseits aber Kohlendioxid. So entstand mit Hilfe von Nährstoffkreisläufen (ab S. 117 ff.) ein **Gleichgewicht** zwischen Pflanzen und Tieren (Abb. 1.5). In dieser Periode entwickelte sich die sexuelle Fortpflanzung durch die Herausbildung der Meiose mit erstmals haploiden Chromosomensträngen. Die mit der Befruchtung verbundenen Umstände erwecken den Eindruck, daß die bisexuelle Fortpflanzung als lebensverlängernde Einrichtung zu gelten hat.

Vor etwa 400 Millionen Jahren, zur Silurzeit, als die Luft bereits sehr viel Sauerstoff enthielt, wagten sich unter dem Schutz des Ozonschirms Lebewesen **vom Wasser aufs Land** (Tab. 1.2), indem sie amphibische Ökotone ausnutzten. Sie folgten damit der allgemeinen Tendenz des Lebens, jeden verfügbaren Raum zu besiedeln. Es waren die Pflanzen, die sich den neuen Lebensraum als erste eroberten, die ersten **Landpflanzen**, die Psilophyten, entstanden. Diese hatten sich vermutlich aus armleuchteralgenartigen Gewächsen (Chara, Coleochaete) entwickelt und besaßen einfache Sprosse, Blätter und Leitgefäße. Praktisch gleichzeitig, den Pflanzen dicht auf den Fersen, folgten die **Bakterien**, nachdem vermutlich Cyanophyten bereits vor 2,5 Milliarden Jahren Land besiedelt hatten (vgl. auch die Blaualgenmatten unter dem Kies von Wüstenböden). Erst jetzt war das Festland auch den **Tieren** zugänglich, gelang es doch den Bakterien der Urmeere, auch auf dem Land die sehr wichtige Funktion des Abbaues pflanzlicher und tierischer Überreste auszuüben. Ohne diese Tätigkeit der Bakterien wäre eine dauerhafte Besiedlung des Landes nicht möglich gewesen.

Für alle höheren Lebewesen, die jetzt auf dem Land leben wollten, war wiederum ein verwickelter **Anpassungsprozeß** notwendig: Lungen

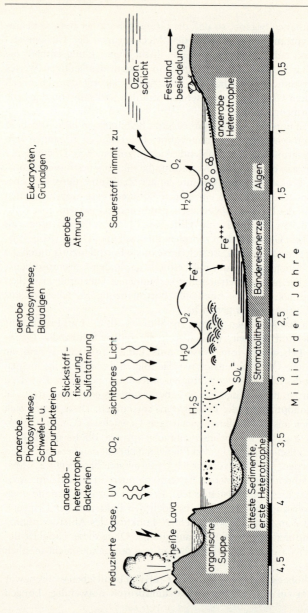

Abb. 1.5: **Synthese der Evolutionsvorgänge.** Charakteristische chemische Prozesse und Lebensformen während des Präkambriums. (Aus Follmann 1981)

und Nieren mußten sich weiterentwickeln. Auch beim Wechsel von Salz- und Süßwasser sind einschneidende Stoffwechselanpassungen nötig. Erst am Schluß der Evolution, gewissermaßen in letzter Sekunde, trat der **Mensch** auf; auch er ist aus der Natur herausgewachsen und bleibt schicksalhaft mit ihr verbunden. Halten wir als wesentliche ökologische Tatsachen fest:

- Der **freie Sauerstoff** der Atmosphäre entstand zum größten Teil nicht durch planetarische Vorgänge, sondern durch Lebewesen. Die Luft, die wir zum Leben brauchen, hängt folglich von sich erneuernden biologischen Vorgängen ab.

- Jeder **Stoff** – gasförmig, flüssig oder fest –, der bei diesen ursprünglichen biologischen Vorgängen nicht benötigt wurde, muß als **Schadstoff** bezeichnet werden. Er kann als unbekannter Giftstoff in Stoffwechselvorgängen Veränderungen hervorrufen und sich somit lebensgefährlich auswirken. Wird jedoch ein fremder Stoff bei biologischen Vorgängen nicht verändert und wirkt er auch nicht durch seine bloße Gegenwart, dann ist er in der Regel nicht schädlich.

- Das höher entwickelte Leben ist an einen ganz bestimmten gleichmäßig und nachhaltigen **Sauerstoffgehalt** in der Luft angepaßt; jede Störung kann sich auf den Fortbestand der Lebewesen, der im Gleichgewicht stehenden Pflanzen und Tiere einschließlich des Menschen, katastrophal auswirken (vgl. Abb. 1.5).

- Der Wechsel der Tiere aufs Land glückte erst nach der Vorbereitung der Atmosphäre durch die Pflanzen. Alle tierischen Lebewesen, auch die Menschen, sind auf die Nahrungs- und Sauerstoffproduktion der Pflanzen angewiesen.

- Die Entwicklung des Lebens auf der Erde beanspruchte ungeheure und unfaßbare Zeiträume; der **Mensch** dagegen trat erst sehr spät auf. Er ist noch immer ein unerfahrener Neuling im Naturgeschehen. Er scheint sich immer mehr zu einem **Außenseiter** der Natur zu entwickeln. In einem Millionstel der gesamten Evolutionszeit ist es ihm ja bereits gelungen, vieles auf der Erde zu verändern, aus dem natürlich langsamen Fluß zu bringen und einiges sogar endgültig zu zerstören (Abb. 1.6).

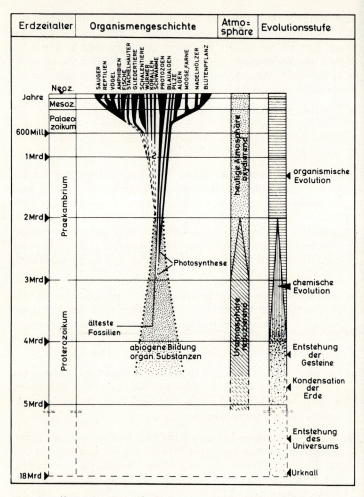

Abb. 1.6: **Übersicht über die Organismengeschichte unserer Erde.** (Aus Rahmann 1980)

1.3 Chaos und Ordnung

Die Herausbildung einfacher Lebensphänomene ist mit der Beschreibung von Turbulenzen verwandt. (vgl. Gaßmann 1990, Lorenzen 1990). Kontinuierlicher Energiefluß führt in «ursuppen»artigen Substraten zu Selbstorganisationsphänomenen in Form dissipativer Strukturen. Diese entstehen nur in Systemen mit stark makroskopischen Gleichgewichtszuständen (vgl. «Synergetik»). Dabei entwickelt sich eine **Vielfalt von Form und Bewegung,** ein «Chaos» mit oft unvorhersehbaren sprungartigen Änderungen.
Populationsentwicklung bei begrenzten Ressourcen zwischen Wachstum und Bremsdruck: (vgl. logistisches Wachstum)

$$x_{n+1} = (1 + r)x_n - rx_n^2$$

Population im Jahre $n + 1$ r = Fertilitätsparameter (Wachstumsrate)

Populationsgröße «1» ist maximal tragbar, Hemmung um so stärker je näher bei 1
$r > 1$ exponentielles Wachstum solange $x \ll 1$; für verschiedene $r \to$ verschieden eingependelte Populationswerte

1. Fall: $2 > r > 0$
Einpendeln bei 1, Aufbau $\sim$ Abbau. Einzugsgebiet zwischen 0 und $\frac{r+1}{r}$. Voraussetzung: $0 < x_0 < \frac{r+1}{r}$ (x_0 = Populationsgröße im Zeitpunkt 0) Wert «1»: Anziehungswert («Attraktion») für Population.

2. Fall: $2 < r < \sqrt{6}\,[= 2{,}445]$
Einpendeln zwischen zwei festen Werten, also 2 periodische Attraktoren (bei größerem r, periodischer Attraktor bei 4 [(r = 2,45), 8, 16] Kaskadenbildung.

3. Fall: $2{,}57 < r$
Chaos: kein regelmäßig bevorzugter Attraktor («seltsamer A.») Wachstums-Stimuli führen zu Oszillationen.

4. Fall: Fensterwerte im **Chaos** mit periodischen Attraktoren
$r = \sqrt{8}\,[= 2{,}828]$ 3 Attraktoren
$r \gtreqless 2{,}849$, wieder Chaos
$r = 3$, «Attraktor» = Region mit ∞ Punkten zwischen 0 und $^4/_3$

Kennzeichen des **Chaos**:
1) strenge, nicht lineare Regeln
2) Langzeitverhalten von Anfangs- und Randbedingungen abhängig (von x_0 und r)
3) Chaos hat Struktur

1.3.1 Konsequenzen des Chaos für Evolution

1) **Selektionsdruck**
   Günstig für Organismus, wenn Population noch gut wachsen kann, sonst starke intraspezifische Konkurrenz (Abnahme der Fitness).
   Ausweichmöglichkeit vor Selektionsdruck: Erschließung neuer Ressourcen, neuer Areale, neuer Verhaltensweisen, Veränderung der Lebensansprüche, dadurch Vermeidung intraspezifischer Reibereien.

2) **r-Wert**
   Überproduktion ist eingeschlossen: r = Geburtenrate − Sterberate! Abhängig von jeweiliger Konstitution und vom Lebensraum.

3) **r- und K-Strategie**
   Bei langfristig konstanter Populationsstärke: $r \ll 2$, K-Strategie (langlebige Organismen, langsame Vermehrung, resistent gegen Störung) (K = 1, vgl. S. 255)
   Bei stark schwankender Populationsstärke: $r > 2$, r-Strategie
   Populations-Zusammenbruch auffangbar durch Anpassung an besondere Umweltverhältnisse (z. B. über Dauereier)

4) **DNA**
   Ähnliche Verhältnisse für die Bildung von Molekularverbänden.

5) **Wachstumsprozesse**
   Beide Formen, mit periodischen und «seltsamen» Attraktoren, für Evolution wichtig:
   einfacher, period. A.: gegen Störung gut gepuffert (z. B. bei langfristig stabilem Ökosystem)
   Chaos: neue Areale und Ressourcen sind zu erschließen. Bedeutung als unerschöpfliche Quelle von Variation («Suchsonde»).
   Chaos verhindert, daß sich kleine Störungen zu Katastrophen auswachsen.

1.3.2 Synergetik

Wissenschaft von der Selbstorganisation dynamischer Strukturen in gleichgewichtsfernen Systemen (vgl. Abschnitt Evolution, «synergetische Evolutionstheorie»). Nichtlinearität ergibt sich durch chaotisches Wachstum (Chaos als schöpferisches Element eines Selbstorganisations-Prozesses).

Hinreichende Bedingungen für die Selbstorganisation dynamischer Strukturen:

1) Hinreichend fern vom Gleichgewicht (stets neue Wechselwirkungen zwischen Organismen und Umwelt)
2) Zu- und Abfuhr von Energie und Materie ständig und begrenzt (nicht-lineare Beziehungen)
3) Innerhalb des Systems Individuen mit
   - Reproduktion
   - Wachstum mit räumlicher Ausbreitung
   - Geschwindigkeit der Fortpflanzung umweltabhängig
   - Sterblichkeit
   - Variabilität

Unter günstigen Bedingungen Ausbreitung von Populationen: positive Rückkopplung zwischen der Fortpflanzung der Individuen und der Umwelt-Qualität. Evolutionsprinzip: Fitness abhängig von den Umwelt-Bedingungen, am besten in «Resonanz» mit der Umwelt, dann größtmöglicher Fortpflanzungs-Erfolg.

1.4 Koevolution: Gemeinsame Entwicklung

Pflanzen und Pflanzenfresser haben sich seit Urzeiten in gegenseitiger Abhängigkeit entwickelt. Aber auch Wirte und ihre Parasiten, Wiederkäuer und ihre symbiontisch wirkenden Mikroorganismen sind Ausdruck einer gemeinsamen Entwicklung, die als «Koevolution» bezeichnet wird. Wo Organismen keine Möglichkeit hatten, sich aneinander anzupassen, sind sie entweder ausgestorben oder konnten sich in einer ökologisch abweichenden Zone behaupten – räumlich,

zeitlich oder durch Ernährungsgewohnheiten von konkurrierenden Organismen getrennt.
Besonders gut eingespielt sind solche koevolutiven Beziehungen bei jeweils wenigen gleichzeitig interagierenden Arten oder aber in altentwickelten Beziehungen im Korallenriff (z. B. über die grundlegenden Korallen-/Algen-Symbiosen) oder Regenwald. So ist der Paranußbaum *(Bertholettia excelsa)* in seiner Verjüngung letztlich abhängig von Bienen, die die Befruchtung der Blüten vornehmen und deren Fortpflanzung wiederum vom Lockstoff einer epiphytisch wachsenden Orchidee abhängt, der für die Bienen Signalwirkung hat. Die Keimung der Paranuß schließlich, hängt von der Wirkung von Nagern ab, die die harte Schale schwächen, so daß der Keimling austreten kann.
Berühmte Beispiele dieser durch die Vererbung gesteuerten Wechselwirkung, der sogenannten **genetischen Rückkopplung,** sind die Schutzvorrichtungen der Pflanzen: Dornen, Brennhaare oder auch nur sog. «kompensatorisches Wachstum», bestimmte Inhaltsstoffe mit charakteristischem Geruch oder Geschmack (sekundäre Pflanzenstoffe) usw. Gerade durch solche artspezifischen Inhaltsstoffe, die nur ganz bestimmten Pflanzen eigen sind – ätherische Öle, Gerbstoffe, Alkaloide usw. – vermögen sie sich beispielsweise gegen den Fraß bestimmter Insekten oder Schnecken zu schützen. So verwertet eine Goldkäferlarve *(Chrysomela aemicollis)* Salicin von Weiden der Sierra Nevada Kaliforniens zum Aufbau eines Abwehrsekrets gegen Ameisen (siehe auch das Beispiel «Precocin», S. 327ff.).
Koevolution führt indessen nicht nur zur Abwehr des Tieres durch die Pflanze; sie kann auch zu gegenseitiger Abhängigkeit, zu **symbiontischem Verhalten** führen.

Ein endemischer Baum der Insel Mauritius *(Calvaria major*/Sapotac.) war offenbar auf die Mitwirkung der ausgestorbenen Dronte, einer flugunfähigen Riesentaube *(Raphus cucularus)*, angewiesen, da seine Samen im Magen des Vogels anverdaut (mazeriert) wurden. Seit der Ausrottung der Dronte vor 300 Jahren erzeugt die Baumart keine Verjüngung mehr. Denn die Samen bilden ein gut 15 mm dickes Endokarp, das vom Keimling nicht mehr aufgestoßen werden kann. (Diese enge Abhängigkeit der Verjüngung wird heute teilweise bestritten). Enger noch ist die gegenseitige Abhängigkeit der Feigen und Feigenwespen (Agaonidae, z. B. *Blastophagus*). Nach der Eiablage an der Basis von kurzgriffligen Blüten («Ziegenfeigen») entwickelt sich die Larve in Gallen, wo sie von flügellosen Männchen befruchtet werden. Anschließend durchqueren die geflügelten Weibchen einen blütenstaubreichen Korridor und befruchten damit später die langgriffligen Blüten auf rein weiblichen Feigen, wobei bei einigen Sorten nur so Fruchtansatz und Samenbildung möglich ist.

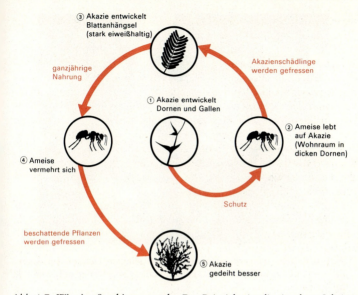

Abb. 1.7: **Wie eine Symbiose entsteht.** Das Beispiel zeigt die einzelnen Schritte in der Symbiose einer Dickdornakazie *(Acacia cornigera)* und einer Ameise *(Pseudomyrmex ferruginea)* in Mittelamerika. Diese Symbiose hat sich bis zum vollen Mutualismus* entwickelt.

Andere nicht befruchtende Feigenwespen (z. B. Torymidae) sind ihrerseits von den Agaoniden abhängig. Solche Zusammenhänge sind recht häufig, wie wir auch später noch sehan werden. Aber weit verbreitet sind auch die Beziehungen zwischen Ameisen und Pflanzen (Abb. 1.7 u. 1.8). So können die von Ameisen bewohnten gallentragenden Akazien sich dank der Ameisen besser entwickeln, denn diese schützen die Akazien vor Insektenfraß. Ja, einige Akazienarten hätten ohne Ameisen überhaupt keine Aussicht mehr, sich zu vermehren, weil die Samen durch andere Insekten gefressen würden. Außerdem werden Konkurrenten, etwa beschattende Pflanzen, von den Ameisen schon im Jugendstadium vernichtet. Gewisse Akazien haben sogar Organe entwickelt, die eigens als Speise für die Wirtsameisen bereitgestellt werden und offenbar keinem anderen Zweck dienen (Tab. 1.3). In ähnlicher Form offeriert eine südostasiatische *Macaranga*-Art eiweißreiche Nährkörperchen (Myrmecochoren) in oft nahezu symbiontischer Weise an eine *Crematogaster*-Ameise. Außerdem betreibt die Ameise «Viehwirtschaft» mit Schildläusen in hohlen Sproßachsen, entfernt dafür alle anderen Nutznießer einschließlich beschattende Kletterpflanzen. Auch andere Pflanzenformen, die bananenartige Staude

Abb. 1.8: *Acacia cornigera* **auf einer ameisenbedingten Lichtung im Regenwald von Corcovado/Costa Rica.** «Beltian bodies» abgefressen außer im Bild Mitte links.

Heliconium und einige Schlingpflanzen (z. B. *Passiflora*-Arten), dienen den Ameisen in gegenseitiger Abhängigkeit als «Obdach». Auch für andere Tierarten (z. B. Milben) werden «Unterkünfte» gebildet, die sich dann ihrerseits von parasitischen Pilzen, Insekten oder anderen Milbenarten ernähren.

Ameisen bestimmen übrigens noch in zahlreichen weiteren Fällen auf allen Erdteilen die **Vermehrungsmöglichkeiten** anderer Organismen mit. So dienen die Larvenstadien pflanzenschädigender Insekten den Ameisen als Nahrung. Einige Ameisenarten Europas sind deshalb als «Waldpolizei» gesetzlich geschützt worden. Auch fördern Ameisen die Verbreitung vieler Pflanzen, indem sie deren Samen verschleppen. Die Samen solcher «Ameisenpflanzen» besitzen sogar oft besondere Ölkörper (Elaiosomen), die teils von Ameisen gefressen, teils einfach als Vorräte gehalten und «vergessen» werden. Ein recht großer Teil unserer Waldpflanzen wird so durch Ameisen verbreitet, darunter viele Lippenblütler (z. B. die Taubnessel). Dasselbe gilt in großem Maße auch für das Grasland. Viele Rasenpflanzen werden durch Ameisen nicht nur verbreitet, sondern auch in ihrer Vermehrung unterstützt: vegetationsarme Ameisenhaufen bieten ihnen die beste Möglichkeit, sich unter lichteren Verhältnissen bis zur Samenreife zu

Tab. 1.3: **Ameisen-/Homopteren-/Pflanzen-Wechselbeziehungen.** (Nach Buckley, 1987; s. vor allem auch Hall & Cushman, 1991).

Wirkung auf	System-Teil Ameisen	Homopteren (z.B. Blattläuse)	Pflanzen
Ameisen	[Vertreibung artfremder Ameisen oder anderer Insekten]	[Anlockung von Ameisen durch Ausscheidung von Honigtau oder als Beutetier]	als «Obdach» und/oder «Weide» für die «Haustiere»
Homopteren	als Beute und/oder als «Haustier» (Schutz gegen Räuber und Parasiten, z.T. mit Schutzbauten)	[Mischpopulationen möglich]	als Weide als «Obdach» Abgabe von Allelochemikalien, dadurch Schutz vor Homopteren-Räubern
Pflanzen (oft mit extra-floralen Nektarien oder für Ameisen attraktiven Pflanzenteilen; koevolutive Bildung, s. S. 25)	Veränderung der Konkurrenz durch andere Pflanzen, die von Ameisen kurz gehalten werden (Schutz gegen Herbivoren, v.a. bei fehlender direkter Verteidigung mit sekund. Pflanzenstoffen oder morpholog. Mitteln; oder: Schädigung durch Homopteren, die Nektarien beanspruchen und deren Träger von Ameisen geschützt würden)	als «Weidetier» (Entfernung von Gewebe u./o. Stoffwechselprodukten), indirekte Infektion mit Viren/Bakterien möglich; oder: Schädigung von (meist Nektarientragenden) Pflanzen, die sonst durch Ameisen als «Hauspflanze» geschützt würden	[Konkurrenzbeziehungen]

entwickeln und sich damit gegen eine örtlich starke Konkurrenz durchzusetzen. Gleichzeitig fördern die Ameisen in solchen Beständen durch ihre recht beträchtliche Grabtätigkeit die Fruchtbarkeit des Bodens. In vielen Gras- und Waldlandschaften sind Ameisen Nutznießer des pflanzlichen Nektarflusses. Diese «Abgabe» zahlen die Ameisen den Pflanzen zurück, indem sie die schädigenden Insekten unter Kontrolle halten. Ja es gibt Fälle, wo Nektarfluß und Ameisenaktivität sich gegenseitig beeinflussen und der Blüh- und Fruchtansatz bei höherer Ameisenaktivität verbessert wird. Tab. 1.3 veranschaulicht die mannigfaltigen Wechselbeziehungen dieser Dreiergruppen von Ameisen, Homopteren (z. B. Blattläusen) und (Futter-) Pflanzen (Abb. 1.9).

Die Wechselbeziehungen zwischen Pflanzen, Insekten und Insektenfressern können auch in eine andere Richtung führen. Ein besonders eindrückliches Beispiel zeigt uns der nordamerikanische Monarch-Schmetterling *(Danaus chrysoppus)*. Seine Raupen fressen nämlich recht häufig an Seidenpflanzengewächsen (Asclepiadaceae, zu denen auch die einheimische Schwalbenwurz

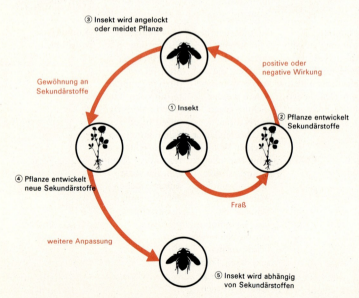

Abb. 1.9: **Verallgemeinerte «normale» Beziehung zwischen Futter-Pflanze und Insekt** (z. B. Sauger, Bohrer, Blattfresser usw.).

gehört) und bauen dabei deren Gift in ihre Körper ein. Dieses ist mit den Fingerhutgiften chemisch verwandt und schadet den Raupen nicht. (In anderen Fällen teilweise Entgiftung in speziellen Zellen der Insekten, ähnlich wie Pflanzen gewisse Pilzparasiten in Mycetomen oder Mycetocysten abkapseln). Durch das Gift werden die sonst ungiftigen Schmetterlinge für Vögel ungenießbar und erhalten einen bitteren Geschmack. Ein Vogel, der ein solches

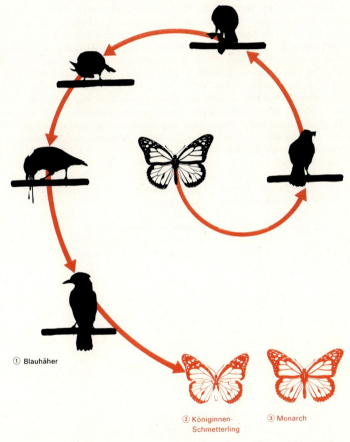

① Blauhäher ② Königinnen-Schmetterling ③ Monarch

Abb. 1.10: **Selektionsdruck erzeugt Mimikry.** Genießbare Schmetterlinge (Königinnen-Schmetterling) nehmen die Gestalt ungenießbarer Falter (Monarch) an. Dies ist eine Anpassung an den Druck durch Auslese (Selektionsdruck) des insektenfressenden Blauhähers. (Nach Brower 1969)

Tier gefressen hat, muß erbrechen, wird aber nicht tödlich vergiftet. Damit hat er einen «Denkzettel» erhalten und vermeidet künftig nicht nur diese Schmetterlingsart, sondern darüber hinaus alle Schmetterlinge mit ähnlichem Farbmuster. So wird der Monarch, dessen Raupen an giftigen Seidenpflanzen gefressen haben, zum Vorbild für alle Artgenossen, die diesen Giftstoff nicht enthalten, ja sogar für alle anderen ungiftigen Arten mit ähnlicher Warnfärbung – letztlich ein Vorteil sowohl für den Schmetterling als auch für den Vogel, der dann nie eine tödliche Vergiftung einstecken muß. Diese in Form und Farbe erfolgende Anpassung von Lebewesen an wehrhafte oder giftige Vorbilder wird als **Mimikry** bezeichnet. Ein besonders lehrreiches Beispiel findet sich in Trinidad (und anderen wärmeren Gebieten Amerikas): dort trifft ein Monarch auf den verwandten Königinnen-Schmetterling *(Danaus gilippus)*, der eher selten an giftigen Seidenpflanzen frißt und ihm sonst nicht gleicht. In ihrem gemeinsamen Verbreitungsgebiet hat sich die «Königin» aber angepaßt und erscheint, obwohl meist ungiftig, im Kleid des Monarchs und wird dadurch von den Vögeln ebenfalls gemieden (Abb. 1.10). (Müllersche Mimikry-«Ringe» mit *Danaus*-Arten und Vertretern der ebenfalls ungenießbaren Holiconiden und Ithomiden. Batessche Mimikry mit *Danaus* und Papilioniden sowie Nymphaliden).

Schließlich seien noch die oft ideal «programmierten» Wechselbeziehungen zwischen Blüten und Blütenbesuchern erwähnt, wie sie beispielsweise die besonderen «Bienenblüten» der Salbei und anderer Lippenblütler zeigen. Ähnliche Anpassungen finden sich in den Tropen, wo Blüten mit extrem langem Schlund (z. B. bei *Heliconia*/Musac., oder den Fuchsien) in Südamerika durch Kolibris und in Afrika durch Nektarvögel befruchtet werden. Trotz des Erklärungsversuches mit dem Begriff «Koevolution» werden diese fast nahtlos ineinandergefügten Beziehungen immer wieder Verblüffung und ehrfürchtiges Staunen wecken.

1.5 Die regulierenden Kräfte

Das Leben ist nichts Starres, und seine Entwicklung in den riesigen Zeiträumen der Erdgeschichte verlief sicher nicht geradlinig. Auch in unserer heutigen Umwelt ist alles im Fluß; ihr Gleichgewicht ist nicht das Gleichgewicht ruhender Waagschalen. Vielmehr gleicht es einem Trog, in dem sich Zu- und Abfluß die Waage halten; es ist ein **Fließgleichgewicht**. Ein typisches Beispiel ist die brennende Kerze. Ihre Flamme bleibt erhalten, weil zwischen Wachsnachschub im Docht und Wachsverbrauch am Ende des Dochtes ein Fließgleichgewicht herrscht. Der gesamte Stoffwechsel der Lebewesen, einschließlich des

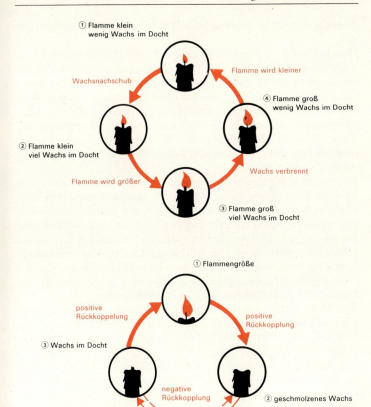

Abb. 1.11: **Fließgleichgewicht am Beispiel der Kerzenflamme.** Teile eines Systems können gleichzeitig verschiedenen Regelkreisen angehören. Die Größe einer Kerzenflamme ist Bestandteil eines Regelkreises mit einer positiven oder negativen Rückkopplung. Die negative Rückkopplung ist in die positive Rückkopplung verschachtelt und verhindert, daß die Kerzenflamme ständig größer und schließlich zur Stichflamme wird. Die Überlagerung beider Regelkreise führt zum periodischen Flackern der Kerze. (Nach Vester 1977, 1978)

Menschen, baut zu einem großen Teil auf dem Fließgleichgewicht auf.

Diesem Prinzip der Umwelt ist auch das Zusammenleben der Organismen unterworfen. Zwischen den belebten und unbelebten Bausteinen unserer Umwelt wirken nämlich zwei gegenläufige Mechanismen zusammen – ähnlich wie Angebot und Nachfrage in unserer Wirtschaft. Dies führt zu einer «stabilisierenden Wechselwirkung» oder, kybernetisch ausgedrückt, zu einer **«negativen Rückkopplung»**. Ein Zuviel an Stoff oder Energie, eine zu starke Reaktion wird sofort ausgeglichen, indem der Überschuß weggenommen wird (deshalb der Ausdruck «negativ»).

Eine negative Rückkopplung, zwischen einem Lebewesen und einem Umweltfaktor beispielsweise, ermöglicht demnach ein stabilisiertes Fließgleichgewicht im Organismus oder in der Lebensgemeinschaft. Die **«positive» Rückkopplung** dagegen führt um so mehr Stoff oder Energie zu, je mehr davon bereits vorhanden ist, bis das Beziehungsgefüge zusammenbricht. Eine solche «aufschaukelnde» Wechselwirkung zeigt sich beispielsweise in der «Preis-Lohn-Spirale». Ein sich selbst regelndes Beziehungsgefüge von Größen irgendwelcher Art, die miteinander rückgekoppelt sind, ist ein **Regelkreis**.

Eine Verknüpfung von positiver und negativer Rückkopplung (**«verschachtelte» Rückkopplung**) können wir in der schon erwähnten Kerzenflamme sehen (Abb. 1.11): je mehr Wachs nachfließt, desto größer wird sie, desto schneller brennt aber auch das Wachs ab (negative Rückkopplung), so daß sich die Flamme auf eine bestimmte Größe einpendelt. Das Flackern der Kerze zeigt eine eingeschachtelte positive Rückkopplung an: Je größer die Flamme ist, desto mehr Wachs wird geschmolzen und kann nachgesaugt werden und desto größer kann wiederum die Flamme werden.

Ein Fließgleichgewicht ergibt sich hier, weil die negative Rückkopplung stärker ist und die positive zu unterbrechen vermag. Ein System mit mehr negativen als positiven Rückkopplungen führt theoretisch immer zu einer negativen Rückkopplung – ähnlich wie in der Algebra, wo ein überwiegendes Minuszeichen in einer Multiplikation immer eine negative Zahl ergibt.

Ganz ähnliche Vorgänge lassen sich auch auf einer durch Pflanzenfresser genutzten **Weide** verfolgen (Abb. 1.12): Eine geschlossene Weide mit einer angemessenen Zahl von Weidetieren bleibt stabil, wenn etwa gleich viel Pflanzensubstanz abgeweidet wird wie in der gleichen Zeitspanne neu nachwächst. Oft ändern sich aber die Umweltbedingungen – etwa die Witterung – derart, daß das Angebot nicht mehr der Nachfrage entspricht. Bei trockenem Wetter

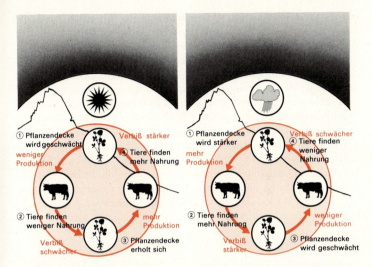

Abb. 1.12: **Stabilisierende Wechselwirkung auf einer Weide.** Das kybernetische Schema zeigt die Stabilisierung von Störungen in einem Weide-Ökosystem durch negative Rückkopplung. (Nach Gigon 1974, 1975)

wachsen die Pflanzen weniger gut. Die Weidetiere müssen ihre Fettreserven aufbrauchen, um genügend Nährstoffe zu erhalten. Das Land wird schwächer beweidet, da die Tiere pro Einheit der gefressenen Nahrung mehr Energie einsetzen und auf unbeliebtere Nahrung ausweichen müssen. Dadurch kann die Weide sich erholen und später wieder eine größere Pflanzenmenge produzieren. Durch diese negative Rückkopplung pendelt sich also ein Gleichgewicht ein.

Bei überaus günstigem Wetter, wenn es etwa genügend warm ist und viel regnet, wachsen die Pflanzen besser als normal. Dafür wird aber die Weide durch längere und intensivere Nutzung geschwächt. Schließlich stellt sich auch hier wieder das ursprüngliche «Normalangebot» ein. Das Weideverhalten der Tiere ist somit vom Angebot an Weidepflanzen abhängig, umgekehrt aber auch das Wachstum der Pflanzen vom Verhalten der Tiere.

Dies ist die etwas idealisierte Beziehung zwischen Weide und Weidetieren in der Naturlandschaft. Dieser Zustand kann indessen auch in der Natur oft nicht «ideal» bleiben. Eine Folge von Katastrophenjahren kann zu einer Zerstörung führen. Oft ist es aber der kultivierende Mensch, der sich nicht an die Tragfähigkeit einer Weide hält und sie mit einer zu großen Zahl von Tieren übernutzt. Dann wird die erwähnte stabilisierende Wechselwirkung durchbrochen, und die Beziehung kippt aus dem Gleichgewicht. Ein **Schwellenwert,** an dem die Weide sich gerade noch erholen kann, wird überschritten. Die Erosion des infolge übermäßiger Beweidung entblößten Oberbodens durch starke Regenfälle verhindert den Schluß der Grasnarbe. Bleibt nun die Weide bei geringerer Pflanzenproduktion übernutzt, macht sich diese «Störung» immer stärker bemerkbar. In aufschaukelnder Wechselwirkung – durch positive Rückkopplung – bricht schließlich die geregelte Beziehung zwischen Weidetieren und Weide zusammen. Beispiele für positive Rückkopplung gibt es übrigens in unserer Kulturlandschaft viele. So werden Insekten, die mit chemischen Mitteln (Insektiziden) bekämpft werden, um so unempfindlicher, je mehr Insektizid – häufig unsachgemäß – gegen sie eingesetzt wird. Diese «genetischen Rückkopplungen» durch «Koevolution» mit dem Insektizid führt dazu, daß immer mehr Insektizid benötigt wird, um noch

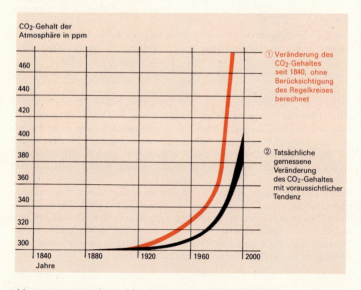

Abb. 1.13: **Anstieg des Kohlendioxidgehalts in der Atmosphäre.** Ab 1973 ca. 2‰ gemessener Anstieg. (Nach Bolin 1970, Siegenthaler und Oeschger 1987). Aktuell nach Brown et al. (1989) bei 352 ppm (1990: 353 ppm). Heutige Prognose: –2050: 450–480 ppmv CO_2; Basis: Zunahme –2100: 460–560 ppmv CO_2; 0,5–2% CO_2/J.; vgl. CH_4: 0,7–1%/J.

eine Wirkung zu erzielen. Dies schaukelt sich so lange auf, bis das Mittel unbrauchbar geworden ist wie etwa DDT gegen gewisse Malariamückenarten (Näheres über die schädlichen Auswirkungen des DDT auf S. 291).
Mit den Begriffen der positiven und negativen Rückkopplung läßt sich auch das Modell eines **weltweiten Regelkreises** beschreiben, der Kreislauf des Kohlenstoffs (Abb. 1.13 u. 1.14) (Näheres darüber auf S. 106). Das Gas Kohlendioxid (CO_2) entsteht durch Verbrennungsprozesse, durch die Atmung der Lebewesen und durch vulkanische Vorgänge. Die Pflanzen benötigen CO_2, um zu leben, zu wachsen und ihre eigene Körpersubstanz aufzubauen. Bei der Kalkablagerung in den Gewässern wird CO_2 im Kalk gebunden, bei der Humus- und Torfbildung an organischer Substanz (z. B. Huminsäuren). So herrscht ein weltweites Gleichgewicht zwischen Produktion und Verbrauch von CO_2, wobei dessen Konzentration in der Atmosphäre von den chemischen Reaktionen des Wassers und der Gesteine abhängig ist. Im Wasser ist nämlich etwa 60mal mehr Kohlenstoff enthalten als in der Luft; im Gestein sogar 40000mal mehr.

Langfristige Untersuchungen der im grönländischen Eis eingeschlossenen Luft erlauben im Vergleich mit den zur Zeit der Eisbildung herrschenden klimatischen Bedingungen zuverlässigere Aussagen über zukünftige Klimaentwicklungen infolge des CO_2-Anstiegs (Dynamik von ^{14}C, ^{10}Be, temperaturabhängiges $^{18}O/^{16}O$-Verhältnis in Foraminiferen-Sedimenten; Näheres in der Literatur, z. B. in Siegenthaler und Oeschger 1987).

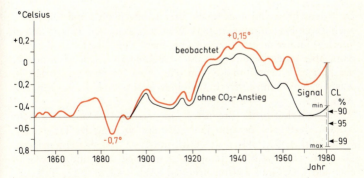

Abb. 1.14: **Entwicklung der beobachteten Lufttemperatur 1859–1980.** (Nach Raschke 1989 in Fritsch 1990)

Tab. 1.4: **Emission von CO_2.**

- durch Verbrennung von 1 EJ fossiler Brennstoffe (Kohle: Öl = 1:1) entsteht 84 Mio. t CO_2 (3,41 kg CO_2 pro kg Brennstoff)

$$\boxed{84 \text{ Mio t } CO_2/EJ}$$

- diese Menge verdünnt sich in $5,1 \cdot 10^{15}$ t Luft der Atmosphäre, wobei gemäß Molekulargewicht (CO_2: 44; Luft ca. 29) ein CO_2-Anstieg von

$$\frac{84 \cdot 10^6 \text{ t } CO_2}{5,1 \cdot 10^{15} \text{ t Luft}} \cdot \frac{29}{44} = 11 \cdot 10^{-9}$$

resultiert

$$\boxed{\begin{array}{c} > 0,0022 \text{ ppm/EJ} \\ \text{ohne Berücksichtigung der Reabsorption} \end{array}}$$

- falls die Hälfte in der Atmosphäre bleibt, steigt der CO_2-Gehalt in den Jahren
  - 1980–2000 bei einem Verbrauch von   6 300 EJ um   35 ppm
  - 1980–2040 bei einem Verbrauch von   30 000 EJ um 165 ppm
  - 1980–2100 bei einem Verbrauch von 100 000 EJ um 550 ppm

pro 10^6 kJ verbranntes Erdgas bzw. Erdöl oder Kohle entwickelt sich 14 kg CO_2 bzw. 20 oder 24 kg CO_2.

Der Mensch begann nun, fossile Brennstoffe (Kohle und Öl)), aber auch durch Brandrodung riesiger Wälder (z. B. in den Tropen und in Sibirien) immer mehr Holz zu verbrennen. Zunächst kaum spürbar, dann aber immer schneller, nahm dabei die CO_2-Konzentration in der Luft zu – heute um 1,5 ppm oder etwa 0,5 Prozent jährlich –, was aus dem Brennstoffverbrauch berechnet werden kann (Tab. 1.4, Abb. 1.15).

Wenn weiterhin fossile Brennstoffe in steigendem Maße verbraucht werden, dürfte sich bis zum Jahr 2030 die Wirkung der TH-aktiven Gase (inkl. CO_2, CH_4, N_2O u. a.) um etwa 100 Prozent steigern. Dadurch würde sich die Temperatur weltweit um mind. 2–3 Grad eher um 3–5 Grad Celsius erhöhen (Abb. 1.16 u. 1.17, Tab. 1.5; Temperatur-Entwicklung der letzten Mio J. sowie CO_2/CH_4-Konzentrationen der letzten Mio J.).

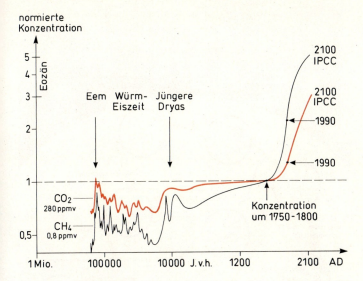

Abb. 1.15: **Durchschnittliche Gehalte der Erdatmosphäre an CO_2 und CH_4 während der Eiszeit und voraussichtlicher Anstieg.** Normierung der Konzentration auf vorindustrielle Werte. (Nach Chappellaz et al. 1990 und IPCC 1990 in Gassmann 1990)

Tab. 1.5: **Ursachen für großräumige Änderungen der Oberflächenalbedo.** (Nach Munn u. Machta 1979)

Prozesse, die die Albedo erhöhen	Prozesse, die die Albedo erniedrigen
1. Desertifikation	1. Überweidung in Gebieten mit mäßigem bis starkem Niederschlag
2. Überweidung in semi-ariden Gebieten	2. Künstliche Seen und Bewässerungsanlagen
3. Entwaldung	3. Stadt- und Industriegebiete
4. Abbrennen von Grasland in semi-ariden Gebieten	4. Entfernung von Schnee
5. Bearbeitung der Felder	5. Ablagerung von Staub auf Schnee
6. Änderung von Wasseroberflächen (z. B. Wuchs von Phytoplankton)	

42 · Die Struktur

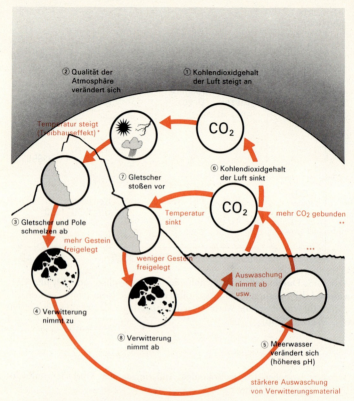

* vermehrter Rückhalt von Infrarotstrahlung

** Aus dem Isotopenverhältnis ($^{14}C/^{12}C$) des vom Meerwasser absorbierten CO_2 läßt sich der durch Waldbrände beigetragene Teil (im Vergleich zum Teil, den die fossilen Brennstoffe beisteuern), also CO_2 aus Organismen und Humus, ungefähr abschätzen. Möglicherweise erhöht sich durch die CO_2 «Düngung» aus der Atmosphäre (wo ca. 40% verbleibt) auch die Biomasse der Erde und ihre Produktion. Durch schnelleres Wachstum der Bäume würde ein Teil des CO_2 gebunden und gespeichert. Die erhöhten CO_2-Gehalte verringern außerdem den Wasserverbrauch der Pflanzen durch Verkleinerung der Spaltöffnungen. Bei einer Verdoppelung des CO_2-Gehalts verbraucht Soja nur die Hälfte, Mais etwa ein Drittel der Wassermenge. Indessen würde durch trockeneres und wärmeres Klima (+2°C) in den USA Mais 26%, Weizen 10% weniger produzieren, Reis in den Randtropen dagegen bei 0,5 bis 1°C höherer Temperatur etwa 10% mehr.

*** Schwankung des Meeresspiegels

--→ mögliche Weiterentwicklung zyklisch.

Abb. 1.16: **Der Kohlendioxid-Temperatur-Regelkreis.**

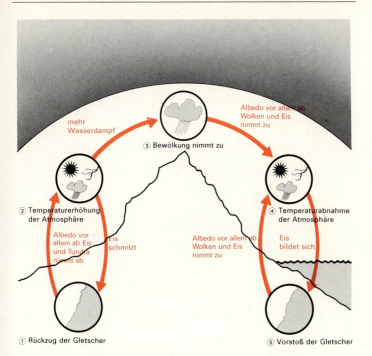

Abb. 1.17: **Auswirkungen des veränderten Kohlendioxidgehaltes.** Zwischen dem Rückzug der Gletscher (1) und der Temperaturerhöhung der Atmosphäre (2) sowie zwischen der Temperaturabnahme der Atmosphäre (4) und dem Vorstoß der Gletscher (5) spielt sich je ein unabhängiger, positiv rückgekoppelter Vorgang ab. Eine Erhöhung um 3 °C würde den Meeresspiegel um 50–100 cm steigen lassen, Bangla Desh und Ägypten könnten bis 20 % des bewohnbaren Landes verlieren. (Brown et al. 1989)

Die intensivierte Forschung in diesem Bereich hat für 1986 bereits eine um 0,3–0,7 °C erhöhte globale Durchschnittstemperatur nachgewiesen (Abb. 1.18) und einen noch nicht ganz geklärten[1] stärkeren Anstieg des Meeresspiegels um 1–2 mm/J. also 500 km^3/J., in der Nordsee gar von 16 cm in 25 Jahren (Weltmeere ds 12 ± 5 cm im 20. Jh.; starke Verzögerung des Anstiegs durch Stauwerke und

---

[1] In erster Linie: thermische Ausdehnung, wenig von abgeschmolzenem Landeis.

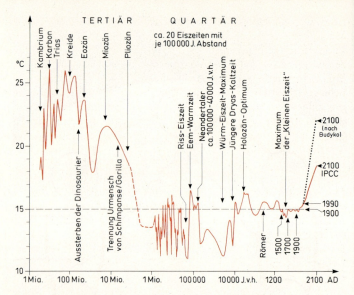

Abb. 1.18: **Durchschnittstemperaturen durch die Erdzeitalter und prognostizierter Anstieg.** (Nach Budyko 1988 und IPCC 1990 in Gassmann 1990)

Bewässerungsanlagen; Art der Berechnung s. Anhang). Außerdem waren die Jahre 1980, 81, 83, 87 bis 90 global gesehen mit 0,5 °C höherer DS-Temperatur die wärmsten der Meßreihen, seit zuverlässige Meßdaten erhoben werden können.[2] Bei einer Erhöhung um 3–4 °C wäre mit ausgedehnten Küstenüberflutungen (ds 65 ± 35 cm Meeresspiegel-Anstieg, max. 150 cm, bis 2100) zu rechnen, so z.B. in den USA mit 2 % der Landesfläche (entsprechend Evakuierungen von 6–8 % der Landesbevölkerung), noch katastrophaler in NW-Europa oder in S-Asien (Bangla Desh). An dieser Stelle sei daran erinnert, daß etwa ein Drittel der Weltbevölkerung innerhalb eines Küstenbereiches von 60 km lebt. Noch gefährlicher wäre ein Abschmelzen und Abgleiten des westantarktischen Eisschildes des Schelfeises, was, nach Moränenresten zu urteilen, offenbar vor 100 000 Jahren geschehen ist.

---

[2] Weitere für Mitteleuropa gültige Auslenkungen seither: häufigere Trockenperioden, weniger Schnee und frühere Schmelze, mehr heiße Tage.

Dabei würden 500 000 km² (von 2–2,5 Millionen km²) Eisfläche ins Meer gleiten und den Spiegel um 5–6 m heben. Diese Masse wird jedoch durch Gebirgsränder gestaut, ist indessen bei einer Erhöhung des Spiegels durch andere Abschmelzvorgänge störungsanfällig durch Verminderung der Reibung im Eistrichter.

Beim gesamten Prozeß sind jedoch einige Rückkopplungserscheinungen zu berücksichtigen, ebenso – was erst neuerdings klar wurde – die im gleichen Sinn wie CO_2 wirkenden Chlor-Fluor-Kohlenwasserstoffe (mehr darüber auf den Seiten 219–225), sowie die Zunahme von Methan (CH_4), Stickoxiden (NO_x, x = $^1/_2$, 1, 2) und andern sog. «treibhausaktiven» Gasen. Die Konzentration an atmosphärischem Methan nimmt seit 1600 stark zu, heute mit 1(–2)%/Jahr, das entspricht 140 Millionen t/J., der zweifachen natürlichen Menge, verstärkt ausgeschieden aus Rindern (Pansengärung), Termiten (starke Ausbreitung auf Rodungen) und Reisfeldern (markante Ausdehnung) sowie aus Sedimenten der kontinentalen Schelfe und aus arktischen Permafrostböden (aus sog. Clethrat). Methan bewirkt 20(–40)% der Erwärmung, Stickoxide 10–20% (vgl. auch S. 38–48).

Durch Erwärmung verringert sich direkt nicht nur die Eisfläche; es kommt auch zu einem sich selbst verstärkenden positiven Rückkopplungsprozeß, der schwer abzuschätzen ist und bei dem die **Rückstrahlung der Erde** (Albedo) abnimmt (Treibhauseffekt). Dadurch wird mehr Wärme zurückgehalten, was die weltweite Erwärmung noch verstärkt. Die Polargebiete reagieren deshalb auf Wärmeveränderungen am empfindlichsten: Sie haben eine viermal höhere Temperaturzunahme zu erwarten als äquatornähere Gebiete, nämlich bis 8 °C, was teilweise auf die Schnee/Albedo-Rückkopplung (s. S. 43) zurückzuführen ist. Dabei ist abgesehen vom Abschmelzen des Eises auch mit einer Aufweichung des Tundrabodens zu rechnen. Bereits sind Temperaturunterschiede von 2–4 °C in Tundraböden Alaskas festgestellt worden. Bei einer Wärmeabnahme kann sich auch der umgekehrte Vorgang aufschaukeln.

Die Wärmezunahme führt aber auch dazu, daß mehr Wasserdampf (mitverantwortlich für den natürlichen TH-Effekt) in der Luft bleibt. Dadurch steigt der durchschnittliche Bewölkungsgrad und damit auch die Albedo, was zu einer allerdings nur schwer berechenbaren Abkühlung führt. Dem kann sich eine Veränderung der Niederschlagshäufigkeit anschließen, indem beispielsweise die Oberflächen-Wassertemperatur des Meeres oder der Staubgehalt der Luft sich ändert (siehe auch Wasserkreislauf Seite 98 ff.). Es wird angenommen, daß Wolkenbänke (abhängig von Höhe, Verteilung, Mächtigkeit, von

ihrem «Weiß») gegensätzliche Wirkungen haben können; tiefliegende dichte, ähnlich wie die Erdoberfläche temperierte Wolken fördern die Rückstrahlung und sind somit dem TH-Effekt gegenläufig; hochliegende, dünne Wolkenfelder verstärken den TH-Effekt, da die Eiskristalle bei der Rückstrahlung als Barriere wirken. Aktuell überwiegen abkühlende Effekte. – In den tieferen Meeren ist die Pufferkapazität für CO_2 von der Durchmischung abhängig, wobei 60% der totalen Kapazität vom Ozean-Sediment-System gestellt wird.
Bis zum Ende dieses Jahrhunderts dürften sich im ganzen Komplex dieser möglichen wechselseitig vernetzten Vorgänge weitere temperaturregulierende Prozesse bemerkbar machen, die freilich in ihrer Gesamtwirkung heute noch schwer durchschaubar sind. Dazu gehören die durch höheren Staubgehalt der Luft bewirkten Veränderungen in der Rückstrahlung der Erde, die je nach Region und Konzentration des Staubes zu- oder abnehmen kann. Voraussagen für das weltweite Klima der Zukunft sind also noch ziemlich offen, zumal in diesem Zusammenhang auch die Abwärmeprobleme, die bei der Energieerzeugung (oder der Wirkung anderer TH-aktiver Gase) entstehen, berücksichtigt werden müssen. Immerhin rechnet man heute bei einem CO_2-Gehalt von 600 ppm (Entwicklung ohne Mäßigung, «Business as usual»-Situation) mit Temperaturanstiegen in den mittleren Breiten von 4–6 °C (weltweit 2,3 ± 0,8 °C) bis zur Mitte des 21. Jahrhunderts, je nach Kontinentalität des Klimas. Damit gekoppelt wäre eine weltweite Umverteilung der landwirtschaftlichen Produktionsmöglichkeiten (Abb. 1.19).

Weltweit würden die Vegetationszonen polwärts wandern, in Mitteleuropa wahrscheinlich um 4–600 km/Jh. (vgl. natürliche Einwanderung nach Eiszeit: maximal 1 km nordwärts/J.; ds 20–30 km/Jh.; Fichte 1–20 km/Jh.) bzw. 100 m höher je Zunahme von 0,6 °C, entsprechend 1 Breitengrad und einer Verkürzung der Vegetationsperiode um 5–6 d. Bei ca. 4 °C Änderung entspräche dies einer polgerichteten Wanderung von 200–1000 km (Verschiebung von Vegetationszonen um ca. 100–200 km pro 1 °C). Allerdings wäre die Reaktion der Vegetation phasenverschoben, nämlich um ca. 40 Jahre bei einer Adaptationszeit bis zur Gleichgewichtslage (auch des CO_2) von 50–200 Jahren.
Wald würde etwa 20–100 × mehr C speichern können als Landwirtschaftsland. Bei Aufforstungen könnten bis 200 t C (750 t CO_2) pro ha gespeichert werden. Für eine nachhaltig bindende Wirkung wären allerdings etwa 5 Mio km^2 nötig (vgl. 1,3 Mio km^2 allein zur Verlangsamung der Erosion). In 50 Jahren könnten so etwa 110 Gt CO_2 im Wald (Biomasse, Holz und Humus) aufgenommen werden. Solche Maßnahmen müßten selbstverständlich mit verbesserter landwirtschaftlicher Nutzung gekoppelt werden (ab S. 376)

Die regulierenden Kräfte · 47

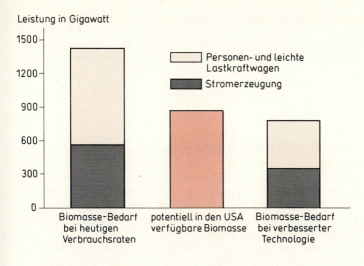

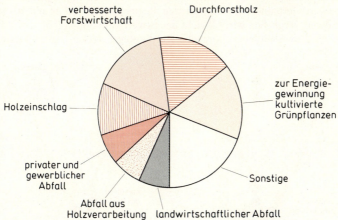

Abb. 1.19: **Energie aus Biomasse als Ersatz von Kohle zur Stormerzeugung und von Kraftstoff für leichte Fahrzeuge in den USA.** Heute könnte die verfügbare Biomasse nur $^2/_3$ des Energiebedarfs decken. Wenn der Kraftstoffverbrauch auf die Hälfte gesenkt und moderne kombinierte Vergaserturbinen die Stromerzeugung übernehmen würden, ließe sich der Energiebedarf völlig aus Biomasse decken. 50 % der heutigen CO_2-Freisetzung würden entfallen. (Weinberg & Williams 1990)

(absolut notwendige Reduktion des CO_2-Ausstoßes um 60%, der anderen TH-aktiven Gase um 15–20%; dies bedeutet bei CO_2 1–2% Reduktion pro Jahr, um auf 50% oberhalb der präindustriellen Werte zu kommen).
In Gebirgen wäre zusätzlich mit verstärkten Murgängen zu rechnen, da das Eis in eisdurchsetzten Schutthalden und Blockströmen höherer Lagen (S-Hang ab 3000 m, N-Hang ab 2000 m) intensiver schmelzen würden.
(Weitere Untersuchungen durch das «Intergovernmental Panel on Climate Change», IPCC).

1.5.1 Regelkreis und Rückkopplung

Bei aller Vielfalt der Regelkreise in der Natur und in unserer Kultur kommt doch immer wieder dasselbe Funktionsprinzip zum Vorschein (Abb. 1.20). Ein Regelkreis ist ein in sich geschlossenes System von **Rückkopplungen** und besteht im wesentlichen aus zwei Teilen: einer Regelstrecke und einem Regler.
Der **Regler** wird durch eine Führungsgröße auf einen Sollwert eingestellt. Ein Meßfühler stellt den tatsächlichen Wert der **Regelstrecke** (Istwert) fest und leitet ihn an den Regler weiter, wo er mit dem Sollwert verglichen wird. Weicht der Istwert vom Sollwert ab – etwa durch Einwirken einer Störgröße auf die Regelstrecke –, so ermittelt

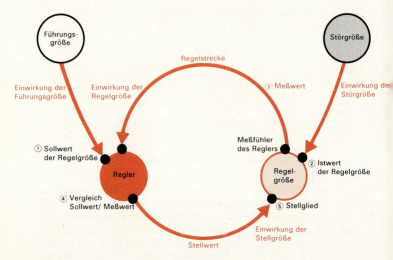

Abb. 1.20: **Wie ein Regelkreis funktioniert.**

Tab. 1.6: **Regelkreise in Natur und Technik.**

Teile des Regelkreises	Technik: Thermostat	Natur: Räuber-Beute-Beziehung (Jagdwesen)
Regelstrecke	Temperaturgefälle im Raum vom Heizdraht zum Thermometer	Beutepopulation (bzw. Wildpopulation) zwischen zwei Extremen
Regelgröße	aktuelle Temperatur	Dichte der Beutepopulation (bzw. Wilddichte)
Regler	Temperaturfühler, Temperatur i.e.S.	Dichte der Räuberpopulation (bzw. Jagdbehörde)
Führungsgröße	unsere Temperaturbedürfnisse	Nahrungsbedarf des Räubers (bzw. vorgeschriebene Abschußquote)
Sollwert	gewünschte Temperatur	Beutedichte im Gleichgewicht (bzw. vom Heger angestrebte Wilddichte)
Störgröße	Außentemperatur, Wärmeverlust	Krankheiten, schlechte Witterung, natürliche Vermehrung
Istwert	aktueller Temperaturmeßwert am Thermometer	aktuelle Dichte der Beute (bzw. des Jagdwildes)
Stellgröße	Wärmezufuhr, -abfuhr	Nahrungsmangel, Einfluß des Räubers (bzw. des Jägers)
Stellwert	Temperaturkorrektur am Heizdraht	Anzahl gefressener Beutetiere (bzw. Abschußzahl)
Stellglied	Verstellmechanismus	Häufigkeit des Zusammentreffens von Räuber und Beute (bzw. Abschußplan)

der Regler aus dieser Differenz einen Stellwert, der über das Stellglied die Regelgröße so lange verändert, bis ihr Istwert mit dem Sollwert wieder übereinstimmt.

In der Natur hängen Regelsysteme miteinander zusammen und bilden ein engmaschiges Wirkungsnetz, wodurch die Führungsgröße des einen Regelkreises (z. B. optimale Temperaturbedingungen) in anderen Regelkreisen erscheinen kann als

- **Regelgröße** (z. B. unsere Körpertemperatur)

- **Stellgröße** (z. B. Zufuhr von Wärme zum Magen bei der Verdauung)
- **Störgröße** (z. B. unsere optimale Körpertemperatur als ungünstige Temperatur für bestimmte Bakterien).

In der Natur können Regler und Regelstrecke ausgetauscht werden, etwa zwischen Pflanzen- und Fleischfressern, Beute und Räuber (z. B. Reh und Wolf, Hase und Luchs): ihre Populationsdichten wirken abwechselnd als Regelgröße und Störgröße (Tab. 1.6).

1.6 Das Gefüge der Ökosysteme

In unserer Umwelt verhalten sich alle Teile – das Meer, der Wald, der Acker usw. – als Systeme mit ein- und zwischengeschalteten Regelkreisen. Man nennt sie Ökosysteme (Abb. 1.21). Es sind **Lebensgemeinschaften** (Biozönosen) von Pflanzen und Tieren in einem ganz bestimmten Lebensort, dem sogenannten **Biotop**. Das Zusammenleben der Organismen in einer Lebensgemeinschaft ist im dritten Teil dieses Buches ausführlich dargestellt.

Der Lebensort wird durch Klima, Geländegestalt und Bodeneigenschaften geprägt, insbesondere durch Licht und Wärme, Wasser und Nährstoffe; auch der Wind und andere mechanische Faktoren sowie die Bewirtschaftung durch den Menschen beeinflussen den Biotop. Natürlich finden in den großen übergeordneten Ökosystemen wie dem Wald oder dem Meer eine Vielzahl von **Untersystemen** Platz, ein Korallenriff beispielsweise oder ein Teich, Fluß, Sumpf, eine Felswand usw. Ein Ökosystem bildet immer eine übergeordnete Ganzheit; es besitzt seine eigenen, ganz besonderen Boden- und Klimaverhältnisse. In dieser Umwelt leben die Organismen des Ökosystems, die Pflanzen, Tiere und Mikroorganismen, die durch eine Vielfalt von Wechselbeziehungen miteinander verbunden sind. Dieses System reagiert als Ganzheit anders, als seine voneinander isolierten Bestandteile reagieren würden. Ein Reh im Gehege verhält sich anders als ein Reh im Wald, eine junge Buche in der Baumschule anders als eine im Waldbestand. Die Eigenschaften eines Ökosystems sind also nicht gleich der Summe der Eigenschaften seiner Bestandteile. Ein Ökosystem besitzt vielmehr Eigenschaften, die sich aus dem Zusammenwirken

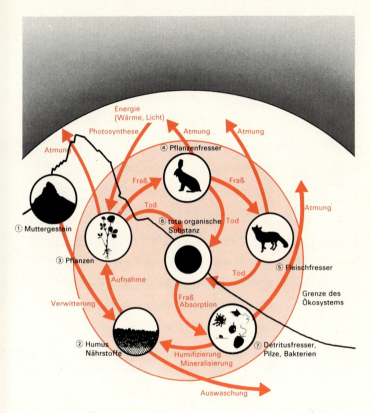

Abb. 1.21: **Das Ökosystem.** Wichtige Teile (Kompartimente), Beziehungen und Prozesse in einem reifen Land-Ökosystem (unbelebte und belebte Umweltteile). (Nach Gigon 1974, 1975)

von Standort und Lebewesen ergeben. Eine dauernde Fruchtbarkeit des Waldbodens ist nur im Waldbestand möglich; der günstige Einfluß des Waldes auf seine Umgebung ist nur bei einem geschlossenen Bestand denkbar und ergibt sich nicht aus einer ebenso großen Anzahl locker stehender Bäume. Gewisse Organismen können nur im Ökosystem Wald dauerhaft und ohne Pflege überleben. Nur die ungestörte Ganzheit eines Ökosystems ermöglicht vielfältiges Leben (Abb. 1.22).

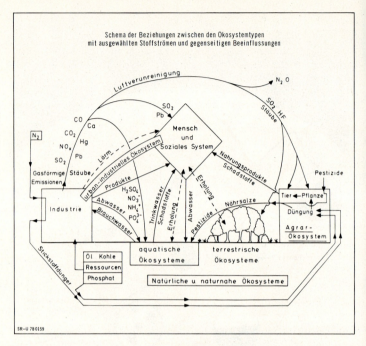

Abb. 1.22: **Schema der Beziehungen zwischen den Ökosystemtypen mit ausgewählten Stoffströmen und gegenseitigen Beeinflussungen.** (Gez. nach Umweltgutachten 1978, zit. nach Hansmeyer et al. 1979)

1.6.1 Offene und «geschlossene» Ökosysteme

Ökosysteme lassen sich nach ihrem Erscheinungsbild (Physiognomie) und nach wichtigen Bestandteilen und deren Funktionen systematisch einteilen. In starker Vereinfachung sind offene und «geschlossene» sowie ungestörte und gestörte Ökosysteme zu unterscheiden. Ein Aquarium wirkt zwar durchaus geschlossen, ist aber doch im besten Fall neben Licht und Wärme auch auf die Zufuhr von Futter für die Fische angewiesen. Alle hier als «geschlossen» bezeichneten Ökosysteme sind also hinsichtlich der **Energiezufuhr** – im streng thermodynamischen Sinn – nicht geschlossen. Ferner findet, selbst im günstigsten Fall, ein Materialaustausch statt (durch tieffliegende Insekten, Auswaschung des Bodens usw.).

Immerhin ist der **Wald** nahezu geschlossen (autonom oder «autarkisch»), bleibt aber neben der Energie auch auf die Zufuhr von Wasser angewiesen. Er kann zu den «geschlossenen» Systemen gezählt werden, weil 60 bis 85 Prozent aller Nährstoffe innerhalb des Ökosystems in ständigem Umlauf sind, angetrieben durch den «Motor» Sonne, der Energie in Form von Licht und Wärme zuführt.

Rückkopplungen zwischen Pflanzen und Tieren, dem Nahrungsangebot und der Nahrungsnachfrage, halten ein stabiles Fließgleichgewicht im Ökosystem Wald aufrecht. Die meisten Waldlebewesen haben sich ja im Laufe der Evolution neben – und im Kontakt miteinander entwickelt (Koevolution, s. S. 27 ff.); sie sind in ihrer Lebensart aufeinander angewiesen und deshalb durch viele komplizierte Wechselwirkungen miteinander verbunden. Das natürliche **Grasland** und die **Wüste** sind im oben definierten Sinne ebenso «geschlossene» Ökosysteme wie der Wald.

Offen sind dagegen die **Gewässerökosysteme**. Sie erhalten neben Energie und Wasser auch Nährstoffe aus der Umgebung. An ihrem Beispiel läßt sich zeigen, wie Ökosysteme gestört werden können.

1.6.2 Gestörte und ungestörte Ökosysteme

Der Wald gilt als ein relativ stabiles Ökosystem. In Stadtnähe gibt es indessen sehr viele gestörte Wälder. Tritt, Abfälle und andere Einflüsse des Menschen beeinträchtigen den Wald oft so stark, daß Erosionserscheinungen auftreten und der Wald sich kaum mehr verjüngt. Auch die Gewässer unserer Kulturlandschaft können kaum ungestört bleiben.

Das typische Gegenbeispiel dazu ist ein abgelegener, von Felsen umgebener kleiner Bergsee, der durch Schmelzwasser gespeist wird. Er mündet in einen Bach aus, der frei von menschlichen Einflüssen zu Tal stürzt und sich dort in einen größeren See ergießt. Dieses System ist «offen», weil verschiedene Stoffe aus der Umgebung in den Bach gelangen: verwitterndes Gestein vom Bachbett und Ufer, Humusstoffe aus einem Moor im Delta des Baches, Pflanzenreste aus den umgebenden Weiden und Ausscheidungen der Wildtiere, die in dieser Umgebung leben (Abb. 1.23).

Das Fließgewässer gelangt nun in dichter besiedelte Gebiete mit Dörfern, Kleinstädten und Fabriken. Industrieanlagen nutzen das Wasser; es wird als Kühlmittel, Lösungsmittel und Grundstoff eingesetzt. Bald hat der zum Fluß verbreiterte Bach eine gewaltige Last chemischer und mechanischer Fremdstoffe zu tragen: Salze, Öl und andere Verunreinigungen aus Industrie, Haushalt und Landwirtschaft. Dazu kommen Veränderungen der Wassertemperatur, und – durch Kanalisierung – der Fließgeschwindigkeit. Selbstverständlich

Abb. 1.23: **Nährstoffarmer (oligotropher) Bergsee im Gotthardgebiet.**

Abb. 1.24: **«Wasserblüte» (Algen) im äußerst nährstoffreichen (eutrophen) Untersee bei Eschenz.**

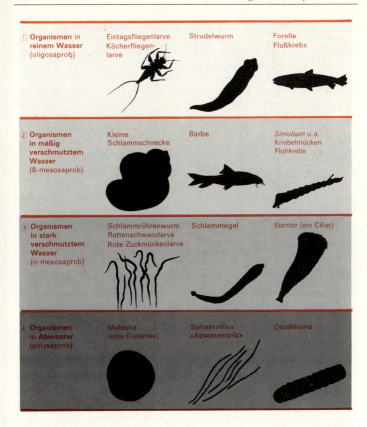

Abb. 1.25: **Das Saprobiensystem.** Verschmutzung eines Fließgewässers durch Haushaltabwässer und die nachfolgenden Veränderungen in den Lebensgemeinschaften als Ausdruck der Selbstreinigung. Mit der Abnahme des Sauerstoffs verschwinden die Fische; Organismen, die an niedrige Sauerstoffgehalte angepaßt sind oder an der Oberfläche leben können, bauen die Lebensgemeinschaft auf (z. B. Mückenlarven, Bachröhrenwurm als Organismengruppe). Sobald alles organische Material durch Bakterien abgebaut ist, erscheint wieder die ursprüngliche Lebensform. (Nach Walder 1970 und Hynes 1963; Loub 1984)

Tab. 1.7: **Saprobiensystem.** (Nach Fjerdingstad in Loub 1984)

Zone	Organismen (Leitorganismen)	chemische Charakterisierung
koprozoisch	Bakterien und von den Flagellaten besonders *Bodo*	unverdünntes, braunes fäkalisches Wasser, noch ohne Schwefelwasserstoffbildung, BOD hoch, Gesamtstickstoffgehalt hoch, aber wenig Ammonium und Nitrat
α-polysaprob	1. Euglenen 2. Rhodo- und Thiobakterien 3. Chlorobakterien	Schwefelwasserstoffbildung intensiv, kein oder fast kein Sauerstoff, intensiver Abbau der organischen Substanz, hoher Gehalt an Ammonium
β-polysaprob	1. *Beggiatoa* 2. *Thiothrix nivea* 3. Euglenen	Sauerstoffgehalt gering, Schwefelwasserstoff noch gebildet, Gehalte an Phosphat hoch, an Ammonium noch beachtlich
γ-polysaprob	1. *Oscillatoria chlorina*-Gesellschaft 2. *Sphaerotilus natans*-Gesellschaft	geringe Sauerstoffsättigung, wenig Schwefelwasserstoff, Ammoniumgehalte sinkend
α-mesosaprob	*Ulothrix zonata* oder *Oscillatoria benthonicum* oder *Stigeoclonium tenue*	Anreicherung von Aminosäuren, Sauerstoffsättigung unter 50%, kein Schwefelwasserstoff, BOD über 10 mg/l
β-mesosaprob	*Cladophora fracta* oder *Phormidium*	fortschreitende Oxidation und Mineralisation, Sauerstoffsättigung über 50%, BOD unter 10 mg/l, mehr Nitrat und Nitrit als Ammonium
γ-mesosaprob	Rhodophyceen (*Batrachospermum* bzw. *Lemanea*) oder Chlorophyceen (*Cladophora glomerata* bzw. *Ulothrix zonata*)	fast vollständiger Abbau der organischen Substanz, BOD 3–6 mg/l

Tab. 1.7: **Fortsetzung**

Zone	Organismen (Leitorganismen)	chemische Charakterisierung
oligosaprob	Chlorophyceen *(Draparnaldia glomerata)* oder *Meridion circulare* oder Rhodophyceen wie oben mit *Hildenbrandtia* oder *Vaucheria sessilis* bzw. *Phormidium inundatum*	Mineralisation vollständig, BOD unter 3 mg/l
katharob	Chlorophyceen *(Draparnaldia plumosa* und *Chlorotylium)* oder Rhodophyceen *(Chantransia, Hildenbrandtia)* oder Krustenalgen (Blaualgen: *Chamaesiphon)*	ohne jede Verunreinigung

beeinflussen solche Änderungen der Standortbedingungen die Vegetation (Abb. 1.25) und damit das Gesicht ganzer Landschaftsteile. Dazu kommt der Einfluß ufernaher Siedlungen sowie die Stauhaltung, die Sedimentqualität und Nährstoffzufuhr (mit) beeinflussen (Abb. 1.24, Tab. 1.7).

An einem natürlichen Seeufer bauen Röhrichte verschiedener Art die im Wasser gelösten Schadstoffe ab und schützen die Ufer vor Erosion; sie wirken als Laich-, Jungfisch- und Vogelbrutgebiet und schaffen eine natürliche Pufferzone zwischen Land und Wasser. Die Lebensgemeinschaft des Röhrichts ist gegenüber schädigenden Einflüssen sehr empfindlich: Schilf etwa kann sich gegen Schwemmgut und Algen nur schlecht behaupten und wird von Unkrautfluren durchsetzt und schließlich verdrängt – ein deutliches Anzeichen eines gestörten Ökosystems (Abb. 1.26). Am Ende zeugen nur noch Stoppeln von einer an die neuen Bedingungen nicht angepaßten Seeufervegetation. Was bleibt, sind Algen und Schmutz. In diesem veränderten Lebensraum finden auch viele Tierarten keinen Platz mehr. So verschwanden mit den Röhrichten und ihrem Vorgelände die Laich- und Brutgebiete verschiedener Fischarten von wirtschaftlicher Bedeutung (Hecht, Brachsen, Schleie und Karpfen, z. T. auch Barsch, Rotfeder und Rotauge), und viele Vogelarten wurden ihrer Nistplätze beraubt

Abb. 1.26: **Erodierendes Seeufer.** Das Seeufer wurde zuvor von schützendem Röhricht entblößt (Grangettes, Rhonedelta bei Villeneuve/Noville VD, Schweiz).

(Rohrdommel und andere Reiherartige, Rohrsängerarten, Rallen usw.). Hier versagt offenbar die Selbstregulierung der Natur (mehr darüber auf S. 228 ff.).

1.6.3 Verhalten eines belasteten Ökosystems

In der Hitze des Feuers verbrennen wir unsere Finger, halten aber die Temperaturen auch der stärksten Sonnenstrahlung recht gut aus. Es gibt also auch in unserem Organismus einen **Schwellenwert,** der durch Schweißabsonderung und andere körpereigene Regelvorgänge nicht über ein bestimmtes Maß hinaus erhöht werden kann. Er ist recht schwer in Zahlen zu fassen, da seine Höhe nicht konstant ist, sondern von vielen äußeren Umständen abhängt (Temperaturen der Vortage, Disposition usw.).

Dasselbe gilt auch für ein Ökosystem. Seine Schwellenwerte werden durch verschiedene Faktoren bestimmt; im Beispiel des Seeufers ist es die Wirkung des Schwemmgutes und der Algen auf das Röhricht. Die Entwicklung der Algen hängt in erster Linie mit der Überdüngung des

Sees zusammen, vor allem durch einen Überschuß an Phosphat. Wie hoch die Schwellenwerte (bzw. Grenzwerte) im einzelnen sind, ist nicht immer genau bekannt; ihr Überschreiten wird indessen immer deutlich sichtbar. Im allgemeinen gelten für den Schwellenwert von Organismen Regeln, die teilweise schon von Pionieren der Pflanzenernährung im letzten Jahrhundert gefunden wurden.

1.7 Ansprüche und Grenzmarken des Lebens: Physikalische Umweltfaktoren

Der deutsche Chemiker Justus von Liebig formulierte 1880 sein **Minimumgesetz,** das heute noch gültig ist:

> «Die grundlegenden Bedürfnisse der Lebewesen sind variabel und von der Art und Umwelt abhängig. Unter Gleichgewichtsbedingungen wirkt *der* Faktor begrenzend, der im Minimum auftritt.»

Dies bedeutet, daß etwa eine sonst ausreichend ernährte Pflanze immer noch schlecht gedeiht, wenn sie zu wenig Stickstoff bekommt, daß ein sonst ausreichend ernährtes Tier kaum sehr lebensfähig ist, wenn die Umgebungstemperatur zu tief liegt usw. Diese Regel gilt nur beschränkt, wenn die Umweltfaktoren sich sehr schnell ändern. So können in einem nährstoffreichen See die begrenzenden Faktoren rasch wechseln; in einem solchen Fall herrscht zwischen Umweltfaktoren und Lebewesen kein Gleichgewicht. Außerdem sind auch die Wechselwirkungen zwischen den Faktoren zu berücksichtigen.

Das Gesetz vom Minimum beschreibt nur die eine Seite der begrenzenden Faktoren; auch ein Zuviel kann begrenzen. Diese andere Seite hat Shelford 1913 in seinem **Toleranzgesetz** erfaßt:

> «Das Vorkommen und der Erfolg einer Art ist abhängig von der Vollständigkeit eines Faktorenkomplexes, der die Bedürfnisse einer Art befriedigt. Das Fehlen oder Versagen einer Art wird entweder von Lücken in diesem Komplex bestimmt, die sich qualitativ oder quantitativ auswirken, oder von einem Zuviel eines Faktors, der die Toleranzgrenze für die betreffende Art erreicht.»

Lebewesen und Lebensgemeinschaften haben also bezüglich Lichtintensität und Wärme, aber auch der Zufuhr chemischer Stoffe oder des Einflusses mechanischer Faktoren eine **obere Grenze,** die nicht überschritten werden darf. Besonders empfindliche Entwicklungsstadien von Lebewesen können durch einen einzigen Faktor begrenzt sein, der am wenigsten den Bedürfnissen entspricht. Liegt beispielsweise bei sonst guten Lebensbedingungen die Temperatur zu hoch oder zu niedrig, so werden Lebewesen oder Lebensgemeinschaften ausgeschaltet, wandeln sich um oder passen sich an. Ein Buchenwald auf feuchtem Boden sieht im gleichen Gebiet ganz anders aus als ein Buchenwald auf trockenem Boden: im ersten Fall herrschen hohe, gerade Stämme und weiche Kräuter vor, im zweiten eher knorrige Stämme und härterlaubige Kräuter.

Viele Arten sind gegenüber einzelnen Umweltfaktoren verschieden empfindlich. So kann beispielsweise ein Zuviel an Wärme besser ertragen werden als ein Zuviel an Wasser. Dies gilt für viele Pflanzenarten in trockenen Wäldern, Steppen und Savannen. Arten mit einer weiten Toleranzgrenze können an vielen verschiedenen Standorten gedeihen; sie werden deshalb «Ubiquisten» genannt (lat. ubiquis = überall). Dazu gehören Fichte, Birke, Sauerklee, Brombeere, Rotklee oder Rotschwingel. Die Toleranzgrenze hängt oft von Wechselwirkungen ab: Viele Gräser ertragen Trockenheit weniger gut, wenn sie nicht ausreichend mit Nährstoffen versorgt sind. Umgekehrt kann die normale Toleranzgrenze gegenüber einem Faktor unterschritten werden, wenn dafür ein anderer Faktor im Maximum auftritt. Deshalb lassen sich viele baumbewohnende tropische Orchideen im Kalthaus bei ausreichenden Lichtverhältnissen zum Blühen bringen.

Indessen sind doch viele Arten an recht enge Standortgrenzen gebunden, um blühen und fruchten zu können. Diese Standorttreue ist oft relativ. Gewisse Akazienarten, die in den feuchten Tropen nur an den trockensten Felshängen zu finden sind, weichen in Wüstengebieten auf die feuchtesten Standorte aus, in die Wadis. Es gilt Walters **«Gesetz der relativen Standortkonstanz»:**

> Je trockener das Klima, desto feuchter ist der Biotop, in den sich eine Pflanze zurückzieht – und umgekehrt. Die Klimaänderung wird kompensiert; die Standortbedingungen bleiben mehr oder weniger gleich.

Arten mit einem recht engen Toleranzbereich lassen sich als sogenannte **Zeigerarten** oder Standortindikatoren benützen, denn sie zeigen eine ganz bestimmte Standortqualität an. Sind die Grenzen dieser Arten erst einmal durch genaue Messungen erfaßt, so läßt sich später die Qualität eines Standorts mit Hilfe dieser Zeigerarten ansprechen, ohne daß die aufwendigen Messungen wiederholt zu werden brau-

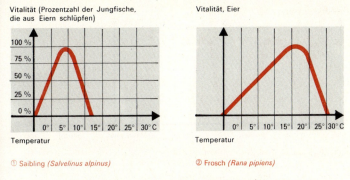

Abb. 1.27: **Physiologisches und ökologisches Verhalten bei Tieren.**

chen. In der Land- und Forstwirtschaft bedient man sich solcher «Zeiger», um Aussagen über das lokale Klima, die Bodeneigenschaften (Feuchte, Nährstoffe usw.) und über etwaige Fehler in der Nutzung zu erhalten (mehr darüber in Abb. 1.30 und in der Literatur).

Es gibt nicht nur Zeigerpflanzen, sondern auch Zeigertiere; besonders deutlich äußert sich dies bei Wassertieren. Diese sind meist an ziemlich enge Bereiche der Temperatur, Fließgeschwindigkeit oder Wasserzusammensetzung gebunden (Abb. 1.27). Wie bei den Pflanzen gibt es auch bei Tieren Arten, die Kalk bevorzugen (wie beispielsweise der bachbewohnende Käfer *Riolus*) oder die Kalk meiden wie die Flußperlmuschel *Margaritifera*.

Die Ansprüche von Pflanzen- und Tierarten lassen sich auch graphisch darstellen, indem man ihre Vitalität (Wuchskraft, Höhe, Produktion, Ertrag usw.) in Abhängigkeit eines Faktors aufträgt. Die Verbreitungskurve der Arten nimmt dann meist die Form einer symmetrischen oder asymmetrischen Gaußschen Glockenkurve an, das heißt, es entsteht eine Wahrscheinlichkeitsverteilung um den Optimalpunkt der Art (Abb. 1.28).

Tiere und Pflanzen zeigen ähnlich verlaufende Kurven. Die Verbreitung einer Art läßt sich auch gegenüber zwei oder in räumlicher Darstellung gegenüber drei Standortfaktoren darstellen. Dabei stellt sich heraus, daß viele Arten gar nicht dort wachsen, wo es ihnen am besten «gefällt», das heißt, wo sie als Einzelpflanzen am besten gedeihen würden (**«physiologisches Vorkommen»**). In der Natur müssen sie sich nämlich gegen andere Pflanzen durchsetzen, die ihnen den Platz streitig machen. Das **«ökologische Vorkommen»** ist der tatsächliche

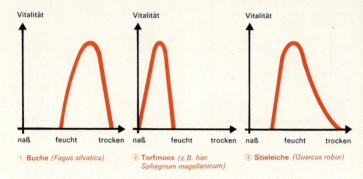

Abb. 1.28: **Physiologisches und ökologisches Verhalten bei Pflanzen.** Die Schnittpunkte der Kurven mit der waagrechten Achse (Abszisse) geben die Toleranzgrenzen an. Um den Scheitelpunkt der Kurve (Optimalpunkt) läßt sich ein enger Optimalbereich abgrenzen.

Standortbereich einer Art. Das «physiologische Optimum» – der Faktorenbereich, den ein Lebewesen am stärksten vorzieht – stimmt also oft nicht mit seinem «ökologischen Optimum» überein, dem Bereich, in dem es von Natur aus optimal vorkommt (Abb. 1.29).
Arten mit einer engen Toleranzgrenze, also die sogenannten Zeiger, nennt man auch **«stenöke»** Arten, solche mit weiter Grenze **«euryöke»** Arten. Für die Toleranz gegenüber Wärme kann der Suffix «-therm» gebraucht werden, also «stenotherm» für Arten mit engen, «eurytherm» für Arten mit weiten Wärmeansprüchen. Für die Toleranz gegenüber bestimmten Salzkonzentrationen wird der Suffix «-halin» verwendet usw. Die Toleranz gegenüber der Säure des Bodens läßt sich auch durch andere Begriffe beschreiben: So sind «Säurezeiger» azidophil oder nur azidotolerant, «Säureflieher» oder «Basenzeiger» dagegen basiphil oder vielleicht azidophob. Entsprechendes gilt für Trockenheitszeiger (xerophil – besser xerotolerant, denn keine Pflanze «liebt» die Trockenheit), Wärmezeiger (thermophil), Stickstoffzeiger (nitrophil) usw. Listen s. bei Ellenberg (1974, 79) und Landolt (1977) (Abb. 1.30). Auch im Nahrungsspektrum der Tiere gibt es weitere oder engere Toleranz: Euryphage Arten haben eine breite Menübasis, stenophage eine schmalere, und schließlich ernähren sich monophage Arten (z. B. die Raupen vieler Schmetterlinge) praktisch nur von einer einzigen Organismenart.

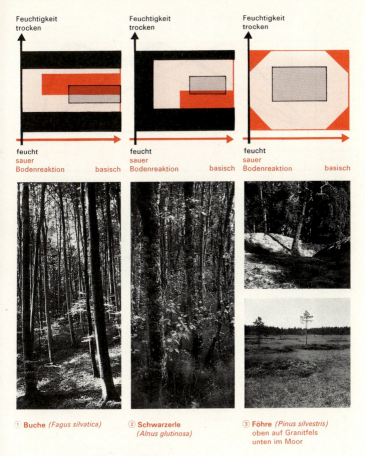

① **Buche** *(Fagus silvatica)* ② **Schwarzerle** *(Alnus glutinosa)* ③ **Föhre** *(Pinus silvestris)* oben auf Granitfels unten im Moor

Abb. 1.29: **Boden und Verhalten einiger Waldbäume.** Nicht konkurrenzfähige Arten werden aus ihrem optimalen Wuchsbereich an den Rand ihres physiologisch möglichen Wuchsbereichs, auf Spezialstandorte, abgedrängt. (Nach Ellenberg 1978).

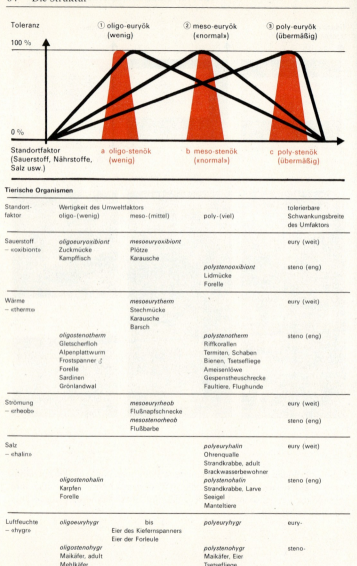

Tierische Organismen

Standort-faktor	Wertigkeit des Umweltfaktors			tolerierbare Schwankungsbreite des Umfaktors
	oligo- (wenig)	meso- (mittel)	poly- (viel)	
Sauerstoff – «oxibiont»	*oligoeuryoxibiont* Zuckmücke Kampffisch	*mesoeuryoxibiont* Plötze Karausche		eury (weit)
			polystenooxibiont Lidmücke Forelle	steno (eng)
Wärme – «therm»		*mesoeurytherm* Stechmücke Karausche Barsch		eury (weit)
	oligostenotherm Gletscherfloh Alpenplattwurm Frostspanner ♂ Forelle Sardinen Grönlandwal		*polystenotherm* Riffkorallen Termiten, Schaben Bienen, Tsetsefliege Ameisenlöwe Gespenstheuschrecke Faultiere, Flughunde	steno (eng)
Strömung – «rheob»		*mesoeuryrheob* Flußnapfschnecke		eury (weit)
		mesostenorheob Flußbarbe		steno (eng)
Salz – «halin»			*polyeuryhalin* Ohrenqualle Strandkrabbe, adult Brackwasserbewohner	eury (weit)
	oligostenohalin Karpfen Forelle		*polystenohalin* Strandkrabbe, Larve Seeigel Manteltiere	steno (eng)
Luftfeuchte – «hygr»	*oligoeuryhygr*	bis Eier des Kiefernspanners Eier der Forleule	*polyeuryhygr*	eury-
	oligostenohygr Maikäfer, adult Mehlkäfer Ameisenlöwe		*polystenohygr* Maikäfer, Eier Tsetsefliege Nacktschnecken	steno-

Abb. 1.30: **Toleranzgrenzen von Organismen für bestimmte Werte von Standortfaktoren** («ökologische Valenzen», nach Vovic 1939 in Illies 1971). Weiteres s. Landolt 1977. (Über Stress-Toleranz s. z. B. in Burrows 1990).

Ansprüche und Grenzmarken des Lebens · 65

Pflanzliche Organismen

	-phil		+/− vag		-phob	
hygro- (vs. xero-)						
f B	Quercus robur			t B	Quercus petraea	eury-
S	Evonymus europaeus			S	Viburnum lantana	
K$_{W, G}$	Angelica silvestris			K$_{W, G}$	Euphorbia cyparissias	
G$_W$	Festuca gigantea			G$_{W, G}$	Calamagrostis varia	
G$_G$	Alopecurus pratensis			G$_G$	Bromus erectus	
G$_W$	Carex remota	B	Fraxinus excelsior	G$_{W, G}$	Carex montana	
M	Mnium undulatum	S	Corylus avellana	M	Rhytidiadelphus triquetrus	
		K$_W$	Oxalis acetosella			
B	Alnus glutinosa	K$_W$	Galium odoratum	B	Sorbus tominalis	steno-
S	Ribes nigrum	G$_G$ (W)	Dactylis glomerata	S	Coronilla emerus	
K$_{W, G}$	Caltha palustris	G$_W$	Brachypodium silv.	K$_W$	Melittis melissophyllum	
K$_{W, G}$	Lysimachia vulgaris	G$_W$	Carex pilosa	K$_G$	Stachys recta	
G$_{W, G}$	Glyceria fluitans	M	Eurhynchium striatum	G$_G$	Stipa capillata	
G$_{W, G}$	Phalaris arundinacea			G$_{W, G}$	Brachypodium pinnatum	
G$_{W, G}$	Carex acutiformis			G$_W$	Carex humilis	
f M	Sphagnum magellanicum			t M	Camptothecium lutescens	
azido- (vs. basi-)						
s B	Sorbus aucuparia			b B	Acer campestre	eury-
S	Cytisus scoparius			S	Viburnum lantana	
K$_W$	Majanthemum bifolium			K$_W$	Mercurialis perennis	
K$_W$	Hieracium murorum			S	Crataegus oxyacantha	
G$_{W, G}$	Agrostis tenuis			G$_W$	Bromus ramosus	
G$_{W, G}$	Luzula silvatica			G$_G$	Bromus erectus	
G$_W$	Carex brizoides	B	Fagus silvatica	G$_{G, W}$	Carex flacca	
M	Polytrichum formosum	S	Corylus avellana	G$_G$	Carex hostiana	
		K$_W$	Galium odoratum	M	Fissidens taxifolius	
		K$_{W, G}$	Lysimachia nemorum			
B	Betula pubescens	G$_W$	Milium effusum	B$_S$	Sorbus aria	steno-
S	Rhododendron ferrugin.	G$_{G, W}$	Molinia coerulea	S	Cotoneaster integerrima	
K$_G$	Arnica montana	G$_W$	Carex silvatica	K$_W$	Melittis melissophyllum	
K$_{G, W}$	Hieracium umbellatum	M	Thuidium tamarisc.	K$_G$	Helianthemum nummularium	
G$_G$	Agrostis canina			G$_{G, W}$	Calamagrostis varia	
G$_{G, W}$	Luzula multiflora	(+ analoge Beispiele		G$_G$	Koeleria cristata	
G$_{G, W}$	Deschampsia flexuosa	für alle Sparten!)		G$_G$	Carex davalliana	
G$_G$	Carex pauciflora			G$_G$	Carex firma (alpin)	
s M	Sphagnum magellanicum			b M	Encalypta contorta	
eu- vs. oligo-troph* oder z. B. nitro-						
n S	Sambucus nigra			m S	Frangula alnus	eury-
K$_G$	Polygonom bistorta			K$_G$	Viola hirta	
K$_{G, W}$	Silene dioeca			K$_G$	Sanguisorba minor	
K$_{G, W}$	Myosotis scorpioides			K$_{G, W}$	Gentiana asclepiadea	
K$_G$	Ranunculus acer			G$_{G, W}$	Molinia coerulea	
G$_G$	Arrhenatherum elatius	K$_{W, G}$	Ranunculus repens	G$_G$	Nardus stricta	
G$_G$	Trisetum flavescens	K$_{(W), G}$	Lychnis flos-cuculi	G$_G$	Briza media	
		K$_G$	Sanguisorba officinalis			
G$_G$	Lolium multiflorum	K$_G$ (W)	Dactylis glomerata	G$_G$	Corynephorus canescens	steno-
G$_G$	Bromus hordeaceus	G$_G$	Holcus lanatus	G$_G$	Koeleria cristata	
G$_G$ (W)	Poa annua, P. trivialis	G$_G$	Festuca rubra	G$_{G, W}$	Deschampsia flexuosa	
K$_{W, G}$	Urtica dioeca			K$_G$ (W)	Betonica officinalis	
n K$_{(W) G}$	Anthriscus silvestris			m K$_G$	Linum catharticum	

Abb. 1.30

Legende: Gebräuchliche Bezeichnungen

f schwacher Feuchte-Zeiger
f strenger (Nässe-Z.)
(starker)

t schwacher Trockenheits-Zeiger
t strenger Trockenheits-Zeiger

s schwacher Säure-Zeiger
s starker Säure-Zeiger

b schwacher Basen-Zeiger
b strenger Basen-Zeiger (meist auch Kalkzeiger)

n schwacher Nährstoff-Zeiger
n strenger Nährstoff-Zeiger

m schwacher Magerkeits-Zeiger
m strenger Magerkeits-Zeiger

m «mesische Arten»
Zeiger für mittlere Feuchteverhältnisse
(oder +/− indifferente Arten)

(s) schwache Zeiger mit Tendenz für saure
(b) bzw. basische Standorte, nahezu indifferente Arten

(n) do. mit Tendenz für nährstoffreichere
(m) bzw. magerere Standorte

Weitere Bewertung der Licht-, Wärme-, Porositäts-Bedürfnisse, vgl. Landolt (1975, Schweiz). Doppelnennungen sind möglich (Zeiger für mehrere Standorte, z. B. Wasser und Nährstoffe)

* **Bewertung** nach Ellenberg (1974) und Landolt (1977), Skala entlang Gradienten 10- bzw. 5-teilig. Beispiel: *f*, **f, m, t,** *t*, Feuchte-Gradient (mit F-Zahlen) mit Abstufung von 5 bis 1 (*f*: F = 5; *t*: F = 1); F = 0 = indifferent.

* **troph.-trapent:** In der Literatur werden Standorte, die reichlich mit Nährstoffen versorgt sind, seit langem als «eutroph» bezeichnet (oligotroph = nährstoffarm, mesotroph = mäßig nährstoffreich). Für Pflanzengesellschaften nährstoffreicher Standorte ist in neuerer Zeit der Ausdruck «eutraphent» eingeführt worden. Aus sprachlichen Überlegungen wird in dieser Arbeit «eutroph» sowohl für die Pflanzengesellschaften, wie für den Standort verwendet.
Auch im Griechischen wird der Ausdruck τροφμος sowohl aktiv wie passiv verwendet. Die reine Passivform würde heißen τεθραμμενος, die aktive τρε'φον, -ος während «-traphent» die Verbindung des griechischen Wortstammes mit einer lateinischen Endung darstellt.

Pflanzentypen:			
B Bäume	**K**$_W$ Kräuter, Wald	**G**$_W$ Grasartige, Wald	**M** Moos
S Sträucher	**K**$_G$ Kräuter, Grasland	**G**$_G$ Grasartige, Grasland	

Abb. 1.30

1.8 Sukzession: Natürliche Veränderung der Umwelt

Viele Ökosysteme in unserer Kulturlandschaft sind heute durch menschliche Eingriffe bedroht. Doch schon lange bevor sie zusammenbrechen, verändern sie ihr Gesicht und werden nach und nach durch andere Ökosysteme ersetzt. Zwar kann, bei konstanten Umweltfaktoren, die Lebensgemeinschaft allein von diesem Wandel betroffen sein. Meist aber verändern sich nach Überschreitung eines Schwellenwertes Lebensgemeinschaft und Lebensort gleichzeitig, so daß ein anderes Ökosystem entsteht. Diese zeitliche Abfolge wird als Sukzession bezeichnet.

Sukzession: natürliche Veränderung der Umwelt · 67

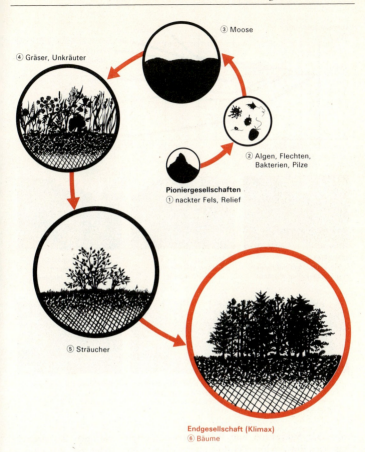

Abb. 1.31: Sukzession vom nackten Fels zum Wald. Nackter Boden (Fels, Moräne, Kiesbank) wird zunächst von Algen und Bakterien, dann von widerstandsfähigen Moosen und Flechten erschlossen. Sie ebnen den Weg für trockenheitsertragende Kräuter, Gräser und Sträucher, die ihrerseits den Boden weiter aufschließen und zur Anhäufung von Humus beitragen, bis sich die Gewächse des Waldes – der Klimax in unseren Breiten – ansiedeln können.

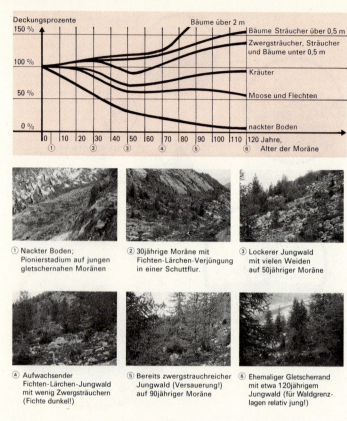

Abb. 1.32: **Sukzession und Bodenentwicklung auf Moränen des Aletschgletschers.** Entwicklung der Bodenbedeckung durch verschiedene Vegetationstypen im Laufe der Zeit. Unter «Deckungsprozenten» versteht man den Anteil der Bodenfläche, der von Vegetation überdeckt ist. Da die Vegetation sich in mehreren Schichten entwickelt, kann dieser Anteil mehr als 100 Prozent betragen. Gleichzeitig mit der Vegetation entwickelt sich auch der darunterliegende Boden. (Nach Lüdi 1945 in Ellenberg 1978, 1982)

Sukzession: natürliche Veränderung der Umwelt · 69

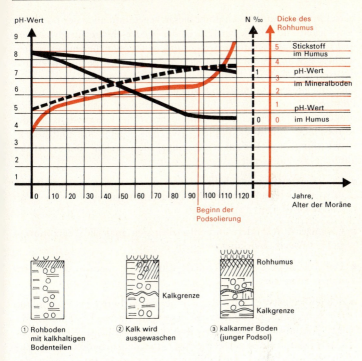

① Rohboden mit kalkhaltigen Bodenteilen
② Kalk wird ausgewaschen
③ kalkarmer Boden (junger Podsol)

Signaturen siehe Abb. 163

Das Beispiel des Seeufers hat gezeigt, wie durch Einfluß des Menschen eine Vegetation stufenweise durch eine andere ersetzt wird. Doch auch unter natürlichen Bedingungen wandeln sich Ökosysteme um. So läßt die Vegetationsentwicklung auf den Seitenmoränen eines in die Waldstufe hinabsteigenden Gletschers die verschiedenen Stadien einer beginnenden Bewaldung erkennen. Oder in unserer unmittelbaren Umgebung finden wir die natürliche Begrünung roher Kiesschüttungen, aufgelassener (nicht mehr bewirtschafteter) Äcker oder gar abfallübersäter Hinterhöfe. Auf einer vom Gletscher freigegebenen Moräne siedeln sich schon sehr früh die ersten Moose, Flechten sowie einige Blütenpflanzen an (Abb. 1.31). Nach einigen Jahren erscheinen die ersten Gehölze: Weiden, Birken und vereinzelt junge Nadelbäume. Nach und nach überwuchern Moose und Kräuter den nackten Moränenboden, und schließlich herrschen Gebüsch, Jungwald und höhere Bäume vor (Abb. 1.32).

Gleichzeitig verändert sich unter dieser Vegetation auch der Boden: er «entwickelt» sich. Kalk wird durch die Niederschläge ausgewaschen, und Humus aus abgestorbenen tierischen und pflanzlichen Überresten reichert sich an. Damit verändern sich die Nährstoffbedingungen und der pH-Wert der einzelnen Bodenschichten: sie werden stickstoffreicher und saurer. Damit geht auch eine Veränderung der krautartigen Pflanzen (Gräser, Rosettenpflanzen, Stauden) einher. Schließlich prägen auch die herrschenden Bäume die Art des Oberbodens und der Krautschicht mit: Rückkopplung zwischen Vegetations- und Bodenentwicklung. Im Verlauf einer Sukzession treten immer wieder ähnliche Vorgänge auf:

- Die oberste Gesteinsschicht verwittert, ein **Boden** entwickelt sich oder wandelt sich um (Acker-/Brachland), wobei tierische Lebewesen mitwirken.

- Gleichzeitig verändert und entwickelt sich auch die **Vegetation** in stetiger Wechselwirkung mit dem Boden.

- Dabei verändert sich das lokale **Klima,** vor allem in den bodennahen Schichten.

- Schließlich entsteht nach langjähriger Entwicklung das Endstadium der Sukzession, die **Klimax.** Sie besitzt ein eigenes Bestandesklima, eine spezialisierte Vegetation und Tierwelt und ist vom Muttergestein durch einen gewachsenen, entwickelten Boden weitgehend abgeschirmt. Das Nährstoffkapital ist zu einem guten Teil in den Lebewesen angelegt oder befindet sich in stetem Umlauf zwischen Humusschicht und Lebewesen.

Die Klimax ist der Zustand, in der Pflanzen und Tiere eine **stabile Lebensgemeinschaft** entwickelt haben. In unserem Klima entsteht immer ein Wald, sofern der Boden nicht zu trocken ist (steiler Felshang) oder zu naß bleibt (Moor).

Als lehrreiches Beispiel kann die Sukzession in einer Au gelten, wo sich, abhängig vom Fluß und seinen verschiedenen Anschwemmungen, ein buntes Mosaik von Lebensgemeinschaften entwickelt (Abb. 1.33). Ihr Verlauf hängt im wesentlichen davon ab, ob die Vegetation sich auf einer stabilen oder auf einer immer wieder wechselnden Ablagerung ansiedeln kann. Eine wichtige Rolle spielt der Wasserstand. Der Fluß prägt die Entwicklung der Vegetation durch direkte mechanische Einwirkung oder durch Beeinflussung des Wasser- und Nährstoffhaushalts. Je nachdem entwickeln sich ganz verschiedene Vegetationstypen. Dabei können sich unterschiedliche Einflüsse überlagern, ergänzen oder aufheben, so daß die Vegetation sich selten so geradlinig

Sukzession: natürliche Veränderung der Umwelt · 71

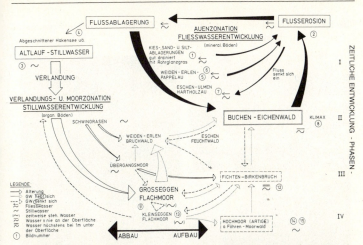

Phase 0: Eigentliche Auenvegetation, oft recht stabil

① **Flußablagerung.** Weidenau an ruhigem Flußarm mit vorgelagertem Röhricht, gut drainierte Kies-, Sand- und Siltablagerung mit Rohrglanzgras. Erosion ②, ruhige Entwicklung zu ③ (*Salix alba* mit *Phalaris arundinacea*)

② **Flußerosion.** Hochwasser reißen Breschen in die Erlenau und bereiten den Standort vor für Schotterfluren mit einjährigen Pflanzen. Ablagerung zu ①

Abb. 1.33: **Sukzession in einer Au.** In Mitteleuropa können die Vorgänge und einzelne der Lebensgemeinschaften nur noch bruchstückhaft beobachtet werden. (Nach Ideen von Drury 1950 in Collier u. M. 1973 und eigenen Unterlagen)

72 · Die Struktur

Phase 1: Moor- und Sumpfvegetationen ③, ④; eigentliche Auenvegetation, oft recht stabil ④

③ **Altlauf-Stillwasser** mit Verlandungsvegetation. Schwimmblattflur in ruhigem Altwasser mit Seebinsen im Hintergrund. Erosion, Grundwassersenkung zu ①, Verlandung zu ④, ⑥, ⑨, ⑩ *(Carex riparia, Equisetum fluviatile)*

④ **Gleithang** in ruhigem Flußlauf. Seggensümpfe und Schachtelhalmröhricht, Verlandung zu ⑥ *(Nuphar luteum, Scirpus lacustris)*

⑤ **Weidenau**, vorgelagerte Schotterflur mit Rohrglanzgras. Erosion zu ②, Fluß senkt sich ein zu ⑦ *(Phalaris arundinacea, Rorippa silvestris)*

Abb. 1.33

Sukzession: natürliche Veränderung der Umwelt · 73

Phase 2: Moor- und Sumpfvegetation ⑥; eigentliche Auenvegetationen stabil ⑦, ⑧

⑥ **Weiden-Erlen-Bruchwald.** Erster Waldpionier der Naßstandorte mit Moosfarn, Seggen und anderen Sumpfpflanzen. Grundwassersenkung zu ⑦, ⑧, teilweise Austrocknung zu ⑫ (*Salix cinerea* u. a., *Betula pubescens*, *Alnus glutinosa* mit *Thelypteris palustris* usw.)

⑦ **Eschenfeuchtwald** mit Eichen, Schwarzerlen und reicher Krautschicht aus dem äußeren Einflußbereich der Hochwasser; Hartholzau. Fluß senkt sich ein zu ⑧

⑧ **Buchenmischwald:** Endstadium der Waldentwicklung auch auf ehemaligen Auenböden Mitteleuropas. Grundwasserhebung zu ⑫ (*Fagus silvatica* mit wenig *Abies alba*, *Fraxinus excelsior*, *Acer pseudoplatanus* usw.)

Abb. 1.33

Phase 3: Moor- und Sumpfvegetationen

⑨ **Großseggen-Flachmoor** in geschützter Bucht. Grundwassersenkung zu ⑥, Verlandung zu ⑬ (mit *Carex elata, Carex gracilis*)

⑩ **Zwischenmoor** und Schwingrasen in verlandeter Bucht mit Fieberklee und Orchideen. Grundwassersenkung zu ⑥ (*Menyanthes trifoliata* mit *Carex rostrata, Orchis incarnata*)

⑪ **Hochmoorbülten** in ufernahen Schwingrasen. Austrocknung zu ⑫ (meist mit *Sphagnum magellanicum* sowie *Rhynchospora alba, Molinia coerulea, Phragmites communis* usw.)

⑫ **Fichten-Birken-Bruch** am Rande eines Hochmoors. Grundwassersenkung zu ⑧ Grundwasserhebung zu ⑨, ⑬ (*Picea abies* mit *Betula pubescens* und verschiedenen Vaccinien sowie *Molinia coerulea*)

Abb. 1.33

Sukzession: natürliche Veränderung der Umwelt · 75

Phase 4: Moor- und Sumpfvegetationen

⑬ **Kleinseggen-Flachmoor**, wollgrasreich. Grundwasserhebung zu ③, Grundwassersenkung zu ⑥, ⑭, ⑮ (*Carex fusca, Carex panicea* sowie *Carex lasiocarpa* mit *Eriophorum angustifolium*)

⑭ **Baumfreies Hochmoor** mit wenigen Krüppelfichten (*Eriophorum vaginatum, Trichophorum caespitosum* mit viel Zwergsträuchern ⑮ und verschiedenen Torfmoosen)

⑮ **Zwergstrauchreiches Hochmoor** mit Heidekraut, Rosmarinheide und Moosbeere, Austrocknung zu ⑫, ⑭ (*Calluna vulgaris, Andromeda polifolia, Oxycoccus quadripetalus*)

(Einzelheiten z. B. in Succow, 1988)

Abb. 1.33

entwickelt, wie es das Schema zeigt. In stillen, abgeschnittenen Flußarmen verläuft die Entwicklung meist ähnlich wie in der Verlandungszone eines andern Stillwassers, eines Weihers oder Sees, außer der Vorgang wird durch Auflandung oder Erosion weiter beeinflußt. Unter besonderen Bedingungen können so im Bereich einer Flußaue auch Vermoorungen entstehen.
Ganz anders verläuft die Sukzession auf Sand-, Kies- oder Schotterbänken. Tieft sich der Fluß ein und wird so die Vegetation seinem direkten Wirken oder sogar dem des Grundwassers entzogen, kann sich der Auenwald aus Weiden, Weißerlen oder Eschen auf feinkörnigen Böden zu einem Buchenwald weiterentwickeln. Auf Schotterbänken bilden sich dagegen nur Wälder aus, die eine zeitweise Trockenheit ertragen können (z. B. Föhrenwald).
Abb. 1.33 zeigt alle Sukzessionsmöglichkeiten in Flußauen des Tieflandes. Die Phasen kennzeichnen die einzelnen Stufen dieser oft nicht geradlinig verlaufenden Sukzession, die in erster Linie vom Wasserstand abhängig ist (z. B. Verlandung eines Stillwassers). Unter stabilisierten Bedingungen verläuft die Sukzession nach rechts zu stabileren Pflanzengesellschaften.

Die Sukzession ändert ihre Richtung mit geringfügigen Änderungen der Standortfaktoren, die teilweise von den Organismen mitbestimmt werden. Die Klimax kann dagegen nur durch massive Eingriffe in den Lebensraum verändert werden. Dank dieser Stabilität der Klimax kann der wirtschaftende Mensch also kaum hohe Erträge aus klimaxnahen Ökosystemen herausholen. Er ist auf «unreife» Ökosysteme angewiesen, die eine hohe Produktion aufweisen und somit hohe Erträge abwerfen (Abb. 1.34). Sich selbst überlassen, müßten solche Systeme durch Sukzessionsvorgänge bald wieder in die Klimax übergehen. Dies verhindern mechanische Eingriffe wie Umbruch und Mahd. Natürliche Ökosysteme werden so in lebensdienliche, künstliche umgewandelt, die oft schlecht an ihre Umwelt angepaßt sind. Schwiergkeiten ergeben sich dabei vor allem bei der Nutzung der Acker-Ökosysteme, wenn sie als Monokulturen angelegt werden, die sich sehr schnell durch Sukzession verändern würden. Sie können nur mit einem enormen Energieaufwand für Dünger und Schädlingsbekämpfungsmittel in einem stabilen Zustand gehalten werden; dabei werden die Kreisläufe beschleunigt und indirekt auch die Nährstoff- und Wasserhaushalte benachbarter Ökosysteme beeinflußt (mehr darüber auf Seite 203). Gibt es überhaupt ein bewirtschaftetes Ökosystem, das seine Umwelt nicht belastet? Bei Intensivkulturen ist dies sicher nur in sehr beschränktem Maße möglich. Mir scheint indessen, daß wir der Frage etwas nachgehen müssen, inwiefern die Bewirtschaftung künstlicher Ökosysteme ohne allzu große Ertragseinbußen verändert werden kann. Vielleicht können wir aus der Art der Bewirtschaftung und aus den Kulturfolgen vergangener Zeiten und

Sukzession: natürliche Veränderung der Umwelt · 77

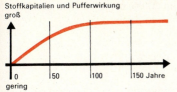

① Der stationäre Zustand wird gefördert durch die maximale Pufferwirkung von Boden und Mikroklima im Klimaxstadium. Das Stoffkapital in der Klimax ist maximal.

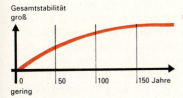

② Dies bedeutet gleichzeitig eine maximale Stabilität des gesamten Systems...

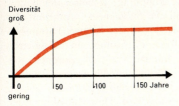

③ ... und eine bereits klimaxnah sich abzeichnende maximale Diversität an Arten und ihren Lebensbeziehungen.

(Achtung: keine direkte Korrelation von Stabilität und Diversität).

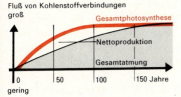

④ In Klimaxwäldern ist die stationäre Biomasse im Holz samt den umlaufenden Nährstoffen maximal, die Nettoproduktion minimal.
Es wird so viel produziert, wie anschließend wieder veratmet wird. Die reife Klimax erlaubt keine dauerhafte Nutzung, sonst würden wieder Sukzessionsvorgänge eingeleitet, und man dürfte nicht von Klimax sprechen. Ein genutztes System kann also nicht in der eigentlichen Klimax verbleiben, sondern bestenfalls klimaxnah genutzt werden, wie dies bei einem «hiebfreien» Wald der Fall ist. Dabei gilt auch hier, daß der Nettoertrag um so geringer wird, je klimaxnäher das System ist.

Abb. 1.34: **Natürliche und bewirtschaftete Ökosysteme.** Folgen von Eingriffen des Menschen in Ökosysteme auf die Produktion organischer Stoffe und auf die Stabilität. (Nach Gigon 1974)

«primitiver» Völker etwas lernen, um Alternativen zu entwickeln, die die Umwelt weniger belasten.

1.8.1 Allgemeines Schema der Sukzession

In der Entwicklung und Selbstorganisation eines Ökosystems vom jungen, sich verändernden Pionierstadium zur reifen, konstanten Klimax spielen die folgenden unabhängigen Faktoren eine entscheidende Rolle: **Klima, Relief, Muttergestein, Organismen, Zeit.**
Bei der Bildung des Mikroklimas und des Bodens wirken alle diese Faktoren mit; die Vergesellschaftung von Organismen wird hauptsächlich von Klima, Muttergestein und den Organismen selbst bestimmt. Zwischen Rohboden und Pionier-Lebensgemeinschaft herrscht zunächst eine positive Rückkopplung: Je besser der Boden sich entwickelt, desto mehr organische Substanzen produziert die Lebensgemeinschaft und umgekehrt, bis in der Klimax Humusbildung, Verwitterung, Zu- und Abfuhr von Stoffen ein Fließgleichgewicht erreichen. Das System ist nun negativ rückgekoppelt; der Humus bindet die Nährstoffe und vermindert die weitere Produktionszunahme der Lebensgemeinschaft, so daß sich immer gerade soviel Humus bilden kann, wie zersetzt wird. Das Mikroklima der Klimax wird vor allem durch das Ökosystem selber geprägt, aber auch durch das Großklima mitbestimmt. Auch der reife Boden und die Organismen sind noch vom Klima, aber kaum mehr direkt vom Muttergestein und einwandernden Organismen abhängig. Im reifen Ökosystem herrscht ein Netz von stabilisierenden Wechselbeziehungen (Abb. 1.35). Kann sich kein reifer Boden bilden, etwa durch Rutschungen an Steilhängen, dann ist auch das System nicht stabil. Ebenso können ungehindert eindringende fremde Organismen die Stabilität des Ökosystems erschüttern oder aufheben (Tab. 1.8).
Zwischen den unabhängigen ökosystembildenden Faktoren sind folgende Beziehungen zu unterscheiden:

Kausalbeziehung. Form und Aufbau der Lebensgemeinschaft wird direkt durch die unabhängigen Standortfaktoren verursacht. Diese Form der Wechselbeziehung läßt sich vor allem in jungen Pionier-Ökosystemen beobachten. So ist das Wachstum von Sumpfpflanzen bedingt durch luftarmen, durchnäßten Oberboden.

Korrelative Beziehung. Die unabhängigen Standortfaktoren sind nicht mehr die direkte Ursache für den Zustand eines bestimmten Öko-

Sukzession: natürliche Veränderung der Umwelt · 79

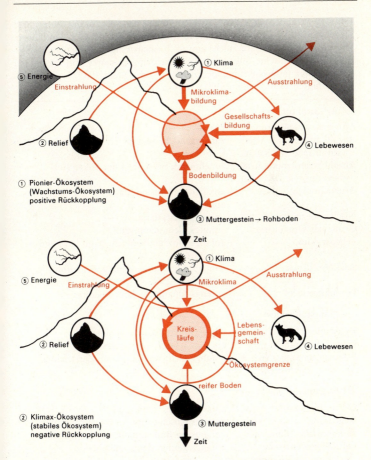

Abb. 1.35: **Entwicklung und Selbstorganisation eines Land-Ökosystems.** Aus einem jungen Pionier-Ökosystem, das vor allem durch unabhängige, «äußere» Faktoren beeinflußt wird, entwickelt sich im Verlauf der Sukzession ein «reifes», gegen äußere Einflüsse weitgehend abgeschirmtes Klimax-Klimax-Ökosystem, das vor allem durch «innere Kontrolle» in Form eines Netzes stabilisierender Wechselwirkung geprägt ist. (Nach Gigon 1975)

Tab. 1.8: **Veränderungen der Umwelt während der Sukzession.** Die primäre Sukzession findet auf neu entstandener Unterlage statt (Lava, Sanddünen, Moränen), die sekundäre Sukzession nach einem Eingriff (Brachland, Kahlschlag), die gemischte Sukzession bei gleichzeitig primärer und sekundärer Ausgangslage (abwasserführende Flüsse). (Nach Odum 1969, Collier u. M. 1973, Stugren 1974, Stumm 1971)

① **Art-Struktur**

Artenzusammensetzung	zuerst schneller, dann stufenweiser Wechsel
Anzahl autotrophe Arten (autotrophe Diversität)	zunehmend, bei sekundärer Sukzession oft schon früh
Anzahl heterotrophe Arten (heterotrophe Diversität)	zunehmend, bis spät in der Sukzession
Artenmannigfaltigkeit	anfangs zunehmend, dann stabil oder wieder abnehmend
Nischenspezialisten	anfangs breit, dann eng
Größe des Organismus	anfangs klein, dann groß
Lebenszyklus	anfangs kurz und einfach, dann lang und komplex
Selektionsdruck	anfangs r-Selektion, dann K-Selektion (siehe Seite 256)
Produktionsart	anfangs Quantität, dann Qualität

② **Nährstoffzyklus**

Kreisläufe	anfangs offen, dann geschlossen
Nährstoffaustausch	anfangs schnell, dann langsam
Rolle des organischen Abfalls (Detritus)	anfangs nicht wichtig, dann sehr wichtig

③ **Organische Struktur**

Gesamtbiomasse	anfangs klein, dann groß
Schichtung	anfangs einschichtig, dann mehrschichtig
anorganische Nährstoffe	anfangs im Boden, dann in der Biomasse
unbelebte organische Materie (z.B. Humus)	anfangs gering, dann viel
biochemische Diversität (z.B. Farbstoffe)	anfangs niedrig, dann hoch (zunehmende Anreicherung von Giftstoffen!)
Chlorophyllmenge	anfangs niedrig, dann hoch (bei sekundärer Sukzession nur geringer Unterschied!)

④ **Energiefluß**

Beziehung in der Nahrungskette	anfangs einfach (Nahrungskette), dann verwickelt (Nahrungsnetz)
Brutto-Primärproduktion	während Frühphase in primärer Sukzession wachsend (nur geringer oder kein Anstieg in sekundärer Sukzession)

Netto-Primärproduktion	stetig abnehmend
Gesamtatmung (Respiration)	stetig zunehmend
Primärproduktion pro Respirationseinheit	anfangs Primärproduktion größer, dann gleich groß wie Respiration (statischer Zustand)
Primärproduktion pro Einheit der Biomasse	anfangs hoch, dann gering
Biomasse pro Energieeinheit	anfangs gering, dann hoch, also minimaler Verbrauch von Energie pro Biomasseeinheit

⑤ **Homöostase (ökologisches Fließgleichgewicht, Folge von irreversiblen Prozessen)**

interne Symbiose	anfangs nicht entwickelt, dann entwickelt
Nährstoffrückhalt	anfangs gering, dann hoch
Stabilität (Widerstand gegen Störungen)	anfangs gering, dann hoch
Entropie (Entropieerzeugung)	anfangs hoch (gering), dann niedrig (konstant)
Information	anfangs niedrig, dann hoch

⑥ **Konsequenz für den wirtschaftenden Menschen: jüngere und reifere Ökosysteme zusammen in guter Beziehung halten**

---

systems, der gleichzeitig mit ihnen auftritt. Diese Form der Wechselbeziehung ist charakteristisch für reife, klimaxnahe Ökosysteme. Viele Lebensgemeinschaften kommen in bestimmten Lagen im Relief oder bei bestimmten Grundwasserständen vor, ohne daß die Ursachen genau bekannt sind.

Verwickelte Verhältnisse herrschen in wenig oder gar nicht vom Menschen beeinflußten Wäldern, in sog. «Urwäldern». Namentlich die Forstwissenschaften haben sich bemüht, die einzelnen Phasen der Sukzession von der Verjüngung bis zum Zerfall des Bestandes zu erfassen (Lit. in Leibundgut 1982, Abb. 1.36). Auf dieser Grundlage hat sich die **«Mosaik-Zyklus»-Theorie** (bzw. das Konzept) gebildet (Näheres in Remmert 1987, 1990). Sie besagt, daß Entwicklungsstadien auf größeren Flächen desselben Vegetationstyps (z.B. Wald) gleichzeitig auftreten. Initiiert werden die Anfangsstadien nach traumatischen Ereignissen, Windfall, Schneebruch, Feuer, Insektenbefall, Wasserstau (Biberbau) usw., die reiferen Folgestadien durch Konkurrenz um Licht, Wasser, Nährstoff u.a.m. Nur dieses natürliche Nebeneinander garantiert eine optimale Vielfalt im Gesamt-Öko-

82 · Die Struktur

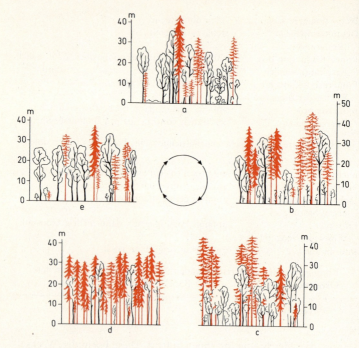

Abb. 1.36: **Entwicklungszyklus eines europäischen Gebirgsurwalds.** (Nach Remmert 1989, z.T. aus Ellenberg 1987)

system. Deshalb ist die Theorie zusammen mit der Inseltheorie (s. S. 261), eine entscheidende Grundlage für Entscheidungen um die Abgrenzung von Wald- und anderen Naturschutzgebieten.

1.9 Stabilität: Konstanz und Elastizität

Ein gegenüber chemischen und mechanischen Einflüssen einer veränderten Umwelt sehr empfindliches Ökosystem ist das Röhricht. Das artenarme und unter diesen Bedingungen wenig stabile Röhricht wird durch Unkrautfluren ersetzt, die stärker belastbar und auch viel artenreicher sind. Außerdem gilt:

> Ist der Anteil der schwächeren Glieder eines Ökosystems groß, wie im Fall des Schilfröhrichts, so bricht es auch dann zusammen, wenn die stärkeren, aber weniger häufigen Glieder noch wiederstandsfähig sind.

In artenreichen und gemischten Systemen, etwa einem natürlichen Wald, wirkt sich ein solcher Ausfall eines Gliedes nicht so katastrophal aus.

Die Vielfalt in einer Lebensgemeinschaft, die **Diversität,** ist ein weiteres Stabilitätsprinzip in unserer Umwelt. Die Beziehung läßt sich – mit gewissen Einschränkungen – in die folgenden Regelsätze fassen:

- Je variabler die Lebensbedingungen eines Standorts (Biotops) sind, desto größer ist die Artenzahl der dazugehörigen Lebensgemeinschaft (Biozönose) und desto geringer ist meist die Individuenzahl pro Art.

- Je weiter die Lebensbedingungen der Organismen vom Optimum entfernt sind, desto artenärmer und charakteristischer erscheint die Lebensgemeinschaft.

- Je gleichmäßiger sich die Umwelt einer Lebensgemeinschaft entwickelt hat, desto artenreicher und stabiler kann sie sein.

- Je vielseitiger ein natürliches Ökosystem ist, desto eher herrschen euryöke Arten vor. Stenöke Arten sind in einseitigen (extremen) Ökosystemen auffälliger (vgl. dagegen künstliche Ökosysteme, z. B. Acker, mit vorwiegend euryöken Arten). (n. Thienemann u. a.)

In einem Wald beispielsweise sind die Lebensgemeinschaften in den verschiedenen Schichten sehr unterschiedlich. Im sauer-nassen oder im ganz trockenen Bereich ist er zwar ziemlich artenarm, aber sonst hat der Wald im allgemeinen eine sehr hohe Diversität, was dem Spaziergänger meistens schon im Ökoton Waldrand auffällt. Die verschieden Bäume, Sträucher, Kräuter, Stauden, Gräser und andere Pflanzen bauen unsere Wälder auf. Noch vielfältiger ist jedoch das Leben unter der Moosschicht. Hunderte von Tierarten sind dort zu finden, von den Mikroorganismen ganz zu schweigen.

Viele Mikroorganismen (z. B. Pilze) ermöglichen erst das Wachstum vieler Waldbäume, Sträucher und Kräuter. Sie befallen den jungen Keimling und entziehen ihm Kohlenhydrate, erschließen ihm aber als Gegenleistung gewisse Nährstoffe (Stickstoff, Phosphat, z. T. Aminosäuren), die die Pflanze ohne Hilfe des Pilzgewächses nicht nutzen

84 · Die Struktur

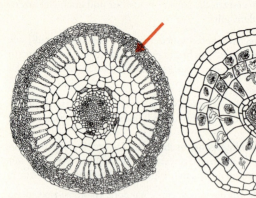

Querschnitt durch eine Buchenwurzel (ektotrophe, «äußere» Mykorrhiza vor allem an Waldbäumen außerhalb der Tropen) (nach Clowes 1951).
Ektotrophe Mykorrhiza machen in Europa nur 3% aus. Sie entstehen durch Eindringen des Pilzes zwischen Wurzelrindenzellen von Bäumen und Sträuchern und Ersatz der Mittellamelle unter Bildung eines Hartigschen Netzes. Rund 5000 Pilzarten (= ca. 3% aller bekannten Arten).

Querschnitt durch die Wurzel der bitteren Kreuzblume (endotrophe, «innere» Mykorrhiza, vor allem an Kräutern) (nach Marcuse 1902).
Bei ca. 97% der Arten (vor allem bei tropischen Bäumen, Kulturpflanzen, wenigen Bäumen in der gemäßigten Zone, z. B. *Ulmus, Fraxinus, Tilia, Acer, Populus, Taxus*) meist in Form der vesikulärarbuskulären Mykorrhiza («VAM»). Infektion mit nur wenigen Pilzarten (vor allem *Glomus*, Endogonales) im Wurzelspitzen-Meristem.
Spezialfälle: Orchidaceen, Ericaceen.

Abb. 1.37: **Mykorrhiza** (Pilzwurzel). (Aus Rippel 1931, 1952)

könnte, sowie eine günstigere Wasseraufnahme, außerdem durch Stimulierung der Eiweiß-Synthese besseren Schutz vor pathogenen Pilzen. Ein solches Pilzgeflecht, das mit der Wurzel eine Symbiose eingeht und als zusätzliches Aufnahme- und Transportorgan dient, wird als «**Mykorrhiza**» bezeichnet. Ist der Pilz in die Wurzel eingedrungen, spricht man von einer endotrophen, bleibt er nur an der Wurzelrinde, von einer ektotrophen Mykorrhiza (Abb. 1.37).

Nach neueren Untersuchungen besteht zwischen Pilz und Baum eine jahreszeitliche Periodizität. So fällt die für den Baum optimale Entwicklung der ektotrophen Mykorrhiza mit seinem schnellen Frühjahrswachstum zusammen. Im Sommer nämlich wandelt sich der Pilz zur endotrophen Form um. Und in dieser Phase des «Parasitierens» wird denn auch die Wurzelhaut der diesjährigen Feinwurzeln bis zum Zentralzylinder abgestoßen. Erst bei der Bildung neuer Wurzeltriebe bei Bodentemperaturen über 7 °C entsteht wieder ektotrophes Pilzgeflecht. Auf diese Weise kommen beide Organismen zu ihren optimalen Wachstumsphasen.

Stoffwechsel-Ausscheidungen der Mykorrhiza (teilweise in Form eines «Verteidigungs-Mechanismus» gegen Herbivore), Wachstumshormone, Antibiotika, Gase und vor allem organische Säuren beeinflussen die wurzelnahen Bodenschichten und fördern so neben verschiedenen Austauschprozessen (z. B. Bildung von Schwermetall-Chelatkomplexen) die Phosphatfreisetzung. Mit Ausnahme gewisser Seggengewächse dürften Mykorrhizapilze im Stoffwechsel und in der Ernährung der meisten Pflanzen eine wesentliche oder gar entscheidende Rolle spielen. Vermutlich hat sich diese Symbiose aus parasitenartigen Vorstadien entwickelt. Pilze sind entwicklungsgeschichtlich wesentlich älter als die Blütenpflanzen. So ist anzunehmen, daß sich die Blütenpflanzen in koevolutiver Entwicklung an die Pilze anpassen mußten, um nicht von vornherein von ihnen «überwältigt» zu werden. Vorstadien sind in den engen Pilz-Graswurzel-Beziehungen zu beobachten. Namentlich die VA-Mykorrhizen dienen heute als Bioindikatoren für die Bodenfruchtbarkeit und für Fungizid-Tests. Arten- und Fruchtkörperzahl von föhrengebundenen Pilzen sind überdies negativ korreliert mit der Belastung durch Schadgase (SO_2, O_3, NH_3).

Alle diese verschiedenartigen Waldlebewesen tragen zur Stabilität des Ökosystems Wald bei, denn sie sind durch eine Vielzahl komplizierter Wechselbeziehungen miteinander verbunden. Verschwindet nämlich eine Art, so kann sie in gewissen Fällen durch eine andere Art aus den übrigen Gliedern derselben funktionellen Gruppe (Pflanze, Pflanzenfresser, Fleischfresser) ersetzt werden. Schädlinge oder andere schädigende Einflüsse können sich nicht in der ganzen Lebensgemeinschaft durchsetzen, da überall Barrieren bestehen. So kann etwa ein Schädling nicht leicht von Tanne zu Tanne gelangen, wenn dazwischen immer wieder Laubbäume stehen. Ohne solche Barrieren kommt es auch in natürlichen, aber wenigartigen Lebensgemeinschaften zu Schädlingsexplosionen.

Ein typisches Beispiel sind die ausgedehnten, landschaftlich so reizvollen Arven-Lärchen-Wälder des Engadins. Oft stehen die Lärchen schon im Sommer in graugrünem Kleid da und lassen später an durchsonnten Herbsttagen ihr leuchtendes Gelb vermissen. Die sommerliche Verfärbung ist das Werk des Lärchenwicklers, eines kleinen Nachtfalters *(Zeiraphera deiniana)*, der sich periodisch ungefähr alle 7–8 Jahre stark vermehrt, also eine natürliche Gradation zeigt. Diese wiederum dürfte abhängig sein von besonders günstigem Nahrungsangebot oder dann indirekt durch Massenanflug aus Vermehrungsgebieten (Translokationshypothese für zyklischen, Konglobationshypothese für ständigen Einflug). Seine Raupen umspinnen die Lärchennadeln und fressen sie auf. Allerdings erholt sich der Bestand – im Gegensatz zu den von Schadinsekten heimgesuchten künstlichen Nadelforsten – im nächsten Sommer dank seines Artenreichtums und wegen Umstellungen im Stoffwechsel der

① Sommerlicher Lärchen-Arven-Wald mit starken Lärchenwicklerschäden im Münstertal

② Stark geschädigter Zweig links

Abb. 1.38: **Schädlinge in einer artenarmen Lebensgemeinschaft.** Das Beispiel des Lärchenwicklers in südalpinen Tälern.

Pflanzen und der Schädlinge meist recht gut. Denn die Schwächung des Baumes induziert durch physiologisch-biochemische Veränderungen ein für die Raupen wesentlich weniger günstiges Nährstoffangebot (relativ mehr Rohfasern) im kommenden Jahr, so daß die Gradation zusammenbricht. Somit wird eigentlich «der Lärchenwickler von der Lärche kontrolliert» (Abb. 1.38). Diese negativen Rückkopplungen äußern sich in kompensatorischem Wachstum der Pflanze sowie in physiologischen, morphologischen oder anatomischen Veränderungen. Übrigens zeigt auch der Tannenwickler zyklisches Verhalten und stark ausgeprägte Gradationen.

Anders als die Natur, die nur ausnahmsweise artenarme Lebensgemeinschaften hervorbringt, legt der Mensch aus Gründen der Ertragssteigerung reine Kulturen an und züchtet zudem künstliche Kulturformen.

1.9.1 Führt Vielfalt zu Stabilität?

Mit dem Begriff «Stabilität» lassen sich sehr viele Bedeutungen verbinden:

- **Konstanz;** es tritt keine Änderung ein.
- **Trägheit;** es herrscht Widerstand gegen Störungen.
- **Elastizität;** nach der Störung ist eine schnelle Rückkehr zum stabilen Zustand möglich. Die «Hysterese» umschreibt den Grad der «Rückkehrbarkeit», die Formbarkeit («malleability») den Unterschied in den formbaren Stadien vor und nach der Störung.
- **Pufferung;** es gibt einen Bereich, innerhalb dessen ein System noch in den stabilen Zustand zurückkehren kann. Der Erfolg der Einzelart ist dabei in wechselnder Kombination abhängig von ökologisch faßbaren Eigenarten, so z. B. von der Hysterese, von der Dynamik von Einzelart und Population, von Schädlingstoleranz, Lebensdauer, Anpassung an unterschiedliche Umweltbedingungen in den einzelnen Jahreszeiten usw.
- **Zyklische Stabilität;** das System ändert sich innerhalb geschlossener Grenzen ständig, bleibt aber in diesem Kreislauf stabil.
- **Überleitende Stabilität;** das System ist in einem ganz bestimmten Umwelt-«Korridor» stabil, innerhalb dieses Bereichs können sich die Umweltfaktoren ändern.

Bei zunehmend ungleichartiger (heterogener) Umwelt sind träge und zyklisch stabile Systeme günstiger. Elastizität und gute Pufferung wird gefördert durch eine hohe Wanderungs- und Verbreitungsrate der Organismen des Systems. Dabei wird jedoch das System benachteiligt durch die Heterogenität der zusammenlebenden Arten, durch die Dichteabhängigkeit der Geburtenrate (Partner finden sich schlecht) und durch lange Lebenszyklen. In der Regel nimmt mit zunehmender Reifung eines Ökosystems die Zahl der Arten zu; diese sind zudem genetisch sehr heterogen, so daß die Bedrohung durch Parasiten, Krankheiten oder andere schädliche Umwelteinflüsse von einem der vielen vorhandenen Typen sicher gemeistert werden kann. Dies heißt jedoch nicht, daß nicht auch relativ wenig diverse Systeme stabil sein können. Umgekehrt können sehr artenreiche Systeme in gewisser Hinsicht sehr unstabil sein. Im tropischen Regenwald, beispielsweise, haben sich die Arten unter sehr konstanten Bedingungen entwickelt. Dabei entstanden mit der Zeit Pflanzenfresser, die oft auf bestimmte Futterpflanzen angewiesen sind, und keine Baumart kommt zur Herrschaft wegen der Wirkung der futterspezifischen Konsumenten (s. ab S. 243). Ihre Reproduktionsrate ist niedrig, die Samen der Pflanzen laufen meist gleichmäßig auf (keine ruhenden Samen als

Reserve, falls die Keimlinge absterben), und ihre Verbreitungsmöglichkeiten sind eher beschränkt. Diese Eigenschaften machen den tropischen Regenwald sehr empfindlich gegenüber nachhaltig wirkenden Umweltstörungen. Zwar können sich Schadinsekten in diesem diversen System kaum stark vermehren, auf einer größeren Rodung kann sich tropischer Regenwald jedoch nicht oder kaum mehr selbständig ausbreiten. Boden und Vegetation sind gestört, und es entsteht ein sogenannter «Sekundärwald» mit ganz anders angepaßten Arten, in den Primärwaldbäume nur noch sehr beschränkt eindringen können. Deshalb ist es für den wirtschaftenden Menschen auch so schwierig, stärkere Eingriffe im Bereich des tropischen Regenwaldes unter Kontrolle zu halten (mehr darüber auf S. 362 ff.). Komplexe, vielartige, also hochdiverse Systeme können somit auf eine starke Änderung des Standorts und der Umweltfaktoren recht empfindlich reagieren. Eine unstabile Umwelt läßt dagegen dynamisch stabilere Ökosysteme entstehen (Tab. 1.9) (siehe Wüste, S. 364 ff).

Die Diversität umfaßt nicht nur die Zahl der Arten, sondern auch die quantitative Verteilung der Arten auf die Gesamtpopulation von

Tab. 1.9: **Hängen Diversität und Stabilität zusammen?**

Aspekte der Diversität und Stabilität	Tropischer Regenwald	Wüste	Industrielle Agrarlandschaft
Artendiversität	hoch	niedrig	s. niedrig
Entwicklungszeit	lang	lang	sehr kurz
Heterogenität, Komplexität	hoch	gering	sehr gering
Einfluß von Umweltfaktoren	gering (biol. F.)	hoch	(z.) hoch
Umweltstabilität, Berechenbarkeit	hoch	niedrig	sehr gering
Konkurrenz	hoch	gering	*künstlich* gering
% Produktivität (Prod./Biom.)	sehr gering	(s.) gering	*kü.* s. hoch
r-K-Selektion, vorwiegend:	K	r	r
Konstanz	groß	gering	*kü.* groß
Amplitude/Zyklizität	klein	groß	gering
Resistenz			
– gegen äußeren Störfaktor	sehr gering	sehr gering	*kü.* s. hoch
– gegen einwandernde Art	groß/hoch	sehr gering	*kü.* s. hoch
Elastizität	klein	hoch	klein

Pflanzen und Tieren, die sogenannte «Gleichförmigkeit» (Equitabilität). Eine hohe Equitabilität entspricht einer niedrigen Diversität. (Berechnung von Diversitäts-Indices s. Anhang.)
Verallgemeinernd gesagt hängt die Diversität an Organismen im Ökosystem ab

- von der Zeit der Artbildungs-Prozesse,
- von der Zeit der Immigration,
- von den Klimabedingungen,
- von der Produktion des Systems (s. S. 388, 402),
- von der Konkurrenz (s. S. 228) und
- von den Räuber-Beute-Beziehungen (s. S. 249).

Dabei muß bei etwaigen Schutzbestrebungen

- mit dem kontinuierlichen Fluß an Arten,
- mit der Abhängigkeit von der Umwelt-Heterogenität (Standort-Vielfalt)
- mit der Vernetzung einzelner Stadien und Standorte («Habitat-Fleckung»),
- mit der Wirkung periodischer Störungen (z. B. Feuer, Wind usw.),
- mit der Größe und Isolierung zwischen einzelnen «Flecken» bzw. deren Übergangszonen («Ökotone») und
- mit der stärkeren Wirksamkeit einzelner Arten

gerechnet werden.

1.10 Monokulturen: Abbruch der Stabilität

Die noch im letzten Jahrhundert künstlich angelegten Fichtenforste unserer Ebenen sind als Monokulturen für Schädlinge äußerst anfällig; der moderne Waldbau arbeitet deshalb, wenn immer möglich, mit Mischbeständen. Aber noch viel verheerender wirken sich Schädlinge und andere Schadfaktoren auf unsere Ackermonokulturen aus. Oft ist

durch Überdüngung und falschen Einsatz von Chemikalien auch das reiche Bodenleben gestört.
So hat sich gezeigt, daß viele Kulturpflanzen durch die wurzelbewohnenden Mikroorganismen der Unkräuter vor Infektionen geschützt werden. Aus diesem Grund können unkrautfreie Erbsen- oder Flachsmonokulturen stark unter Fußfäulepilzen leiden. In Mischkulturen mit Unkräutern (nach heutiger Terminologie: «Acker-Wildkraut», hier *Chenopodium album, Stellaria media, Capsella bursa-pastoris*, d.h. weißer Geißfuß, Vogelmiere, Hirtentäschel usw.) ist dagegen die Wirkung der Schadpilze nur gering. Sie werden durch Nährstoffe und Ausscheidungen der Wurzeln dieser Unkräuter sowie durch andere Mechanismen in Schach gehalten («antiphytopathogenes Potential» des Bodens). Auch gewisse Bodeneigenschaften unterstützen die Fähigkeit, Schadpilze zu kontrollieren: In tonreichen Böden (z.B. auf Grundmoräne) bewirkt etwa der Anteil des Vermikulits eine günstige Nische für bestimmte Bakterien *(Pseudomonas fluorescens)*, die der Verbreitung krankheitserregender Pilze entgegenwirken. Die «Suppressivität» genannte Eigenheit bestimmter Böden kann auch durch Düngung in wechselnder Art beeinflußt werden (Tab. 1.10).

Tab. 1.10: **Die Konsequenzen der Monokultur.** Nach der Trennung von Vieh und Feld wurde als Folge von ökonomischen Engpässen der Ackerbau intensiviert. Monokulturen brachten zwar größere Erträge, aber ihre landschaftsökologischen Auswirkungen sind schwerwiegend. Ursachen und Wirkungen sind miteinander vernetzt (siehe Pfeile). Die Nummern geben die Reihenfolge an, in der die Veränderungen erfolgen. (Nach Vester 1972)

Maßnahmen	Folgen für den Boden	Folgen für Pflanzen und Tiere	Folgen für den Menschen
① Monokultur und einseitige Fruchtfolge → ②	② Einseitige Verarmung des Bodens an Nährstoffen → ③		
③ Einsatz steigender Mengen an Kunstdüngern (Nichtverwendung kompostierbarer Düngstoffe) → ④ ⑬ ⑭ ⑰	④ Veränderung von Bodenfeuchte und Bodenflora → ③	⑤ Veränderungen im Stoffwechsel (und in der Qualität) der Pflanzen → ⑥	

⑥ erhöhte Anfälligkeit gegen Insekten; Vermehrung schädlicher Insekten → ⑦

⑦ gegen Insektizide resistente Insekten → ⑥ ⑧

⑧ Einsatz von Insektiziden

⑨ stärkere Belastung des Bodens mit Pestiziden → ⑥ ⑩ ⑫

⑩ Veränderung der Fruchtbarkeit bestimmter Vogelarten

⑪ Energieprobleme

⑬ sinkender pflanzenverfügbarer Anteil des Mineraldüngers → ③

⑫ Störung der natürlichen Symbiose zwischen Pflanzenwurzeln und Bodenmikroorganismen → ⑬

⑭ Auswaschung von Nährstoffen → ⑯

⑯ Gewässerbelastung (Eutrophierung) → ⑮ ⑱

⑮ Belastung der Trinkwasserversorgung → ⑯

⑰ Zerstörung der Bodenstruktur, Erosion → ⑲ ⑳

⑱ negative Einflüsse auf Erholung

⑳ Gebiet wird aufgegeben, neue Rodung (vor allem in trockeneren Tropengebieten!)

⑲ negative Einflüsse auf Raumordnung

Eine bekannte Getreidekrankheit ist die Schwarzbeinigkeit. Sie wird durch den Pilz *Ophiobolus graminis* verursacht, der sich besonders bei mangelnder **Fruchtfolge** bemerkbar macht, weil die Bodenmikroflora einseitig wird. Fruchtfolge ist in Monokulturen eine Notwendigkeit, da sich sonst Schadpilze zu stark ausbreiten. Indessen zeigen sich nach jahrzehntelangem Anbau der gleichen Fruchtart doch gewisse Regulationsmechanismen: Zwischen Frucht und Pilzkrankheit entsteht ein neues Gleichgewicht, möglicherweise durch Anpassung der Frucht. So sind die Gerstenäcker in einigen abgelegenen Schweizer Berggemeinden (Wallis) trotz fehlender Fuchtfolge gegen Schadpilze unempfindlich geworden.

Es gibt aber auch natürliche «Monokulturen», die gleichermaßen gefährdet sind. So hält das Schilfröhricht einer stärkeren Belastung durch schädigende Einflüsse nicht stand. Wie schon erwähnt, wird es durch «Unkraut», oft Brennesseln und Rohrglanzgras, im nassen Bereich durch Weidenröschen und Knöterich ersetzt.
Die Ursachen des Schilfsterbens sind sehr komplex. Auch an unbelasteten Seen bilden sich Löcher in Schilfbeständen; sie entstehen durch natürliche Alterungserscheinungen. Bald aber schließen sich solche Löcher wieder von selbst, wie Vergleiche von alten und neuen Luftbildern zeigen. An belasteten Seen können jedoch diese Bestandeslücken sehr leicht seewärts aufreißen. Die **Überdüngung** ist nur eine von vielen Ursachen. Sie fördert zwar das Schilfwachstum, aber um den Preis der Bruchfestigkeit: die Halme enthalten zu wenig Festigungsgewebe. Gleichzeitig entwickeln sich in den nährstoffreichen Seen viel größere Algenmengen. Berechnungen haben gezeigt, daß schon schwache Winde genügen, um das mit diesen Algenpaketen belastete Schilf umzuwerfen*. Diese Wirkung verstärkt sich durch Kiesabbau an der Uferbank, was stärkeren Wellengang zur Folge hat, ferner durch Tritt, Boote oder etwa einen zu hohen Bestand an Schwänen, die, wie andere Wasservögel auch, sehr viele Halme knikken. Umgeworfenes Schilf beginnt zu faulen, da durch die Knickstellen Wasser in die Pflanzen eindringt und eine spezielle Art von Fäulnis, die «Schilffäule», begünstigt, die dann plötzlich großflächige Bestände erfassen kann (Abb. 1.39). Vermutlich wirken unter Luftabschluß krankheitsauslösende Mikroorganismen mit, die sich über das Netzwerk der unterirdischen Schilfteile auch in gesunde Bestände ausbreiten können. Kleine Lücken reißen mit einer Geschwindigkeit von bis zu drei Metern pro Jahr auf. Nach neueren Untersuchungen sind noch

---

* Neueste Untersuchungen haben gezeigt, daß sog. Blaualgengifte Wurzelhäute zur Ablösung bringen.

Abb. 1.39: **Auch natürliche «Monokulturen» sind anfällig.** Schilfsterben: Treibzeugwälle und Algenwatten zerstören die Seeufervegetation.

etwa 3,5 Prozent der früheren Schilfröhrichte an Schweizer Seen einigermaßen unversehrt und nur 10 Prozent in gutem Zustand. Dies ist ein großer Verlust für die Seelandschaft, aber auch – ökologisch gesehen – für den Nährstoffaustausch zwischen Land und See. Röhrichte nehmen im Nährstoffhaushalt eine Schlüsselstellung ein: sie binden Nährstoffe und geben sie im Winter wieder ab. Darüber hinaus gehen die Fischereierträge bestimmter Arten an vielen Seen zurück: Zahlreiche Arten sind als Jungfische oder zur Laichabgabe auf Röhrichte angewiesen.

Auch beim Ackergetreide ist die Standfestigkeit ein Problem. Schwächer gedüngte und mit etwas Unkraut durchsetzte Äcker bleiben standfester – auch ohne Spezialpräparate. Aber der Mensch duldet auf dem Acker nun einmal keine «Mitesser»; er bekämpft die sogenannten «Unkräuter», denn sie verringern den Ertrag der hochgezüchteten Getreidearten, die an höhere Düngergaben angepaßt sind. Intensive Untersuchungen im äthiopischen Hochland und auch die Ergebnisse des **biologischen Landbaus** in der Schweiz haben gezeigt, daß hohe Erträge (4 bis 5 Tonnen Kornertrag pro Hektar und Jahr) mit Grünbrache nahezu ohne Dünger und Herbizide möglich sind. Voraussetzung ist allerdings eine Sorte, die in langjähriger Zucht an die jeweiligen Umweltbedingungen angepaßt wurde und nicht nur an einem kaum nachhaltigen Maximalertrag.

Das **Dilemma unserer Landwirtschaft** liegt darin, einen optimalen nachhaltigen Ertrag herauszuwirtschaften, ohne daß Kontaktökosysteme (z. B. Gewässer) durch die ständig wachsende Nachfrage geschädigt werden. Dies scheint mir nur möglich zu sein, wenn im künstlichen Ökosystem Acker eine gewisse Diversität erhalten wird und auch die übrigen Stabilitätsprinzipien der Natur beherzigt werden (s. S. 346f., «DOK-Versuch» mit Dynamisch-biologischem – organisch-biologischem – konventionellem Landbau im langjährigen Vergleich).

Die künstlichste aller vom Menschen angelegten Monokulturen aber ist die **Stadt.** Völlig abhängig von künstlich zugeführter Energie, zeigt sie sich bei einem Energieausfall als äußerst verwundbar: Das System bricht zusammen.

2 Der Kreislauf
Prinzipien der Stoffkreisläufe
und des Energieflusses

2.1 Was ist ein Kreislauf?

«Panta rhei», alles fließt, sagte schon Heraklit; er wollte damit ausdrücken, daß jeder Zustand eigentlich ein Werden ist. Diese Dynamik der Umwelt wurde bereits im ersten Teil dieses Buches deutlich. Sie zeigt sich vor allem in den Kreisläufen: Wasser, Sauerstoff, Kohlenstoff und Nährstoffe gehen nicht verloren, sondern laufen auf bestimmten Bahnen, von toter Substanz zu Lebewesen, von einem Lebewesen zum andern und schließlich wieder zu toter Substanz, angetrieben durch den Energiefluß der Sonne (Abb. 2.1).
Kreisläufe finden sich aber auch im menschlichen Organismus und in der Technik. Blutkreislauf und Heizungskreislauf sind zweckbestimmte Vorgänge, in denen ein Stoff immer wieder an seinen Ausgangspunkt zurückkehrt und dabei bestimmte Veränderungen erfährt oder an Prozessen teilnimmt. Der **Blutkreislauf** versorgt alle Organe mit Sauerstoff und Nährstoffen und führt Kohlendioxid und Giftstoffe den Ausscheidungsorganen zu. Veränderungen der Umweltbedingungen beeinflussen seine Geschwindigkeit, Funktion und Stabilität. So können Abkühlung, Anstrengung und Hitze bis zu einem Zusammenbruch, zum Herzkollaps, führen.
Die beiden Beispiele des Blut- und Heizungskreislaufs sind noch recht überschaubar, denn sie verlaufen in einem nahezu geschlossenen System. Die Kreisläufe in der Umwelt sind dagegen zum größten Teil unsichtbar und sehr kompliziert. Dies gilt vor allem für die Kreisläufe gasförmiger Stoffe, die vorübergehend in Lebewesen oder Gesteine eingebaut werden können. Auf der andern Seite gibt es aber auch die Kreisläufe der Feststoffe, die sich meist nur mit verschwindend kleinen Anteilen an den Lebensvorgängen beteiligen. In allen Kreisläufen sind nur sehr kleine Mengen eines Stoffes im (relativ langsamen) Umlauf, verglichen mit den riesigen stillen Lagern des gleichen Stoffes. Auch dies ist ein stabilisierendes Element unserer Umwelt.

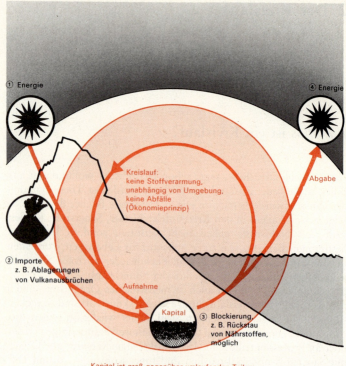

Abb. 2.1: **Das Kreislaufprinzip.**

2.2 Gasstoffkreisläufe

Zu den Gasstoff- oder «Carboxylierungs»kreisläufen gehören alle besser bekannten Kreisläufe: Wasser-, Sauerstoff-, Kohlenstoff- und Stickstoffkreislauf. All diese Stoffe kommen während ihres Kreislaufs irgendwann einmal in gasförmigem Zustand vor (Abb. 2.2).

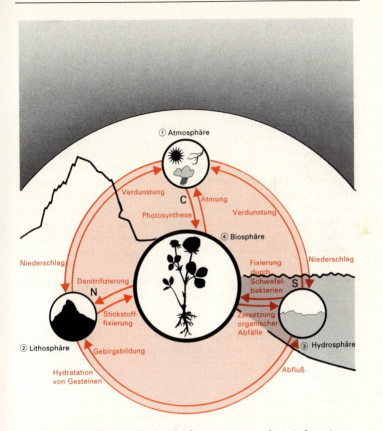

Abb. 2.2: **Die Rolle der Gaskreisläufe.** Der Austausch zwischen Atmo-, Hydro- und Lithosphäre erfolgt durch Niederschlag, Verdunstung, Abfluß, Gebirgsbildung und Hydratation von Gesteinen. In diese unbelebten Kreisläufe schaltet sich die Biosphäre ein, durch Photosynthese und Atmung (Kohlenstoff und Sauerstoff), Bakterien (Schwefel) und verschiedene andere Mikroorganismen (Stickstoff). (Nach Deevey 1970)

2.2.1 Wasser: Transport und Reaktionsmedium des Lebens

Der auffälligste Kreislauf ist der des Wassers: als Regen oder Schnee ist er hautnah zu spüren. Der Wasserkreislauf wirkt auch als Transportmittel für die Feststoffkreisläufe. Die Besonderheiten des Wassers machen es zum herausragenden Stoff in vielen Lebens- und Umweltvorgängen (Tab. 2.1). Wesentlich ist, daß sein Kreislauf überall kurzgeschlossen ist. So wird ein Teil des Regenwassers schon während des Versickerns von den Pflanzen wieder aufgenommen, teilweise sogar direkt durch ihre Oberfläche. Verdunstendes Wasser aus dem Boden und den Organismen kann lokal wieder zur Wolkenbildung und zum Niederschlag beitragen. Dabei spielen von der Meeresoberfläche mitgerissene Salzteilchen (Versprühung) eine wichtige Rolle als Kondensationskerne. Übrigens regnet nur ein Viertel des über den Meeren verdunsteten Wassers über dem Festland aus. Selbstverständlich würde der Wasserkreislauf auch ohne Organismen ablaufen. Die Pflanzen und Tiere haben sich erst im Verlaufe der Evolution aktiv eingeschaltet (Abb. 2.3).

Im Grunde genommen ist es falsch, Kreisläufe isoliert zu betrachten, denn jeder Kreislauf hat «Öffnungen», durch die er mit andern

Tab. 2.1: **Wasser, ein ganz besonderer Stoff.** Bemerkenswert sind vor allem die Dichteanomalie und die thermischen Eigenschaften.

Eigenschaft	Besonderheit	Ökologische Bedeutung
Spezifisches Gewicht	Wasser bei 4 °C am schwersten $1{,}000\,g/cm^3$). Wasser dehnt sich beim Gefrieren aus.	Seen frieren von oben nach unten zu. Im Frühjahr und Herbst wird das Wasser eines Sees umgeschichtet; Nachschub von Sauerstoff in die Tiefe. Ausweichmöglichkeiten für die Bewohner des Sees in die Tiefe bei starkem Frost; Sprengwirkung bei der Verwitterung (Bodenbildung), Förderung der Bodengare bei winterlichen Barfrösten durch Lockerung des Oberbodens.

Spezifische Wärme	Wasser hat die größte spezifische Wärme aller bekannten Flüssigkeiten (außer flüssigem Wasserstoff) (4,187 J bei 15 °C).	Ozean und Seen als Wärmespeicher. Ausgleichende klimatische Wirkung. Langsame Reaktionen auf Temperaturschwankungen der Luft.
Verdampfungswärme	Wasser hat die größte Verdampfungswärme aller Flüssigkeiten (2281,9 kJ/kg).	Kühlender Effekt der Transpiration bei Pflanze und Tier.
Wärmeleitung	Wasser hat zwar die größte Wärmeleitfähigkeit (außer Quecksilber) aller Flüssigkeiten, gesamthaft gesehen aber immer noch eine sehr geringe (Wasser 0,0057, Eis 0,024 J/cm·sec·Grad).	Wichtige Eigenschaft für Energiehaushalt bei Pflanze und Tier. Ausnützung geringer Wärmemengen. Wärmetransport im Wasser erfolgt durch Bewegung.
Dielektrische Konstante	Wasser hat die höchste dielektrische Konstante aller Substanzen ($\varepsilon = 80{,}08$ bei 20 °C).	Wasser löst eine Vielzahl von Stoffen. Gelöste Substanzen bleiben in Lösung in einem weiten Temperaturbereich. Wichtig für Stoffwechselvorgänge und ihre Stabilität.
Oberflächenspannung	Wasser hat die größte Oberflächenspannung aller Flüssigkeiten (Wasser gegen feuchte Luft: 72,8 dyn/cm bei 20 °C).	Wasser wird in porösem Boden für die Pflanzen in verfügbarer Form zurückgehalten und folgt nicht nur der Gravitation. Wassertransport bis in höchste Baumkronen (große Kohäsionskraft).
Chemische Stabilität	Wasser ermöglicht mit Säuren oder Basen gepufferte Lösungen, die gegen Säure- oder Basenzufuhr lange stabil bleiben. Wasser ist schwer zersetzbar (vgl. Energieaufwand für Trennung von Wasser in Wasserstoff/Sauerstoff) (vgl. Tab. 2.7).	Pufferung erhält Gewässer-Ökosysteme stabil gegen Fremdeinflüsse. Meerwasser z.B. ist ein sehr stabiles Milieu bei pH-Bereichen zwischen 7,5 und 9 (an der Küste). Meer als Herd der Evolution. Regulator der Atmosphäre.

100 · Der Kreislauf

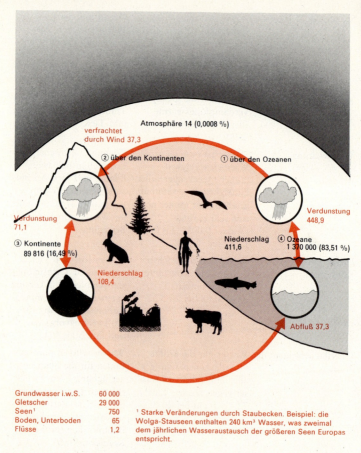

Grundwasser i.w.S.	60 000
Gletscher	29 000
Seen[1]	750
Boden, Unterboden	65
Flüsse	1,2

[1] Starke Veränderungen durch Staubecken. Beispiel: die Wolga-Stauseen enthalten 240 km³ Wasser, was zweimal dem jährlichen Wasseraustausch der größeren Seen Europas entspricht.

Abb. 2.3: **Die Verteilung des Wassers im weltweiten Kreislauf.** Die Zahlen bedeuten Vorräte (schwarz) und jährliche Umlaufraten (rot) in 1000 km³. Unter jährlicher Umlaufrate versteht man die Wassermenge, die pro Jahr durch den betreffenden Kreislaufabschnitt fließt. (Nach Kalin und Biokov 1969 in Collier u. M. 1973 und Schwoerbel 1974; Wasserverfügbarkeit s. Shiklomanov 1989)

Im Rahmen von Untersuchungen des «International Geosphere-Biosphere-Programme» dürften sich in Bälde Modifikationen in den Zahlenwerten auch der folgenden Kreislauf-Abbildungen ergeben.

Gasstoffkreisläufe · 101

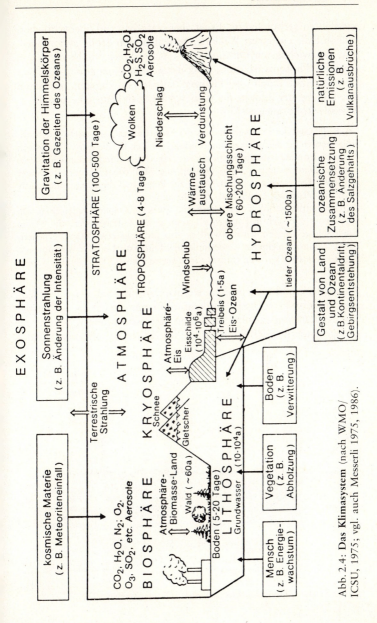

Abb. 2.4: Das Klimasystem (nach WMO/ICSU, 1975; vgl. auch Messerli 1975, 1986).

Kreisläufen verbunden ist. Es ist aber einfacher und übersichtlicher, zunächst die einzelnen Wege der bedeutendsten Stoffe aufzuzeigen. Eine der wichtigsten Öffnungen des Wasserkreislaufs ist die schon erwähnte **Photodissoziation,** dank der sich die sauerstoffertragenden Urwesen und damit die Pflanzen entwickeln konnten, die dann ihrerseits bei der Bildung der Atmosphäre noch heute eine ausschlaggebende Rolle spielen (Abb. 2.4).

Gut 82 Prozent der Energieeinnahme der Erde (Einstrahlung minus Ausstrahlung) werden für die Verdunstung benötigt, der Rest für die Aufwärmung von Atmosphäre und Hydrosphäre (Ozeane). Dabei fallen durchschnittlich 88 Prozent der Verdunstung auf die Ozeane, die 71 Prozent der Erdoberfläche bedecken. Dieses Ungleichgewicht hat zur Folge, daß die Kontinente relativ mehr Niederschläge erhalten als die Meere.
Durchschnittlich erhält die Erdoberfläche jährlich 1000 mm Niederschlag. Da das Wasser, das sich in Form von Dampf in der Luft befindet, nur 24 mm Niederschlag ergeben würde, wird es also pro Jahr etwa 40mal erneuert. Durchschnittlich bleibt ein Wassermolekül 9 Tage in der Luft und wird dort pro Tag 100 bis 1000 km weit transportiert, verweilt aber 3000 Jahre im Ozean (Abb. 2.5)!

Atmosphäre und Hydrosphäre werden durch die Sonne unterschiedlich stark erwärmt. Diese **Temperaturdifferenz** erzeugt die weltweiten Windsysteme und die oberflächlichen Meeresströmungen. Schon eine geringe Änderung der Temperaturdifferenz, etwa durch aufsteigendes

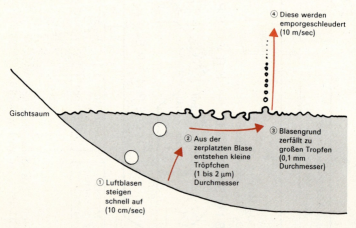

Abb. 2.5: **Die Bildung mariner Aerosole.** (Nach Dyrssen 1972)

Tiefenwasser, führt in tropischen Meeren bereits zu wesentlichen Verdunstungsunterschieden, was sich anschließend auf die Niederschlagsmenge der benachbarten Kontinente auswirkt: eine Temperaturdifferenz von 0,1 Grad Celsius ergibt einen Verdunstungsunterschied von 2,4 Prozent. Schwankungen der Niederschlagsmenge sind deshalb besonders in den Tropen sehr ausgeprägt (bis 20 Prozent). Da 70 Prozent der Ozeane in den Tropen liegen, ist jede Änderung der Temperatur tropischer Meere von weltweiter Bedeutung. Durch die Verdunstung ist der Wasserhaushalt der Erde mit der Energiebilanz von Kontinenten und Atmosphäre gekoppelt.

Die Bewässerung von Kulturland (heute etwa 2,3 Millionen km^2) erhöhte die totale Verdunstungsrate der Kontinente um 2,7 Prozent des Wertes. Für die Jahrhundertwende werden 8 bis 10 Prozent vorhergesagt. Dies beeinflußt mit Sicherheit die weltweite Niederschlagsverteilung.

2.2.2 Sauerstoff: Brücke des Lebens

Auch der Sauerstoffkreislauf wäre ohne die Pflanzen möglich. Wie beim Wasserkreislauf haben sie sich auch hier zu ihrem eigenen Nutzen eingeschaltet. Indessen haben erst die Pflanzen ihn so beeinflußt, daß er das übrige Leben, also auch das unsere, ermöglicht. Grundkenntnisse der Gasaustauschvorgänge in der Pflanze (Assimilation und Atmung) müssen hier als bekannt vorausgesetzt werden, ebenso die Atmung bei Tieren sowie die anderen sauerstoffzehrenden Vorgänge (Verbrennung). Hier sei soviel festgehalten: Die Atmung ist die letzte Stufe eines **Verbrennungsprozesses** in den Organismen, bei dem gewisse Zucker und Phosphat unentbehrlich sind und in dessen Verlauf Kohlenhydrate, aber auch Eiweiße und Fette umgesetzt werden. Diese Vorgänge liefern uns die nötige Lebens- und Bewegungsenergie.

Außerdem nimmt Sauerstoff an vielen wichtigen Vorgängen in der unbelebten Natur teil. So können beispielsweise durch chemische Prozesse bei der **Verwitterung** der Gesteine große Sauerstoffmengen gebunden oder in Sedimenten festgelegt werden. Veränderungen der Verwitterungsgeschwindigkeit (Erosionsrate) führen demnach zu einem neuen Gleichgewicht zwischen Entstehung und Verbrauch (Zehrung) des Sauerstoffs, was in der Regel sehr langsam vor sich geht (Abb. 2.6). Zwischen der Erosionsrate und der Sauerstoffzehrung kann sich nämlich ein Regelkreis ausbilden: Stärkere Erosion ver-

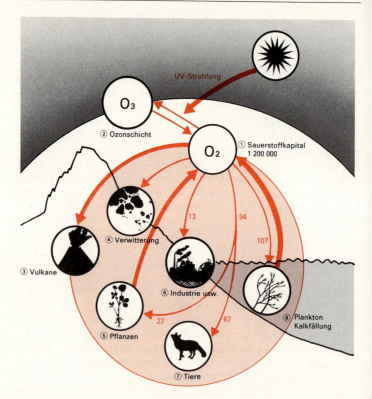

Abb. 2.6: **Der weltweite Sauerstoffkreislauf.** Die chemischen Umsetzungen im Sauerstoffkreislauf sind recht kompliziert. Sauerstoff wird in der Pflanze umgesetzt, ist im abgelagerten Kalk enthalten (im CO_2, das sich über die Reaktionsstufen HCO_3^- und CO_3^{-2} mit Ca^{2+} zu Kalziumkarbonat $CaCO_3$ verbindet) und wird bei der Verwitterung gebraucht. Es oxidiert das Kohlenmonoxid der Vulkane ($O_2 + 2\,CO \rightarrow 2\,CO_2$) und wird durch Ultraviolettstrahlung in Ozon (O_3) übergeführt. Neu entsteht Sauerstoff bei der Photodissoziation und bei der Photosynthese.

Die Zahlen sind in Milliarden Tonnen Sauerstoff angegeben. Rote Zahlen bedeuten die jährliche Umsetzungsrate. (Nach Böger 1976 und Biosphere)

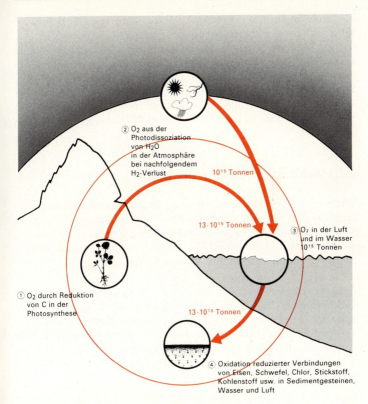

Abb. 2.7: **Die Verteilung des Sauerstoffs in der Ökosphäre.** Geschätzte Mengen des molekularen Sauerstoffs, der während der Evolution durch Oxidationsprozesse gebildet wurde. (Nach Collier u. M. 1973)

braucht mehr Sauerstoff, und zugleich gelangen mehr Phosphate ins Meer. Dadurch wird das Wachstum der Algen angekurbelt; ihre Überreste (organischer Kohlenstoff) lagern sich vermehrt ab und werden in größerer Meerestiefe nicht mehr oxidiert. Somit verbleibt mehr Sauerstoff in der Atmosphäre, was den größeren Sauerstoffverbrauch wieder ausgleicht. Bei abnehmendem Sauerstoffgehalt der Luft sinkt zudem auch seine Konzentration im Meerwasser, und sauerstofffreie (anaerobe) Bereiche des Meeresbodens dehnen sich aus, was wiederum mehr organischen Kohlenstoff in Sedimenten bindet («Fossilisation» organischer Reste). Auch so kann ein Überschuß an Sauerstoff aus der Photosynthese der Algen in der Atmosphäre verbleiben. In zunehmendem Maße wird nun aber in Heizanlagen oder in industriellen Prozessen Sauerstoff verbraucht. Bei der Herstellung von Eisen und Stahl verbindet sich zwar der im Eisenerz enthaltene Sauerstoff mit Kohlenstoff zu Kohlendioxid; zugleich werden aber überschüssige Kohle und unerwünschte Beimengungen mit dem Sauerstoff der Luft oxidiert, wobei ebenfalls Kohlendioxid entsteht (Abb. 2.7).

2.2.3 Kohlenstoff: Baustein des Lebens

Wie bereits in den Abschnitten über die Evolution und den Sauerstoffkreislauf deutlich wurde, sind die Kreisläufe des Sauerstoffs und des Kohlenstoffs untrennbar miteinander verbunden. Bei allen Verbrennungsprozessen, einschließlich der Atmung der Lebewesen in Wasser, Luft und Boden, entsteht Kohlendioxid (Abb. 2.8).

Ähnliche Prozesse laufen in der Pflanze ab, darunter der wichtigste Lebensvorgang überhaupt, die **Photosynthese**. Die Pflanze nimmt bei günstiger Wasserversorgung durch die Spaltöffnungen ihrer Blätter Kohlendioxid auf, das sie mit Hilfe des Sonnenlichts über viele komplizierte Reaktionsstufen unter Anlagerung von Wasser in Traubenzucker überführt, den Grundstoff der meisten pflanzlichen Inhaltsstoffe.

Bei der Aufnahme von Kohlendioxid in den pflanzlichen Körper kommt ein **Kreisprozeß** in Gang, bei dem eine Anzahl von verschiedenen Zuckern, Enzymen und energieliefernden phosphathaltigen Verbindungen eingesetzt werden (ATP, NADPH usw.). Eine Fixierung von Kohlendioxid im pflanzlichen Körper ist nur mit Hilfe dieser Phosphate möglich, die sich während des Prozesses umwandeln und dadurch die benötigte Energie vermitteln. Diese Phosphate müssen wieder regeneriert werden: dies geschieht durch Abbau der Kohlenhydrate bei der Atmung in Pflanze und Tier, der sogenannten Glykolyse, die in zwei Phasen – einer anaeroben und einer aeroben – ablaufen kann. Schon bei der ersten Phase, der enzymatischen Zuckerspaltung, wird Energie für die Neubildung der Phosphate zurückgewonnen. In der zweiten Phase entsteht schließlich wieder Kohlendioxid aus den Zuckerbruchstücken, und zwar unter Einsatz verschiedener Enzyme und Dinucleotide (z. B. der Atmungsenzyme der eisenhaltigen Cytochrom-Gruppe und Ubichinon), wobei die gewonnene Energie für den Aufbau von neuen ATP-Molekülen sowie für die gekoppelt verlaufende Peptidsynthese verwendet wird (Abb. 2.9 u. 2.10).

Gasstoffkreisläufe · 107

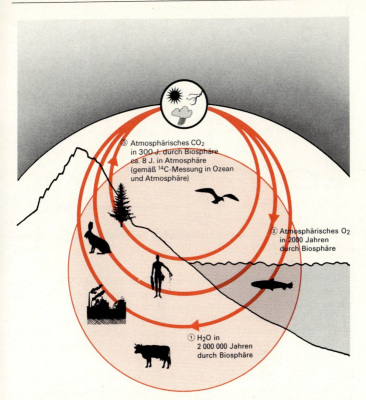

Abb. 2.8: **Die Geschwindigkeit der Austauschvorgänge in der Biosphäre.** Die belebte Welt, die Biosphäre, tauscht Wasserdampf, Sauerstoff und Kohlendioxid mit Atmo-, Litho- und Hydrosphäre in kontinentalen Zyklen aus. Die relativ geringe Umlaufgeschwindigkeit ist eine typische Eigenschaft des Kreislaufes: beim Sauerstoff ist das Kapital zehn millionenmal größer als die jährlich umgesetzte Menge. (Nach Cloud und Gibor 1970)

Während all dieser Teilprozesse bei Assimilation und Atmung können die Enzyme durch gewisse Schwermetalle oder andere Schadstoffe in ihrer Wirkung beeinflußt oder ausgeschaltet werden (s. S. 299 ff.). Dabei wird die Pflanze geschädigt oder abgetötet.

Bei der Photosynthese wird auf verwickelten Wegen Sauerstoff abgespalten, der durch die Spaltöffnungen an die Außenluft gelangt.

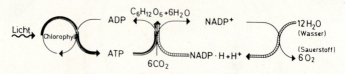

Abb. 2.9: Schema der Kohlenhydratbildung bei photoautotrophen Schwefelbakterien (Thiorhodaceen). Vgl. auch die Tiefseequellen («Schwarze Raucher») mit ihren eigenen Lebensgemeinschaften basierend auf chemoautotrophen S-Bakterien mit Calvin-Benson-Stoffwechsel-Zyklus.

Abb. 2.10: Schema der Kohlenhydratbildung bei photoautotrophen grünen Pflanzen (ausführlicher s. Lit.).

Ein Gramm Chlorophyll in der pflanzlichen Zelle bindet pro Stunde bis 25 Gramm organischen Kohlenstoff, die Nettoprimärproduktion (NPP) ist indessen nach Abzug der Atmungsverluste (R) nur noch etwa $1,5 \, g/m^2 \times h$. In der Nacht – in geringerem Maße auch tagsüber – wird dieser Prozeß umgekehrt: Wie alle Lebewesen atmet auch die Pflanze und scheidet, vor allem im Dunkeln, ebenfalls Kohlendioxid ab (Abb. 2.11). Nähere Einzelheiten über die Photosynthese möge man der Literatur entnehmen.

Einige ökologisch bedeutsame Einzelheiten müssen in diesem Zusammenhang doch genannt werden: Insbesondere ist die Form der CO_2-Aufnahme wichtig, einschließlich der Weiterverarbeitung zu Kohlenhydraten, Zuckern, Cellulose, Stärke u. dgl. In unsern Breiten entsteht in der Regel eine C_3-Verbindung, nämlich Phosphoglycerinsäure, und zwar nach der Einwirkung von ATP und andern Enzymen auf Ribulose (C_5-Zucker) und CO_2. Diese Substanz wird im sog. Calvin-Benson-Zyklus zu Glucose (C_6) und ähnlichen Zuckern aufgearbeitet, wobei im Kreisprozeß teilweise wieder Ribulose bereitgestellt wird.

In höchsten Lagen limitiert CO_2 die Photosynthese. Deshalb ist vor allem bei alpinen Pflanzen die CO_2-Aufnahme effizienter.

In wärmeren Gebieten dagegen bewirkt ein zusätzlicher Mechanismus die zeitweilige Fixierung von CO_2 an Phosphoenol-Pyruvat (Brenztraubensäure) zu einer C_4-Verbindung, nämlich zu Oxalacetat (und daraus mithilfe von $NADPH_2$ zu Malat als Speichersubstanz). Ent-

Gasstoffkreisläufe · 109

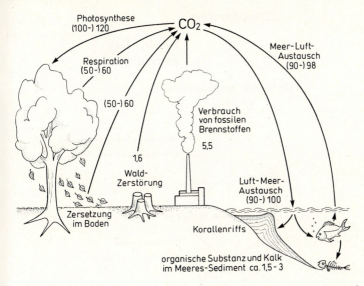

Abb. 2.11: **Globale jährliche Kohlenstoffflüsse** (Quellen und Senken) in **Milliarden Tonnen** (Gt). C-Austausch zwischen Land und Atmosphäre ist größer als zwischen Ozean und Atmosphäre. Zusätzlich wird relativ viel C an Land gespeichert, in Ozeanen meist wieder ausgetauscht. Sehr wenig C wird in organische Substanz und Kalk eingebaut. (Nach Hougton & Woodwell 1989, Salomon et al. 1989 in UNEP 1989)

562 Gt	Landpflanzen	20 Gt	in Phytoplankton
54 Gt	Tiere	20 Gt	in Zooplankton und Fischen
54 Gt	tote organische Substanz	20 Gt	in toter organischer Substanz
		20 Gt	Wasseraustausch
54 Gt	Bodenatmung	97 Gt	oberflächennahes Meerwasser
10 000 Gt	Kohle und Erdöl	100 Gt	Tiefsee
		35 000 Gt	Ozeanwasser
		20 000 000 Gt	in Sedimenten

sprechend nennt man diesen Kreisprozeß den «C_4-Dicarbonsäure-Weg» oder ebenfalls nach den Entdeckern «Hatch & Slack-pathway». Denn später wird diese CO_2-Reserve wieder mobilisiert, indem Malat mit NADP zu Pyruvat und das CO_2 in den normalen Calvin-Benson-Zyklus eingespeist, also an Ribulose angelagert wird, wobei wieder Phosphoglycerinsäure entsteht.

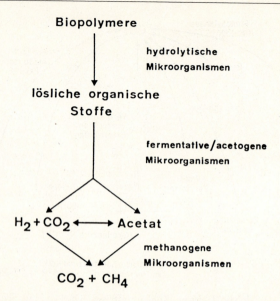

Abb. 2.12: **Der anaerobe Abbau zu Methan.** Biochemische Sequenz der Methanbildung aus Biomasse. Im Gegensatz zum vollständigen aeroben Abbau zu CO_2 und H_2O gibt es keine Organismen, die allein den anaeroben Abbau von Biopolymeren, z.B. Stärke, zu CH_4, CO_2 und H_2O zu leisten vermögen; die komplexe Reaktionsfolge des Abbaus erfordert eine komplexe Organismenfolge. Ein vollständiger anaerober Abbau ist daher nur mit einer Mischpopulation möglich. Eine erste Mikroorganismengruppe baut Biomasse zu einfachen organischen Säuren wie Acetat oder Propionat, eine andere diese zu CO_2 und H_2 ab. Aus diesen Substraten synthetisieren die eigentlichen methanogenen Bakterien schließlich Methan. In Sümpfen hängt die CH_4-Bilanz auch von den Anteilen an oxidierenden Bakterien im Oberboden somit vom (Grund-)Wasserspiegel ab. Einzelheiten zur biochemischen CH_4-Entwicklung s. z.B. bei Breuer, 1990 (aus CO, CO_2, HCOOH, CH_3OH, $(CH_3)_3NH$, $(CH_3)_2S$, CH_3COOH usw.). (Bachofen 1981)

Dieser Vorgang läuft in speziellen Blattzellen, den Mesophyll-Zellen, ab, die sich um die Leitbündel des Blattes gruppieren und durch Plasmodesmen (Kanäle in den Zellwänden) über die dazwischen liegenden Scheidezellen mit den Leitbündelzellen verbunden sind.

Namentlich bei höherer Temperatur und Lichtintensität ist der C_4-Prozeß vorteilhafter und wegen des Fehlens von Atmungs-CO_2 unter normalen unbeschatteten Verhältnissen auch effizienter. Deshalb ist der Anteil der C_3- und der C_4-Pflanzen in der gemäßigten Zone bei einer Breite von 45° ungefähr gleich groß, also beide Prozesse im Endeffekt ungefähr gleich erfolgreich: C_3-Pflanzen nutzen die kühlen Frühjahrsmonate besser aus, C_4-Pflanzen die sommerlichen und herbstlichen Wärmemonate.

Mit dem C_4-Zyklus ist auch der sog. Crassulaceen-Metabolismus verwandt, der insbesondere die Existenz von Wüstenorganismen garantiert. Denn tagsüber können die **Schließzellen** (Stomata) zum Gasaustausch nicht zu lange offen bleiben: die Wasserverluste wären zu hoch. Nachts aufgenommenes CO_2 kann pflanzenintern bei geschlossenen Stomata tagsüber assimiliert werden.

Eine der wichtigsten Kohlendioxidquellen im Ökosystem ist die **Bodenatmung**. Alle toten Tiere und Pflanzen gelangen auf und in den Boden. Dort werden sie durch Mikroorganismen abgebaut, zersetzt. Dabei wird Kohlendioxid wieder frei (Abb. 2.12). Reife Ökosysteme stehen zudem in einem Fließgleichgewicht, das heißt, sie assimilieren so viel Kohlendioxid, wie sie veratmen.
Ist Kohlenstoff einmal im Boden, dann kann ihn die Pflanze nicht mehr direkt nutzen. Anders als die Nährstoffe, die die Pflanzen aus dem Boden aufnehmen, muß Kohlenstoff erst als Gas in die Luft gelangen, um erneut assimilierbar zu sein (Tab. 2.2 u. 2.3).
Auch bei der **Zersetzung** von Pflanzen und Tieren unter Luftabschluß bilden sich komplizierte kohlenstoffhaltige Verbindungen, wie etwa in früheren Jahrmillionen Kohle und Erdöl. Solche Vorgänge finden noch heute in den Mooren statt. In diesen Ökosystemen wird der Kohlenstoffkreislauf unterbrochen und der Kohlenstoff im Torf gebunden. In immer stärkerem Maße nutzt nun der Mensch diese überschüssige Sonnenenergie früherer Jahrmillionen, indem er Kohle und Erdölprodukte verbrennt, wobei sich – wie schon erwähnt – Kohlendioxid in der Atmosphäre anreichert. Schließlich kann bei verschiedenen ungenügend belüfteten Verbrennungsprozessen, etwa bei der Vernichtung von Industrieabfällen, wieder fein verteilte Kohle, der Ruß, entstehen (Abb. 2.13).
Neben der Verbindung mit dem Sauerstoffkreislauf und der Festlegung von Kohlenstoff in fossilen Brennstoffen besitzt der Kohlenstoffkreislauf eine weitere Öffnung: die heute noch stattfindende Ablagerung von Kohlenstoff im **Kalk**. In unseren Seen scheiden die meisten Wasserpflanzen (u. a. die Blaualgen, viele Laichkräuter) bei der Assimilation Kalk ab; einige gewinnen das Kohlendioxid direkt aus gelöstem Kalziumbikarbonat, wobei Kalziumkarbonat (Kalk)

Tab. 2.2: **Möglige C-Bilanz der Atmosphäre unter Einschluß von Transfers zu Landökosystemen.** (Nach Hampicke u. Bach 1980)

Prozeß	Netto-Transfers, 10^{15} g/a C, ca. 1978		
	Spannweite	WW1	WW2
1 Anstieg in der Atmosphäre	$-2{,}8^{1}$	$-2{,}8$	$-2{,}8$
2 Fossile Brennstoffe	$+5{,}0$	$+5{,}0$	$+5{,}0$
3 Ableitung in das CO_3^{--}/HCO_3^{-}-System des Ozeans	$-1{,}3$ bis $-2{,}0$	$-1{,}9^{2}$	$-2{,}0$
4 Vegetations- und Bodenzerstörung in den niederen Breiten	$+1{,}3$ bis $+4{,}0$	$+2{,}5$	$+1{,}8$
5 Phytomassezunahme unausgewachsener Wälder in der gemäßigten Zone	$-0{,}4$ bis $-1{,}0$	$-0{,}5$	$-0{,}7$
6 Natürliche Senken: Akkumulation in Torf, Humus, organischen Sedimenten, Carbonatlösung in Böden etc. (einschl. «P-matching»)	0 bis $-1{,}0$	$-0{,}3$	$-0{,}5$
7 CO_2-stimulierte Photosynthesezunahme	0 bis ?	$-0{,}3$ (?)	$-0{,}8$
8 Hypothetische Senken (Carbonatlösung im Ozean, organ. C im Ozean etc.)	?	?	0
9 Saldo	$-0{,}5$ bis $+4{,}5$	$+1{,}7$	0

[1] Positives Vorzeichen: Gewinne der Atmosphäre, negatives Vorzeigen: Verluste der Atmosphäre. Anstieg in der Atmosphäre negativ gezählt, um Bilanz zu schließen.

[2] Genau $-1{,}87$ bei 60:40-Aufteilung zwischen Atmosphäre und Ozean im Box-Diffusions-Modell.

WW1 = Wahrscheinlichster Wert

WW2 = Wahrscheinlichster Wert nach Vergleich und Revision der unabhängig ermittelten Werte

Tab. 2.3: **Natürlicher und antropogener Kohlenstoffumsatz zwischen Atmosphäre und Landökosystemen.** (Nach Hampicke und Bach 1980)

Prozeß	Nettogewinne (+) und Nettoverluste (−) der Landökosysteme, $g/m^2 \cdot a$ C	
	engere Bandbreite	weitere Bandbreite
1 Natürliche Humusakkumulation in nassen Wiesen und Sümpfen, boreale Zone		0 bis +10
2 Natürliche Akkumulation von Torf in Mooren, gemäßigte und boreale Zone		+20 bis +80
3 Akkumulation von Streu in Wäldern und Kunstforsten der gemäßigten Zone bei Anpflanzung von Nadelhölzern, Bekämpfung von Bodenfeuern etc.	0 bis +50	0 bis +300
4 Akkumulation von Humus bei humusfördernder Änderung der Bewirtschaftung, wie Aufgabe jährlicher Bodenbearbeitung (minimum tillage), Umwandlung in Dauergrünland, Brache, Waldbrache, wachsende Wälder und Forsten	+50 bis +100	+20 bis +250
5 Akkumulation von Phytomasse in älteren und/oder schlechtwüchsigen Wäldern der gemäßigten Zone	< +100	+50 bis +200
6 Akkumulation von Phytomasse in jüngeren und/oder gut bewirtschafteten Wäldern und Kunstforsten der gemäßigten Zone, einschließlich Durchforstungsmasse	+300 bis +400	+200 bis +700
7 Akkumulation von Phytomasse in frühen und mittleren Stadien der Sekundärvegetation in den feuchten Tropen, insbesondere Waldbrache nach Brandrodungswirtschaft	+300 bis +500	+200 bis +1000
8 Humusverlust aus frisch umgebrochenen Wald- und Graslandböden der gemäßigten Zone nach Umwandlung in Ackerland	−200 bis −300	−50 bis −500
9 Humusverlust aus Ackerböden der gemäßigten Zone, Jahrzehnte nach Umbruch	−10 bis −50	0 bis −100

Tab. 2.3: Fortsetzung

Prozeß	Nettogewinne (+) und Nettoverluste (−) der Landökosysteme, $g/m^2 \cdot a$ C	
	engere Bandbreite	weitere Bandbreite
10 Humusverlust aus tropischen Waldböden unmittelbar nach Brandrodung und Kultivierung	−100 bis −500	0 bis −4000
11 Zersetzung von Phytomasse bei und unmittelbar nach Brandrodung tropischer Wälder	−4000 bis −7000	−3000 bis −15000
zum Vergleich: Verbrennung fossilen Kohlenstoffs, 1977		
gemittelt über die Fläche der Erde	−10	
gemittelt über die Fläche der Kontinente	−33	

Bilanzierung s. Abb. 2.13

entsteht und sich schließlich mit den absterbenden Pflanzen auf dem Gewässergrund ablagert. Dazu kommt der Kalk, der durch Abkühlung von Gewässern in sehr geringem Maße ausgeschieden wird. Auch Ablagerungen wie Algenkalke und Seekreide entstehen also – ebenso wie Kohle und Erdöl – durch das Zusammenwirken von Organismen und rein chemisch-physikalischen Vorgängen. Dies geschieht schon seit Jahrmillionen, wobei im Kalkstein viele Organismen vergangener Erdzeitalter in versteinerter Form erhalten bleiben. Diesen Kalk nutzen wir heute unter anderem zur Zementherstellung, wobei wiederum bedeutende Mengen Kohlendioxid frei werden (Abb. 2.14).

Abb. 2.13: **Die Bilanz des weltweiten Kohlenstoffkreislaufs.** Die Vorräte (schwarze Zahlen) sind in Gramm pro Quadratmeter angegeben, der Austausch (rote Zahlen) in Gramm pro Quadratmeter pro Jahr. Der größte Teil liegt immobil in Sedimentgesteinen. (Nach MacNaughton und Wolf 1974 und Brock 1966 sowie für ( ) Trabalka u. Reichle 1986). Werte in ( ) sind totale Mengen in Gt bzw. Gt/J. für die Transfers.
Austausch Atmosphäre ⇌ Hydrosphäre: 100 Gt C/J.
(stärkere Aufnahme durch Meer: 2 ± 0,8 Gt C/J.)

Gasstoffkreisläufe · 115

Zunahme aus der Verbrennung von fossilen Brennstoffen und Brandrodung von Wald (Anteil Wald je nach Berechnung 10–50 % des C von fossilen Brennstoffen) total $\approx 20{,}2 \pm 2$ Gt CO_2/J., aktuell $5{,}1 \pm 2{,}6$ Gt C/J., Zunahme in Atmosphäre ≈ 11 Gt CO_2/J., (47 %)
Aufnahme in Ozeane $8{,}1 \pm 0{,}7$ Gt CO_2/J. (26–43 %); Rest in Biosphäre; größter Teil im Tiefenwasser; vgl. «Outcrop-Diffusion-Modell» von Siegenthaler); Absinken in der Nordsee und im Wedel-Meer, Aufsteigen auf 90 % der Fläche, 1–2 m/J.; ca. 1000 J. in der Tiefsee gebunden.
Biosphäre $5{,}9 \pm 5{,}1$ Gt CO_2/J. (große Unsicherheit)
(Bolin et al. 1985, Scope-Berichte, z. B. 29)
vgl. mit Abb. 2.11, Quellen und Senken von CO_2.

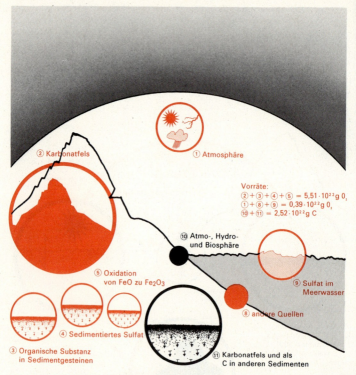

Abb. 2.14: **Die Kohlenstoff-Sauerstoff-Bilanz.** Die totalen Vorräte betragen für Sauerstoff 59 Trillionen Kilogramm, für Kohlenstoff 25 Trillionen Kilogramm. Die Größe der Kreise ist ungefähr den Mengenverhältnissen der einzelnen Ablagerungen angepaßt. Schwarze Farbe bedeutet Kohlenstoff, rote Farbe Sauerstoff.

Die Bilanz läßt vermuten, daß die Photosynthese nicht nur für allen Sauerstoff in der Atmosphäre verantwortlich ist, sondern auch für die größere Menge an «fossilem» Sauerstoff in den verschiedenen Stoffen der Sedimente. Dafür spricht auch das Verhältnis von Kohlenstoff zu Sauerstoff (12:32), dasselbe wie im CO_2. (Nach Cloud und Gibor in Rubey 1970)

Die Bindung von C in organischer Substanz und im Karbonat-Gestein entspricht ungefähr der Freisetzung von CO_2 durch Vulkane, hydrothermische Quellen und Verwitterungsprozesse und ist somit abhängig von Klima, Zusammensetzung der Biosphäre, Anordnung der Kontinente, maritimen Strömungsverhältnissen und der Verwitterung, die im Boden durch Stoffwechselvorgänge ausgelöst wird. Dies entspricht dem Zehn- bis Hundertfachen des atmosphärischen CO_2-Gehalts. 80% der C-Reserven sind in Kalzium-Magnesium-Karbonaten eingebaut, 20% in den fossilen Brennstoffen.

2.2.4 Stickstoff: Düngungsstoffe der Ökosysteme

Die Pflanze und mit ihr die Ökosysteme brauchen aber für ihr Gedeihen nicht nur Wasser, Sauerstoff und Kohlenstoff, sondern auch **Nährstoffe** verschiedener Art. Sie gehen damit recht sparsam um; trotzdem gehen die Nährstoffe auf verschiedenste Art und Weise dem System verloren. Dieser «Output» (Verlust) wird jedoch durch den «Input» (Einfuhr) aus der Umgebung des Ökosystems ersetzt. An diese

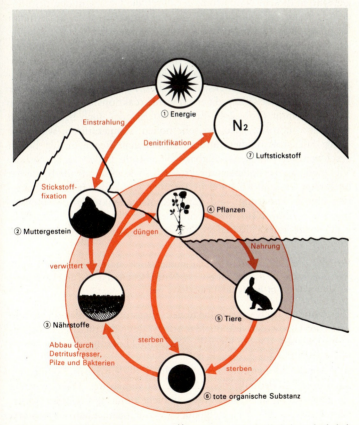

Abb. 2.15: **Der Stickstoffkreislauf im Ökosystem.** (Nach Ehrlich und Ehrlich 1970)

kontinuierliche Gewinn- und Verlustrechnung ist das im Fließgleichgewicht stehende Klimax-Ökosystem angepaßt (Abb. 2.15). Nicht im Gleichgewicht stehende Ökosysteme verändern sich durch den Unterschied an Input und Output von Nährstoffen.

Bei der Einzelpflanze ist der kontinuierliche Nährstofffluß noch ziemlich überschaubar. Beide Motoren der Pflanze, die Photosynthese und die Transpiration, bedingen einen durch den Organismus ziehenden **Wasserstrom**. Dieser bringt gelöste Nährsalze aus dem Boden über die Wurzeln in die Gefäße der Pflanze. Auch Stickstoffverbindungen sind in diesem Nährstrom, der durch die Gefäße in den Leitbündeln aufsteigt, enthalten. Mit Hilfe von Energien wird der Stickstoff in die pflanzeneigenen Eiweiße eingebaut und vor allem bei der Bildung der Blätter und Früchte verwendet. Nur bei genügender Nährstoffzufuhr wird somit die Erhaltung der Art gesichert.

Der Stickstoff macht massenmäßig den größten Anteil aller Nährstoffe aus. Der meiste Stickstoff (rund 80 Prozent) ist jedoch für die Pflanzen nicht verfügbar, da er als **wenig reaktionsfähiges Gas** in der Luft vorkommt (Tab. 2.4). Bei Gewittern oder auch bei laufenden Explosionsmotoren, also bei sehr hohen Temperaturen, wird sehr wenig Stickstoff oxidiert und kann, mit dem Regen in den Boden geschwemmt, pflanzenverfügbare Nährstoffe bilden (z.B. Nitrat). Viel mehr wird er indessen direkt durch stickstoffbindende Bakterien im Boden (einschließlich der in Termiten wirkenden Intestinalbakterien mit N_2-Fixierung) und durch Knöllchenbakterien der Hülsenfrüchtler (Abb. 2.16), durch Strahlenpilze (Actinomyceten) (Abb. 2.17) oder durch Blaualgen in körpereigenes Eiweiß eingebaut (fixiert).

Der mit dem Schwimmfarn *Azolla* mutualistisch zusammenlebende Cyanophyt *Anabaena azollae* schafft bis 3 kg N pro Hektar und Tag und kann somit als Gründünger in Reisfeldern eingesetzt werden.

Dieses und das sich zersetzende Eiweiß abgestorbener pflanzlicher und tierischer Lebewesen sind die Hauptlieferanten des pflanzenverfügbaren Stickstoffs. Die industrielle Stickstoff-Fixierung umfaßt bereits mehr als 30% der natürlichen.

Alle Abfälle der Lebewesen werden durch Bodentiere und schließlich auch durch **Bodenbakterien** (Abb. 2.18) verarbeitet. Dabei entsteht zunächst Ammoniak und daraus, in nicht zu nassem oder zu trockenem Boden sowie bei genügender Wärme, schließlich als weiterer Pflanzennährstoff Nitrat. Einige Pflanzenarten sind ausgesprochene «Nitratzeiger», z.B. Brenn-Nessel, andere können sich mit Ammo-

Tab. 2.4a: Globale Angaben über den Haushalt einiger Spurengase. (Quelle: Zusammenstellung SRU)

Gas	Konzentration	Gesamtmenge	Produktionsrate Quellen	Senken	Lebensdauer	Bemerkungen
CH_4	1,65 ppm Nh 1,30 ppm Sh	3,7–4 Mrd t	Sümpfe, Reisfelder, Wiederkäuer, Bergbau; 590–930 Mio t/a, ggf. zusätzl. 150 Mio t/a durch Termiten	OH-Radikale in der Troposphäre; 450–1800 Mio t/a 200– 800 Mio t/a	5–10 7 Jahre	Wachstum 2%/a (1) (2)
CO	80–100 ppb Nh 50–60 ppb Sh	290 Mio t Nh 170 Mio t Sh	CH_4-Oxidation, C_nH_m-Oxidation, unvollst. Verbrenn.; 1820 Mio t/a Nh 920 Mio t/a Sh große Anteile aus trop. Biomen	wird durch Oxidation umgewandelt	2 Monate	(2)
H_2	575 ppb Nh 550 ppb Sh	170 Mio t	30–50% photochem. Reakt. aus CH_4- u. C_nH_m-Oxidation, 45–55% unvollst. Verbrennung; 43–134 Mio t/a	Abbau im Boden mit 65–81% der Gesamtsenken, 18–33% photochem. Reakt. mit OH-Radikalen in der Troposphäre; 31–133 Mio t/a	2 Jahre	(2)

Tab. 2.4a: Fortsetzung

Gas	Konzentration	Gesamtmenge	Produktionsrate Quellen	Senken	Lebensdauer	Bemerkungen
N_2O-N	300–315 ppb	1500 Mio t	Nitrifikation, Dentrifikation; 10–20 Mio t/a Feuer, Oberboden, fossile Brennstoffe Industrie-Abgase	Stratosphäre; 90% zu N_2 10% zu N_2O; 11 Mio t N/a	100 Jahre	Wachstum 0,2%/a (2)
			100 Mio t/a 10 Mio t/a		15 Jahre	(3) (4)
NH_3-N/ NH_4^+-N	2,5–5,5 µg/m³ Land 0,15–0,3 µg/m³ Ozean	0,5–1 Mio t N	tierische Exkremente, Mineralisation, Ammonifikation; 29 ± 6 Mio t/a	Deposition, Oxidation, Absorption durch Pflanzen	2 Wochen	(5)

Nh = Nordhalbkugel; Sh = Südhalbkugel
(1) = Ehhalt 1979, (2) = Fabian 1984, (3) = Buchner und Isermann 1980, (4) = Seiler und Conrad 1981, (5) = Böttger et al. 1978

Tab.2.4b: **Treibhausaktive Gase** (vgl. mit Abb. 1.13f, Entwicklung des TH-Effektes).

Gas	%TH-Effekt	Konzentration Atm. (in Klammern um 1750)	Zunahme/Jahr	Verweilzeit in der Atmosphäre
CH_4*	18	1,72 ppmv (0,8)	0,9 %	10
CO_2	49	353 ppmv (280)	0,5 %	50–200**
N_2O	6	310 ppbv (288)	0,25 %	150
CFC-11		280 pptv	4 %	65
CFC-12		484 pptv	4 %	130

Quelle + Senke s. oben)

* CH_4: 5 % des atmosphär. CH_4 an der trockenen Bodenoberfläche von methanotropen Bakterien abgebaut.
** sehr komplext (vgl. Text)

alle Gase: +ΔT von 3,5–4,2 °C für ca. 2100 (nach Weltklimakonferenz 1990: 2,6–5,6 °C bis 2100)

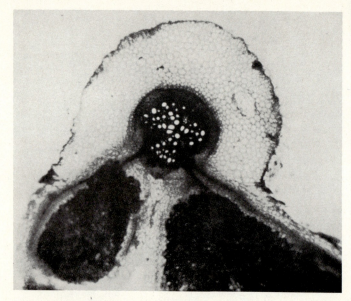

Abb. 2.16: **Stickstoffknöllchen.** Schnitt durch ein Erbsenknöllchen (Nodula) und die angrenzende Wurzel. (Aus Rippel 1931). Symbiose mit Rhizobium.

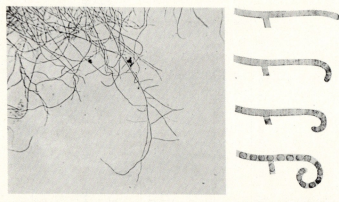

① Myzel eines Actinomyceten (300fach vergrößert, nach R. Meyer)

② Luftsporenbildung bei Actinomyceten (2000fach vergrößert, nach Lieste)

① Nitratbildner (1000fach vergrößert, nach Winogradsky) ② *Pseudomonas europaea* (600fach vergrößert) ③ *Pseudomonas javanensis* (600fach vergrößert)

Abb. 2.18: **Nitratbildner.** (Aus Rippel 1931)

nium-Ion begnügen, z. B. Buschsimse, oder nehmen beide Ionen auf. (BRD: 3000–10000 kg N/ha bei einer Krume von etwa 20 cm, in Auen und Mooren > 20000 kg N/ha.) Unter ungünstigen Bedingungen kann sich auch wieder gasförmiger Stickstoff entwickeln (z. B. O_2-Mangel).
Ein Großteil des Stickstoffs bleibt aber zunächst in vermodernden Pflanzenteilen fixiert. Diese werden langsam und schichtweise zu Humus umgesetzt (Abb. 2.19). Dabei spielen die Bakterien eine wichtige Rolle, aber auch bestimmte tierische Einzeller, Urinsekten und Würmer. Ganz allgemein werden 95% allen Stickstoffs zwischen Vegetation, Mikroorganismen und Boden umgesetzt (Tab. 2.5 u. 2.6). Nur 5 Prozent werden mit der Atmosphäre oder der Hydrosphäre ausgetauscht. Verschiedene Industrieprodukte und Schwermetalle wirken als Nitrifikationsgifte (z. B. das Herbizid Methyl-dinitrophenol = «DNOC», ferner Tetrachloraethylen, Zink, Kupfer usw.) (Tab. 2.7).

Weil die natürliche Humusbildung normalerweise sehr langsam abläuft, setzt der Mensch künstlich Nährstoffe ein, um mehr ernten zu können. Mist und Jauche müssen erst langsam von Bakterien aufgeschlossen werden, bis die Nährstoffe von der Pflanze genutzt werden

---

◁ Abb. 2.17: **Strahlenpilze.** Die Zellfäden des Pilzgeflechts (Myzel) sind nur ein tausendstel Millimeter dick und zerbrechen sehr leicht zu bakterienartigen Bruchstücken. (Aus Rippel 1931, 1952)

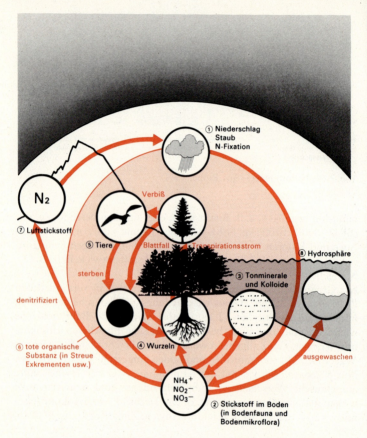

Abb. 2.19: **Der Stickstoffkreislauf im Wald.** Der Input, der Output und die Verluste durch Abfluß sind sehr klein, verglichen mit den Stickstoffmengen, die zwischen Boden und Pflanzen zirkulieren. Beispiele: Der europäische Wald hat 94 und der Tropenwald 70 Prozent seines Stickstoffs im Boden. (Nach Tamm et. al. 1974)

Nitrifikation und Ammonifikation ca. $10\,g\,N/m^2 \times J$. Immissionen vergleichsweise bereits bei $10(-25)\,g\,NO_3^-/m^2 \times J.$, entsprechend etwa $(2-5)\,g\,N/m^2 \times J.$ $(20-50\,kg/ha \times J.)$

Seit rund 40–50 Jahren N-Anreicherung in Waldböden infolge des nährstoffreicheren Niederschlags und deshalb Wachstumsschübe bei Bäumen (vor allem bei Fichte, Föhre, Douglasie) und Ausbreitung von N-Indikatoren. (Über Umwandlungstendenzen in der aktuellen Vegetation s. z.B. bei Wittig 1989).

Tab. 2.5: **Stickstoffverteilung und Austauschraten im Ökosystem.** Die Vorräte sind im Vergleich zum Austausch auch hier recht groß. Nur Ammoniak (NH_3) und Nitrat (NO_3^-) werden schnell umgewandelt. Etwa ein Viertel des Stickstoffes der Organismen wird pro Jahr umgesetzt. (Nach Kormondy 1969)

Komponente des Kreislaufs	Stickstoffvorrat in 10^8 Tonnen	jährliche Austauschrate
Stickstoff in Organismen		
• Pflanzen	342	25 %
• Tiere	11	
• Detritusfresser in Boden und Ozean	6100	1,4 %
Anorganische Stickstofformen		
• Ammoniak (NH_3)	286	30 %
• Nitrit (NO_2^-)	138	63 %
• Nitrat (NO_3^-)	4180	2 %
Total	11057	

können (Abb. 2.20). Der leichter lösliche «Kunstdünger» – Mineraldünger, der in industriellen Prozessen aus der Luft gewonnen werden kann – steht der Pflanze zwar sofort zur Verfügung, wird aber sehr leicht ausgewaschen. Er belastet dann, zusammen mit andern Nährstoffen, wegen übermäßigen Wachstums der nicht abbaubaren Vegetation den Sauerstoffhaushalt der Gewässer sowie gebietsweise den Wasserhaushalt der Landökosysteme (aktuell seit ca. 1950).
Nie wurde in der langen Erdgeschichte pflanzenverfügbarer Stickstoff in so großen Mengen angeboten wie heute. Dieses Überangebot kann nicht nur die Ökosysteme, sondern auch die Einzelpflanze negativ beeinflussen. Bei unsachgemäßer Anwendung des Stickstoffdüngers kann die Qualität der Kulturpflanze leiden, indem ihre Haltbarkeit durch schwache Zellwände vermindert ist, indem sie zuviel Wasser aufnimmt oder gegen Schädlinge weniger widerstandsfähig ist usw. (Tab. 2.8). (Über Wirksamkeit der Stickstoffdüngung siehe Fried u. a., 1976.) Düngung kann sich im Übrigen bei gewissen Pflanzenkrankheiten auch positiv auswirken (z. B. bei der «Schwarzbeinigkeit» des Weizens). Über N-Emissionen aus der Landwirtschaft s. S. 299.
Außerdem nimmt der Mensch durch das Pökeln von Fleisch (z. B, in Wurstwaren) Nitrat und vor allem Nitrit auf. Dieses wird teilweise im Magen bei sauren Verhältnissen mit Aminen (Stoffwechselprodukte aus Eiweißen) zu Nitrosamin umgewandelt, welches bei höheren

Tab. 2.6: **Globale Stickstoffvorkommen im terrestrischen, aquatischen und atmosphärischen System, sowie ihre Aufenthaltszeiten.**

Komponente	Menge × 10^{15} g = Mrd. T	Aufenthaltszeiten
Atmosphäre:		
N_2	3 800 000	44×10^6 Jahre
N_2O	1,3	12 – 13 Jahre
NH_3	0,0009	1 – 4 Tage
NH_4^+	0,0018	7 – 19 Tage
NO_3^-	0,0005	14 – 20 Tage
Org. N	0,001	ca. 10 Tage
Land		
Pflanzl. Biomasse	11–14	16 Jahre
Tier. Biomasse	0,2	
abgestorb. Biomasse	1,9–3,3	
Boden:		
Org. gebunden	300	1 – 40 Jahre
(davon anteilig in Mikroorganismen)	0,5	
anorg. unlöslich	16	< 1 Jahr
anorg. löslich	?	
Gestein	190 000 000	
Sediment	400 000	400×10^6 Jahre (organischer Stickstoff in Sediment und fossilen Brennstoffen)
Kohleablagerungen	120	
Weltmeere		
Pflanzl. Biomasse	0,3	7 – 8 Wochen
Tier. Biomasse	0,17	
Abgestorb. org. Substanz		
gelöst	5,3	
partikulär	3–24	
N_2 (gelöst)	22 000	220 000 Jahre
N_2O	0,2	2,5 Jahre
NO_3^-	570	
NO_2^-	0,5	
NH_4^+	7	

Tab. 2.7: **Natürliche Stickstoffumsetzungsprozesse.** Umwandlungsprozesse, Reaktionsmuster, Energiegewinn und Funktion der Stickstoffumwandlungsprozesse für bestimmte Organismen, die am Stickstoff beteiligt sind. NO_3^- = Nitrat, NH_3 = Ammoniak (aus Ricklefs 1973).

Organismengruppe	Reaktionstyp	Typische Reaktion (verallgemeinert)	Engergiegewinn in kJ/Mol N	Wert für Organismus
Stickstoffixierende Bakterien und blaugrüne Algen (auch Azotobacter)	Stickstoffixierung (Reduktion)	$N_2 + 3 H_2 = 2 NH_3$	–615,5	N im 3wertigen Zustand für Aufbau organischer Stoffe (einschließlich derjenigen des Wirtes bei symbiontischen Bakterien)
Nitritbakterien (chemosynthetisch)	Oxidation	$NH_3 + 1^1/_2 O_2$ $= HNO_2 + H_2O$	276,3	Energiegewinn für Chemosynthese (C-Fixierung)
Nitrobacter, Pseudomonas (chemosynthetisch)	Oxidation	$KNO_2 + {}^1/_2 O_2$ $= KNO_3^-$	73,3	Energiegewinn für Chemosynthese (C-Fixierung)
denitrifizierende Bakterien (obligat anaerobe, Nitrosomonas denitrificans)	Reduktion	$5 C_6H_{12}O_6$ $+ 24 KNO_3^-$ $= 30 CO_2 + 18 H_2O$ $+ 24 KOH + 12 N_2$	2386,6 pro Mol Glucose	In Abwesenheit von CO_2 ergibt NO_3^- den H-Akzeptor für die Oxidation von Kohlenhydraten

Tab. 2.7: Fortsetzung

Organismengruppe	Reaktionstyp	Typische Reaktion (verallgemeinert)	Energiegewinn in kJ/Mol N	Wert für Organismus
denitrifizierende Bakterien (anaerobe Schwefelbakterien)	Reduktion	$5\,S + 6\,KNO_3 + 2\,CaCO_3 = 3\,K_2SO_4 + 2\,CaSO_4 + 2\,CO_2 + 3\,N_2$	552,7 pro Mol der S-Verbindung	NO_3^--Reduktion erlaubt S-Reduktion mit Netto-Energiegewinn für Chemosynthese (C-Fixierung)
Zersetzer	Ammonifikation	$CH_2NH_2COOH + 1\tfrac{1}{2}\,O_2 = 2\,CO_2 + H_2O + NH_3$	736,9	NH_3-Abgabe als Abfall bei oxidativem Abbau von C-Skeletten von Aminosäuren und anderen N-haltigen Verbindungen
alle nicht N-fixierenden Lebewesen	Nitrate (Reduktion und/oder Aminierung)	komplex	variabler Aufwand	NO_3^- oder NH_3 für Aufbau von organischen Verbindungen
Zum Vergleich:	Atmung	$C_6H_{12}O_6 + 6\,O_2 = 6\,CO_2 + 6\,H_2O$	2872,3	

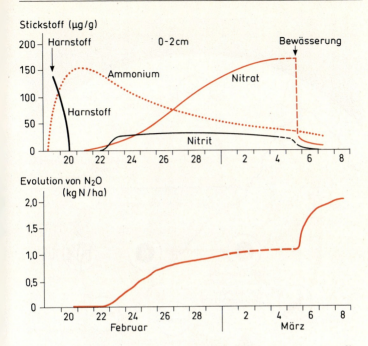

Abb. 2.20: **N_2O-Emission aus dem Oberboden während der (De-)Nitrifikation nach Harnstoff-Düngung in Bewässerungswasser.** Erste Emission gleichzeitig mit Bildung von Nitrat nach der Hydrolyse von Harnstoff und Umwandlung von N über NH_4^+ und NO_2^- (letztere vor allem nach Zugabe von mehr Bewässungswasser). (Aus Feeney et al. 1985 in Denmead 1991)

Konzentrationen krebserregend wirken kann. (Zugelassen sind bis 50 mg Nitrit/Liter Wurstmasse, Vergiftungserscheinungen ergeben sich ab 500 bis 2000 mg/Liter, bei höheren Dosen sind auch Blutkrankheiten möglich, z. B. Methämoglobinämie.)

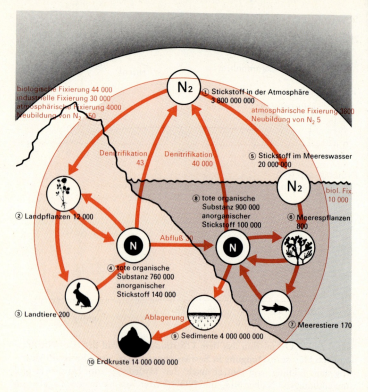

Abb. 2.21: **Weltweite Verteilung und Austauschraten des Stickstoffs.** Die Verteilung des Stickstoffs in der Luft und die Austauschraten können nur überschlagsmäßig geschätzt werden. Gut bekannt sind nur die Mengen in der Atmosphäre und die Rate der durch die Industrie gebundenen Mengen an Luftstickstoff. Die anderen Zahlen beruhen auf Schätzungen und können bis um das Dreifache abweichen. Wegen der durch die Düngung veränderten Stickstoffzufuhr zum Land dürfte das Stickstoffangebot größer sein als die Menge, die durch Denitrifikation wieder in die Atmosphäre geht. Ein Teil davon geht schließlich ins Meer, was hier nicht berücksichtigt wurde. Die Vorräte (schwarze Zahlen) und die Austauschraten (rote Zahlen) sind in Millionen Tonnen Stickstoff angegeben. (Nach Collier u. M. 1973)
N-Emissionen in Mio t N/J.
N in NO_x: anthropogen 20, natürliche Böden 10–20, Blitzschlag 5, Feuer (Buschbrände) 20, NH_3-Oxidation ca. 2

Tab. 2.8: **Negative Folgen ungenügender und übermäßiger Stickstoffdüngung.** (Nach Schuphan 1973, z.T. nach Fried u. M. 1976)

Mangelhafte Stickstoffdüngung	Übermäßige Stickstoffdüngung
vermehrt Qualitätsfehler vermindert wertgebende Inhaltsstoffe	vermehrt Qualitätsfehler vermindert wertgebende Inhaltsstoffe erhöht den Aufwand für Krankheits- und Schädlingsbekämpfung (Verstärkung der Wirt-Parasiten-Beziehung meist zuungunsten des Wirts) erhöht die Pestizidaufwendung pro Hektar erhöht die Pestizidrückstände in Nahrungspflanzen Abnahme des Wurzel-Sproß-Verhältnisses (also dürrempfindlicher, auch frostempfindlicher)

2.2.5 Schwefel: Weltweite Belastung der Ökosysteme

Auch der letzte wichtige Gasstoffkreislauf, der Schwefelkreislauf, wird durch den Menschen stark beeinflußt (Abb. 2.22). In vorindustrieller Zeit bestand ein Gleichgewicht zwischen Verwitterung, Niederschlag und Abtransport der Schwefelverbindungen über die Flüsse. Schon damals lagerten sich nichtreduzierte Schwefelverbindungen (z. B. Sulfat) im Bereich der Küsten ab und wurden dabei in sauerstoffärmerem Wasser zu Sulfiden reduziert. Dabei entstand das Faulgas Schwefelwasserstoff (H_2S).

Heute hat sich auch im Kreislauf des Schwefels einiges geändert. Freilich führt hier nicht so sehr sein Einsatz als Dünger zu Ungleichgewichten als vielmehr die zunehmende Verbrennung schwefelhaltiger fossiler Brennstoffe in Haushalt und Industrie. Bereits stammen mehr als 80 Prozent des gesamten Schwefelausstoßes der Erde aus menschlichen Quellen! Dabei handelt es sich meist um das Gas **Schwefeldioxid,** das zu 30 bis 50 Prozent in höhere Luftschichten gelangt und dort mit der vorherrschenden Strömung um Tausende von Kilometern verfrachtet werden kann. Durch Oxidation von Schwefeldioxid entsteht das Schwefeltrioxid, das mit Wasser zusammen Schwefelsäure ergibt. Mit den Niederschlägen gelangt diese Säure in Boden und Gewässer

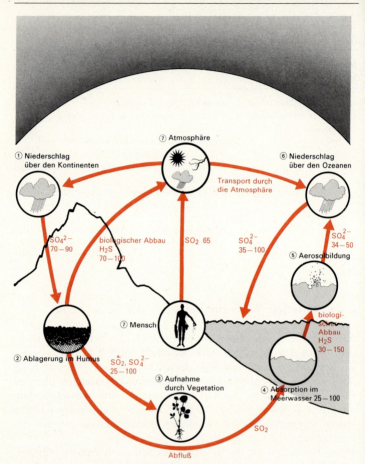

Abb. 2.22: **Der weltweite Schwefelkreislauf.** Die umlaufenden Mengen (rote Zahlen) sind in Mio t S/J. ausgedrückt. Schwefel zirkuliert als Gas in verschiedenen Formen: als Schwefeldioxid (SO_2) und als Schwefelwasserstoff (H_2S), im Wasser gelöst als Sulfat (SO_4^{2-}). BRD: S-Eintrag aus Atmosphäre: 13–150 kg/ha × J.; Austrag 200–360 kg/ha × J. Durchschnittlicher Säureeintrag aus der Atmosphäre: 0,4–0,7 (−1,3) kMol H^+/ha × J., dazu trockene Sedimentation, abzüglich Sorption von Säurebildnern an Boden und Vegetation (0,5–1,0 kMol H^+) ergibt um 1,5–2,0 kMol H^+/ha × J., entsprechend 4,5 kg H^+ oder 280 kg HNO_3/ha × J. Statt der 28 g/m² werden indessen nur 3–4 g/m² × J. gemessen (starke Sorption an Laub usw.). Pufferungskapazität im Boden von 0–10 cm Tiefe: 300 kMol H^+/% $CaCO_3$ (nach Anon. 1972, Barrie u. M. 1976, Granat u. M. 1976). Über Pufferung s. auch S. 134, 141.

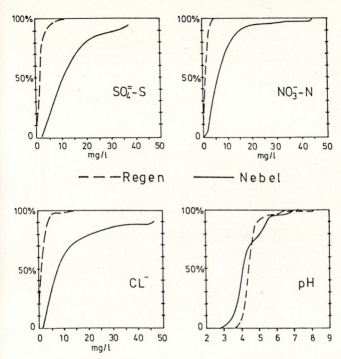

Abb. 2.23: **Häufigkeitsverteilung der Anionen und des pH-Wertes in Nebel und Regen auf dem Kleinen Feldberg/Taunus.** (Georgii 1986). (Über diese Einträge vgl. Abb. 2.30)

(Abb. 2.23). Namentlich Schweden erhielt mit der vorherrschenden Südwestströmung einen beträchtlichen Anteil der Abgase Westeuropas, da wegen der drohenden Smogbildung (s. S. 210ff.) in Industriegebieten immer höhere Fabrikschlote gebaut wurden. Durch die Abgase und den entstehenden «**sauren Regen**» (Abb. 2.24)* wurden viele Seen im südlichen Teil des Landes chemisch verändert, was die Artenvielfalt des Planktons und der davon abhängigen Fische beeinträchtigte. Heute sind der Lachs und gewisse Forellenarten aus vielen

---

* Erstmals erwähnt von R. Smith/GB 1872. Auch normaler Regen ist wegen der Bildung von Kohlensäure aus dem CO_2 der Luft sauer bei einem pH von 5,6.

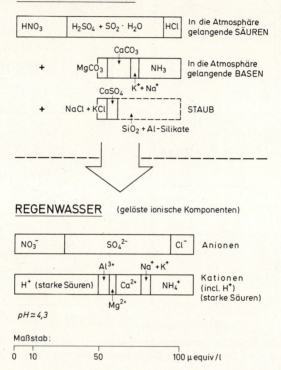

Abb. 2.24: **Entstehung des sauren Regens.** Oxide des Schwefels und des Stickstoffs, die vor allem aus der Verbrennung fossiler Brennstoffe stammen, werden in der Atmosphäre angereichert. Durch photochemische Oxidation und Reaktion mit den Wassertröpfchen der Atmosphäre entstehen starke Säuren. Die Reaktion dieser Säuren mit ebenfalls in der Atmosphäre anwesenden Basen liefert schließlich eine entsprechende Mischung von Anionen und Kationen im Regenwasser. Das Regenwasser enthält außerdem noch Kohlensäure aus dem natürlichen Kohlendioxidgehalt der Atmosphäre. (Nach Stumm u. M. 1985). Hohe Schadstoff-Konzentrationen in Wolken- und Nebelwasser ergeben sich wegen stoffspezifischen Anreicherungsvorgängen in der wäßrigen Phase und gegenüber der Gasphase beschleunigter Reaktionen (z. B. viel wirksamere Oxidation von SO_2).

Schadstoff-Eintrag in aufliegenden Wolken kann Eintrag durch Niederschlag überschreiten (Lammel 1991).

Gasstoffkreisläufe · 135

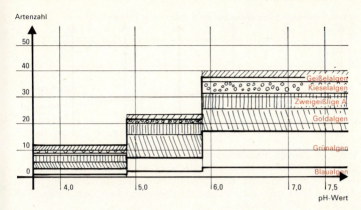

Abb. 2.25: **Wirkung der Ansäuerung von Seen auf Plankton.** (Nach Almer u. M. 1974)

südschwedischen Seen bereits verschwunden (Abb. 2.25, 2.26, 2.27) (Kleine Schäden bis ca $0,5\,g/m^2$ J.).
Außerdem wäscht der saure Niederschlag vermehrt **Nährstoffe** einschließlich basischer Kationen und Schwermetallen (Zn, Mn) aus den dort weitverbreiteten sandigen Podsolböden, deren Nährstoff-

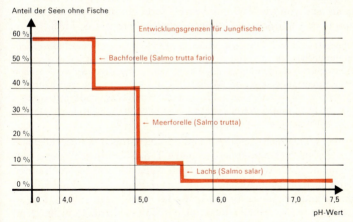

Abb. 2.26: **Wirkung der Ansäuerung von Seen auf Fische.** (Nach Jensen und Snekvik 1972)

Abb. 2.27: **Die pH-Änderung in einem schwedischen Gewässer.** In den Jahren 1965 bis 1970 wurden die schwedischen Gewässer auf ihren Säuregehalt (pH-Wert) hin untersucht. Beim angeführten Beispiel (Wänersee) liegen die pH-Werte heute sehr deutlich unter dem Neutralpunkt. (Nach Willén 1972 und Anon. 1972 in Ambio)

haushalt ohnehin schon ziemlich labil ist. Damit verarmt der durchwurzelte Oberboden an Nährstoffen, und der Waldertrag – ein wichtiger Posten in Schwedens Wirtschaftsbilanz – läßt nach. Der Einfluß dieser zusätzlichen Ausschüttung von Säuren auf die Verwitterungsgeschwindigkeit der Gesteine ist noch kaum abzusehen. Die immer stärkere Verwitterung alter bildhauerischer Kunstwerke zeigt ihn jedoch sehr augenfällig (aktuell: zehn- bis hundertfache Verwitterungsgeschwindigkeit). In wenig gepufferten Böden NW-Deutschlands sind von ca. 1960–90 die pH-Werte um mehr als eine Einheit von über 5 auf unter 4 gesunken (über Pufferung s. S. 153ff.).

Übrigens sind viele Pflanzen, insbesondere Flechten und Nadelhölzer, sehr empfindliche Anzeiger von Veränderungen des Schadgasgehaltes der Luft (Schwefeldioxid, Fluorabgase aus Aluminiumfabriken usw.). Sie werden schon bei Konzentrationen, die der Mensch (vgl. S. 137, 142) kaum wahrnimmt, in ihrem Wachstum und in ihrem Ertrag stark beeinträchtigt und zeigen typische krankhafte Veränderungen, Flecken oder Kräuselungserscheinungen (primär z. B. Schädigung der ATP, s. S. 11, 106f.) (Abb. 2.28).

In den späten Siebzigerjahren sind die **«Neuartigen Waldschäden»** in Europa, im NO Nordamerikas und z.T. in Ostasien schlagartig aufgetaucht, zunächst bei kurznadeligen Nadelhölzern (Fichte, Tanne), dann auch bei langnadeligen Koniferen (Föhre) und den Laubhölzern Buche und Bergahorn (u. a.), später bei den übrigen (Abb. 2.29). So ganz unerwartet kam die Reaktion des Waldes allerdings nicht. Denn bis zu diesem Zeitpunkt war eine über Jahrzehnte sich anbahnende physiologische Schwächung durch immer stärker belastete Luft vor-

Gasstoffkreisläufe · 137

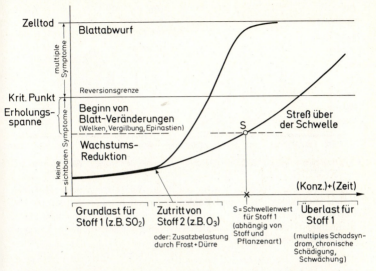

Abb. 2.28: **Korrelation zwischen Schadeinflüssen und Anfälligkeitsgrad** (in Anlehnung an Elstner, 1983 u.a.).

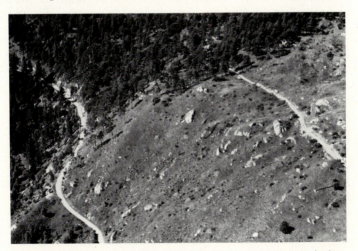

Abb. 2.29: **Wirkung von Schadgasen auf die Vegetation.** Abgasgeschädigter Nadelwald in der Nähe einer Fabrik. Nur Rasenvegetation kann sich anstelle des ehemaligen Waldes noch halten.

138 · Der Kreislauf

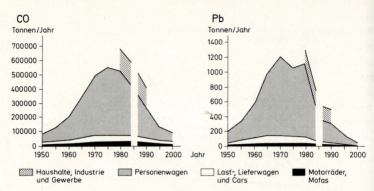

Abb. 2.30a: **Die jährlichen Emissionen in der Schweiz von Schwefeldioxid (SO_2), Stickoxiden (NO_x) und Kohlenwasserstoffen (HC)** ab 1950 bis zur Gegenwart sowie die bis 2010 auf Grund der rechtsverbindlich eingeleiteten Maßnahmen und der Wirtschaftsentwicklung zu erwartenden Mengen. (Daten BUS/Graphik NZZ, 1988)

angegangen (Abb. 2.30). Unterschiede in der Jahrringbreite deuten in verschiedenen Ländern auf Zuwachsverluste in der Mitte der 50er-, aber vor allem der 60er- bis 70er-Jahre hin. In der Mitte der 70er-Jahre sind solche Zuwachsverluste bereits bei etwa 50 % der Bäume nachweisbar. Es wird somit eine mögliche Auslösung durch menschliche Einwirkungen auf die Atmosphäre angedeutet. Denn seit der Mitte der 50er-Jahre ist die ausgestoßene Schadstoffmenge markant gestiegen, was auf die Zunahme des Straßenverkehrs zurückgeführt werden muß. Somit liegt eine eindeutige Umweltveränderung vor, die eine Reaktion bei einem derart betroffenen Organismus oder Ökosystem erzeugen *muß* (vgl. S. 58ff.; Überdüngung als Mitverursacherin?).

Und diese merkliche Veränderung hat nun seit ca. 1980 vor allem unsere mitteleuropäischen Wälder ergriffen, namentlich aber einige besonders empfindliche Nadelhölzer, die zwar kurzfristig unsere belastete Atmosphäre ertragen, aber langfristig gesehen, sich nur teilweise an die höheren Gehalte an Schadgasen oder Schadstäuben anpassen können. Vor allem die durch bestimmte Abgase (SO_2, NO_x) entstandenen, mit Säure angereicherten Niederschläge («Saurer Regen») (Abb. 2.31), immer häufigere Smog-Erscheinungen sowie gewisse Schwermetalle, die wir in unsere Umwelt dissipieren (Cu, Cd, Hg usw.) dürften direkte Schädigungen erzeugen unter Auslösung

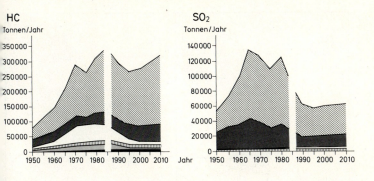

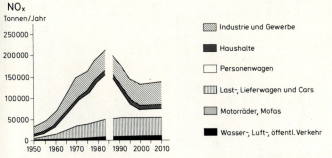

Abb. 2.30b: **Die jährlichen Emissionen von Kohlenmonoxid (CO) und Blei (Pb).** Für die nicht aus dem privaten Straßenverkehr stammenden Mengen gibt es noch keine offiziellen Zahlen. Entsprechende Schätzwerte für die Gegenwart – beim CO vor allem Emissionen aus Feuerungen, beim Pb aus Stahl- und Buntmetallbetrieben und Kehrichtverbrennung – sind schraffiert angedeutet. Auch hier ist wegen der Luftreinhalteverordnung mit einem Rückgang zu rechnen. (Daten BUS/Graphik NZZ 1988)

physiologischer Störungen an Nadeln und Laub, Rinde und Wurzelwerk. An der Lauboberfläche dürften nach neueren Untersuchungen durch elementare Schwermetalle keine Schäden entstehen. Der Saure Regen kann direkt auf die Stoffwechselvorgänge im Blatt einwirken und dabei Nadeln und Laub früher altern lassen, bzw. zum Absterben bringen (Verkahlen der Äste von innen nach außen).

Die Veränderung der Bodenreaktion durch die Säurezufuhr führt zu stärkerer Auswaschung von Nährstoffen und schließlich auch zur Freisetzung von toxischen Al-Ionen aus den verwitterten Tonmine-

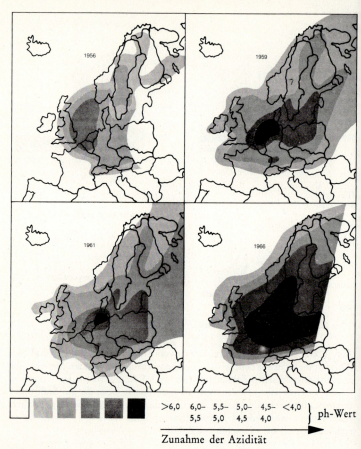

Abb. 2.31: **Saure Niederschläge in Europa in den Jahren 1956 bis 1966.** Die Ablagerung wird gemessen in Milligramm Wasserstoffionen pro Quadratmeter und Jahr. Die Kurven verbinden Punkte mit gleicher Ablagerung (mittlere Werte). Sie verschoben sich im Laufe der Jahre immer weiter nach Norden.
Das Gebiet um Belgien und den Nuederlanden hat die Niederschläge mit dem niedrigsten pH-Wert erhalten; das ist auf umfangreiche Emissionen von SO_2 und NO_x zurückzuführen. Die vorherrschenden meteorologischen Bedingungen in Europa, SW-NO Windrichtung, und die Zunahme der Flächen, die saure Niederschläge erhalten haben, sind deutlich zu erkennen. (Aus Odzuck 1982, nach Odén 1971; s. auch Jensen & Snekvik 1976)

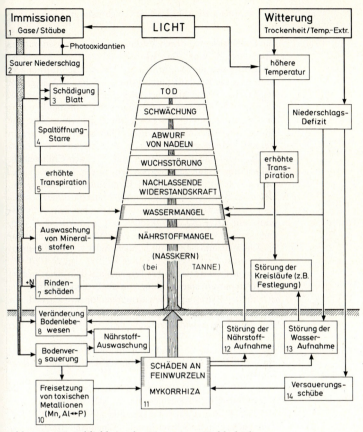

Abb. 2.32: Ursächlichkeit «der Neuartigen Waldschäden»

Nr.	s. auch Seiten	Erläuterungen zu Abb. 2.32 (in Anlehnung an Elstner 1983 u.a.)
1	210ff.	SO_2, NO_x, O_3, Photooxidantien (Bildung von PAN, Peroxiacrylnitril, aus Kohlenwasserstoffen unter der Wirkung von O_3 und NO_x; ohne Kohlenwasserstoffe allenfalls Anreicherung von O_3, z. B. in sog. «Reinluftgebieten»); eher lokal F_2 und HCl. – Stäube: vor allem Schwermetallhaltige. Trockene Deposition: feste oder gasförmige Spurenstoffe werden an Oberflächen von Aerosol-Partikeln über 10–20 km transportiert. – Nasse Deposition: Anlagerung an Niederschlagstropfen und Ferntransport bis > 1000 km.

Nr.	s. auch Seiten	Erläuterungen zu Abb. 2.32 (in Anlehnung an Elstner 1983 u. a.)
2 3	131 ff.	Direkte Schädigung durch Wirkung von Schadgasen auf das Blatt unter Bildung von Nekrosen (ähnlich wie Rauchgasschäden) oder durch Aufnahme über die Spaltöffnungen. Auflösung der Kutikula durch Säuren. – Schädlichkeitsgrenze von O_3 für die Vegetation bei 100 µg/m^3 über einige Stunden. O_3 und PAN zerstören tiefgründig auch Chlorophyll. – SO_2 ist kompetitiv mit CO_2, blockiert jedoch die Schlüsselenzyme für die CO_2-Fixierung während der Photosynthese, außerdem werden Redoxenzyme zerstört unter Entfernung von Eisen sowie, photooxidativ zusammen mit O_3, auch Chlorophyll. Auswirkungen auf das Redoxsystem in den Interzellulargeweben. – Frühe Seneszenz und Vergilbungsphänomene sind allgemein verbreitet (z. B. durch Mg-Mangel), ferner Schädigung der Wachsschicht (altersabhängig; aber kein Angriffspunkt für $O_3 + SO_2$), Nekrotisierung und Pilzbefall (vgl. dagegen S. 136 f.). Zuverlässige Frühindikation in Fichten-Nadeln aufgrund signifikant höherer Aktivität von Phosphoenolpyruvat-Carboxylase (Tietz et al. 1991; vgl. S. 106 f.). Biogene Kohlenwasserstoffe (Terpene) aus dem Kronenraum reagieren mit O_3 unter Bildung von oxidierenden Stoffen, die sich auf den Blattoberflächen auswirken (umstritten, evtl. nur Transportprozesse in der Mischungsschicht). Entscheidende Schadwirkungen vielfach direkt über den Kronenraum.
4 5	98	(Zer-)Störung der chemischen Stoffe, die den Schließmechanismus steuern. – Bei offenen Stomata wird sodann fortlaufend Wasser abgegeben.
6	155–160	Säuren (H_2SO_4, HNO_3) lösen Mineralstoffe stärker als Wasser mit CO_2 (Gleichgewicht mit der schwachen Säure H_2CO_3). Primär stärkere Verlagerung von Ca^{2+}, Mg^{2+}, K^+, dann auch gewisser Schwermetalle. Allgemeine Abnahme der Speicherfähigkeit für Nährstoffe. Starke Abnahme der pH-Werte.
7	117, 130	Schadgase und saurer Niederschlag schädigen auch die Rindenzellen und fördern zusammen mit Düngstoffen (N, P) die Ausbreitung von Schadpilzen. Diese sind nie Primärverursacher bei Fichten. In vielen Gebieten Mitteleuropas übersteigt der Düngungsniederschlag 50 kg N/ha im Jahr (80 % $NH_3 - N$); Fichtenforste «verdauen» höchstens 8 kg N/ha im Jahr. Das N/Mg-Verhältnis in den Nadeln steigt bis auf das 15fache. Eine zusätzliche N-Düngung wirkt sich bei hohen Verlusten an basischen Kationen eher ungünstig aus.

Nr.	s. auch Seiten	Erläuterungen zu Abb. 2.32 (in Anlehnung an Elstner 1983 u. a.)
8	118, 270f.	Bodenlebewesen verändern sich mit den Umstellungen im Chemismus des Bodens qualitativ und quantitativ.
9 10	156f.	Bei tiefem pH ($< 4,5$) werden Al^{3+}-Ionen freigesetzt, welche toxisch wirken, die Versauerung verstärken (Al^{3+} ist eine sog. Lewis-Säure!) und in Wechselwirkung mit Phosphat treten. Zudem stören Al^{3+}-Ionen die DNS-Synthese, somit die Teilungsaktivität des Wurzelmeristems und der Bodenorganismen. Außerdem wird Mangan (meist Mn^{2+}) in größerer Menge freigesetzt.
11 12 13	83f.	Mykorrhiza-Pilze können bei hohen Nährstoffgehalten (v. a. NH_3), bei pH-Veränderungen und Schwermetalleinwirkungen geschädigt werden, parallel dazu die Feinwurzeln, diese auch sofern die Pilze mehr Schwermetalle akkumulieren. Dabei wird die Nährstoffaufnahme nachhaltig beeinflußt, aber ebenso die Wasseraufnahme. (Andeutungsweise Zusammenhänge von Mykorrhiza-Gewicht und Nadelverlust bei der Fichte.)
14	117f.	Trockenere, warme Witterung löst Versauerungsschübe aus. Die Nitrifikationsrate wird größer als die Nitrataufnahme, was in Abhängigkeit von der Pufferkapazität verstärkte H^+-Ionenbildung bedingt. Nach neueren Untersuchungen ist die Beziehung zwischen Kronenverlichtung, Radialwachstum und Nährstoffsituation unter den heutigen Bedingungen oft im Ungleichgewicht, d. h. ohne klaren Zusammenhang; Zeichen für die neuen Zustände?

ralien. Außerdem wirken einige Schwermetalle offenbar gleichzeitig schädigend auf die Mykorrhiza, also die Pflanzenwurzeln-Pilz-Symbiose, ein. Eine generelle Schädigung von Wurzel- und Blattwerk führt zu mangelnder Aufnahme von Nährstoffen und zur Belastung des Wasserhaushalts. Beim aktuell ausgelösten Baumsterben geht der Organismus an Wasser- und Nährstoffmangel zugrunde.

Dieses Krankheits-Syndrom des Baum- und Waldsterbens wird verstärkt durch ungünstige Witterungsbedingungen. So verändern höhere Temperaturen die Geschwindigkeit der chemischen Reaktionen auf und in den Blättern und Nadeln sowie im oberen Wurzelraum. Mangelnde Niederschläge lassen wirksame Schadstäube auf den Nadeln sitzen und verhindern den Abtransport von Säuren und anderen schädigenden Stoffen aus dem Wurzelraum. Außerdem wirkt auch starkes Licht potenzierend durch verstärkte Bildung von Photooxidantien, die ebenfalls zur Bildung von Blattnekrosen führen. Diese Vorgänge erklären die so plötzlich beschleunigten Reaktionen der pflanzlichen Organismen im Trockenjahr 1983 (Abb. 2.32).

Viele dieser chemisch-physikalischen Vorgänge sind in solcher Intensität absolut neu, namentlich im Oberboden. Bestimmte Schwermetalle reichern sich an und sind schwer zu eliminieren, und die Widerstandskraft vieler Organismen der Wald-Ökosysteme läßt nach. Die so geschwächten Bäume werden dann auch anfälliger für eine Vielzahl anderer Krankheiten (bei Tanne z. B. Bildung des stocknahen Naßkerns). Da viele Bäume noch unterschwellig, also noch kaum sichtbar erkrankt sind, ist mit einer merklichen Verstärkung des sog. **«Waldsterbens»** und mit einer markanten Verdeutlichung des alarmierenden Zustandes in unsern Wäldern zu rechnen (allgemeine Trägheit im unterschwelligen Bereich) (Tab. 2.9).

Diese Ansicht wird unterstützt durch die starke Zunahme an geschädigten Bäumen in den letzten Jahren. Dabei zeigt sich eine deutlich stärkere Reaktion bei den Laubhölzern und eine weniger steile Zunahme bei den bereits stark geschädigten Nadelhölzern. In einzelnen exponierten Lagen der Alpen ist es bereits zu Zusammenbrüchen gekommen. Weitgefächerte Untersuchungen konnten Bewirtschaftungsfehler als Primärursache für das Waldsterben ausklammern. In erster Linie werden windexponierte Einzelbäume oder aber Wälder eher exponierter konvexer Hanglagen befallen, also an Lokalitäten, wo durch Verwirbelung der Luftmassen im allgemeinen mehr Material deponiert wird oder mehr schadgasbelastete Luftpakete durchgezogen werden. Da außerdem die Koinzidenz zwischen Schadstoffbelastung und Baumreaktionen (s. Tab. 2.9) offensichtlich sind, dürfte in erster Linie nur eine Verbesserung der Luftqualität das Geschehen bremsen und dem Wald eine Chance geben, sich zu regenerieren.

In den belasteten Gewässern unserer Kulturlandschaften entstehen außerdem vermehrt **reduzierte Schwefelverbindungen.** Die steigende Zufuhr organischen Materials (Abfälle aller Art, Fäkalien) in Seen und Küstengewässern läßt in den sauerstoffarmen bis -freien Tiefenschichten mehr Schwefelwasserstoff entstehen. Dieser kann bei Gegenwart von Eisen durch Bildung von Schwefeleisen (Eisensulfid) gebunden und so vorübergehend aus dem Kreislauf gezogen werden. Dabei können in der schlammigen Tiefe überlasteter Seen aus schwerlöslichem Eisenphosphat erneut leichtlösliche Phosphate freigesetzt werden. Ein weiterer, heute verstärkt ablaufender Vorgang ist in seiner Wirkung noch wenig bekannt. Neben der natürlichen Versprühung

Tab. 2.9: Vergleich der Symptome und mögliche Ursachen des Waldsterbens in Europa und Nordamerika (nach D. Hinrichsen 1986)

Wahrscheinlich verursachender Faktor	Wachstumsmindernde und andere Symptome	Mitteleuropa	östliches Nordamerika
Blattauswaschung Ozon Trockenheit	Vergilbung d. Blätter von den unteren zu den oberen und von den inneren zu den äußeren Zweigen (Z.-Teilen); älteste Gewebe werden zuerst befallen	vor allem an *Picea abies* und *Abies alba* beobachtet, in höheren Lagen	neuere Beobachtungen an *Picea rubens* in New York und Vermont (vgl. auch *Abies lasiocarpa* in den San Bernardino Mts.)
natürlicher biotischer und abiotischer Streß	Absterben vom Wipfel zur Basis; jüngste Gewebe werden zuerst befallen	häufig an *Quercus* und *Fraxinus*, weniger häufig an *Betula* und *Fagus*.	auffällig bei *Picea rubens*; bei *Acer*- und *Quercus*-Sterben, *Fraxinus*, *Betula*
Schwefeldioxid Schadinsekten Trockenheit	Zunehmende Auflichtung der Krone infolge allmählichen Blattverlustes, aber mit überlebenden Blättern bis zum Wipfel	bekannt von *Picea abies*, *Abies alba*, *Pinus silvestris*, *Larix*, *Betula*, *Fagus*, *Quercus*, *Acer*, *Fraxinus* und *Alnus*	nur bei *Pinus echinata* (= *mitis*) bei «little leaf disease» und bei Buchenrinden-Krankheit
Düngung	Verlust von Feinwurzel-Biomasse und Mykorrhizen	häufig an *Abies alba*, *Picea abies* und *Fagus* (an anderen Arten nicht festgestellt)	meist bei *Picea rubens*-Sterben beobachtet, Birkensterben und «little leaf disease»
chronischer Einfluß von Schwefeldioxid und Ozon	allmähliche Abnahme des Dickenwachstums ohne andere sichtbare Symptome	aus Europa nicht bekannt	nachgewiesen bei *Pinus palustris* und bei *P. echinata* (= *mitis*)

Tab. 2.9: Fortsetzung

Wahrscheinlich verursachender Faktor	Wachstumsmindernde und andere Symptome	Mitteleuropa	östliches Nordamerika
akuter Einfluß von Schwefeldioxid und Ozon Blatt-Düngung	allmähliche Abnahme des Dickenwachstums mit anderen sichtbaren Symptomen; kann zum Absterben führen	festgestellt an *Picea abies*, *Abies alba* und *Fagus* (aN anderen Arten nicht festgestellt)	bekannt von *Picea rubens* und *Abies fraseri*, vor allem in größeren Höhen
Schwermetalle Nährstoff-Streß	stärker zunehmende Abnahme des Dickenwachstums mit anderen sichtbaren Symptomen, kann ganz absterben; *Acer pseudoplatanus* ist mit seiner endotrophen Mykorrhiza relativ unempfindlich, *Quercus* sowie *Fagus*, *Fraxinus* mit ektotropher M. können dagegen stärkere Schäden zeigen	dto.	bekannt von *Fraxinus*- und *Betula*-Sterben, gelegentlich von *Quercus*- und *Acer*-Sterben, «sweetgum blight» (an *Liquidambar styraciflua*), «little leaf disease», Stammfäule
Schwermetalle Organische Substanzen	Absterben der Krautschicht unter einigen betroffenen Bäumen	beobachtet in Hochlagen-Fichten-Wäldern und Buchenwäldern mittlerer Lagen	in Nordamerika nicht beobachtet

Organische Substanzen	Abnormale Wachstumssymptome aktiver Laubabwurf und Zweigfall im grünen Zustand	häufig an *Picea abies, Abies, Fagus, Fraxinus, Larix* und *Pinus silvestris*	nur gelegentlich angezeigt worden in N-Amerika, z. B. bei *Pinus taeda, Picea rubens, Abies fraseri*
Organische Substanzen	Veränderung in der relativen Länge von Lang- und Kurztrieben	häufig an Buche (*Fagus*)	bei der «yellow» von *Fraxinus* (infolge Mykoplasmen)
Ozon	Ballung von Blättern und Nadeln an Zweigenden (evtl. Klumpung)	häufig an *Quercus* und *Fraxinus*	in fast allen Sterben von Laubbäumen und einiger Nadelbäume
Organische Substanzen	Veränderung von Blattform und Blattgröße	häufig an *Fagus* und *Betula*, gelegentlich an *Quercus, Picea* und *Pinus silvestris*	häufig bei *Pinus strobus*, «little leaf disease» von *P. echinata* (= *mitis*), in ähnl. Sterben von *Quercus* und *Acer*
Streß	stärkere Bildung von Adventivsprossen an den Ästen	häufig an *Picea abies, Abies alba* und *Larix*	erstmals letzthin bei Koniferen beobachtet, häufig in *Acer, Quercus, Fraxinus, Betula*
Streß N-Düngung	stärkere Bildung von Samen und Zapfen	häufig an *Picea, Abies, Fagus, Betula*, öfters während einigen aufeinanderfolgenden Jahren	

von Meerwasser können durch Oxidation von Schwefeldioxid kleinste sulfathaltige Teilchen (Aerosol) auch in höhere Luftschichten gelangen und dabei den Ozonschirm und damit die **ultraviolette Einstrahlung** verändern (mehr darüber auf S. 219 ff.). Diese Beeinflussung des Strahlenhaushaltes durch vermehrte Ausschüttung fein verteilter Partikeln in der Stratosphäre ist heute noch sehr schwer abzuschätzen.

Zum Stand der Forschung über die Ursachen des Waldsterbens
(nach Schwarzenbach 1984)

Ursachen:
- Keine geschichtlich belegten Parallele
- Keine bekannten Krankheiten und Parasiten als Primärursache
- Keine klimatischen Veränderungen als Primärursache (Jahrringanalyse)
- Breit abgestützter Indizienbeweis für Zusammenhang mit Luftverschmutzung (Lv)
- Keine Belege für klare Zusammenhänge mit Radioaktivität, elektromagnetischen Wellen, Viren u. a. m.
- Keine Auslösung des Waldsterbens durch unsachgemäße Bewirtschaftung

Erfahrungen für Zusammenhang zwischen Lv und Waldsterben:
- Symptome weitgehend deckungsgleich mit Rauchschäden aus stationären Emissionsquellen
- Erscheinungsbild nach SO_2-Begasung von Forstpflanzen vergleichbar
- Saurer Niederschlag in Reinluftgebieten belegt Ferntransport von Abgaskomponenten (SO_2, NO_x)
- Nadelanalysen beweisen Anreicherung von Fremdstoffen auf größere Entfernung (F, S)
- Lufthygienische Untersuchungen zeigen Transport von phytotoxischen Substanzen (SO_2, NO_x, Photooxidantien, ungesättigte Kohlenwasserstoffe)
- Boden-/Wasseranalysen belegen Ablagerung von Schwermetallen
- Verteilungsmuster der Schäden läßt Beziehungen zu örtlicher/regionaler Lv erkennen

- Jahrringuntersuchungen weisen auf Zunahme der Wachstumshemmung seit 2. Weltkrieg hin (Frühsymptom!)

Physiognomie und Phänologie beim Waldsterben:
- Verlichtung, bei 10–25 (–50) % und 10–25 % Blattverlust
- Peitschentriebe
- Kleinblättrigkeit
- Blattvergilbung
- Super-Fruktifikation
- Rindenschädigung
- Parasiten
- Algenbesatz
- Buchen-Krebs
- Wurzelschädigung
- O_3-Schäden u. a. m.

Nach neueren Untersuchungen ist in verschiedenen Gebieten, auch der N-Schweiz, die Luftverschmutzung nicht die alleinige Ursache. So ist die Photosynthese-Aktivität mancherorts nicht nachteilig beeinflußt worden, das Radialwachstum dagegen schon (ausführlich in Stark 1991; S. 130ff.). Lokale Bodenverhältnisse, prägen sehr stark die typischen Schädigungserscheinungen (Spektrum der Schädigungstypen).

2.3 Feststoffkreisläufe und Bodenbildung

Feststoffkreisläufe sind eng mit Verwitterung und Bodenbildung verbunden. Es ist deshalb notwendig, zunächst die bodenbildenden Vorgänge zu betrachten. Außerdem muß das weitere Schicksal dieser Stoffe in der belebten Natur, etwa auf ihrem Weg durch die Pflanze, verfolgt werden. Größtenteils sind die Feststoffkreisläufe mit dem **Wasserkreislauf** gekoppelt, der die betreffenden Stoffe mit oder ohne Hilfe der Pflanzen in alle Teile der Biosphäre verfrachtet.
Viele Feststoffe sind in ihrer reinen Form zwar Metalle, erscheinen aber wegen ihrer Reaktionsfreudigkeit mit andern Stoffen in der Natur meist nicht im metallischen Zustand, sondern als Salze. Diese wiede-

rum sind in der wäßrigen Bodenlösung oder in Gewässern in ihre Bestandteile (Ionen) gespalten. Dabei liegt der metallische Teil als basisches Kation vor. Die Gegenwart der basischen Kationen (Calcium-, Magnesium-, Kalium- und Natriumionen) bildet im Boden ein Gegengewicht zu den Wasserstoffionen, die in freier Form den Säuregrad des Bodens, die **Bodenreaktion,** bestimmen. Der andere Teil des Salzes ist das Anion einer Säure, ein elektronegativ geladenes Teilchen. Im elektroneutralen Boden halten sich die elektropositiven Kationen und die elektronegativen Anionen die Waage.

2.3.1 Vom Fels zum humusreichen Boden

Steter Tropfen höhlt den Stein – aber nicht nur Wasser und darin gelöste Gase wirken als Meißel der Natur: auch Temperaturschwankungen, Eis und Hitze sowie der windgepeitschte Sand der Wüsten greifen den harten Fels an. Durch das Zusammenwirken von Wasser und Kälte werden durch Eisbildung ganze Blöcke gesprengt, durch Temperaturschwankungen und verwehten Sand ganze Landschaften modelliert (Abb. 2.33). Überlagert und unterstützt werden diese mechanischen Einflüsse durch eine Gruppe von Lebewesen, die fast überall auf der Erde bis zur Grenze der Vegetation vordringen: ins ewige Eis der Polargebiete und der Schneestufe der Gebirge, an den Rand des Meeres und heißer Quellen und in nahezu niederschlagsfreie Wüstengebiete.

Es sind die **Algen** (Blau- und Grünalgen) sowie deren Symbiose mit Pilzen, die **Flechten.** Sie scheiden Säuren ab, die das Gestein auflösen; dadurch setzen sie aus dem Gestein Nährstoffe frei und bereiten so den Boden für anspruchsvollere Lebewesen vor und bauen andere organische Stoffe ab. Mit ihren toten Körpern schaffen sie die Unterlage für kommende Generationen und bauen die erste dünne Humusschicht auf. Würmer und Insekten, Milben und vor allem Bakterien setzen aus abgestorbenen Teilen die von den Pflanzen benötigten Nährstoffe wieder frei. Auf diese Weise entsteht ein Rohboden (Abb. 2.34). Chemisch gesehen sind bei der **Rohbodenbildung** im wesentlichen drei Vorgänge beteiligt:

- Die Oberflächen der Gesteinskristalle werden durch Wasser aufgelockert und aufgelöst. Es bilden sich kleine Risse. Wasser lagert sich an die angegriffenen Kristalloberflächen (Hydratation).

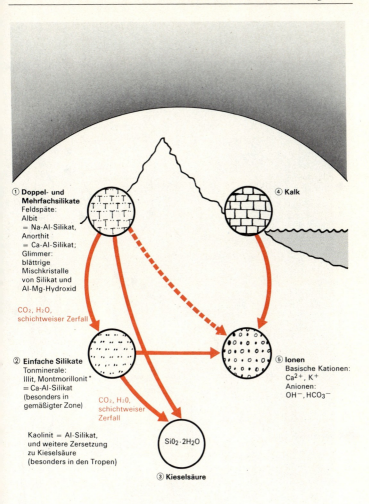

*feinstkörniges 3-Schicht-Tonmineral, Korngröße < 200 nm ($= 200 \cdot 10^{-6}$), stark quellfähig

Abb. 2.33: **Die Verwitterung des Bodens.** Aus den komplizierten Doppel- und Mehrfachsilikaten entstehen durch Zerfall nach und nach pflanzenverfügbare Mineralstoffe.

152 · Der Kreislauf

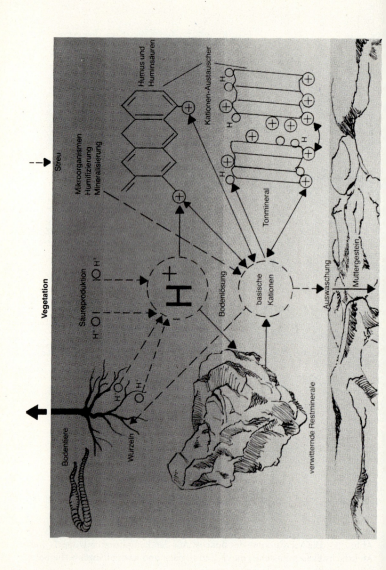

Abb. 2.34: **Bodenbildung.** Der Boden ist ein kompliziertes System aus anorganischen und organischen Bestandteilen, die chemisch wechselwirken. Wichtig für die Fruchtbarkeit eines Bodens sind seine Reserve an Restmineralen und sein Gehalt an organischer Substanz: Quellen für Nährelemente. So lösen Wasserstoff-Ionen (H^+), die von Pflanzenwurzeln und Bodenorganismen an die Bodenlösung abgegeben werden, bei der hydrolytischen Verwitterung Nährstoff-Kationen (Basen) aus den Restmineralen. Solche Basen gelangen auch in in die Bodenlösung, wenn die organische Materie im Boden humifiziert und schließlich mineralisiert wird.

Die Nährstoffe würden allerdings rasch ausgewaschen, gäbe es nicht eine dritte, entscheidende Bodeneigenschaft: seine Kationen-Austauschkapazität. Als Kationen-Austauscher, welche die freigesetzten Basen reversibel festhalten, fungieren Huminsäuren und Tonminerale. Erstere entstehen als metastabile Zwischenprodukte bei der Zersetzung organischer Materie, letztere als Primärprodukte bei der Hydrolyse des Muttergesteins. Die Fruchtbarkeit eines Bodens mit geringer Kationen-Austauschkapazität läßt sich auch durch künstliche Düngung kaum steigern, da der Dünger ebenso wie die natürlichen Nährstoffe rasch ausgewaschen wird. (Weischet 1984)

Bei der Bodenbildung werden gegen Säurezufuhr stabilisierende Puffersysteme entwickelt, die damit der verstärkten Auswaschung von Nährstoffen (bes. Kationen) entgegenwirken (vgl. auch Filterfunktion des Bodens).

Puffer-Substanz	pH-Bereich	Wichtigste Reaktionsprodukte der ersten Neutralisations-Stufe
Karbonat-PB $CaCo_3$	$8{,}6 > pH > 6{,}2$	$Ca(HCO_3)_2$; Ca^{2+}-Mobilisierung
Silikat-PB l-Silikate	gesamter pH-Bereich	Ton-Mineralien (Zunahme KUK)
Austausch-PB Ton-Mineralien	$5 > pH > 4{,}2$	nichtaustauschbares $n[Al(OH)_x^{(3-x)+}]$ Abnahme KUK
Al-PB an Zwischenschichten gebundenes Al	$4{,}2 > pH$	Al^{3+} in Lösung
Al/Fe-PB Al mit $Fe(OH)_3$	$3{,}8 > pH$	organische Fe-Komplexe, Bleichvorgänge
Fe-PB Ferrihydrit	$3{,}2 > pH$	Fe^{3+}, Bleichvorgänge, Tonzerfall

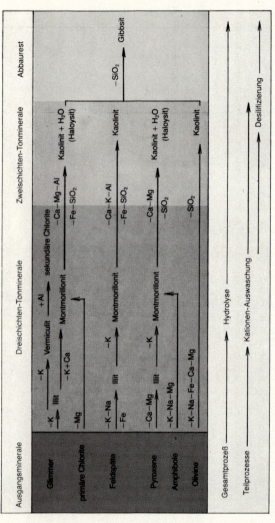

Abb. 2.35: **Entstehung der Tonminerale.** Bei der Hydrolyse der ursprünglichen Bodenminerale entstehen unterschiedliche Tonminerale. Zunächst werden basische Kationen wie die des Kaliums (K), Natriums (Na), Magnesiums (Mg), Calciums (Ca) und Eisens (Fe) aus den Bodenmineralen herausgelöst. Dabei bilden sich Dreischichten-Tonminerale wie Illit, Vermiculit und Montmorillonit mit hoher Kationen-Austauschkapazität. Diese geben bei der weiteren Hydrolyse auch Kieselsäure (SiO_2) ab (Desilifizierung). Gleichzeitig gehen sie in die Zweischichten-Tonminerale Kaolinit und Haloysit über, die nur mehr eine geringe Kationen-Austauschkapazität besitzen. Als Endprodukt der Desilifizierung entsteht Gibbsit: reines Aluminiumhydroxid. Seine Kationen-Austauschkapazität ist null. (Weischet 1984)

- Auf den Rißflächen und an der Oberfläche der Gesteinskristalle oxidieren die Schwermetalle (z. B. Eisen und Mangan). Es entstehen braune Überzüge von Eisenhydroxid und Mangandioxid.
- Auf den Grenzflächen der Silikatkristalle (z. B. Feldspat) werden die basisch wirkenden Kationen durch Wasserstoffionen aus dem leicht kohlensäurehaltigen Regenwasser verdrängt. Diese «oxidative Verwitterung» wird bestimmt durch das Oxidationsvermögen einer Lösung und ist abhängig vom Sauerstoffdruck und dem pH-Wert. Schon beim Neutralpunkt von pH 7 wird Eisen in den dreiwertigen Zustand übergeführt (Braunfärbung), und damit sind auch Zerfallserscheinungen an den Silikatoberflächen gekoppelt.

Bald erscheinen Moose auf dem Rohboden; erste Gräser und Kräuter siedeln sich in Felsritzen an, und schon früh können sich kleine Sträucher entwickeln. Je mehr Lebewesen sich ansiedeln, desto mehr Abfälle entstehen, werden zersetzt und in die Humusschicht eingebaut. Schließlich können Bäume und andere auf dichtere Humuslager angewiesene Pflanzen Fuß fassen.

Die verwitternde Schicht, die teilweise in eine sehr feinkörnige tonige Grundmasse (Korndurchmesser unter 0,002 mm) zerfällt, wird nach und nach tiefgründiger, die Humusschicht mächtiger. Je mehr Pflan-

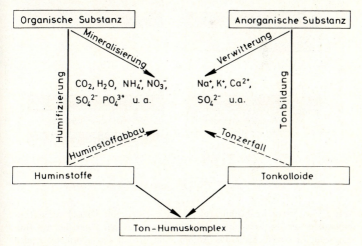

Abb. 2.36: **Schematische Darstellung der Zersetzung und des Aufbaus von Boden-Partikeln.** (Ver. aus Beck 1968, nach Scheffer und Kloke 1956 in Topp 1982).

zenmasse sich bildet, desto mehr Humus wird angelagert, desto mehr verwittert der humusfreie Unterboden und desto mehr Pflanzen können sich ernähren (positive Rückkopplung). Schließlich kann sich der Wald, die letzte Stufe der Sukzession, in unsern Breiten selbständig erhalten: was er an Nährstoffen verbraucht, kommt jedes Jahr durch Fallaub, Äste, Früchte usw., also durch die «Streue», und den Niederschlag wieder dazu (negative Rückkopplung). Die Bodenentwicklung geht also mit der **Sukzession der Vegetation,** von den Algen und Flechten bis zum Wald, schrittweise einher.

Bei der Verwitterung des rohen Felsens, der Moräne oder der Flußablagerung wandelt sich die Grundsubstanz des «Muttergesteins» um: Aus komplizierten Doppel- oder Mehrfachsilikaten wie den Feldspäten und aus dem Silikatanteil der Kalke entstehen schließlich über viele Zwischenstufen **einfache Silikate** (z. B. Kaolinit), eine nun tonige Grundsubstanz (Abb. 2.35). Diese bindet Nährsalze und macht sie dadurch größtenteils für die Pflanzen wieder leicht verfügbar (s. S.

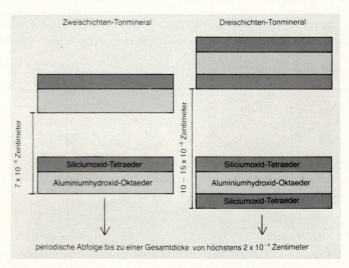

Abb. 2.37: **Aufbau der Tonminerale.** Zweischichten- und Dreischichten-Tonminerale unterscheiden sich in ihrem Aufbau. Bei den Dreischichten-Tonmineralen ist eine Schicht aus Aluminiumhydroxid-Oktaedern auf beiden Seiten von einer Lage aus Siliciumoxid-Tetraedern bedeckt. In den Zweischichten-Tonmineralen trägt die Aluminiumhydroxid-Schicht hingegen nur eine Siliciumoxid-Lage. (Weischet 1984)

s. u., 66). In den obersten Bodenschichten bilden sich auf diese Weise zusammen mit dem Humus die für höhere Pflanzen so wichtigen «Ton-Humus-Komplexe», an denen auch Stickstoff und Phosphat für die Pflanzen bereitgestellt werden (Abb. 2.36).

Diese sog. Schicht-Silikate bestehen aus feinen Blättchen, nämlich ein bis zwei tetraedrig angeordneten 0,7 nm dicken Si^{IV}/O^{II}*-Schichten sowie oktaedrigen Al-haltigen 1 nm dicken Schichten mit Al^{III} im Zentrum und O^{II} (bzw. OH) in den Ecken der Oktaeder. Teilweise sitzt Al^{III} anstelle von Si^{IV}, oder aber Mg^{II} anstelle von Al^{III}. Deshalb werden die Flächen der Tonmineralien in der Regel negativ aufgeladen und die Kanten wegen des amphoteren* Verhaltens von Al^{III} je nach Milieu positiv (bei tiefem pH, mit Al^{3+}) oder negativ basischem pH, mit $-AlO_2^-$). Der durch diese unabgesättigten Bindungen notwendige Ladungsausgleich erfolgt durch austauschbare basische Kationen (hauptsächlich K^+, Ca^{2+} sowie Mg^{2+} und Na^+) und teilweise durch NH_4^+ und je nach Ladungsverhältnissen durch Anionen (z.B. NO_3^-, SO_4^{2-}, OH^- usw.). Diese

---

* Römische Ziffern = chemische Wertigkeit

Tab. 2.10: Repräsentative Kationen-Austauschkapazitäten für verschiedene Bodenmaterialien. (Nach Birkeland 1974 in Weischet 1984)

Material		Angenäherte Austauschwerte mval/100 g Trockengewicht
Humus		200
Fulvosäure		640–1420
Huminsäure		480– 870
organisches Bodenmaterial		150– 500
Kaolinite		3– 15
Halloysite		5– 10
Chlorite		10– 40
Illite	Tonmineralgruppen	10– 40
Montmorillonite		80– 150
Vermiculite		100– 150
Allophane		25– 100
Aluminium und Eisenhydroxyde		4
Feldspate	Minerale	1– 2
Quarz		1– 3
Basalt	Gestein	1– 10
Zeolite		230– 260
amorphes Fe-Oxid		160
amorphes Al-Oxid		50

Tab. 2.11: Nährelemente im Boden. (Nach Loub 1975)

Element	Form des Vorkommens im Boden	Häufige Gehalte im Boden 1. Gesamtgehalt 2. leicht löslich	Häufige Gehalte in der Pflanze (bzw. auf Trockensubstanz)	Bedeutung oder Wirkung
Ca	Kalk, Dolomit, Gips, Silikate	0–2%, aber auch über 30% bis über 90%	0,5–50‰	Stabilisierung der Bodenstruktur, pH-Wert-Regulierung Plasmaentquellung, Teil organischer Verbindungen, Ca-Pektinat, Ca-Oxalat
Mg	Magnesit, Dolomit, Silikate	1–10‰ austauschbar 3–15 mg/100 g Boden	1–10‰	oft Ersatz des Ca und im Chlorophyllmolekül
S	Sulfide (FeS), Sulfate	0,1–1‰	0,5–5‰	Bestandteil organischer Verbindungen, besonders im Eiweiß, Sulfate im Zellsaft
B	Borate, Silikate	1. 5–100 ppm 2. wasserlöslich 1–3 ppm	2–100 ppm	Kohlenhydratstoffwechsel, Befruchtung, Wasserhaushalt
Co	meist organische Bindung oder als Phosphat	1. 1–10 ppm 2. austauschbar 0,03–0,3 ppm	0,7–300 ppm	in Enzymen notwendig für Vitamin-B_{12}-Synthese

Cu	Sulfid, Sulfat, Karbonat	1. 5–100 ppm 2. 0,1 n HCl löslich, 0–40 ppm	2–20 ppm	in Redoxenzymen Plasma entquellend
F	Fluoride, Flußspat, Apatit, Silikate	1. 10–1000 ppm	0,1–10 ppm	ungeklärt
Fe	Oxide, Hydroxide, Silikate	1. 0,5–4,0 % in Anreicherungshorizonten über 20 oder 30 %	5–1000 ppm	in Redoxenzymen und Atmungsfermenten
Mn	Manganit, Pyrolusit, Silikate	1. 200–4000 ppm 2. austauschbar 4–30 ppm	20–200 ppm	in Redoxenzymen
Mo	Silikate, Eisen- und Aluminiumoxide, Molybdate	1. 0,5–5 ppm 2. wasserlöslich 0,01–4,1 ppm	0,2–10 ppm (Leguminosen)	in Enzymen, vor allem für die Fixierung von atmosphärischem Stickstoff
Zn	Phosphat, Carbonat, Hydroxid und in Silikaten	1. 10–300 ppm 2. austauschbar 3,5–23 ppm	10–100 ppm	Aktivierung von Enzymen, Sporenbildung bei Mikroben, besonders bei Pilzen

austauschbar gebundenen Ionen bestimmen das Sorptionsvermögen der Tonmineralien und somit einen wesentlichen Teil der Bodenfruchtbarkeit (Abb. 2.37).
Weitere Eigenheiten der Tonmineralien ergeben sich bei der innerkristallinen Quellung: Bei solchen ohne Quellung (Kaolinit, Illit) können die oben erwähnten Gegenionen nur an den Außenflächen und Kanten absorbiert werden. Bei den anderen, und hier vor allem beim Montmorillonit, können hydratisierte Kationen auch zwischen die Schichten eindringen. Die Ausweitung des Zwischenschichtraumes mit Hydratwasser und austauschbaren basischen Kationen führt bei Montmorillonit zur Volumenverdopplung und einer Oberflächenvergrößerung bis zu 800 m^2 pro g M. (Korngröße bei M. unter 200 nm) (Tab. 2.10).

Humus ist die Gesamtheit der gewebefreien organischen Masse im Boden und entsteht durch den Abbau pflanzlicher und tierischer Überreste. Chemisch ist die Grundsubstanz des Humus, verschiedene Säuren, wie Humin- und Fulvosäure, schwer angreifbar. In den Humus gelangen aber auch die Eiweißstoffe toter Lebewesen, aus denen Bakterien pflanzliche Nährstoffe (Nitrat, Ammoniak, Phosphat und Sulfat) freisetzen (Tab. 2.11). **Mullhumus** ist ein Humus, der innig mit Mineralboden vermengt ist und sich nur bei relativ feuchtem und warmem Klima auf basenreicheren, tonhaltigen Böden mit leicht zersetzbarer Streue bildet. Er ist das Ergebnis reger tierischer und mikrobieller Tätigkeit (s. S. 270 ff.). **Rohhumus** oder «Mor» dagegen ist ein «Trockentorf», ein Auflagehumus, der bei tieferer Temperatur oder bei schlechter Streuzersetzung auch auf saureren, sandigeren Böden oft durch intensive Tätigkeit von Urinsekten (Springschwänze) entsteht (Podsol, s. S. 161 ff.). **Moder** ist eine Humusform, die zwischen diesen beiden Extremen steht.

2.3.2 Die wichtigsten Bodentypen

Durch die Niederschläge werden auch die Stoffe im Ton-Humus-Komplex beeinflußt. Das im Regen gelöste Kohlendioxid wirkt als Säure (echte Kohlensäure). Der Wasserstoff der Säure löst basische Kationen, in erster Linie Calcium und Natrium, aus dem Komplex und setzt sich beim Ionenaustausch an ihre Stelle. Damit wird der Oberboden saurer, und Nährstoffe und Mineralstoffe gelangen in tiefere Bodenschichten, wo sie zum Teil wieder ausgeschieden werden.
Unter den warmfeuchten Bedingungen der **Tropen** werden sogar die Silikate teilweise und die Kieselsäure ganz verlagert (Desilifizierung).

Das Eisen, das am Ton (Kaolinit) gebunden war, wird durch Verwitterung freigesetzt und färbt den Boden als Eisenoxidhydrat intensiv rot bis rostfarben (Rubefizierung). Mit dem Begriff der **Laterisierung** wird der Gesamtvorgang bezeichnet, also Desilifizierung und Rubefizierung. Außerdem kann sich bei diesen tropischen Roterden kein Mull entwickeln, sondern die organischen Stoffe werden schnell zersetzt und die Humusstoffe werden in den Oberboden hineingewaschen. Das Nährstoffkapital der tropischen Ökosysteme liegt wegen dieser übermäßigen Durchwaschung des Profils in erster Linie in der lebenden Pflanzenmasse (s. S. 362f.). In den trockeneren Tropen werden die Mineralstoffe, beispielsweise die **Kieselsäure**, nur teilweise verlagert und oft in einer bestimmten Tiefe wieder ausgeschieden, wo sie kompakte, meist undurchlässige Schichten bilden, sogenannte Lateritkrusten. Solche Böden sind kaum kultivierbar. In unserem Klima verschwinden neben Natrium in erster Linie der Kalk (Calciumcarbonat) aus dem Oberboden, außer an Kalksteilhängen, wo ständig kalkreiches Material nachgeführt wird. Dieser Bodentyp wird als **Rendzina** bezeichnet. Auf Silikat oder in ebener Lage kann unter Umständen – je nach Niederschlagshöhe, Lage im Gelände usw. – neben dem Kalk auch Ton einige Dezimeter durchgeschlämmt werden. Dieser Bodentyp ist die **Parabraunerde** oder «Lessivé» mit Tonauswaschungs-, Eluvial- oder E-Horizont. Ton bildet sich auch durch weiteren schichtweisen Abbau von Tonmineralien an Ort und Stelle. Dieser tiefer gelegene Teil des Bodens, der sogenannte Einwaschungshorizont (Illuvial- oder I-Horizont) fühlt sich dann deutlich «seifiger» an als der Mullhorizont. Ferner wird aus den verwitternden Feldspäten meist viel Eisenhydroxid freigesetzt, das sich dann durch die Braunfärbung des Einwaschungshorizonts zu erkennen gibt; dieser Bodentyp wird deshalb allgemein **Braunerde** genannt (Abb. 2.38).

In etwas **höherer Lage** (montane bis subalpine Stufe) oder auf sauren Sanden kann die anfallende Streue nicht mehr ganz umgesetzt werden, weil die Mikroorganismen des Bodens entweder zu wenig aktiv oder nicht in genügender Zahl vorhanden sind. Es bildet sich **saurer Rohhumus** aus Resten pflanzlicher Zellwände und aus Abbauprodukten. Säuren aus dieser Humusschicht dringen mit dem Niederschlag in den Boden ein und «waschen» den Boden unter der Humusschicht ganz aus – einschließlich des farbigen Eisen- und des farblosen Aluminium-Sesquioxids (Tonerde) –, so daß dieser Bodenhorizont ausbleicht (auch hier ein E-Horizont, Bleicherde). In einiger Tiefe werden der Humusstoff und das Eisen wieder ausgeschieden oder «flokuliert». Dadurch bildet sich ein stark geschichteter Boden mit zwei verschie-

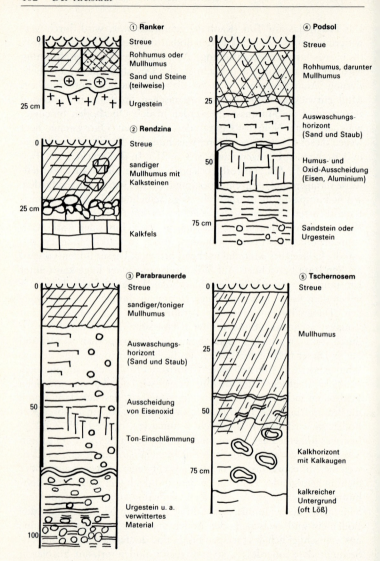

Abb. 2.38: **Aufbau der wichtigsten Böden.** (Nach Elhaï 1968)

Feststoffkreisläufe und Bodenbildung · 163

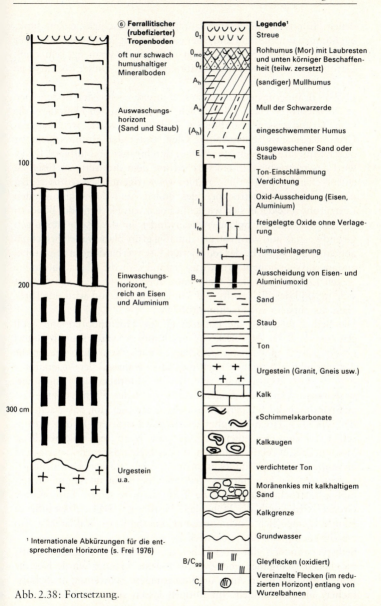

Abb. 2.38: Fortsetzung.

denen Humusschichten, einer sauren Bleicherdeschicht, einem dunklen humushaltigen Band und einer rostfarbenen Schicht, die von einer stärker tonhaltigen Schicht gefolgt oder mit ihr vermengt sein kann. Darunter steht das verwitterte Muttergestein an. Dieser Bodentyp ist der **Podsol.**

Podsol, Braunerde und Rendzina sind unsere wichtigsten Bodentypen in Mitteleuropa. Dazu gesellen sich, vor allem in den Flußtälern, die vom Grundwasser beeinflußten Böden. Bei stark wechselndem Grundwasserstand entsteht der **Gley.** Unter der Humusschicht ist dieser Mineralboden oft von Wasser durchtränkt und luftarm. Dabei wird das rostfarbene Eisenhydroxid mit dem dreiwertigen Eisen zu entsprechenden Verbindungen mit zweiwertigem Eisen reduziert. Bei unregelmäßigem Austrocknen des Bodens und der nachfolgenden Luftzufuhr scheidet es sich wieder in Form von Flecken oder Bändern ab. Diese «Gleyfleckigkeit» verschwindet in der Zone ständigen Grundwassers und wird von gleichmäßig grün-blau-grauen Schichten abgelöst, die die Farbe der reduzierten Eisenverbindungen zeigen. Bei andauernd sehr hohem Grundwasserstand kann die pflanzliche Streue wegen Luftmangels nicht mehr ganz abgebaut werden; **Torf** lagert sich an, und der Nährstoff- und Kohlenstoffkreislauf wird unterbrochen. Es entsteht ein **Flachmoorboden.**

Die Bedingungen für die Entstehung von **Hochmooren** sind noch etwas speziellerer Art: sie können sich nur auf stark saurem Untergrund (saure Sande, saure Torflager) entwickeln, und weder die sommerliche Trockenheit noch die Nässe während der Vegetationsperiode darf zu ausgeprägt sein, da die Mooroberfläche sonst entweder austrocknet oder erodiert. Zudem muß der Wärmegenuß – darstellbar durch die Temperatursumme – ausreichen, um das Wachstum der typischen Hochmoorpflanzen zu gewährleisten. In den ozeanischen Gebieten erscheinen fast oder ganz baumfreie, raschwüchsige Hochmoore, in relativ kontinentalen Gebieten dagegen kiefern- und birkenbestandene Waldhochmoore. In den stärker kontinentalen Gebieten fehlen Hochmoore, weil ihre Oberfläche im Sommer regelmäßig austrocknet und sich die Torfe dann zersetzen. Eine weitere Grenze wird durch die Höhenlage bestimmt: Wegen des rauheren Klimas können sich Hochmoore nur innerhalb des Waldareals, also bis zur subalpinen Stufe, entwickeln.

Selbstverständlich gibt es zwischen den erwähnten Bodentypen alle möglichen Übergänge und Zwischenformen. Ferner wurde hier die Bodenentwicklung in Auen und auf tonigem Schwemmgut (Schuttfächer) nicht behandelt. Im übrigen lassen sich alle Böden unter

Zuhilfenahme verschiedener technischer Hilfsmittel (Drainage, Düngung, Terrassierung) kultivieren. Am günstigsten sind indessen die ziemlich lehmigen, tiefgründigen, nährstoff- und basenreichen Braunerden schwach geneigter bis ebener Lagen, etwa auf **Löß**.
Auf kalkreichen Lößlagern entwickelten sich auch die Böden der Kornkammer Europas, der Ukraine. Es sind die Böden ehemaliger Steppen-Ökosysteme. Ihre hohe Produktion, aber auch die ausgeprägte Trockenheit im Sommer und die Kälte des Winters (kontinentales Klima) ließen mächtige basen- und nährstoffreiche Humuslager über dem kalkreichen Unterboden entstehen. Wegen der schwarzen Farbe der 50 bis 150 cm starken Humusschicht nennt man sie **Schwarzerde** (Tschernosem, Abb. 2.38). Ähnliche Böden erscheinen auch in den Präriegebieten Nordamerikas und den Trockenbecken Mitteleuropas.

2.3.3 Nährstofftransport in die Pflanze

Der Boden ist ein dynamisches und offenes System: Nährstoffe werden durch Niederschlag und Staub zugeführt, von der Pflanze aufgenommen, aber auch durchgewaschen. Wie gelangen nun die Nährstoffe in die Pflanze? Die Tatsache, *daß* es geschieht, dürfte wohl allgemein klar sein. Aber *wie* es im einzelnen geschieht, ist vielfach noch unklar und läßt sich nur hypothetisch erklären. Und doch wären gerade hier bessere Kenntnisse nötig, um die Abhängigkeit der Pflanze von speziellen Bodeneigenschaften besser zu verstehen und nachhaltige hohe Erträge bei unseren Nutzpflanzen zu erzielen. Bis heute sind lediglich Bruchstücke des Weges, den die Nährstoffe einschlagen, erforscht (Abb. 2.39).
Bei der **Bodenbildung** verwittert das Muttergestein, wobei meist tonreichere Substanzen entstehen. Ferner enthält der so gebildete Bodenkörper Oxide von Metallen (Eisen, Aluminium usw.), Salze (Carbonat, Nitrat, Phosphat usw.) und später auch organisches Material (z.B. Humus). Der Ton-Humus-Komplex hat eine enorm große Oberfläche, die er den größtenteils in kolloidalem Zustand vorliegenden Humusstoffen und Tonmineralien verdankt. Er bindet Wasser und Nährstoffe und stellt sie in leicht ablösbarer Form den Pflanzen zur Verfügung. Der Motor dieser Vorgänge, die zum Austausch von Nährstoffen zwischen Boden und Pflanze führen, sind die Säureproduktion der Pflanzenwurzeln und die Wirkung der Bakterien. In der Folge können dann aus dem bereits verwitterten tonigen

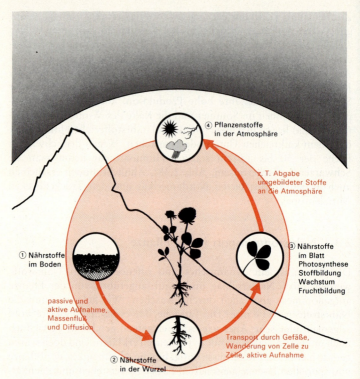

Abb. 2.39: **Die Beziehung zwischen Boden und Pflanze.**

Material Nährstoffe nachgeliefert werden. Sie gelangen in das im Boden festgehaltene Wasser und bilden die **Bodenlösung.**

Wie gelangt nun die Pflanze zu den Nährstoffen der Bodenlösung? Die Pflanze transpiriert (verdunstet Wasser), und zum Ausgleich wird von den Wurzelhaaren durch **osmotische Vorgänge** Wasser aufgenommen, das – ähnlich wie auf einem Fließblatt – aus der näheren Umgebung der Wurzel nachfließt. Mit diesem Wasser kommen auch die Nährstoffe an die Pflanze heran. Einige dieser Nährstoffe werden von der Wurzel aufgenommen. Dadurch entsteht nicht nur ein Feuchtigkeitsgefälle, sondern auch ein **Nährstoffgefälle** (Gradient) im Bereich der Wurzel. Dieser Nährstoffgradient hat die Tendenz, sich durch Diffusion (Bewegung der Stoffe durch die Bodenlösung) aus-

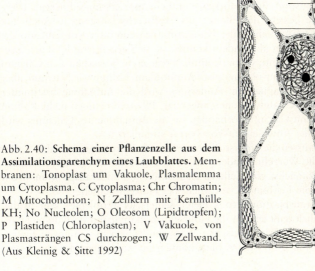

Abb. 2.40: **Schema einer Pflanzenzelle aus dem Assimilationsparenchym eines Laubblattes.** Membranen: Tonoplast um Vakuole, Plasmalemma um Cytoplasma. C Cytoplasma; Chr Chromatin; M Mitochondrion; N Zellkern mit Kernhülle KH; No Nucleolen; O Oleosom (Lipidtropfen); P Plastiden (Chloroplasten); V Vakuole, von Plasmasträngen CS durchzogen; W Zellwand. (Aus Kleinig & Sitte 1992)

zugleich: so stoßen Nährstoffe aus dem Nährbereich der Wurzel nach. Wie schnell die Nährstoffe aufgenommen werden, hängt von ihrer Konzentration sowohl in der Bodenlösung als auch in der Wurzel ab.

Nährstoffe werden von den Wurzeln kaum direkt aus dem Bodenkörper aufgenommen, sondern gelangen – zunächst ohne Auswahl – indirekt und nahezu hindernisfrei über die Bodenlösung in die «freien Räume» der Wurzel. Die Pflanze kann also gewisse Substanzen in den äußersten Wurzelräumen nicht fernhalten: man spricht vom «Ausschließungsunvermögen» der Wurzel.

Nach dieser **passiven** Aufnahme der im Boden gelösten Nährstoffe kommt das erste entscheidende Hindernis: In der Zelle ist das Protoplasma durch zwei **Membranen** (Plasmalemma und Tonoplast) geschützt (Abb. 2.40). An der Oberfläche dieser Membranen werden die Nährstoffe von Boten- und Trägersubstanzen (Enzymen) empfangen. Nur mit ihnen gelangen sie durch die Membranen ins Innere der

Zellen. Dabei ist es wesentlich zu wissen, daß viele schädliche Stoffe von der Pflanze nicht erkannt werden, wenn sie ähnlich aufgebaut sind wie die benötigten Nährstoffe. Dies ermöglicht dem Menschen, die Pflanzen mit gewissen Herbiziden zu täuschen und zu bekämpfen (mehr darüber auf S. 293). Diese **aktive** Aufnahme der Nährstoffe und ihr Transport durch Enzyme braucht nun erstmals Energie. Diese Energie bezieht die Pflanze aus Stoffwechselvorgängen. Auch hier hängt die Aufnahme der Nährstoffionen von ihrer Konzentration in den Lösungen ab. Zudem können sie sich gegenseitig konkurrenzieren, zumal dann, wenn sie ähnlich reagieren. So verhält sich Calcium ähnlich wie sein «Antagonist» Ammonium, Kalium wie Natrium, aber auch wie Magnesium. Anderseits wird die Aufnahme bestimmter Ionen durch andere Ionen angereizt: Pflanzen nehmen mehr Kalium auf, wenn Calcium vorhanden ist, die Aufnahme des Calciums wird durch die Anwesenheit von Nitrat stimuliert usw.

Nun müssen die Nährstoffionen noch ins Blatt gelangen (Abb. 2.41): über die Wurzeln wandern sie – vermutlich durch Plasmaverbindungen – zunächst von Zelle zu Zelle und dann im **Transpirationsstrom** durch die Leitbündel, vor allem bei Holzgewächsen.

Der Transpirationsstrom bietet seinerseits Probleme: sehr wahrscheinlich reißt er über die Höhe ganzer Bäume nur deshalb nicht ab, weil die Kohäsion zwischen Wassermolekülen in den engen Leitgefäßen sehr groß ist. Ins Blatt können sie möglicherweise wieder nur

Abb. 2.41: **Schema der aktiven Ionenaufnahme.** (Näheres über Membran-Transfer s. z. B. in Merian 1990)

aktiv eindringen, also mit Hilfe von Trägersubstanzen. Im Blatt spielen die Nährstoffe schließlich ihre wichtige Rolle bei den Stoffwechselvorgängen, der Photosynthese, der Atmung, beim Aufbau von Pflanzenstoffen usw.

2.3.4 Mineralsoffkreisläufe

Alle bisher erwähnten Feststoffe – Calcium, Kalium, Magnesium, Phosphat usw. – dienen neben Stickstoff den Organismen als mineralische Nährstoffe. Weitere wichtige Feststoffe sind das Eisen und die Spurenelemente, die beispielsweise in lebensnotwendigen enzymatischen Prozessen eine wesentliche Rolle spielen. Zu diesen Spurenelementen gehören Kobalt, Kupfer, Mangan, Molybdän und viele andere Schwermetalle. Einzelheiten über Schwermetalle und andere hier nicht ausführlich besprochene Elemente sind in Merian (1990)

Tab. 2.12: **Wichtigste Import- und Exportwege von Nährstoffen in Ökosystemen.** Im Gleichgewicht (Klimax) sind die Verluste gleich dem Gewinn durch Niederschlag und Verwitterung. (Nach Collier et al. 1973)

Wege	Input	Output
natürlicher Weg	Fixiert aus Atmosphäre, Verwitterung des Substrats	Abgabe an Atmosphäre, Verlust bei Auswaschung oder Sedimentierung
	Niederschlag	Abfluß (an Oberfläche oder oberflächennah), Interzeption, Transpiration, Evaporation
	Zufluß	Versickerung
	Staubniederschlag	Wind, Erosion
	Einwanderung von Pflanzen und Tieren	Auswanderung von Pflanzen und Tieren
	Gase, Energie	Wärme
vom Menschen bewirkter Weg	Düngung	Ernte
	Vergrößerung des Volumens des aktiven Ökosystems	Verkleinerung des Volumens des aktiven Ökosystems

nachzuschlagen (inkl. Konzentration in Organismen, Absorption durch Pflanzen, kritische Grenzen im Boden, Bioakkumulation usw.). Die Ein- und Ausfuhrwege von Mineralstoffen (inkl. Stickstoff und Phosphat) im Ökosystem sind in der rückstehenden Tabelle zusammengefaßt (Tab. 2.12).
Gut 60 bis 82 Prozent der Nährstoffe in Oberboden und Vegetation sind in ständigem Umlauf und werden nur zu einem kleinen Teil im Holz festgelegt oder aus dem System entfernt. Alles weitere über die Mineralstoffkreisläufe in einem Waldökosystem kann der Abb. 2.42 entnommen werden. Als Beispiel dient ein sommergrüner Laubwald mit Eichen und Eschen, der in Belgien besonders gründlich untersucht wurde.

Phosphatkreislauf und Überdüngung

Da Phosphat in der Natur (Abb. 2.43) – so z. B. in natürlichen Seen – nur in geringen Mengen vorkommt, haben die Organismen Einrichtungen entwickelt, mit denen sie Phosphat anreichern können. Für ihre Stoffwechselvorgänge und für den Aufbau ihrer Erbsubstanzen benötigen sie nämlich beträchtliche Mengen Phosphat. Ruhende Seen ohne nennenswerten Durchfluß erhalten kaum Nährstoffe aus ihrer Umgebung. Im **Spätsommer** (Abb. 2.44) sind in einem solchen See nur noch Spuren von Phosphat im Oberflächenwasser zu finden (einige µg/Liter); im Tiefenwasser findet sich etwas mehr Phosphat, das durch die Tätigkeit der Bakterien aus tierischen und pflanzlichen Leichen freigesetzt wird.

Teilweise wird dieser Nährstoff auch an Eisen oder Calcium am Gewässerboden festgelegt, von wo er durch Insektenlarven allenfalls wieder mobilisiert werden kann. O_2-Mangel im Grenzbereich aerob/anaerob führt zur Umsetzung von $FePO_4$ mittels H_2S zu Fe^{2+}-Ion und PO_4^{3-}-Ion, somit zur Rücklösung von ortho-Phosphat.

Größtenteils aber findet sich das Phosphat zu dieser Jahreszeit in den Lebewesen des Oberflächenwassers. Phosphatspuren, die aus Leichen durch die Tätigkeit der Bakterien frei werden, werden meist von Algen wieder aufgenommen.
Im **Spätherbst** dagegen, bei Temperaturen um 4 °C an der Oberfläche schichtet sich der See um (Abb. 2.45): Tiefenwasser mit etwas mehr Phosphat kommt an die Oberfläche, wo es für das Plankton wieder zur Verfügung steht. Wird nun aber durch irgendeinen Vorgang – etwa durch Einschwemmung von Düngern – ein Überschuß an Phosphat eingebracht, so wird das gesamte Ökosystem gestört. Es entwickelt sich viel mehr Plankton, was auch den Leichenregen verstärkt,

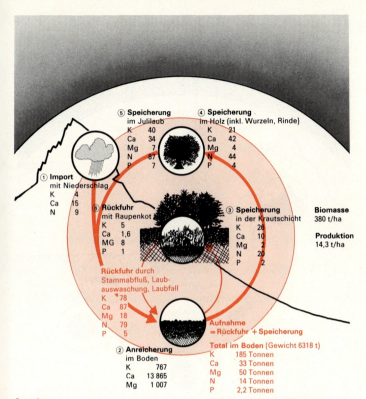

Abb. 2.42: **Beispiel eines Nährstoffkreislaufs.** Jährlicher Nährstoffkreislauf von Kalium (K), Calcium (Ca), Magnesium (Mg), Stickstoff (N) und Phosphor (P) in Kilogramm pro Hektar in einem Stieleichen-Eschen-Wald mit Unterwuchs von Hainbuchen und Haselsträuchern in Wavreille-Wève, Belgien. Etwa 60 bis 80 Prozent der Nährstoffe sind in ständigem Umlauf. (Nach Duvigneaud und Denaeyer-De Smet 1969)

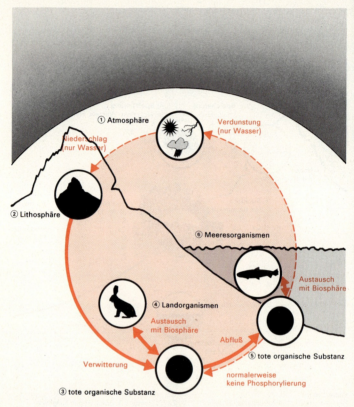

Abb. 2.43: **Der weltweite Phosphorkreislauf.** Feststoffkreisläufe erfolgen mit Elementen, die zwar wasserlöslich, aber nicht flüchtig sind, wie zum Beispiel Phosphor (P). Sie können also nicht direkt durch Verdunstung in die Atmosphäre gelangen, sondern nur über die Bildung mariner Aerosole. (Nach Deevey 1970 in Anon. 1970a)

Verweilzeit im Meer: 10^5 bis 10^7 Jahre. Ausnahmen bilden kurze Zeit an biologischen Reaktionen beteiligte Elemente: P als Phosphat 70000 J., Anreicherung im Tiefenwasser, an der Oberfläche Entfernung durch Plankton. Ozeane sind also stabilisierte Zwischenspeicher für wasserlösliche Stoffe. Sedimente aus den ältesten ausgetrockneten Meeren (Evaporitbecken) sind bereits 900 Millionen Jahre alt.

Verhältnis der Umlaufraten in Gewässer-Systemen:
$CO_2/-HCO_3^-:-HPO_4^{2-}/-H_2PO_4^- \cdot 106:16:1$

Seen sind infolge der höheren Produktions- und Sedimentationsraten etwa 50–100 mal stärker beeinflußbar als das Meer.

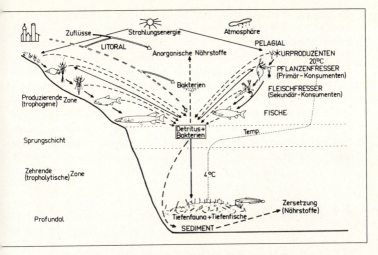

Abb. 2.44: **Schema des Stoffwechsels im Ökosystem eines Süßwassersees.** Zur Bedeutung der Sprungschicht mit dem Dichtenmaximum und der Zirkulation des Seewassers. (Aus Olschowy 1978)

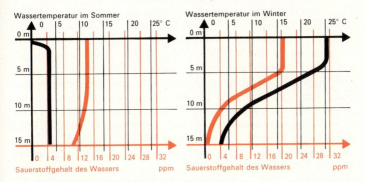

Abb. 2.45: **Die Wärmeschichtung in einem See.** In den Seen der gemäßigten Zone ist eine warme, sauerstoffreiche Oberflächenschicht (Epilimnion) von der kalten, sauerstoffarmen Tiefenschicht (Hypolimnion) durch die Sprungschicht (Thermokline)) getrennt. Diese ist erkennbar an den mit zunehmender Tiefe schnell ändernden Temperatur- und Sauerstoffbedingungen. (Nach Deevey 1952)

der ins Tiefenwasser fällt. Der Sauerstoff des Tiefenwassers reicht dann nicht mehr aus, um diese organischen Substanzen wieder abzubauen. Mit einem einzigen Milligramm Phosphat können nämlich 100 Milligramm Algenmasse aufgebaut werden, die bei der Zersetzung wieder 140 Milligramm Sauerstoff verlangen. Zusätzlich wird im sauerstoffarmen Tiefenwasser das an dreiwertiges Eisen gebundene Phosphat zu löslichem, zweiwertigem Eisenphosphat reduziert und dem schon überlasteten See zugeführt. Ein Zuviel an Phosphat löst somit weitere Phosphat nachliefernde Prozesse aus. Diese positiv rückgekoppelten Vorgänge lassen den See «kippen»: das Ökosystem bricht zusammen.

2.4 Energiefluß

Es liegt auf der Hand, daß die Kreisläufe des Wassers, des Sauerstoffs, des Kohlenstoffs, des Stickstoffs und der Mineralstoffe nicht von selbst in Bewegung bleiben können, sondern daß sie durch Energie angetrieben werden müssen. Im Gegensatz zum Wasser und den anderen in Kreisläufen zirkulierenden Stoffen bewegt sich die Energie in einer Einbahnstraße: sie fließt nur in einer Richtung.
Unser natürlicher Hauptenergiespender ist die **Sonne** (Abb. 2.46). Die ganze Entwicklung der Erde über Jahrmilliarden hinweg war in jedem einzelnen Schritt von der Sonnenenergie abhängig. So ist die Sonne auch der Motor aller Kreisläufe: sie spendet die notwendige Wärme, um Wasser zu verdunsten, sie ermöglicht die Photosynthese, ohne die kein Sauerstoff und keine Nahrungsmittel für uns verfügbar wären, sie führt auch einen Kreislauf in den anderen über – z.B. durch die Photodissoziation, also die Zersetzung von Wasser durch Licht unter Entstehung von Sauerstoff –, und sie vermittelt schließlich die notwendige Wärme, um aus totem pflanzlichem und tierischem Material erneut Nährstoffe freizusetzen. Aber auch jeder künstliche Eingriff des Menschen benötigt Energie, die letztlich immer von der Sonne stammt: so zum Beispiel die Herstellung von Düngemitteln aus dem Stickstoff der Luft (Tab. 2.13).
Der wichtigste aller Vorgänge in unserer Umwelt, der Leben im heutigen Sinne erst ermöglicht hat, ist die **Photosynthese**. Dabei wird in den organischen Stoffen Energie festgelegt, die dann von den Pflanzen aus durch alle andern abhängigen Lebewesen hindurchfließt.

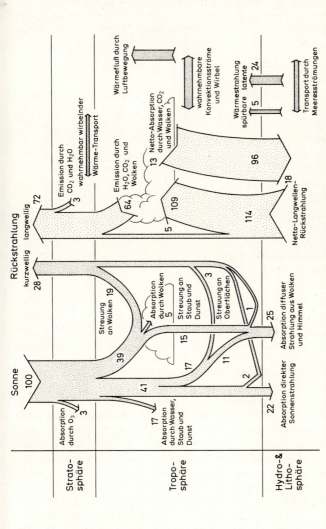

Abb. 2.46: Schematische Darstellung des Strahlungshaushaltes des Systems Erde-Atmosphäre in (%) der einfallenden Sonnenstrahlung. (Rotty und Mitchell 1976). – **Latente(r) Wärme(fluß)**: Transfer von Schmelz- oder Verdunstungswärme von Wasser. – **Spür-(fühl-)bare(r) Wärme(fluß)**: Transfer von Wärmeenergie; Temperaturanstieg, Ozon-Abnahme.

Tab. 2.13: **Wirksamkeit der primären Produktion unter Optimalbedingungen.** (Nach Loomis und Williams 1963 in MacNaughton und Wolf 1974)

Energieanteile	Einstrahlung in kJ pro m^2 und Tag	Verlust in kJ pro m^2 und Tag	Prozentsatz
total eingestrahlte Sonnenenergie	21 000		100 %
nicht absorbierbar durch Pflanzenpigmente		11 640	−55,8 %
absorbierbar durch Pflanzenpigmente	9 360		44,2 %
reflektiert durch Pflanzenoberfläche		775	−3,7 %
inaktive Absorption von Strahlung		921	−4,4 %
verfügbare Energie für Photosynthese	7 764		36,1 %
nichtstabilisierte Energie in der Kohlenhydratsynthese (nicht in Glukose, Stärke usw. eingebaute Energie)		7 002	−32,5 %
Bruttoproduktion	762		3,6 %
Atmung		255	−1,2 %
Nettoproduktion	507		2,4 %

Dabei reagiert die Pflanze sehr empfindlich auf die Energiezufuhr: ganz bestimmte Licht-, Wärme-, Nährstoff- und Feuchtebereiche bestimmen das Wachstum der einzelnen Pflanzenarten, aber auch der von ihnen abhängigen Tierarten (s. S. 60 ff.). Bei ungünstigen Licht- und Wärmeverhältnissen entwickeln sich – auch wenn genügend Wasser und Nährstoffe vorhanden sind – lediglich Kümmerlinge. Strahlung, Licht und Wärme bestimmen also bei ausreichender Versorgung mit Wasser und Nährstoffen das Wachstum. Erstaunlicherweise verwerten die Lebewesen nur einen kleinen Bruchteil der tatsächlich eingestrahlten Energie. Für die Photosynthese werden nämlich nur 1 bis 3 Prozent der Energiestrahlung der Sonne verwendet; ein Teil der Lichtenergie wird in Wärme umgesetzt und dient in erster Linie zur Erhaltung der nötigen Systemwärme, und ein großer Teil wird zurückgestrahlt (Abb. 2.47).

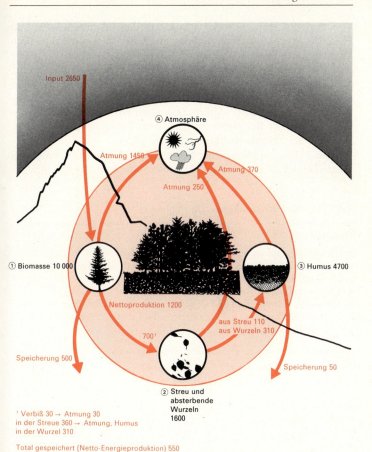

Abb. 2.47: **Die Energiebilanz des Waldes.** Produktion und Verbrauch von Biomasse in einem «reifen» (klimaxnahen) nordostamerikanischen Laubmischwald. Die Massen der Bäume, der Streue, des Humus usw. sind in Gramm Trockensubstanz pro Quadratmeter Bodenfläche angegeben. Der Energiefluß ist durch die Pfeile markiert. (Nach Duvigneaud 1974)

Von Stufe zu Stufe, von der Pflanze zu den Pflanzenfressern und Fleischfressern, läuft so die Energie durch das Ökosystem hindurch (mehr über diese Vorgänge auf S. 174 ff., 277). Nur wenig Energie wird von Schritt zu Schritt im tierischen Körper eingebaut. Der größte Teil davon wird in **Wärme** umgewandelt (veratmet) oder ungenützt aus dem Körper ausgeschieden. Schließlich wird ein beträchtlicher Anteil der Energie durch Mikroorganismen aus Aas, Kot und Pflanzenstreue wieder freigesetzt oder dann im Energie- und Nährstoffreservoir des Humus vorübergehend festgelegt.

Welche Menge an pflanzlicher Substanz produziert wird, hängt bei ausreichender Wasser- und Nährstoffzufuhr von der Menge der

Tab. 2.14: **Die Energieeinheiten.** (Aus Odum 1971)

Grundeinheiten

- 1 Joule (J) = 10^7 erg = 0,1 mkg = 1 Ws = 0,24 cal. 1000 J = 1 kJ
- 1 Kalorie (cal) = Wärmemenge, die benötigt wird, um 1 Gramm Wasser bei 15 °C um 1 °C zu erwärmen. 1000 cal = 1 kcal = 4,2 kJ
- 1 Kilowattstunde = $3,6 \cdot 10^6$ J
- 1 Britische Wärmeeinheit (BTU) = Wärmemenge, die benötigt wird, um 1 brit. Pfund Wasser um 1 °F zu erwärmen. 1 BTU = 0,252 cal = ungefähr 1 J
- 1 Steinkohleneinheit (SKE) = $3 \cdot 10^7$ kJ

Bezugswerte in Kilojoule pro Gramm Trockengewicht

• gereinigte Nahrungsmittel	Kohlenhydrate	16,8
	Eiweiße	21
	Fette	38,6
• lebende Substanz (mit $^2/_3$ Wasser)		8,4
• Holz (trocken)		19
• Steinkohle		31,5
• Heizöl		42
• Biomasse	Landpflanzen	19
	Algen	20,6
	Wirbellose (ohne Insekten)	12,6
	Insekten	22,7
	Wirbeltiere	23,5

Täglicher Energiebedarf bei Normaltemperatur in kJ pro Gramm Lebendgewicht

- Mensch (also ungefähr 12 000 kJ/Tag für einen 70 kg schweren Erw.) 0,17
- kleiner Vogel oder Säuger 4,2
- Insekt 2,1

zugeführten Sonnenenergie ab, also von der geographischen Breite und von der Meereshöhe. Die durchfließende Energie wird auf die einzelnen Teile der Ökosysteme verteilt und dient schließlich nur noch der **Erhaltung** des Ökosystems. Im Klimax-Ökosystem wird so viel Substanz verbraucht, wie produziert wird. Beim Quellbach, der wenig Nährstoffe enthält, wird der Anteil an organischer Substanz, der das Ökosystem schließlich überdüngen würde, durch den Abfluß weggeführt (Tab. 2.14).

2.4.1 Energiekonsum in natürlichen und künstlichen Ökosystemen

Schon heute nutzen wir die Sonnenenergie indirekt in großem Ausmaß, nämlich auf dem Umweg über die Stauseen oder über die Verbrennung von Holz und fossilen Brennstoffen. Doch scheint dem Menschen diese Energie nicht mehr zu genügen, und so gewinnt er zusätzliche Energie aus atomaren Prozessen. Aber immer noch ist dieser **künstliche Energieumsatz** (Tab. 2.15 und 2.16) durch den Menschen im Vergleich zum Energieumsatz durch die Photosynthese

Tab. 2.15: **Anteile der wichtigsten Energieträger am Gesamtverbrauch in Prozent.** (Nach Gabor u. M. 1976 und Eidg. Amt für Energiewirtschaft, Stand 1975)

Energieträger	Welt			Bundesrepublik Deutschland	Schweiz
	1975	1985	1987		
Wasserkraft	6,7	6		3	18
Kernkraft		5			
Kohle	29,6	31		39	3 inkl. Holz
Erdgas	13	20		15	3
Erdöl	45,9	38	42	43	75

Anteil des Erdöls an Primärenergie (nach Angaben in Siegrist 1987; Vorräte vgl. S. 175

USA	W-Europa	Japan	UdSSR	China
40,3	45,8	55,1	32,5	13,8

* Uranverbrauch: 1938–91, 1 Mio t, aktuell > 400 000 t U/J. (Trend: J. 2000, 525 000 t U/J. – Pro 1000 MW^e ca. 180 t U Nachladung/J.)

Tab. 2.16: **Wenig verwendete Technologien zur Gewinnung erneuerbarer Energie.** (Nach Gardel 1984)

Meer	
– Ebbe und Flut (in Frankreich)	2040: 1–2 EJ/Jahr 0,003 EJ/Jahr
– Wärme	2040: ~ 0

Wind	
	2040: ~ 0

Biomasse	
	2000: 1– 2 EJ/Jahr 2040: 5–10 EJ/Jahr (~ 1 Mrd t/Jahr)

geothermische Energie	
	2000: 2– 5 EJ/Jahr 2040: 5–10 EJ/Jahr (~ 1000 m^3 Wasser von 150 °C/sec)

Gesamt ohne Sonnenenergie	
	2000: ~ 5 EJ/Jahr 1 % des Bedarfs 2040: ~ 10 EJ/Jahr 2 % des Bedarfs

sehr klein. Lokal erreicht er zwar in den Industriezentren schon ein Mehrfaches (ca. das Zehnfache), aber weltweit gesehen erst ungefähr 15 Prozent der durch Photosynthese festgelegten natürlichen Energie. Indessen ist die Zuwachsrate des weltweiten Energieverbrauchs so hoch (etwa 4 Prozent), daß der künstliche Energieumsatz bei gleichem Trend in etwa 2 bis 4 Generationen mit dem natürlichen gleichziehen dürfte (Abb. 2.49 bis 2.52).

Viele unserer industriellen Prozesse sind nämlich, verglichen mit der Erzeugung von Naturprodukten sehr energieaufwendig. So beträgt das Gewicht anthropogen hergestellter organischer Stoffe in der BRD etwa 150 kg/J. und Einwohner, entsprechend 40 g/J m^2, was etwa einem Siebtel der durch Photosynthese erreichten Menge von 300 g/m^2 J. entspricht. (Vgl. dazu auch Lovins et al. 1984 und S. 384f.) (Tab. 2.17 und 2.18).

Von vielen Mitbürgern wird die rasche Zunahme der künstlichen Energieproduktion kaum wahrgenommen (Tab. 2.19, Abb. 2.48). Maßgebliche Wissenschaftler empfinden sie jedoch als bedenklich.

Tab. 2.17: **Gesamt-Energieverbrauch der Schweiz.** TJ (Terajoule)
1 TJ = 0,278 Mio. kWh, 1 kWh = 3600 kJ

Anteile der Energieträger (Endverbrauch)

		Erdöl-produkte	Gas	Feste Brennstoffe	Elektrizität	Total
1960	TJ	149946	5380	83175	55797	294298
	%	50,9	1,8	28,3	19,0	100
1970	TJ	454573	7358	34554	89197	585682
	%	77,6	1,3	5,9	15,2	100
1983	TJ	461620	44360	31690	136690	682970
	%	67,6	6,5	4,6	20,0	100

1983: + Fernwärme: 8610 TJ = 1,3 %

Anteile der Bezügergruppen (Endverbrauch)

		Haushalt, Gewerbe, Dienstleistungen, Landwirtschaft	Transport, Verkehr	Industrie	Total
1960	TJ	149636	60273	84389	294298
	%	50,8	20,5	28,7	100
1970	TJ	296519	138620	150543	585682
	%	50,6	23,7	25,7	100
1983	TJ	360850	195040	127080	682970
	%	52,8	28,6	18,6	100

Anteile nach Verwendungszweck (Endverbrauch)

		Licht	Chemie	Mech. Arbeit	Wärme
1983	TJ	12630	8710	241190	420440
	%	1,8	1,3	35,3	61,5

Tab. 2.18: **Der Energieverbrauch für verschiedene Basisprodukte.** (Aus Chemical Week 11, 1974 in Gabor u. M. 1976)

Produkt	Erdöläquivalent in Tonnen Erdöl pro Tonne des Produkts	Energiebedarf nach Gewicht in kJ/g	nach Vol. in kJ/cm^3
Aluminium	5,6	246	664
Stahlbarren*	1,0	44	344
Weißblech	1,25	55	428
Kupferbarren	1,2	53	470
Glasflaschen	0,45	20	46
Papier, Pappe	1,4	61	50
Zellulosefilm	4,4	193	281
Polystyrol	3,18	139	151
PVC	1,95	86	118
Polyäthylen	2,24	98	92
Polypropylen	2,55	112	101

* Indien u. China verbrauchen für die Herstellung von einer Tonne Stahl 4× soviel Energie wie Europa oder Japan.

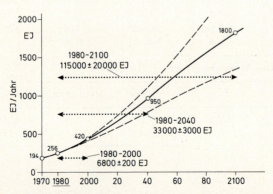

Abb. 2.48: **Wahrscheinliche Entwicklung des globalen Primärenergieverbrauchs.** Erdöl-Ressourcen werden 100000 mal schneller verbraucht als sie entstanden. (Nach Gardel 1984)

Tab. 2.19: **Globale Primärenergiereserven und Resourcen 1980.** Verwendbare Energie. Davon nutzbare Energie (Exergie) = 30% weniger; außer in Wärmereaktoren, Wasser-, Wind- und Gezeitenkraftwerken.

Nicht erneuerbare Energien	nachgewiesen EJ	möglich EJ
Steinkohle, Braunkohle	25 000	250 000
Erdöl	4 000	10–20 000
Ölsande, Ölschiefer	~10 000	100 000?
Naturgas	3 000	10–20 000
Uran, Wärmereaktor	2 000	5 000
(mit 1% U im Meerwasser)		(40 000)
Uran und Thorium	150 000	600 000
Reaktoren mit schnellen Neutronen		(20 000 000)
Deuterium, Kernfusion		300 000 000
0,0001% des Meeresdeuteriums		

Erneuerbare Energien	möglich (EJ/Jahr)	× 20 Jahre (EJ)
Wasserkraft (ausgenutzt: 6)	60	1 000
Sonnenenergie	100–1000	20 000
(auf 1% der festen Erde)	(~10 000)	(200 000)
geothermische Energie	1 (10)	20 (200)
Windenergie	1 (10)	30 (300)
Gezeiten-, Abfall- und Bioenergie**	3	50
gebraucht aber nicht eingerechnet		
Heizung durch direkte Sonneneinstrahlung	10	
Holz	20	

Globaler Verbrauch	1980: 256 EJ	1980–2000: 7000 EJ

Aktuelles Wachstum***	1970	1990
Kohleverbrauch/J (Mrd t)	2,3	5,2
Erdölverbrauch/J (Barrel)	17	24
Kernkraftstrom/J (TWh)	79	1884

* Zunahme des Energieverbrauchs:
  Weltweit: 1900, 21 EJ; 1988, 318 EJ (88% mit fossilen Brennstoffen bzw. 38% Erdöl).
  USA: 1973–85, Zunahme BSP 40%, Energieverbrauch stagniert.
  EL: 1980–85, Zunahme Bevölkerung 11%, Zunahme E.-Verbrauch 22%.
  (z. Vgl. UdSSR verbraucht 15% des total geförderten Erdöls, vgl. S. 179f.)
** Einzelheiten über Bio-Energie (Biogas, Holznutzung, «Öl»- und «Alkohol-Plantagen» usw. s. z.B. in Bachofen (1981).
*** Aus Meadows et al. (1992)

Deshalb drängt es sich auf, über die Konsequenzen zunehmenden Energieverbrauchs aus der Sicht der Ökologie einige Überlegungen anzustellen. Für Einzelheiten über die ganze Problematik wird im übrigen auf die Literatur verwiesen (Tab. 2.20).

Es ist anzunehmen, daß es uns gelingen wird, auch in Zukunft genügend neue Energiequellen zu erschließen (Tab. 2.21). Wieweit diese dann wiederum ökologische Probleme aufwerfen werden, bleibt abzuwarten. Über langfristige Auswirkungen lassen sich nämlich in vielen Fällen noch keine verbindlichen Aussagen machen.

Tab. 2.20: **Stromverbrauch im Haushalt.** Die Tabelle zeigt, wieviel Strom die verschiedenen Apparate und Geräte benötigen und wie groß ihr Anteil an der Stromrechnung ist. Die gesamten Haushaltsausgaben für Elektrizität betragen im Landesmittel nur ein Fünftel der jährlichen Aufwendungen für Energie: Fast die Hälfte entfällt auf Benzin, rund ein Viertel auf Heizöl und etwa 7% auf Gas, Holz und Kohle. (Quelle: Zwischenbericht GEK 1976)

Jährlicher Stromverbrauch von elektrischen Haushaltsgeräten	Anschlußwert ⌀ W	durchschnittl. Stromverbrauch pro Jahr in kWh, total
Kochherd mit Backofen	8500	1300
Kühlschrank 200 Liter	120	440
Bügeleisen	1000	70
Luftbefeuchter – Verdunster (Heizperiode)	25	38
Radio	50	20
TV-Apparat (transistorisiert, farbig)	90	50
Staubsauger	600	50
Haartrockner	500	20
Div. Küchengeräte wie Universal-Küchenmaschine, Toaster, Grill	2450	90
Kleingeräte wie Mixer	100	1
Beleuchtung	1100	700
Tiefkühltruhe 250 Liter	120	520
Luftbefeuchter – Verdampfer (Heizperiode)	500	750
El.-Heizofen (nur während Übergangszeit)	2000	90
Quarz-, Infrarotlampen	600	180
Geschirrspüler mit Kaltwasseranschluß	3500	900
Bügelmaschine	1000	60
Kaffeemaschine	800	140
Waschmaschine mit Kaltwasseranschluß	3400	430
Tumbler	2500	590
Boiler 200 Liter mit oder ohne Tagessperrung	4800	1850

Wirkungsgrad

Das Verhältnis von nutzbar abgegebener Energie zur eingesetzten Energie bezeichnet man als Wirkungsgrad:

$$\text{Wirkungsgrad} = \frac{\text{erzeugte Energie}}{\text{eingesetzte Energie}}$$

Der Wirkungsgrad wird in Prozent angegeben und kennzeichnet die technische Güte einer Maschine oder Anlage für bestimmte Betriebsphasen wie Vollast oder Teillast. Die Effektivität einer Maschine unter wechselnden Einsatzbedingungen (z. B. Anfahren) über einen längeren Zeitraum bezeichnet man als Nutzungsgrad.

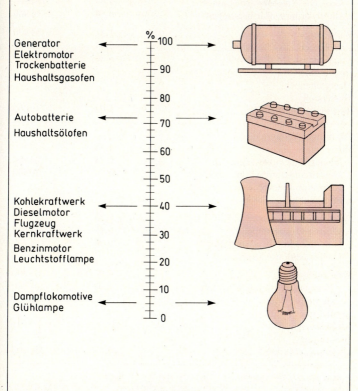

- Generator, Elektromotor, Trockenbatterie, Haushaltsgasofen ← 100 %
- Autobatterie, Haushaltsölofen ← 70
- Kohlekraftwerk, Dieselmotor, Flugzeug, Kernkraftwerk ← 40
- Benzinmotor, Leuchtstofflampe ← 20
- Dampflokomotive, Glühlampe ← 5

Tab. 2.21: **Wirtschaftliche und ausschöpfende Potentiale erneuerbarer Energiequellen in der Bundesrepublik Deutschland im Jahr 2000 (in TJ)**[1]

Technologie		bis 2000 ausschöpfbar[2]
Günstige Variante[5]		TJ
Solarenergie, gesamt	2,58	75 600
– Niedertemperaturwärme (aktiv)[3]	1,48	43 400
– Niedertemperaturwärme (passiv)	1,00	29 300
– Mittel- und Hochtemperaturwärme	–	–
– Photovoltaik	0,10	2 930
Wärmepumpen, gesamt[3]	5.95	174 000
– Elektrowärmepumpen	1,96	57 400
– Gas-/Dieselmotorwärmepumpen	3,45	101 000
– Gasabsorptionswärmepumpen	0,54[2]	15 800
Windenergie	1,85	54 300
Wasserkraft (187 000 TJ)	7,44	218 000
Biomasse/Müll (56 800 TJ)	6,20	182 000
Geothermie	–	–
Meeresenergie		
Wasserstoff	–	–
Insgesamt (248 000 TJ)	24,02	710 000
Ungünstige Variante[5]		
Solarenergie, gesamt	1,55	45 400
– Niedertemperaturwärme (aktiv)[4]	0,85	24 900
– Niedertemperaturwärme (passiv)	0,70	20 500
– Mittel- und Hochtemperaturwärme		
– Photovoltaik	–	–
Wärmepumpen, gesamt4 (4100 TJ)	0,53	15 500
– Elektrowärmepumpen	0,47	13 800
– Gas-/Dieselmotorwärmepumpen	0,06	1 760
– Gasabsorptionswärmepumpen	–	–
Windenergie	1,27	37 200
Wasserkraft (187 000 TJ)	7,03	206 000
Biomasse/Müll (56 800 TJ)	5,00	146 500
Geothermie	–	–
Meeresenergie	–	–
Wasserstoff	–	–
Insgesamt (248 000 TJ)	15,38	450 000

1 Beiträge 1982 (Wärmepumpen einschl. Solarkollektoranlagen)
2 Im Unterschied zum zeitpunktbezogenen wirtschaftlichen Potential bezieht sich das ausschöpfbare Potential auf Strömungsgrößen. Daher sind Ausschöpfungsquoten von mehr als 100 vH möglich.

Außerdem stellt sich als ein wichtiges Problem jeder künstlichen Energiegewinnung **die Abwärme**. Die verfügbare Energie kann nie ganz genutzt, sondern bestenfalls optimal angewendet werden. Immer entsteht als «Abfallenergie» Wärme (s. S. 198) (Abb. 2.49 bis 2.54). Angefangen bei der Glühbirne, die nur 5 Prozent der zugeführten Energie in Licht umsetzt und den großen Rest als Wärme abstrahlt, über den Wärmeverlust durch unsere Heizungskamine bis hin zu industriellen Prozessen wie der Verhüttung von Eisenerz und der Gewinnung von Aluminium und Plastik: überall entweichen mindestens zwei Drittel der aufgewendeten Energie als Abwärme. Auch bei der Umsetzung von Atomenergie in elektrische Energie können nur etwa 30 Prozent nutzbar gemacht werden; der Rest ist Abwärme, die – bis jetzt – ins Wasser oder in die Luft entweicht. Beim Verbrauch dieser elektrischen Energie werden meistens kaum 30 Prozent nutzbringend verwertet; der Rest verströmt wieder als Abwärme in die Umwelt (vgl. moderne Düsentriebwerke mit Wirkungsgraden von 33–45 %). Damit wird klar, daß unsere Städte mit ihren Industrieballungen lokale Wärmeinseln darstellen und ein eigenes **Stadtklima** entwickeln, das auch die Umgebung beeinflußt (Tab. 2.22).

Jede Stadt besitzt eine wasserundurchlässige, stark gegliederte Oberfläche mit guter Wärmeleitfähigkeit, die auch mehr Wärme absorbiert

---

3 Potentialschätzung bei Reduktion der realen Investitionskosten (gegenüber Stand 1982) bei Solaranlagen zur Warmwasserbereitung um rund 45 vH (bis 2000) und bei Wärmepumpen um rund 25 vH.
4 Potentialschätzung bei real unveränderten Investitionskosten (Stand 1982) für Solaranlagen und Wärmepumpen.
5 In der **günstigen Variante** sind alle die erneuerbaren Energiequellen begünstigenden Annahmen wie
 – starkes Energiepreiswachstum (real), und zwar bei Öl und Gas bis 1990 jährlich 2 vH und nach 1990 4 vH p. a. bzw. bei elektrischer Energie durchgängig 3,5 vH p. a. sowie ein
 – niedriger realer Diskontierungszinssatz von lediglich 0,5 vH p. a.
 zusammengefaßt. Umgekehrt wird in der **ungünstigen Variante** von einem
 – niedrigen realen Energiepreisanstieg, und zwar bei Öl und Gas bis 1990 von 0 vH p. a. und nach 1990 von 2 vH p. a. bzw. bei elektrischer Energie von durchweg 2 vH pro Jahr und einem gleichzeitig
 – höheren realen Diskontierungszinssatz von 4,5 vH p. a.
 ausgegangen. In beiden Varianten wurden für Inbetriebnahmezeitpunkte ab 1990 staatliche Fördermaßnahmen nicht mehr berücksichtigt.
Quelle: DIW/ISI (FhG), Untersuchung im Auftrag des BMWi, Abschätzung des Potentials erneuerbarer Energiequellen in der Bundesrepublik Deutschland, Oktober 1984

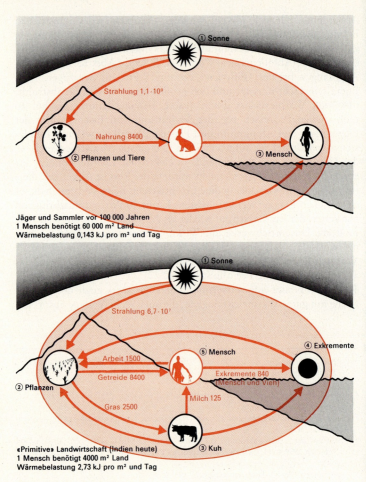

Abb. 2.49

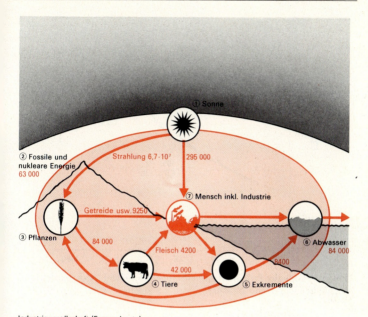

Industriegesellschaft (Europa heute)
1 Mensch benötigt 4000 m² Land
Wärmebelastung 23,1 kJ pro m² und Tag

Abb. 2.49: **Energieverbrauch und Wärmebelastung durch den Menschen.** Der Energiefluß (Pfeile) ist in kJ pro Tag und Mensch angegeben. (Nach Stumm 1972). Aktueller DS: 2 Steinkohleneinheiten/P. J. $\approx 6{,}10^4$ MJ/J. – Seit 1850: Verachtzigfachung.

Tab. 2.22: **Wärmehaushalt von Stadt und Landschaft im Vergleich.** Städte sind im Sommer wesentlich wärmer als die umgebende Landschaft und erhalten zudem bis zu 30 % weniger Sonne und bis 90 % weniger ultraviolettes Licht. Das Beispiel zeigt die Verhältnisse für Zürich. (Nach Berechnungen von W. Schüepp)

Gebiet	Wärmeabgabe im Winter	Wärmeaufnahme im Sommer
	in Joule pro cm² und Tag	
Stadt ohne Industriewärme	277	748
Stadt mit Industriewärme	130	836
Landschaft (feuchte Naturböden)	319	475

190 · Der Kreislauf

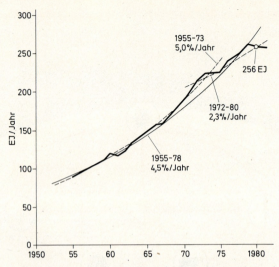

Abb. 2.50: **Globaler Primärenergieverbrauch 1955–1980** (nach Gardel 1986). Bei anhaltendem Trend (0,7 %/J.) 2050: 2× heutiger Wert.

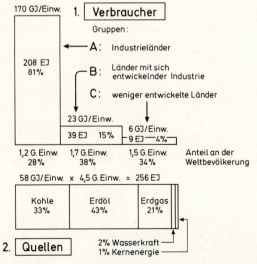

Abb. 2.51: **Globaler Primärenergieverbrauch 1980.** Vgl. auch Tab. 2.17. (Nach Gardel 1984)

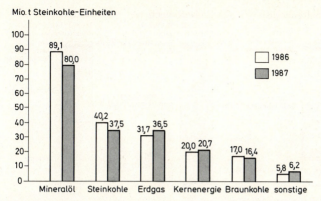

Abb. 2.52: **Primärenergieverbrauch 1987 (BRD) gegenüber dem Vorjahreszeitraum 1986.** (AG Energiebilanzen in Stromthemen 4 1987).

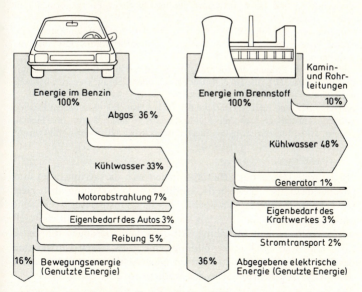

Abb. 2.53: **Energieumwandlungsverluste.** Wirkungsprozente bei Energiegewinnung un Nutzung sowie Verluste durch Abwärme. (BUWAL)

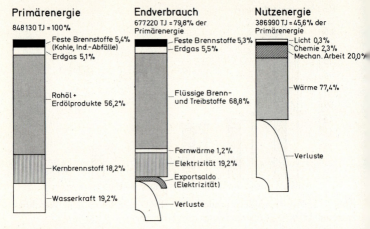

Abb. 2.54: **Energie-Flußdiagramm der Schweiz.** Nicht ganz die Hälfte der ursprünglich eingesetzten Primärenergie können wir als Nutzenergie verwenden. Die Verluste – überwiegend in Form von Wärme – entstehen bei der Umwandlung und beim Transport der verschiedenen Energieformen und -träger. (Kiener 1987).
Primärenergie: Die Energieform, wie sie in der Natur zur Verfügung steht, z. B. Erdöl, Erdgas, Wasserkraft, Spaltstoff, Sonneneinstrahlung. Oft auch als Rohenergie bezeichnet.
Endverbrauch: Energie, die der Endverbraucher konsumiert (z. B. Elektrizität, Benzin, Erdgas, Heizöl); auch als Endenergie oder Gebrauchsenergie bezeichnet.
Nutzenergie: Jene Energieform, die der Endverbraucher entsprechend seinen Bedürfnissen erzeugt: Licht (aus Elektrizität, Petrol usw.), Wärme (aus Heizöl, Erdgas, Holz, Elektrizität usw.), mechanische Arbeit (aus Benzin, Elektrizität usw.).

als die freie Umgebung. Damit reduziert sich die Verdunstung und parallel dazu auch die Albedo, wodurch mehr Strahlung absorbiert wird. Deshalb hat das Stadtgebiet weniger Frost, dafür aber mehr dunstige und schwüle Tage als die Umgebung und erhält dadurch weniger ultraviolette Strahlung. All diese Veränderungen führen zu lokal stärkerer Quellwolkenbildung, einer verstärkten Umwälzung der Luft und schließlich zu höheren Niederschlägen im Lee, auf der dem Wind abgekehrten Seite der Stadt (Abb. 2.55 und 2.56).

Ein gut durchgemessenes Beispiel eines Stadtklimas liefert St. Louis, USA. In Städten kann die Temperaturerhöhung bei 10 000 Einwohnern auf 1 Grad, bei

Abb. 2.55: **Städtische Wärmeinsel.** Die Wärmekonzentration bewirkt eine aufsteigende Luftbewegung und damit vermehrte Niederschläge auf der dem Wind abgekehrten Seite (Lee) der Stadt. (Nach Landsberg und Machta 1974)

100 000 Einwohnern auf 2 Grad und bei einer Million Einwohnern auf 3 Grad Celsius veranschlagt werden. Neben der Temperaturerhöhung über St. Louis führt die stärkere Dunstbildung zu einer geringeren Sonneneinstrahlung, und als weitere Folge erhöht die veränderte Luftzirkulation den Niederschlag über der Nebenstadt Centerville, die in der Hauptwindrichtung liegt. Die Zahlen bedeuten hier die Abweichung von den mittleren Niederschlagswerten (s. a. S. 394).

Solcherart könnten in Zukunft größere **Wärmeinseln** ganze Windzirkulationssysteme verändern, was sich auf die Niederschläge ganzer Regionen auswirken würde. Ebenso wirken Veränderungen der Tem-

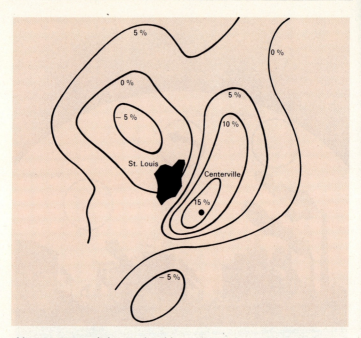

Abb. 2.56: **Sommerlicher Niederschlag am Beispiel von St. Louis.** Die durchschnittliche Zu- und Abnahme der Niederschläge im Kontrollgebiet in den Jahren 1949 bis 1968 ist in Prozenten des regionalen Durchschnitts angegeben. Das Kontrollgebiet liegt in der Hauptwindrichtung. (Nach Changnon und Huff 1971 in Landsberg und Machta 1974)

peratur des oberflächennahen Wassers, denn jede Temperaturänderung beeinflußt die Verdunstung und damit den lokal möglichen Niederschlag.
Hält der heutige Trend an und postulieren wir eine organisierte Rezirkulationswirtschaft für 10 Milliarden Erdenbewohner im Jahr 2020, von denen jeder etwa 20 Kilowatt verbraucht, dann steigt nach einer einfachen physikalischen Berechnung die Temperatur weltweit um 0,35 bis 0,7 Grad Celsius; unter diesen Bedingungen würde die Wärmeabstrahlung etwa ein Hundertstel der eingestrahlten Sonnenenergie erreichen. **Weltweite Veränderungen des Klimas** und der Jahreszeiten werden aber viel eher durch die Erhöhung des CO_2-Gehalts der Atmosphäre in Gang kommen (vgl. die Werte von

Aufheizung und Verdopplung des CO_2-Gehalts von 8 zu 2000 TW! 5,3 Mio Menschen, alle auf Verbrauchs-Niveau USA, würden 13,7 TW einsetzen).

Aber eine allgemeine Voraussage der Entwicklung ist heute kaum möglich, denn mannigfache, oft noch unbekannte Rückkopplungsvorgänge dürften im klimatischen Geschehen mitspielen (vgl. S. 39 ff.). Heutige Prognosen sind äußerst divergierend, je nach den angenommenen Sparmaßnahmen und der Umstellung auf erneuerbare Energieformen. Sie liegen zwischen 4 TW (Stagnation in bezug auf 1985) und 36 TW (Basis: 70 % fossile Brennstoffe).

Die sogenannten «sanften» Energieformen, zum Beispiel Sonnenenergie, Windenergie, hydroelektrische Energie, Energie aus Biogas (die bei der mikrobiellen Zersetzung von organischen Stoffen entsteht), könnten auch im kleinen Maßstab genutzt werden und belasten als natürliche Energieformen die Umwelt nicht zusätzlich. Versuche werden schon heute in größerem Stil gemacht.

So wird an der französischen Atlantikküste **Gezeitenenergie** gewonnen – die Energie, die in den Ebbe-Flut-Bewegungen steckt –, und in Island wird die Energie der **Erdwärme** (geothermische Energie) ausgenützt. Ebenso ließe sich der Temperaturunterschied zwischen wärmeren und kühleren Luftschichten oder gar zwischen unterschiedlich temperierten Meeresschichten mit Hilfe einer Wärmepumpe ausnützen. Allerdings hat auch die Nutzung dieser Energieformen ihre sehr engen Grenzen, so bei der Gezeitenenergie durch die Beeinflussung von Meeresströmungen, was ja für den Wärmehaushalt der betroffenen Regionen entscheidend sein kann.

Schließlich muß der gezielte Einsatz von **Sonnenenergie** erwähnt werden, dem heute eine steigende Bedeutung beigemessen wird (Tab. 2.23). Eine viel stärkere Nutzung der Sonnenenergie könnte jedoch durch die «biologische Umwandlung» erfolgen: nämlich über die Pflanze als Brennstofflieferant (z. B. Energieholz-Anbau auf Brachland), über Algen als Nahrungsmittel- und Biogaslieferanten (Energieproduktion durch mikrobielle Photosynthese), über die Biosynthese von Enzymen (die andere organische Prozesse energiegünstiger steuern würden) und schließlich über die Verbrennung organischer Abfälle. Andere Prognosen zielen eher in die Richtung der sog. Wasserstoffwirtschaft unter Kopplung der Sonnen.-(und/oder Kern-)Energie mit der Darstellung von Wasserstoff als bequemem Energieträger und Speicher. Dabei sind Wasserstoff und elektrischer Strom kombinationsfähig über Elektrolyse und H_2-Verstromung, dies allenfalls über katalytische Umsätze in Brennstoffzellen.

Aber auch mit diesen «sanften» Energieformen bliebe vermutlich in vielen Gebieten unseres Planeten der Einsatz ausreichender **Fremdenergie** unumgänglich. Für alle Reinigungs- und Rezirkulationsprozesse wichtiger und knapper Rohstoffe muß ja Energie eingesetzt werden. Für die Zukunft dürfte dies bedeuten, daß Energie, die für die

Tab. 2.23: **Möglichkeiten zur biologischen Nutzung von Sonnenenergie.** (Nach Gabor et al. 1976). Vgl. direkte Sonnenenergie-Nutzung durch Kollektoren (Photo-Voltaik) in der Schweiz 0,1 % des Endenergieverbrauchs (1984), noch zu hohe Gestehungskosten, aktuell am besten für Schwimmbadheizung, Warmwasseraufbereitung, Heutrocknung usw. Vgl. Wasserkraft: Schweiz, 60 % der elektrischen Energie, 12 % der total verwendeten Energie (BRD 0,4 %).

• organische Massen, Pflanzen (Algen, Bäume usw.)	• mechanische Zerkleinerung, Trocknung	• Feststoffe, Brennstoff 60 % • Wasser 40 %
	• Fermentation, Aufschwemmungen 3–20 %, 30–50 °C	• Gas 25 % • feste und flüssige Düngemittel 75 %
• organische Abfälle von Nutzpflanzen, Tieren (Mist) Menschen	• Pyrolyse städtischer Müll 500–900 °C	• Gas 10 % • Öl 25 % • verkohlte Rückst. 15 % • Metalle und Glas 50 % • Mist von 10 Rindern liefert fast 2 m^3 Gas/d, Äquivalent für fast 1,5 Liter Treibstoff
	• chem. Reduktion 15 % Feststoff + CO 320–350 °C, 140–350 bar	• Gas 20 % • Öl 40 % • Rückstände 40 %

wichtigsten Zwecke (einschließlich Reinigungs- und Rückführungsprozesse) bereitgestellt werden muß, in vielen andern Bereichen eingespart, also umgelagert werden sollte.

Auf Einzelheiten der **Energieeinsparung** kann an dieser Stelle nicht eingegangen werden; seit 1975 gibt es ausführliche Schriften zu diesem Thema. Immerhin sei doch auf die wichtigsten Sparmöglichkeiten hingewiesen (Abb. 2.57 und 2.58). Die höchsten Energiemengen könnten im Treibstoffverbrauch (PW: End-Energie aus Nutz-Energie nur 17 %) und in der Heizung eingespart werden, wobei schon eine bessere Isolierung der Wohn- und Arbeitsräume wesentlich dazu beitragen würde. Weitere Möglichkeiten ergeben sich durch eine besser durchdachte Verwertung des Holzes als Isolier- und Brennstoff sowie bei echten Rezirkulationsprozessen. So benötigt die Wiederverwertung von Aluminium nur noch 5 Prozent der Energie, die für die Erzeugung aus Bauxit aufgewendet werden muß. Zudem wird schädlicher Fluor-Ausstoß vermieden. Schäden an Nadelbäumen treten schon bei einer Fluorkonzentra-

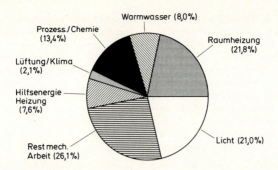

Abb. 2.57: **Elektrizität-Sparen in der Schweiz.** (Brunner et al. 1986)

tion von 0,001 ppm in der Luft auf. Einzelheiten entnehme man der angeführten Literatur (Tab. 2.24).
Beispiele: Heute bestehen schon technische Möglichkeiten 50% des Energieverbrauchs mit erneuerbaren Energieformen zu decken; Schweiz, aktuell: 17%. Ergebnisse aus dem Nationalen Forschungsprogramm 44 bei Brunner et al. (Schweiz): Hindernisse zur Umstellung sind mangelndes Problembewußtsein, allzu enges Kosten-Nutzen-Denken, Wirtschaftlichkeit und technische Schwierigkeiten. (Dabei wäre zu berücksichtigen, daß es mind. 50–70 Jahre dauern dürfte, bis ein Marktanteil von 50% gemäß möglichem Trend und logistischer Kurve erreicht ist.)

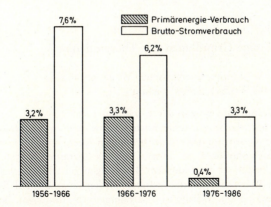

Abb. 2.58: **Sparerfolge in Deutschland.**

Tab. 2.24: **Wieviel Energie läßt sich einsparen?** Die Prozentzahlen beziehen sich auf den Gesamtenergieverbrauch. (Auszugsweise nach SBN, SES)

Maßnahme	Einsparung
Aluminiumrezyklierung	0,6 %
Reduktion des Treibstoffverbrauchs	7 %
Bessere Isolierung der Häuser und Temperaturdrosselung (Wärmedämmung)	18 %
Vermehrte Verwendung von Holz für Heizzwecke	10 %
Verbesserungen in der Industrie	2 %
Total	38 %

In Anlehnung an Lovins et al. (1984) im Vergleich mit Durchschnitt von 1973, dabei größtenteils Ersatz der fossilen Brennstoffe durch erprobte und bereits einsetzbare «erneuerbare Energiesysteme»; Prognose: 2030, 8 Mrd Einw., 4–8 TW ($=1/3$ der gängigen Prognose):

Endenergieeinsatz: Energieverbrauch für	Einsparung %	heut. Anteil %
Raumwärmebedarf	−80−95 (!)	> 40
Fahrzeuge (konstruktive Veränderungen, Treibstoff)	−64 (77)	14
Andere industrielle Erzeugnisse	−47	38

Zusätzlich: wirksamerer Materialeinsatz und effizientere Umwandlung:
−50/bzw. −70−80 %
(von Primär- in Endenergie durch Erhöhung der Nutzungseffizienz)
Der bisherige Sparerfolg in der BRD ergibt sich aus Abb. 91

2.4.2 Einige Grundlagen der Thermodynamik

Für das Verständnis energetischer Vorgänge sind die beiden Hauptsätze der Thermodynamik wichtig:

Erster Hauptsatz: Prinzip der Erhaltung
Energie kann weder entstehen noch verschwinden (nach der speziellen Relativitätstheorie müßte man heute von Energie und Masse sprechen, deren Summe konstant ist). Die totale Energie eines Systems und seiner Umwelt ist also konstant. Im übrigen gilt: Bewegungsenergie kann in Wärmeenergie übergeführt werden (zum Beispiel Reibung, Dampfmaschine). Wärme ist eine Energieform, und zwar die «niedrigste», die bei einem Prozeß entstehen kann.

Zweiter Hauptsatz:
Prinzip der Richtung in energieaustauschenden Vorgängen

Es gibt keine Möglichkeit, Bewegungsenergie aus einem einzigen Wärmereservoir gleicher Temperatur zu beziehen. Nur ein Wärmegefälle kann energetisch ausgenutzt werden. Wärme ist also gebundene oder «degradierte» Energie, sie entsteht aus anderen Energieformen. Die Energie ist dabei um so weniger wert, je tiefer die Temperatur ist.

Da bei jeder Energieumwandlung «Abfallwärme» (Abwärme) entsteht, können nur gleiche Energieformen miteinander verglichen werden, zum Beispiel mechanische, elektrische, thermische Energie. Dies gilt auch bei der Bestimmung des **Wirkungsgrades** für die Umwandlung von einer Energieform in die andere.

Der Wirkungsgrad gibt an, welcher Anteil der zugeführten Energie tatsächlich ausgenutzt werden kann. Bei der Umwandlung von Wärmeenergie in elektrische Energie beträgt er beispielsweise 25 bis 40 Prozent; für jedes Kilowatt elektrischer Energie entstehen 2 bis 4 Kilowatt Wärmeenergie.

Eine weitere Folge des zweiten Hauptsatzes ist der Begriff der **Entropie**. Die Entropie eines Systems ist der Ausdruck für die Wahrscheinlichkeit, dieses System in einem bestimmten Zustand vorzufinden. In einem thermodynamisch geschlossenen System ergibt jeder irreversible Prozeß eine Zunahme der Entropie. Die Entropie ist also auch ein Maß für **Unordnung** in einem System, ein Index der Erschöpfung oder der Zerstörung von Information. Ein Zustand niedriger Entropie ist unwahrscheinlich; er enthält ein großes Maß an Organisation und Information. Ein Zustand hoher Entropie ist viel wahrscheinlicher. Um die Entropie herabzusetzen, muß Energie zugeführt werden – Ordnung zu schaffen erfordert «Anstrengung».

Die weltweite **Verschmutzung** folgt direkt aus dem zweiten Hauptsatz: Wertvolle Ressourcen werden in weniger wertvolle umgewandelt; gleichzeitig mit erwünschten Produkten entstehen unerwünschte Nebenprodukte. Eine Folge der Verschmutzung ist mithin auch eine Schwächung von Struktur und Organisation des die Verschmutzung erzeugenden Systems. Thermodynamisch gesehen ist die Beeinträchtigung von Organismen durch Schadgase oder die Ausrottung von Arten eine Abnahme der Information und somit eine Zunahme der Entropie. Die menschliche zivilisatorische Tätigkeit beschleunigt also die Zunahme der Entropie – eine von den Naturgesetzen diktierte Erscheinung, die den Absichten des Menschen zuwiderläuft. Die «Bekämpfung» der Entropie benötigt Energie. Ihr Einsatz aber verursacht Abwärme und damit neue weltweite Energieprobleme.

2.5 Wasser- und Luftversorgung

Grenzen des Energieverbrauchs sind uns demnach mit großer Wahrscheinlichkeit schon aus klimatischen Gründen vorgezeichnet. Bereits heute müssen diese Grenzen berücksichtigt werden, und zwar durch konkrete Einschränkungen bzw. Einsparungen.
Wie steht es nun mit der Nutzung der Kreisläufe? Zeichnen sich auch hier Grenzen der Belastbarkeit ab? In diesem Zusammenhang dürfte die Frage, wie es um die weltweite Wasserversorgung steht, wohl am meisten interessieren.

2.5.1 Die Krise der Wasserversorgung

Vom gesamten Wasservorrat der Erde ist für uns nur etwa ein halbes Prozent direkt nutzbar. Rein physiologisch gesehen würde uns diese immer noch sehr große Menge durchaus genügen, denn jeder Mensch braucht zur Erhaltung seiner Körperflüssigkeit nur rund zwei bis drei Liter Wasser pro Tag. Indessen kommen zu dieser geringen Menge die wesentlich größeren Anteile hinzu, die für Körperhygiene, Haushalt und Industrie eingesetzt werden müssen. Denn bei einer Vielzahl **industrieller Prozesse** ist Wasser maßgeblich beteiligt.

Tab. 2.25: **Die Rolle des Wassers in der Landwirtschaft.** Für die Produktion von einer Tonne Getreide (Kornertrag) werden 400 Tonnen Wasser benötigt. Nur 0,15% davon sind in den Kohlehydraten des trockenen Kornes fixiert (nach Penman 1970 in Biosphere). 5 t Korn/ha verbrauchen 2,4 Millionen Liter Wasser entsprechend einer Evapotranspiration von 200–1000 kg Wasser pro kg gewachsene organische Substanz bei einem Verhältnis von externer zu interner Energie von 25–150 (= zugeführte natürliche und zusätzliche Energie zu Energie im Korn).

Wasseranteil pro Tonne Kornertrag	Menge in Tonnen	in Prozent
wasserfreie Substanz	0,4	—
in Kohlenhydraten fixiertes Wasser	0,6	0,15
im frischen Getreide enthaltenes Wasser	3	0,75
verdunstetes Wasser	396,4	99,1
Totaler Wasserverbrauch	**400**	**100**

Für mitteleuropäische Verhältnisse muß deshalb schon heute mit über 400 Litern pro Person und Tag gerechnet werden, in den USA mit etwa der fünffachen Menge (Schweiz: 1982, 475 Liter, davon 200 Liter im Haushalt inkl. 50% für Körperpflege). Gut zwei Drittel davon werden von der Industrie beansprucht, 10 Prozent von der Landwirtschaft (Tab. 2.25), und der Rest von etwas über 20 Prozent geht auf die Haushalte (Tab. 2.26).

Ein paar Zahlen mögen die **benötigten Wassermengen** bei der Gewinnung von Nahrung oder bei industriellen Prozessen illustrieren: Allein für 1 kg Brot sind vom Korn bis zum Laib 400 bis zu 1200 Liter Wasser nötig (was dem Wasserverbrauch der Vegetation auf etwa 2 bis 3 m^2 Bodenfläche während 4 bis 7 Monaten entspricht). Die Herstellung folgender Stoffe des täglichen Lebens benötigt folgende Wassermengen (falls Wasser beim Fabrikationsprozeß im Kreislauf gehalten wird, sonst etwa zehnmal mehr): 1 kg Papier 90 bis 120 Liter, 1 kg Stahl um 10 bis 20 Liter, 1 kg Kunststoff 400 bis 1000 Liter. Der Naßkühlturm eines 1300-Megawatt-Kernkraftwerks benötigt 60 000 m^3 pro Tag, was der Verdunstung von 20 Quadratkilometern Seefläche entspricht.

In **Mitteleuropa** dürfte die Grenze bald erreicht sein: Von den durchschnittlich 800 mm Niederschlag steht nach Abzug der Verdunstungsverluste (ca. 50 Prozent) in flacheren Gebieten wie Norddeutschland nur noch etwa 50 mm einwandfreies Trinkwasser aus dem Grundwasser und einigen Flüssen zur Verfügung (in gebirgigen Regionen wie der Schweiz drei Viertel aus Grundwasser und Quellen, ein Viertel aus Seen). Davon gelangen etwa 10 mm in die Haushaltungen und 35 mm in die Industrie (einschließlich der Nahrungsmittelindustrie). Nur

Tab. 2.26: **Der weltweite Wasserverbrauch heute und im Jahr 2015.** Durch den gesteigerten Verbrauch in Haushalt, Industrie und Bewässerung erhöhen sich die Verdunstungsverluste und damit auch die Niederschläge über den Kontinenten. (Nach Lvovitch 1977). 1990: in 80 Ländern mit 40% der Weltbevölkerung besteht Wassermangel.

Verwendungszweck	Benötigte Wassermenge in km^3 (in Klammern Verdunstungsverluste)	
	heute	2015
Haushalte	150 (75)	890 (180)
Industrie ohne Abwasserregeneration	200 (40)	4100 (815)
Industrie mit 90% Abwasserregeneration		1145 (228)
Bewässerung aktuell (1989)	2500 (1900)	5850 (5270)
73% für 3 Mio km^2 bewässertes Kulturland		
Total	2850 (2015)	10840 (6265)

noch etwa 10 Prozent fließt ungenutzt oder teilweise durch die Landwirtschaft genutzt ins Meer. Gelänge es uns, in den nächsten zehn Jahren mindestens die Flüsse wieder sauber zu bekommen, dann würde sich dieser Wert entsprechend erhöhen. Auch eine **weltweite Hochrechnung** zeigt die kritische Lage ziemlich deutlich, vorausgesetzt, daß die bisherige Entwicklung anhält. Wenn angenommen wird, daß die Menschheit auf die Zahl von 10 Milliarden ansteigt und der Wasserverbrauch sich dem heutigen Standard in den Industrieländern angleicht, so werden weltweit rund 7000 von den mit verfeinerter Technologie verfügbaren 20 000 bis 30 000 Kubikkilometern Wasser aufgearbeitet werden müssen, was große organisatorische und technische Probleme stellen dürfte. Die Berechnung zeigt, daß wir uns bei anhaltendem Trend der Wasserversorgungsgrenze nähern. Dabei ist zu berücksichtigen, daß die Bereitstellung zusätzlicher Mengen aus Meerwasser oder verschmutztem Flußwasser sehr energieaufwendig ist. (Über Einzelheiten erkundige man sich vor allen in Falkenmark 1976, und Lvovitch 1976. Außerdem kann an dieser Stelle nicht über die mit verschmutztem Wasser verbundenen Krankheiten diskutiert werden; siehe dazu Feachem 1976, und Arrhenius 1976. Schon heute gibt es für mindestens ein Viertel der Weltbevölkerung kein einwandfreies Wasser mehr, und zwei Drittel aller Menschen sind mangelhaft versorgt.)
Für diesen prekären Zustand der Wasserversorgung ist die heute übliche Art der Nutzung von Oberflächengewässer mitverantwortlich. Immer noch hält die Industrie nicht nur als Verbraucher, sondern auch als Verschmutzer die erste Position mit einem Anteil von 30 bis 40 Prozent an der Verschmutzung, während die Landwirtschaft etwa 25 Prozent beisteuert; der Rest geht auf das Konto der Haushalte. Die **Verschmutzungsmöglichkeiten** sind so allgemein bekannt, daß sie hier nur kurz aufgezählt werden sollen. Es sind anorganische Stoffe wie Säuren, Laugen und Salze, vor allem Dünger und Schwermetallsalze von Eisen, Kupfer, Zink, Cadmium, Nickel, Blei, Quecksilber usw., stellenweise noch Ablauge aus den Papierfabriken, aber auch organische Stoffe wie Mineralöl verschiedenster Art (Benzin, Heiz- und Motorenöl, Erdölverlust im Meer aktuell (1989) um 5 Mio t entsprechen $> 1 g/100 m^2$ Meeresfläche), organische Lösungsmittel wie Benzol, «Fleckenmittel» (Trichlorethylen) usw. sowie andere organische Substanzen verschiedenster Prägung einschließlich Fäkalien und anderer organischer Düngstoffe. Einige dieser gewässerverschmutzenden Stoffe lassen sich in Gewässern durch Mikroorganismen abbauen, aber viele andere sind nur sehr schwer oder kaum abbaubar, wie

gewisse Reinigungsmittel, Benzin, Motorenöl, chlorierte Kohlenwasserstoffe wie DDT, PCB usw. Eine weitere Gruppe von Stoffen, die Detergentien (seifenartige Stoffe), mit denen unsere Gewässer seit Jahren zusätzlich leichtsinnig verschmutzt werden, ist mittlerweile allgemein bekannt geworden. Trotzdem wird heute in den Massenmedien immer noch für den Einsatz auch gewässerbelastender Wasch- und Düngemittel geworben. Diesen Anteil gilt es speziell zu betonen, da er den Nährstoffkreislauf belastet.

2.5.2 Die Überdüngung der Gewässer

Die vom Menschen in Umlauf gebrachten **Nährstoffmengen** sind auch im Vergleich mit den natürlichen Umsätzen erheblich:

Von 2000 bis 4000 kg Phosphatdünger, den unsere Landwirtschaft zusätzlich zum Stalldünger auf einem Quadratkilometer Kulturland jährlich ausbringt, gelangen 20 kg direkt in die Gewässer, und weitere 50 kg werden durch Erosion von brachliegenden Feldern ausgewaschen und ebenfalls in die Gewässer gespült. Von den 1500 bis 3500 kg Stickstoffdünger pro Quadratkilometer und Jahr sind es sogar 300 kg (davon 80 kg durch Erosion), die die Oberflächengewässer belasten (Abb. 2.59). Diese Zahlen geben allerdings nur dann eine Vorstellung der tatsächlichen Belastung, wenn man sie in einen größeren Rahmen stellt und auch die Zufuhr von Nährstoffen durch den Niederschlag berücksichtigt. Im übrigen kann frisch ausgebrachter Dünger auch durch den Wind in die weitere Umwelt verweht werden (Abb. 2.60).

Eine Arbeitsgruppe der Eidg. Landwirtschaftlichen Forschungsanstalt Liebefeld (bei Bern; Lit. s. bei F.X. Stadelmann) hat die N-Bilanz erarbeitet und dabei vor allem den NH_3-Emissionen besondere Aufmerksamkeit geschenkt (Abb. 2.61; vgl. auch Düngerbilanz Tab. 2.27). Demnach ist der N-Umsatz bei > 1500 kt N, pro ha landwirtschaftliche Nutzfläche (LN) werden etwas unter 0,5 kg N abgeschwemmt, und durch Flächenerosion geht rd. 22 kg N pro ha LN und Jahr in die Umwelt (ca. 10% ins Grundwasser, ca 60% in die Drainage). Allgemein werden in Mittel- und Westeuropa bis 100 kg N/ha J. (mit bis 80% NH_3, NH_4^+) deponiert (Schweiz, 1990, allg. bis 50 kg), die sich auf $NO_3^- - N$ (Schweiz 5,6 kg), $NH_4^+ - N$ (0,4 kg) verteilen (Ausscheidung aus Boden abhängig von meteorologischen Verhältnissen und pH-Wert; Eintrag vor allem bei Schneeschmelze, Niederschlag nach langer Trockenheit; Folge: pH-Abfall im Oberboden: $NH_4^+ + 2 O_2 \rightarrow 2 H^+ + NO_3^- + H_2O$).

Ein noch größerer Anteil gewässerbelastender Düngstoffe aber stammt aus den **Haushaltsabwässern**, nämlich über 70 Prozent des Stickstoffs und über 50 Prozent des Phosphats (Tab. 2.28).

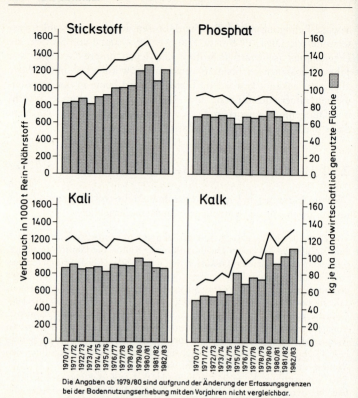

Abb. 2.59: **Handelsdüngerverbrauch der Landwirtschaft in der Bundesrepublik Deutschland.** (Quelle: SRU-Gutachten 1978. Statistisches Jahrbuch über Ernährung, Landwirtschaft und Forsten 1982, Bundesminister für Ernährung, Landwirtschaft und Forsten, Statistisches Bundesamt)

(Verbot von Phosphat in Waschmitteln in der Schweiz seit Juli 1986, teilweise Ersatz durch Zeolithe (Natrium-Aluminium-Silikat) oder Nitrilotriessigsäure (NTA), das in Kläranlagen zu 90% und durch Mikroorganismen des Flusses noch ganz abgebaut wird. Weltproduktion an Seife und andern Waschmitteln 24 Mio t/J., Schweiz 102 Mio kg/J.)

Damit wird erstmals in der Erdgeschichte unserer Umwelt überhaupt eine derart gewaltige Last an Nährstoffen zugemutet. Zwar kommt beispielsweise Phosphat überall in unserer Umwelt in kleinen Mengen

Tab. 2.27: **N-Düngerbilanz der Schweiz, 1985** (kg N/ha LN J).

155 Hofdünger
215 Futtermittel, Klärschlamm, Handelsdünger, Niederschlag, N_2-Fixation*
175 Rauhfutter, Stroh, Ernterückstände
 45 Export (Pflanzenproduktion, Milch, Fleisch)
150 NH_3-Emission*, Denitrifikation, Nitrat-Niederschlag

N-Anteile bei landwirtschaftlichen Emissionen: 90% NH_3** (aus Nutztierhaltung 88%), NO_x 3,5% (N_2O 73%); total 137 kt/J. bzw. 33 kg N/ha J. (1950: 72 kt/J. bzw. 17 kg/ha J.).

Berechnung der Grenzwerte c bei trockenem Frühling (Neftel):
$c_{NH_3} < 1,75\ \mu g/m^3$
$c_{NH_3} < 3\ \mu g/m^3$ entsprechend < 10 (bis < 5) kg NH_3/NH_4^+/ha LN J.

---

* nur atmosphärisch: 110 Import (über Nodula), 135 Export
  Überschüssiges N wird bei allen Düngern denitrifiziert, bzw. durchgewaschen oder emittiert.
** Depositionsrate 5–15 kg/ha LN J.

vor: ohne diesen Stoff ist kein Leben möglich. Aber die bisher seltenen größeren Phosphatlager werden nun durch den Abbau und die Verwertung als Dünger in die ganze Welt verstreut. Heute wird sechsmal mehr Phosphat abgebaut, als in den Gewässern unschädlich abgelagert werden kann. Auch durch Kläranlagen werden die Nährstoffe nicht aus der Umwelt entfernt. Ein Großteil kann zwar als Klärschlamm sinnvoll eingesetzt werden, aber zwischen 10 und 20 Prozent gelangen doch über die Vorflut in die Gewässer.

(Schweiz 1982: 820 Kläranlagen, 83% der Bevölkerung angeschlossen; 1987: 900 Kläranlagen, daraus 3 Mio t Klärschlamm/J., wovon 50–70% in der Landwirtschaft wiederverwertet werden (vgl. auch S. 278.)

Tab. 2.28: **Phosphat-Bilanz.** (Nach Fusser 1986)

P/ha LN J.		(P-Dünger:	kt/J.,
Hofdünger	28	ca. 3–6% P)	pro ha um 50 kg/J.
Handelsdünger	22	Verlagerung aus LN	0,5–3
Klärschlamm	3	aus ARA	4–5
(Kraftfutter)			
Import	32		
Export	10		
∴ Anreicherung ca.	20		

206 · Der Kreislauf

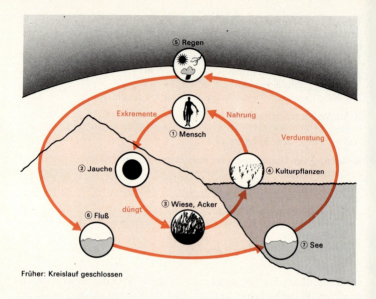

Abb. 2.60: **Die Entwicklung des Nährstoffkreislaufs.** Bis gegen Ende des 19. Jahrhunderts war der Kreislauf der Nährstoffe auf dem Bauernhof geschlossen. Nur Regenwasser und wenig Abwasser gelangten in die stehenden und fließenden Gewässer. Im technischen Zeitalter wurde dieser Kreislauf unterbrochen. Das Wasser wurde zum billigen Transportmittel für Abfälle und Unrat. Anstelle des Ackerbodens wird der See gedüngt. Durch Kläranlagen soll nun der ursprüngliche Kreislauf wiederhergestellt werden. (Nach Walder 1970)

Wasser- und Luftversorgung · 207

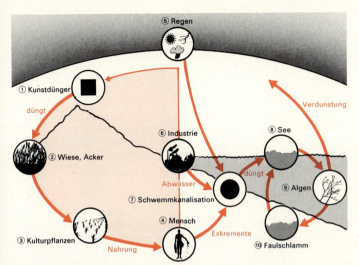

Heute ohne Kläranlagen: Kreislauf unterbrochen

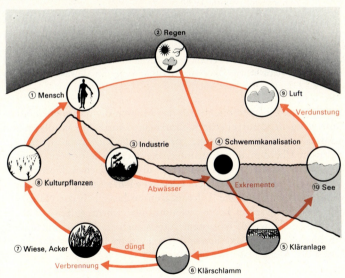

Heute mit Kläranlagen angestrebt: Kreislauf wieder geschlossen

Abb. 2.60

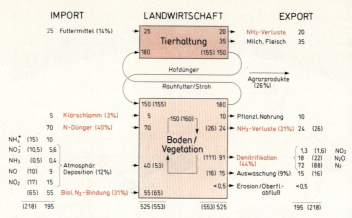

Abb. 2.61: **Stickstoffbilanz der schweizerischen Landwirtschaft** (grobe Schätzung, 1987). Werte pro Jahr bezogen auf landwirtschaftliche Nutzfläche (LN) in kt N $\cong 10^6$ kg N/10^6 ha $\cong$ kg N/ha LN. In Klammern stehen die Werte für die produktiven Sommerweiden. (Nach Furrer & Stauffer 1986, Stadelmann 1987, %-Zahlen nach Wehrle 1990)

Diese Nährstoffaussaat treibt auch die anderen Kreisläufe an, und durch das krebsartige Wuchern der überernährten Algen und anderer Wasserpflanzen brechen die natürlichen Ökosysteme zusammen, die Gewässer «kippen» (Tab. 2.29–2.31).

Durch seine Eingriffe bricht also der Mensch die natürlichen Kreisläufe weitgehend auf; er schafft darin neue, künstliche Öffnungen und belastet damit seine Umwelt, vor allem die Gewässer. Durch die weltweite Überdüngung (Eutrophierung) werden bestimmte empfindliche Ökosysteme – so etwa auch die fischreichen küstennahen Meeresteile – nicht nur in ihrem Gleichgewicht gestört, sondern sogar völlig umgewandelt. Die **Toleranzgrenzen** bezüglich der Nährstoffzufuhr werden schon heute vielenorts überschritten. Eine ähnliche Wirkung auf gewisse Ökosysteme haben auch die Abgase und Stäube, die durch Fahrzeugkolonnen und viele industrielle und private Tätigkeiten des Menschen verursacht werden.

Tab. 2.29: **Die Beurteilung der Wasserqualität.**

Belastung mit Ionen	Ionenkonzentration in Ammonium (NH_4^+)	Milligramm pro Liter Nitrat (NO_3^-)	z. Vgl	Total P	Total N
gering	0,1	0,003	oligo-	8	661
mäßig	0,2	0,01	meso-	27	753
kritisch[1]	0,3	0,03	eu-	84	1875
stark	0,9	0,08	hyper	>	>
sehr stark	4,0	0,1	troph		

OECD-Werte in µg/l

Sauerstoffversorgung	O_2-Konzentration in mg pro Liter	Reinheit	Biochemischer Sauerstoffbedarf[2]
sehr gut	8	sehr rein	1
gut	6	rein	2
kritisch	4	zweifelhaft	5
schlecht	2	schlecht	10

[1] kritischer Wert für Phosphat: 0,02 mg/Liter
[2] «BSB 5» (mg pro Liter in 5 Tagen)

Tab. 2.30: **Die Eutrophierung auf dem Kontinent.** Die Eutrophierung des Festlandes zeigt sich im Ungleichgewicht der Ionen, die in einen Versuchswald (Hubbard Brook, New Hampshire, USA) gelangen und ausgewaschen werden. Der Input einiger Elemente (Ca, Mg, Na) ist kleiner als der Output. Der Input von Kalium, Ammonium, Sulfat und Nitrat ist dagegen größer als der Output. Die Differenz wird vom nährstoffreicher werdenden Wald verwertet. (Nach Delwiche 1970 in Biosphere)

Ionen	Input in kg/ha	Output in kg/ha	Nettoexport in kg/ha
Calcium (Ca^{2+})	2,8	3,0	+ 0,2
Magnesium (Mg^{2+})	1,1	1,8	+ 0,7
Natrium (Na^+)	2,1	4,2	+ 2,1
Kalium (K^+)	1,8	1,1	− 0,7
Sulfat (SO_4^-)	30,0	29,4	− 0,6
Ammonium (NH_4^+)	2,1	0,3	− 1,8
Nitrat (NO_3^-)	6,7	4,8	− 1,9

Tab. 2.31: **Die weltweite Stickstoffbilanz.** Der Gewinnüberschuß von rund 9 Millionen Tonnen pro Jahr unmfaßt größtenteils den Stickstoff, der in der Biosphäre bleibt: im Boden, im Grundwasser und in den Gewässern. (Nach Delwiche 1970 in Biosphere)

Komponenten des Kreislaufs	Stickstoffgewinn durch Fixierung in Mio t pro Jahr	Stickstoffverlust durch Denitrifizierung in Mio t pro Jahr
Künstlicher Umsatz		
• Fixierung durch Industrie (Dünger)	30	
Natürliche Umsätze		
• im Boden	30	43
• durch Hülsenfrüchtler	14	
• im Meer	10	40
• in Sedimenten		0,2
• in der Atmosphäre	7,6	
Total	**92**	**83**

2.5.3 Die Entstehung von Smog

Luftverunreinigende Stoffe (Schadgase und Stäube) und ihre Wirkungen wurden in den letzten Jahren gut untersucht. Dabei konnten die wichtigsten Verursacher eindeutig festgestellt werden. Es sind dies

- die Heizungen mit einem Anteil von meistens über 20 Prozent

- die Abgase der Autos mit 40 bis 60 Prozent (CO, weltweit 55%; NO_x, weltweit 2,5%) (Abb. 2.62)

- die Industrieanlagen mit etwa 25 bis 35 Prozent

Diese technischen Einrichtungen verschmutzen die Luft

- mit Schadgasen aus Verbrennungsanlagen (Motoren, Heizungen), wie Kohlenmonoxid (CO Schweiz: 90% durch Pkw), Stickoxide (NO und NO_2 Schweiz: 75% Auto-, 25% Heizungsabgase), Schwefeldioxid (SO_2 Schweiz: > 90% aus Feuerungsanlagen; Höchstwerte/Jahresmittelwerte 1986 (kleiner als 1985), in $\mu g/m^3$: SO_2: 239/39; NO_x: 224/69) usw.

- mit Schadstäuben, wie Bleistaub aus dem Treibstoff, Asbeststaub aus den Kupplungen, Zementstaub, Ruß usw., ferner mehrringige zyklische Kohlenwasserstoffe, entstanden bei der unvollständigen Verbrennung von Treib-

Abb. 2.62: **Schadstoffe aus Automotoren.** Durchschnittliche Schadstoffmengen, die ein Personenwagen bei der Verbrennung von 1 Liter Benzin produziert. Die genannten Werte gelten für den Zustand 1981. Durch Verschärfung der Abgaswerte werden sich die Schadstoffmengen reduzieren. (Quelle: Luftreinhaltung im Kanton Zürich)

und Brennstoffen, z. B. das kanzerogene Benzpyren (nach neueren Untersuchungen auch bei Waldbränden entstehend, z. T. polychloriert).
BRD, um 1985, Luftverschmutzung, Emissionen in Mio t, in ( ) durch Verkehr

CO: 8,2 (5,3 = 65%)
NO_x: 3,1 (1,7 = 55%)
SO_2: 3,0 (0,1 = 3,5%)
CH: 1,6   (Organische Stoffe,
                   Kohlenwasserstoffe 0,6)
Stäube: 0,7   (Pb: 3500 t)

Bei der Gegenwart dieser Gase und Stäube werden nun unter bestimmten Bedingungen Prozesse eingeleitet, die zum sogenannten Smog führen («Smog» ist ein englisches Kurzwort aus «smoke» und «fog», also Rauchnebel) (Abb. 2.63).
Bei bestimmten Gelände- und Windverhältnissen werden **Abgase** der Siedlungen und des Verkehrs abgekapselt. Unter dem Einfluß der Sonnenstrahlung (UV-B) bilden sich an der Obergrenze des Dunstes aus Kohlenwasserstoffen, Kohlenmonoxid und Stickoxiden weitere Giftgase, unter anderem verschiedene Peroxyacylnitrat-Verbindungen (PAN) und Ozon (akute Beeinträchtigung der Atmung ab 0,3 mg/m^3).

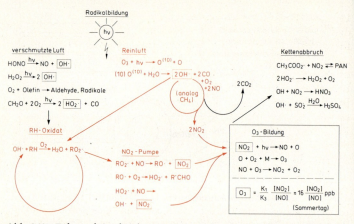

Abb. 2.63: **Folgereaktion bei der troposphärischen Ozon-Bildung und anderen Photooxidantien.** $O(^1D)$ = elektronisch angeregter Zustand. (Nach Bruckmann 1983)

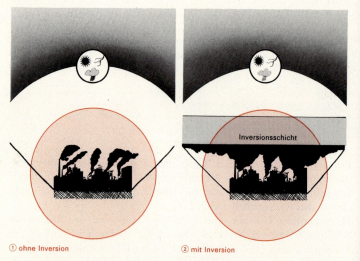

① ohne Inversion   ② mit Inversion

Abb. 2.64: **Entstehung eines Smog durch Inversionslage.** Links: Durch die Kaltluft können die Schadgase ungehindert aufsteigen. Rechts: Die Inversionsschicht aus warmer Luft überlagert den Kaltluftsee, und die Schadgase werden am Abfließen gehindert.

Dabei verdichtet und verstärkt sich die Schicht. Da Sauerstoff gebunden wird, nennt man den Vorgang oxidierenden Smog (Abb. 2.64). Er wurde besonders aus der Gegend von Los Angeles bekannt, wo auflandige Winde die Dunstpakete an die meernächsten Berghänge drücken.
Bei uns wird die Smogsituation indessen meist durch eine winterliche **Inversionslage** vorgezeichnet. Im Gegensatz zum ersten Beispiel entsteht hier ein reduzierender Smog, denn das immer vorhandene Kohlenmonoxid CO, der Ruß und Schwefeldioxid SO_2 wirken reduzierend (Abb. 2.64).

Die kalte Luft bleibt in den Tälern liegen, und die entstehende Nebelschicht verhindert den Luftaustausch. Unter der Nebelschicht reichern sich die Giftgase an – z.B. Schwefeldioxid aus den Heizungen – sowie Ruß, der die Wirkung des Schwefeldioxids und der krebserregenden Stoffe wie Benzpyren noch verstärkt (synergistischer Effekt). Das heute berühmteste Beispiel war die Londoner Smogkatastrophe von 1952, wo die Zusammenhänge zwischen Gas- und Rußkonzentration und der Zahl der zusätzlichen Todesfälle besonders deutlich zum Ausdruck kamen (Abb. 2.65). Die chronischen Wirkungen auf den Menschen, etwa die Förderung gewisser Lungenkrankheiten, wurden inzwischen in vielen Städten untersucht. Der Staubgehalt der Luft beeinflußt die jährliche **Gesamtsterblichkeit** sehr deutlich, vor allem bei den 50- bis 69jährigen, und zwar bei allen ökonomischen Gruppen.

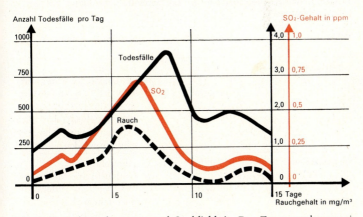

Abb. 2.65: **Luftverschmutzung und Sterblichkeit.** Der Zusammenhang zwischen Rauch- und Schwefeldioxidgehalt der Luft und der Anzahl Todesfälle pro Tag wurde im Dezember 1952 während einer katastrophalen Inversionslage in London untersucht. (Vgl. Grandjean 1974, Schlipköter 1974)

Tab. 2.32: **Orientierungsdaten für Immissionen und Depositionen in Ballungsgebieten und ländlichen Gebieten** (hier sind Ozongehalt und Protoneneintrag größer). (Nach Sartorius 1986 in Böhlmann 1991b)

Immissionen		Ballungsräume	Ländl. Gebiet	Dimension
SO_2	(Schwefeldioxid)	30–100	7–30	$\mu g/m^3$
SO_4^{2-}	im Staub	3–5	1–3	$\mu g/m^3$
NO_2^-	(Stickstoffdioxid)	40–100	5–20	$\mu g/m^3$
NO_3^-	im Staub	0,5–1	1–2	$\mu g/m^3$
C_nH_m	(ohne CH_4)	200–600	ca. 20	ppb C
O_3	(Ozon)	20–30	50–80	$\mu g/m^3$
Depositionen				
H^+	(Protonen)	10–100	70–200	$\mu g/m^2 d$
pH-Wert	(im Niederschlag)	4,0–5,6	4,0–4,6	
SO_4^{2-}	(Sulfat)	8–15	3–7	$mg/m^2 d$
NO_3^-	(Nitrat)	2–4	1,5–3	$mg/m^2 d$
Cl^-	(Chlorid)	3–10	1–4	$mg/m^2 d$
(außer Küstenbereich)				

Tab. 2.33: **Immissionsgrenzwerte der Luftreinhalte-Verordnung** (LRV) vom 1. März 1986.

Schadstoff	Immissionsgrenzwert	Statistische Definition
Schwefeldioxid (SO_2)	30 $\mu g/m^3$	Jahresmittelwert (arithmetischer Mittelwert)
	100 $\mu g/m^3$	95% der $^1/_2$-h-Mittelwerte eines Jahres $\leq$ 100 $\mu g/m^3$
	100 $\mu g/m^3$	24-h-Mittelwert; darf höchstens einmal pro Jahr überschritten werden
Stickstoffdioxid (NO_2)	30 $\mu g/m^3$	Jahresmittelwert (arithmetischer Mittelwert)
	100 $\mu g/m^3$	95% der $^1/_2$-h-Mittelwerte eines Jahres $\leq$ 100 $\mu g/m^3$
	80 $\mu g/m^3$	24-h-Mittelwert; darf höchstens einmal pro Jahr überschritten werden

Tab. 2.33: **Fortsetzung**

Schadstoff	Immissions-grenzwert	Statistische Definition
Kohlenmonoxid (CO)	8 mg/m^3	24-h-Mittelwert; darf höchstens einmal pro Jahr überschritten werden
Ozon (O_3)	100 µg/m^3	98 % der $^1/_2$-h-Mittelwerte eines Monats $\leq$ 100 µg/m^3
	120 µg/m^3	1-h-Mittelwert; darf höchstens einmal pro Jahr überschritten werden
Schwebestaub[1] insgesamt	70 µg/m^3	Jahresmittelwert (arithmetischer Mittelwert)
	150 µg/m^3	95 % der 24-h-Mittelwerte eines Jahres $\leq$ 150 µg/m^3
Blei (Pb) im Schwebestaub	1 µg/m^3	Jahresmittelwert (arithmetischer Mittelwert)
Cadmium (Cd) im Schwebestaub	10 ng/m^3	Jahresmittelwert (arithmetischer Mittelwert)
Staubniederschlag insgesamt	200 mg/m^2 × Tag	Jahresmittelwert (arithmetischer Mittelwert)
Blei (Pb) im Staubniederschlag	100 µg/m^2 × Tag	Jahresmittelwert (arithmetischer Mittelwert)
Cadmium (Cd) im Staubniederschlag	2 µg/m^2 × Tag	Jahresmittelwert (arithmetischer Mittelwert)
Zink (Zn) im Staubniederschlag	400 µg/m^2 × Tag	Jahresmittelwert (arithmetischer Mittelwert)
Thallium (Tl) im Staubniederschlag	2 µg/m^2 × Tag	Jahresmittelwert (arithmetischer Mittelwert)

mg = Milligramm; 1 mg = 0,001 g
µg = Mikrogramm; 1 µg = 0,001 mg
ng = Nanogramm; 1 ng = 0,001 µg
Das Zeichen ($\leq$) bedeutet «kleiner oder gleich»
[1] Feindisperse Schwebestoffe mit einer Sinkgeschwindigkeit von weniger als 10 cm/s.

Auch pflanzliche Lebewesen werden durch Schadgase wie Schwefeldioxid und Fluor stark betroffen. Die empfindlichen Flechten können als Zeigerorganismen für Luftverschmutzung dienen. Auch Nadelhölzer können stark geschädigt werden. Sind ganze Waldbestände betroffen, so können wesentliche Teile des Ökosystems irreversibel verändert werden (vgl. S. 133 f.). Über die durchschnittlichen Einträge an Schadgasen orientiert Tab. 2.32–2.34

Tab. 2.34: Zusammenstellung umweltrelevanter Informationen über die wichtigsten Spurengase in der Atmosphäre.

Gas	hauptsächliche anthropogene Quellen	anthropogene Gesamtemissionen in Millionen Tonnen pro Jahr	mittlere Verweilzeit in der Atmosphäre	mittlere Konzentration vor 100 Jahren in Milliardsteln	ungefähre derzeitige Konzentration in Milliardsteln	voraussichtliche Konzentration im Jahr 2030 in Milliardsteln
Kohlenmonoxid (CO)	Verfeuerung fossiler Brennstoffe, Biomasseverbrennung	700/2000	Monate	Nordhalbkugel: ? Südhalbkugel: 40 bis 80 (saubere Atmosphäre)	Nordhalbkugel: 100 bis 200 Südhalbkugel: 40 bis 80 (saubere Atmosphäre)	vermutlich steigend
Kohlendioxid (CO_2)	Verfeuerung fossiler Brennstoffe, Entwaldung	5500/~5500	100 Jahre	290000	350000	400000 bis 550000
Methan (CH_4)	Reisanbau, Viehzucht, Müllkippen, Förderung fossiler Brennstoffe	300 bis 400/550	10 Jahre	900	1700	2200 bis 2500

NO_x-Gase	Verfeuerung fossiler Brennstoffe, Biomasseverbrennung	20 bis 30/ 30 bis 50	Tage	0,001 bis ? (sauber/ industriell)	0,001 bis 50 (sauber/ industriell)	0,001 bis 50 (sauber/ industriell)
Distickstoffmonoxid (N_2O)	Stickstoffdünger, Entwaldung, Biomasseverbrennung	6/25	170 Jahre	285	310	330 bis 350
Schwefeldioxid (SO_2)	Verfeuerung fossiler Brennstoffe, Verhüttung von Erzen	100 bis 130/ 150 bis 200	Tage bis Wochen	0,03 bis ? (sauber/ industriell)	0,03 bis 50 (sauber/ industriell)	0,03 bis 50 (sauber/ industriell)
Fluorchlorkohlenwasserstoffe	Treibgase, Kühlmittel, Füllgase in Schaumstoffen	~1/1	60 bis 100 Jahre	0	ungefähr 3 (Chloratome)	2,4 bis 6 (Chloratome)

2.5.4 Sauerstoffvorrat und Ozonschild

Die durch unsere Zivilisation bedingte starke Zunahme der Verbrennungsprozesse wirft die Frage auf, ob die weltweiten Sauerstoffreserven auf die Dauer ausreichen werden oder ob es mit der Zeit zu einer Verknappung dieses lebenswichtigen Gases kommen könnte. Dies ist glücklicherweise nicht der Fall.

Die Reserven an Sauerstoff, die im Laufe der Evolution aufgebaut wurden, sind weltweit gesehen so groß, daß es nicht einmal örtlich und bei stark gestörten Windverhältnissen zu einem meßbaren Sauerstoffmangel kommt, obwohl in den Industrieländern mancherorts mehr Sauerstoff verbraucht wird, als die Pflanzen bilden können (Abb. 2.66). Diese weltweit positive Bilanz würde erst dann empfindlich gestört, wenn sämtliche fossilen Brennstoffe, die noch in der Erde vorhanden sind, abgebaut und verbrannt werden würden. Dies ist

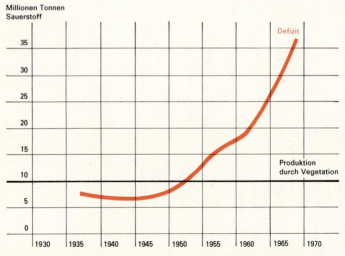

Abb. 2.66: **Das Sauerstoffdefizit in einem industrialisierten Gebiet.** Das Beispiel zeigt die Verhältnisse für die Schweiz, errechnet aufgrund von Angaben in den statistischen Jahrbüchern. Das Defizit betrug schon vor dem Zweiten Weltkrieg mehrere Millionen Tonnen, stieg seit Kriegsende steil an und verdoppelte sich in etwa 10 Jahren, hauptsächlich durch Verbrennungsprozesse. (Nach Keller 1973a)

aber nicht möglich, denn ein überwiegender Teil von Öl und Kohle ist in ganz anderen Gesteinen festgelegt und kann wirtschaftlich nicht abgebaut werden. Hingegen besteht die Gefahr, daß die überschüssige Sauerstoffproduktion der Meere durch Schadstoffe, zum Beispiel Insektizide und im Krieg verwendete Pflanzengifte, wesentlich verringert würde. Alles in allem werden wir vermutlich nie mit einem globalen Sauerstoffproblem konfrontiert werden, sondern – bei anhaltendem Trend – eher mit einem globalen Giftstoff- und CO_2-Problem.

Im Zusammenhang mit Sauerstoff gewinnt ein weiteres Problem zunehmend an Aktualität: die **Störung des Ozonschildes** zwischen Stratosphäre und Ionosphäre durch menschliche Einflüsse (Abb. 2.67). Ozon schirmt bekanntlich die lebensfeindliche Ultraviolettstrahlung ab; ohne diese Wirkung hätte sich Leben in unserem Sinn nicht entwickeln können (s. S. 10 ff.). Es scheint nun, daß vor allem die

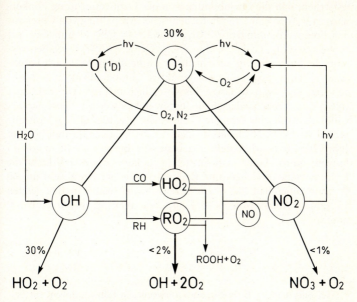

Abb. 2.67: **Photochemische Bildung und Abbau von Ozon in der Troposphäre.** $O(^1D)$ = elektronisch angeregter Zustand. (Nach Zellner 1991, in Z. Umw.chem. Ökotox. **3**, 52–58)

Treibgase der Spraydosen, die Chlorfluorkohlenwasserstoffe[*], der Ausstoß von Stickstoffdüngern sowie auch hochfliegende Flugzeuge die Dichte der Ozonschicht beeinflussen könnten, indem sie durch spezifische chemische Reaktionen Ozon in andere Stoffe oder in gewöhnlichen Sauerstoff überführen. (Vgl. die Wirkungen von O_3 in der Troposphäre S. 219ff., , diese aktuell 3 × höher als im 19. Jh., vor allem in Sommermonaten; $\approx$ 10–20% des troposphärischen O_3 stammt aus Stratosphäre. Wirkung auf Organismen inkl. Plankton s. S. 137f., 142f., 290; zusätzlich Produktionseinbußen bei landwirtschaftlichen Nutzpflanzen, frühere Seneszenz [Kunstwiesen, Cerealien, Reben] usw.)

Eine Veränderung der chemischen Reaktionen im Bereich stärker ozonhaltiger Luftschichten hat auf jeden Fall undurchschaubare Auswirkungen auf das Leben dieser Erde (s. S. 11).

Die photochemischen Prozesse in der oberen Atmosphäre sind sehr unübersichtlich und stark miteinander vernetzt; sie sind deshalb meßtechnisch noch ziemlich wenig erfaßt worden. Immerhin dürfte feststehen, daß die Ozonbildung von der Ozonvernichtung konkurrenziert werden kann. In photochemischer Abspaltung von Chlor aus den Freonverbindungen ($CFCl_3$, CF_2Cl_2 (= CFC 11 und CFC 12) sowie aus CCl_4, CCl_3F, CH_3-CCl_3, $CCl_2F-CClF_2$)) werden vermutlich durch zwei in verschiedener Höhe ablaufende, sich berührende Kreisprozesse immer wieder aktive Chlor-Radikale (s. S. 224f.) gebildet, und zwar so lange, bis sie endlich in Form von Salzsäure (HCl) durch den Niederschlag ausgewaschen werden. Diese aktiven Chlor-Radikale zerstören die Ozonschicht (ca. 100 000 O_3-Moleküle pro Cl-Radikal). Nach verschiedenen Berechnungen dürften bis zum Jahre 2000 über 10 Prozent abgebaut sein. Bei einem Abbau von 15 Prozent würde bereits ein Drittel mehr kurzwelliges UV-Licht die Erdoberfläche erreichen, und dadurch würde der Hautkrebs um 60 Prozent zunehmen, was sich bereits heute zeigt. (In den letzten 15 Jahren Abbau von 5–10% O_3, vor allem in 40 km Höhe, s. unten).

---

[*] CFK oder CFC, z.B. Freon, auch verwendet in Kühlschränken, zur Styropor-Herstellung, als Reinigungsmittel, Weltproduktion bis 1 Mio. t/Jahr, Zunahme 2,5–4%/J. entsprechend > 0,1 ppb/J., aktuell 3,5 ppb, Lebenszeit 70–100 J., Trägheit der Gase beim Aufstieg in die Stratosphäre um 10 J.

Weitere Zusammenhänge komplizieren das Bild: So kann die Ozonbildung, aber auch die Chlorabspaltung von den Freonverbindungen durch natürlich oder künstlich entstandene Stickoxide (NO, NO_2) gefördert werden. Stickoxide entstehen beispielsweise durch Denitrifikationsprozesse**, die weltweit durch Mineraldüngung verstärkt werden, oder bilden sich in Explosionsmotoren.

Chlorradikale bilden sich freilich auch bei natürlichen Prozessen: Bei der Zersetzung von Algen entsteht Tetrachlorkohlenstoff, der unter dem Einfluß kurzwelligen UV-Lichtes ebenfalls Chlor abspaltet.

Bei den CFC-Verbindungen beginnt man heute immerhin, den Ausstoß einzuschränken. In Spraydosen beispielsweise können sie durch Propan, Butan oder Preßluft ersetzt werden. 1978 waren in einigen europäischen Ländern bereits 40 Prozent der Spraydosen ohne Freon-Füllung.

Erst 1986 wurde bekannt, daß die Frühjahrs-Ozonwerte über der Antarktis, vor allem in 15–20 km Höhe, seit einigen Jahren markant abgenommen hatten (Abb. 2.68); derselbe Vorgang zeigte sich etwas weniger stark über der Arktis. (Abnahme Sept./Okt. 1980–84: 10–15(–40)% in derselben Zeit Zunahme der CFC in den USA von 82 auf 84 mit einer Rate um 13–15%; ähnliche Wirkungen sind auch von Brom Br_2 anzunehmen, das aus BrO/ClO-Mischungen (Halone) aus Feuerlöschern stammt, oder aber es kann auch verstärkt vulkanische Aktivität dazu beitragen (vgl. El Chichón 1983/84)). Offenbar hat sich dieses sog. **«Ozonloch»** seit 1957, seit CFC-Verbindungen vermehrt (bis 1974: Rate 8–10%) industriell synthetisiert wurden, kontinuierlich ausgedehnt (Europa $-\Delta O_3$ 3–9%, vgl. Abb. 2.68). Vermutlich wird unter den speziellen Zirkulationsbedingungen des antarktischen Winters HNO_3 auskristallisiert (wobei NO_x kontinuierlich aus Chlor-absorbierenden photochemischen Prozessen entfernt wird) und damit eine hohe Konzentration an Chlor-Radikalen vorbereitet, die durch Chlor aus den CFC noch verstärkt wird (Abb. 2.69 und 2.70).

** Aus Dünger-N werden etwa 10–15% freigesetzt, im Normalfall im Verhältnis $N_2O/N_2 = 1/16$, entsprechend 0,6–1,0%; Denitrifikationsrate pro Tag bis 70 g N/ha, totale N_2O-Emission 1 kg N_2O-N/ha J., also rund 1%.

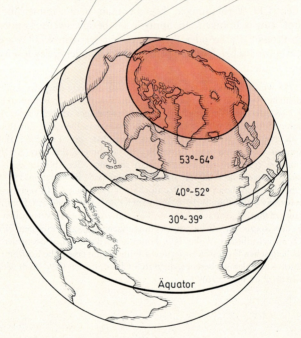

Abb. 2.68: **Abnahme des Ozon-Schildes.** Veränderung in der totalen O_3-Konzentration 1969–1986. Wintermonate: Dezember bis März; Sommermonate: Juni bis August (WMO, UNEP 1990).

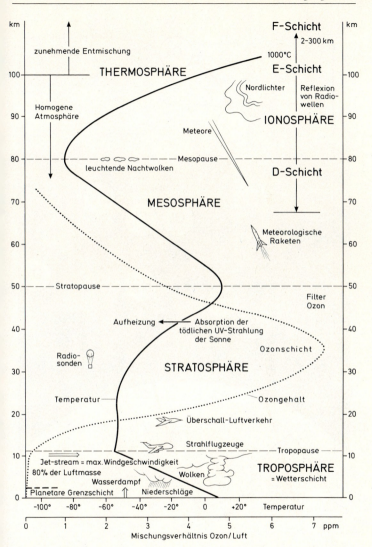

Abb. 2.69: **Stockwerkeinteilung der Atmosphäre aufgrund der vertikalen Temperaturverteilung.**

224 · Der Kreislauf

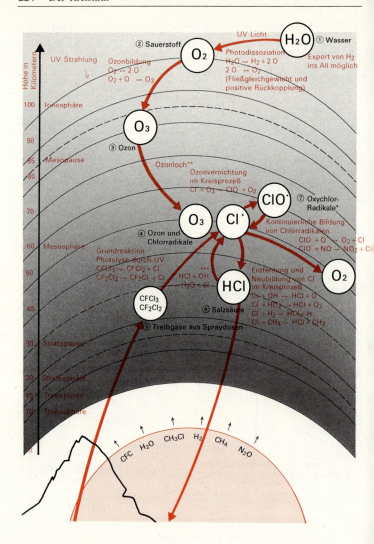

* Bildung von HO_x-, NO_x-Radikalen mit elektronisch angeregten O-Atomen aus O_3-Photodissoziation $\lambda UV < 310$ nm
  $O^. + H_2O \rightarrow HO_x$
  $O^. + H_2O \rightarrow NO_x$

  Ozonwirksamkeit der Radikale proportional zur Konzentration; Dosierung durch Überführung in Reservoirsubstanzen möglich:
  $HO^. + NO_x \rightarrow HNO_3$ (Salpetersäure) $ClNO_3 + HCl \rightarrow Cl_2 + HNO_3$ (typisch für August)
  $ClO^. + NO_x \rightarrow ClNO_3$ (Chlornitrat) $ClO^. + ClO^. \rightarrow 2Cl^. + O_2$ (typisch für September)

  $Cl^.$-Konzentration 4–5fach erhöht seit dem Verbrauch von CFC, Zunahme desselben um 5% pro Jahr.

** Im Zirkumpolarwirbel der antarktischen Polarnacht ($-80°C$) führt das Auskristallisieren von HNO_3 mit H_2O in Form eines Aerosols zu höherer $Cl^.$-Konzentration, da nun keine Reservoirsubstanzen mehr gebildet werden.

  Nach der Rückkehr der Sonne findet ein starker Ozonabbau statt ($> 1\%/Tag$), der zum sog. «Ozon-Loch» führt. Dauernde Herabsetzung in der nördlichen Hemisphäre (inkl. USA, Europa) aktuell 1,7–3% (Winter 2,3–6,2%) des totalen O_3-Gehaltes.

  Reaktionen in der unteren Stratosphäre s. Abbildung sowie:
  $OH^. + O_3 \rightarrow HO_2^. + O_2$
  $Cl^. + O_3 \rightarrow ClO^. + O_2$
  $ClO^. + H_2^. \rightarrow ClOH + O_2$
  $ClOH + Licht \xrightarrow{(h \cdot \nu)} Cl^. + OH^.$

  Prozeßfolge bis kristallisiertes HNO_3 wieder verdampft und NO_x entsteht, wobei wieder Reservoirsubstanz ($ClNO_3$) gebildet wird.

*** Wie CH_4 wird auch marines C_2H_2 (0,2–1,4 Mt/a) durch OH-Radikale abgebaut. Oxidation zu CO und CO_2 (2,7 bzw. 3,7 Moleküle O_3 pro CH_4). OH-Radikal wirkt als «Waschmittel der Stratosphäre» durch mannigfache Reaktionen mit den meisten der oben erwähnten Gase (Lindner 1989). CO aus Emissionen der Vegetation (Kohlenwasserstoffe, z. B. Terpene) untergräbt Selbstreinigungskraft der Atmosphäre durch Reaktion mit $OH^.$.

◁ Abb. 2.70: **Die photochemischen Prozesse in der Ozonschicht** (vor allem in 10–50 km Höhe). Entwicklung von Cl–NO_3: aus CFC-Verbindungen: mit H_2O (Reaktion an Oberfläche von Eiskristallen) Bildung von HNO_3 und HO–Cl, dieses reagiert mit HCl zu HNO_3 und Cl_3, daraus Spaltung zu Chlor-Radikalen, den Katalysatoren des Kreisprozesses (ausführliche Darstellung möglicher Teilprozesse in Dütsch, 1987, teilweise in Abb. 2.70). Vgl auch die treibhausaktiven Gase CH_4, CO und NO_x: Bremsung des Abbaus von CH_4 durch OH-Radikale, diese werden durch andere Kohlenwasserstoffe aus den fossilen Brennstoffen gefaßt. Frühere Beeinflussung der Prozesse durch Methylchlorid CH_3Cl aus Meeralgen bzw. C_2H_2 (s. S. 19, 22).

Der Abbau des Ozons reduziert zudem die Temperatur in der oberen Stratosphäre, je nach Breitengrad unterschiedlich stark, was zu Veränderungen in der stratosphärischen Zirkulation führt. (In Anlehnung an Crutzen und Daetwyler)

2.6 Störungen der Kreisläufe

Die verschiedenen Stoffkreisläufe sind – wie schon erwähnt – nicht voneinander isoliert. Vielmehr sind sie aufs engste miteinander gekoppelt und kurbeln sich gegenseitig an (Abb. 2.71). Das Räderwerk der Kreisläufe wird durch die zugeführte **Energie** (das Antriebsrad) in Gang gehalten. Kleine Räder drehen sich bei gegebener Antriebsgeschwindigkeit schneller als große; sie entsprechen den schnell ablaufenden Kreisläufen. Je größer also ein Rad ist, desto langsamer zirkulieren die Stoffe des entsprechenden Kreislaufs. Wird nun die Energiezufuhr gesteigert, das Antriebsrad also beschleunigt, dann beginnen sich auch die Kreislaufräder schneller zu drehen. Pumpen wir beispielsweise mehr Energie in den Nährstoff-Phosphat-Kreislauf – die Düngerherstellung ist sehr energieaufwendig –, dann dreht sich das Rad des Phosphatkreislaufs schneller. Gleichzeitig werden aber auch die anderen Kreisläufe beschleunigt, jedoch viel mehr als der Phosphatkreislauf.
In der Natur werden die Lebensvorgänge durch den langsamsten Kreislauf begrenzt (s. S. 170, 226), meist durch den Umsatz der schwerlöslichen **Phosphate.** Gerade der um ein Mehrfaches beschleunigte Abbau der natürlichen Phosphatlager ist es ja, der auch zum «Überdrehen» der übrigen Kreisläufe führt: die Pflanzen werden dadurch zu stärkerem Wachstum angeregt, setzen also mehr Sauerstoff um und verbrauchen auch – je nach Vegetationszone – etwas mehr Wasser. Gleichzeitig werden die im Wasser gelösten Schadstoffe schneller verteilt (mehr darüber auf S. 394).
«Alles hängt mit allem zusammen» – dies gilt ganz besonders auch für die Kreisläufe. Der Mensch aber greift immer weiter in das Gefüge der Ökosysteme ein, schafft neue, künstliche Öffnungen in den Kreisläufen und bewirkt gerade dadurch immer unüberschaubarere Verzahnungen, die von der Natur nicht vorgesehen sind. Im Gegensatz zum Menschen verzögert die Natur den Energiefluß und bremst die Kreisläufe. Pflanzen und Tiere sorgen durch ihre Wechselbeziehungen für diesen natürlichen Bremsvorgang.

Abb. 2.71: **Das Räderwerk der Kreisläufe.** Die Energie, die in der Biomasse steckt, treibt die Kreisläufe der einzelnen Stoffe an, und zwar verschieden schnell. Die Geschwindigkeit im Umsatz eines Elementes bedingt die Geschwindigkeit im Umsatz der anderen (synchroner Antrieb). Je kleiner das Rad, desto schneller dreht es sich bzw. wird der betreffende Stoff umgesetzt. (Nach Stumm und Davis 1974)

3 Die organismische Beziehung
Prinzipien der Aufnahme und Abwehr
von Fremdstoffen und Fremdorganismen

3.1 Ordnung und Stabilität

Waren die beiden ersten Teile dieses Buches dem «Haus» unserer Umwelt gewidmet, seinem Bau und seiner Funktion, so befaßt sich nun der dritte Teil mit seinen Bewohnern, den Lebewesen. Jedes einzelne dieser Lebewesen hat eine ganz bestimmte Funktion im Ökosystem, die es einnimmt und einnehmen muß, um sein Überleben und das Überleben der Art zu sichern. Wie noch zu zeigen sein wird, nimmt der Mensch in diesem Gefüge der lebenden Umwelt die Rolle eines Außenseiters ein (Abb. 3.1).

3.1.1 Konkurrenz bei Tier und Pflanze

Wer hat sich im Zoo nicht schon am Leben und Treiben auf dem Affenfelsen ergötzt und sich dabei vielleicht an ähnliche Vorfälle in seiner menschlichen Umgebung erinnert? Wer kennt nicht das aufgeregte Gackern futterneidischer Hühner in einem Hühnerhof? Jedes Huhn sichert sich seinen Futterplatz durch ein bloß angedeutetes selten ganz ausgeführtes Hacken nach seinen Nachbarn; ein Kopfnicken genügt, um sozial tieferstehende Tiere zu verscheuchen. Diese lassen sich das gefallen, hacken aber ihrerseits nach noch rangtieferen Tieren. Diese **Hackordnung** bildet sich mehr durch scheinbare als durch echte Kämpfe heraus. Sie ist flexibel, das heißt, sie paßt sich laufend den Kräfteverhältnissen in der Hühnergruppe an, die sich ja mit der Zeit ändern. Ohne Hackordnung würden sicher ständig Kämpfe um Futter, Wasser, Schlafplätze usw. stattfinden. Sie ist also ein **Stabilitätsprinzip** innerhalb der Gruppe.

Das Ausweichen vor Konkurrenten ist in der ganzen Natur verbreitet, auch bei Pflanzen. Gehören die Konkurrenten der gleichen Art an, spricht man von **intraspezifischer** Konkurrenz, gehören sie verschiedenen Arten an, von **interspezifischer** Konkurrenz.

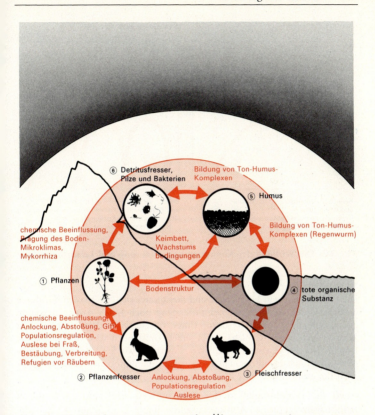

Abb. 3.1: **Die Beziehungen in einem reifen Ökosystem.** Bei den unten angeführten Beziehungen werden zwischen den einzelnen Teilen (Kompartimenten) des Ökosystems nur wenig oder keine Energie und Stoffe übertragen. Zwischen den Lebewesen besteht eine natürliche Regulation der Populationsdichte. (Nach Gigon 1974)

Arten, die in einem weiten Umweltbereich verbreitet sind (Ubiquisten und euryöke Arten), treffen auf eine kleine intraspezifische Konkurrenz, da die einzelnen Individuen einander gut ausweichen können, indem sie beispielsweise andere Nahrung fressen. Dafür ist aber die interspezifische Konkurrenz groß, weil sich ihr Umweltbereich mit dem vieler anderer Arten überschneidet. Umgekehrt ist bei Arten mit einem engen Umweltbereich (stenöke Arten) die intraspezifische Konkurrenz groß, die interspezifische dagegen eher klein (Abb. 3.2).

230 · Die organismische Beziehung

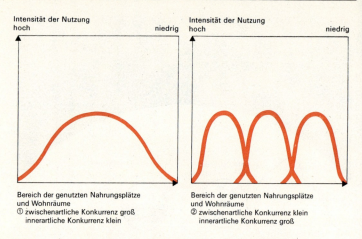

Abb.3.2: **Die Wirkung der Konkurrenz um Nahrung und Lebensraum.**

Die Hühner in einem Hühnerhof sind meist unter sich: sie werden nur durch intraspezifische Konkurrenz beeinflußt. Sind noch Enten dabei, so kommt interspezifische Konkurrenz dazu. Unter verschiedenen Wildhühnern oder Wasservögeln eines Gebietes kann unter Umständen eine interspezifische Konkurrenz um gewisse Futterplätze bemerkbar werden. Meist aber unterscheiden sie sich grundlegend in ihren Futter- und Biotopansprüchen. Dies gilt auch für weniger hochentwickelte Tiere.

Auch die Beziehungen in der **Pflanzenwelt** sind sehr stark durch Konkurrenz geprägt. Ähnlich wie die Tiere konkurrieren auch die Pflanzen um Nährstoffe, Wasser, Licht usw. Wie stark die Nahrungsgrundlage (z. B. das Muttergestein) die Artzusammensetzung bestimmt, zeigt sich besonders schön auf alpinen Rasen in Grenzzonen, wo Kalk- und Silikatgestein aneinanderstoßen. Die Konkurrenz einzelner Arten um den optimalen Lebensplatz führt zu einer deutlichen Trennung verschiedener Arten mit ähnlichen Ansprüchen. Sie bedingt insbesondere eine Trennung nahe verwandter Arten.

Wie schon erwähnt (Standortfaktoren, s. S. 60ff.), können sich viele Arten wegen der Konkurrenz mit anderen Arten nicht dort ansiedeln, wo ihnen die Umweltbedingungen am besten behagen. So weichen die Plattwürmer eines Baches in ihnen eigene Temperaturregionen aus, was sie ohne Nahrungskonkurrenz nicht tun. Pflanzen können sich bei Konkurrenzdruck auf verschiedene Substrate – etwa Kalk oder Silikat

– zurückziehen. So entwickeln sich in den Alpen auf Kalk und Silikat ganz verschiedene Lebensgemeinschaften, die sich in Farbton und Erscheinungsbild auffällig unterscheiden. Im Silikatbereich herrscht ein niederwüchsiger, eintöniger, dichter und borstiger Rasen vor, im Kalkbereich dagegen ein treppiger, höherwüchsiger, blumenreicher, ziemlich lockerer Rasen (Tab. 3.1, Abb. 3.3 u. 3.4).

Diese großen Unterschiede kommen letztlich daher, daß bei der Konkurrenzbeziehung, also beim Zusammenleben zweier oder mehrerer Arten, mindestens eine Art sich schlechter entwickelt, als wenn sie für sich allein wachsen würde. Unter diese Beziehungen fallen übrigens auch die Konkurrenz im Wurzelraum und chemische Ausscheidungen der Pflanzen, die sich auf das Zusammenleben auswirken (Allelopathie).

Der Umweltfaktor Konkurrenz bewirkt, daß ein Bedürfnis nach einer bestimmten Umweltqualität nicht befriedigt wird. So kann ein Lebewesen durch die Anwesenheit von Konkurrenten an Wasser, Lebensraum, bestimmten Nährstoffen usw. zu kurz kommen. Meist ist das Angebot an bestimmten Umweltfaktoren geringer als die gemeinsame Nachfrage.

Konkurrenz kann somit die Lebenskraft entsprechender Arten einer Lebensgemeinschaft vermindern. Konkurrenz entsteht nur bei einer gewissen Überlappung von Lebensräumen. Innerhalb einer Art sind

Tab. 3.1: **Das «Kalkproblem».** Kalk- und Silikatgestein verwittern unterschiedlich: Silikat zerfällt in bröckeliges Gestein (Grus) und Schwimmsand (Schluff), Kalk dagegen in Blöcke und Grobkies mit wenig Feinerde. Dies schafft einen chemisch und physikalisch extremen Boden mit einer typischen, diesen Verhältnissen angepaßten Vegetation. Viele Silikatarten können auf diesem Boden nicht gedeihen. Umgekehrt werden viele Kalkarten durch die Konkurrenz der Silikatarten vom Silikatboden verdrängt. (Nach Gigon 1971)

Chemische Wirkungen	Physikalische Wirkungen
unausgeglichenes Ca/K-Verhältnis	Wasserversorgung in Trockenzeiten erschwert
Spurenelemente schlecht aufnehmbar	extremes Mikroklima: Keimung bei hohen Temperaturen erschwert
nur Nitratstickstoff; allgemein extremeres Nährionenmilieu: Konkurrenz um Nährstoffe	Boden beweglich: Wurzeln reißen oder werden gequetscht, Bildung von «Girlandenböden»

232 · Die organismische Beziehung

① Scharfe Grenze zwischen Kalkrasen (links) und Silikatrasen (rechts) am Strelapass bei Davos.

② Kurzwüchsiger Silikatrasen mit Krummsegge

Abb. 3.3: **Rasen in einer alpinen Grenzzone.**

die Individuen an die Konkurrenz meist recht gut angepaßt. Dies hängt von ihrer ökologischen Konstitution ab, die sich in Regenerationsfähigkeit, Vermehrungsart, Keimungsbedingungen, Wachstum, Aufbau, Lebensdauer usw. ausdrückt. Konkurrenz ist demzufolge ein Angriffspunkt für die Selektion: Arten werden eliminiert oder weichen aus, und das Risiko gegenüber biogenen Stressoren wird besser verteilt.

Neben der Konkurrenz, die sich für einzelne Individuen oder Arten immer negativ auswirkt, kommen indessen auch positive Wechselbeziehungen vor, indem bestimmte Arten sich gegenseitig fördern. Man spricht von (Proto-)**Kooperation,** wenn die Wechselbeziehung fakultativ, von **Mutualismus** oder **echter Symbiose,** wenn sie obligatorisch ist. Für Einzelheiten über Parasitismus, Symbiose usw. muß auf die entsprechende Fachliteratur verwiesen werden (Tab. 3.2).

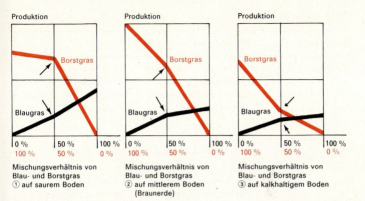

Abb. 3.4: **Konkurrenz zwischen zwei Grasarten.** Auf saurem Boden (links) ist das Borstgras als Säurezeiger dem Blaugras in der Produktion deutlich überlegen, selbst wenn mehr als die Hälfte Blaugras vorhanden ist. Anders auf kalkhaltigem Boden (rechts): Bei hohen Anteilen von Blaugras wird das Borstgras weit stärker verdrängt. Auf Braunerde (Mitte) liegen die Verhältnisse zwischen den beiden Extremen. Je stärker der Knick (s. Pfeile), desto stärker die Verdrängung. Ohne gegenseitige Beeinflussung wären die Linien gerade. (Nach Gigon 1971 mit Diagrammen nach De Wit)

Tab. 3.2: **Wechselbeziehungen zwischen Arten und Populationen.** Eine obligatorische Wechselbeziehung bedeutet, daß einer oder beide Partner mehr oder weniger stark auf die Beziehung angewiesen sind und bei Trennung oder Fehlen des Partners einen Nachteil erleidet. (Nach Odum u. M. 1971)

Wechselbeziehung	Wirkung auf die Partner	Beispiele
Protokooperation	für beide Partner vorteilhaft, aber nicht obligatorisch	Löwenzahn und Biene, Schwedenklee und Wiesenschwingel
Kooperation (Teilmutualismus)	für beide Partner vorteilhaft, aber nur für den einen obligatorisch	Einsiedlerkrebs und Seeanemone
Mutualismus (Symbiose i.e.S.)	für beide Partner vorteilhaft und obligatorisch	Alge und Pilz in der Flechte, Buche und ihre Mykorrhiza. Weitverbreiteter Mutualismus von Bakterien und Protozoen im Verdauungstrakt von Insekten (Termiten), Fischen, Wiederkäuern

Tab. 3.2: Fortsetzung

Wechselbeziehung	Wirkung auf die Partner	Beispiele
Kommensalismus	ein Partner (Wirt) nicht beeinflußt, für anderen Partner (Kommensale) obligatorisch	Sauerklee und Fichte (Förderung durch Streue und Schatten), Rindenflechte an Baumstamm (teilweise)
Protokommensalismus	für Kommensale vorteilhaft, aber nicht obligatorisch	Brutkolonien, Ameisen und «Gäste»
Parasitismus	für Wirt nachteilig, für Parasit obligatorisch	Kleewürger auf Klee, Mistel auf Apelbaum Krankheitserregende Organismen werden parasitiert oder gefressen: Über-Parasitismus
Räuber-Beute-Beziehung (Fraßbeziehung)	für Beute nachteilig, für Räuber nur z.T. obligatorisch	Lärchenwickler auf Lärche, Rind und Gras, Sonnentau und Fliege
Antagonismus (z.T. Allelopathie)	für einen Partner vorteilhaft, aber nicht obligatorisch, für den anderen nachteilig	Borstgras und Blaugras auf sauren Böden
Amensalismus (Antibiose)	für einen Partner (Amensale) nachteilig, der andere (Hemmer) nicht beeinflußt	Wiesengräser im Baumschatten, Hornklee mit Luzerne Kontrolle von Schädlingen durch Antibiotika ausscheidende Bakterien und Aktinomyzeten*
Konkurrenz (i.e.S., Wettbewerb)	für beide Partner nachteilig; eine Population kann schließlich eliminiert werden	Buche und Fichte, Wiesenklee und Hornklee Verdrängung parasitischer Bodenpilze durch saprophytische*
Neutralismus	beide Partner sind völlig unabhängig und beeinflussen einander nicht	Eichhörnchen auf Linde

---

* vgl. das antiphytopathogene Potential eines Bodens (s. S. 82).

3.1.2 Allelopathie

Das Wort provoziert eine Assoziation zum Begriff «Allergie». Und tatsächlich löst die Allelopathie, das «Krankmachen durch fremde Stoffe», so etwas wie allergische Reaktionen bei den davon betroffenen Pflanzen aus.

Vermutlich war die Erscheinung schon den primitiven Ackerbauern der jüngeren Steinzeit bekannt. Denn Gerste hemmt nachweislich das Wachstum vieler Unkräuter und wird deshalb – auch in der Gebirgslandwirtschaft der Tropen – gern anderem Getreide beigemischt. Und schon vor 300 Jahren hat der japanische Gartengestalter Banzan Kumasawa festgestellt, daß Regen- und Tauauswaschungen von japanischen Föhren *(Pinus pentaphylla, P. densiflora)* die in der Traufe wachsenden Pflanzen schädigen können.

Aber erst vor 50 Jahren hat Molisch den Begriff Allelopathie geprägt (1937). Er wird definiert als «sowohl fördernde als auch hemmende biochemische Interaktionen zwischen Pflanzen (inkl. Mikroorganismen)». Im Gegensatz zur Konkurrenz wird somit ein Stoff beigefügt und nicht durch einen Partner entzogen.

Die Erscheinung der Allelopathie ist dann erfüllt, wenn:

– Pflanze A einen Wirkstoff produziert,

– der dann als flüchtiger Stoff Pflanze A verläßt und

– Pflanze B in wirksamer Konzentration erreicht.

Die meisten **Wirkstoffe** sind oft flüchtige sekundäre Pflanzenstoffe, so z.B. Farb- und Duftstoffe (Terpene), Harze, Wachse usw. Dabei kann z.B. Tannin auf gewisse Herbivoren hemmend wirken (nicht bei Schalenwild!), allelopathisch auf Nachbararten und Nahrung für spezialisierte Mikroorganismen abgeben. Als flüchtiger Stoff kann ein bestimmter Wirkstoff an der Pflanzenoberfläche aus Drüsen oder Drüsenhaaren ausgeschieden werden, oder aber auch an den Wurzeln. Er kann indessen auch bei Zersetzung von totem Pflanzenmaterial freigesetzt werden. Meist gelangen solche Stoffe in Luft und Boden, wobei Auswaschung, Akkumulation oder mikrobielle Prozesse für die endgültige Wirksamkeit auf Pflanze B sorgen.

Beispiele aus Landwirtschaft und Gartenbau wurden bereits zitiert. Diese Wirkstoffe können Ernte oder Fruchtfolge wesentlich mitbestimmen:

– Mais, Ernterückstände, hemmen Keimung und Keimlinge von Weizen;

– Gerste, Roggen (Wirkstoff Gramin), Buchweizen, Sudangras, Sonnenblume (= «smother crops») hemmen vor allem gewisse Unkräuter (Sternmiere, *Stellaria media*, Hirtentäschchen, *Capsella bursa-pastoris*);

- Mischbestände mit den Unkräutern *Stellaria*, *Capsella* und *Chenopodium album* (Weißer Gänsefuß) halten Kulturen bei etwas vermindertem Ertrag von der Fußkrankheit frei. (Isolate aus kranken Erbsen zeigen, daß es mehr pathogene Stämme von *Fusarium solani* als von *F. oxysporum* gibt; somit verschieben Unkräuter das Gleichgewicht zugunsten von *F. oxysporum*, so daß die Krankheit eingedämmt wird.)
- Klee-Bodenmüdigkeit, nach längerer Kulturzeit autotoxische Wirkung durch Abbauprodukte von Isoflavonoiden (also phenolischen Stoffen), die die Keimung von Rotklee *(Trifolium pratense)* hemmen;
- Waldkräuter (z. B. Goldrute, *Solidago virgaurea*), Waldgräser (z. B. Weiches Honiggras, *Holcus mollis*, Pfeifengras, *Molinia coerulea*), Fichten- und Buchenstreu, aber auch Ruderalpflanzen (z. B. Ackerdistel, *Cirsium arvense*, Quecke, *Agropyron repens*) hemmen die Keimung von Waldbäumen, bzw. die Länge ihres Höhentriebs.

In der landwirtschaftlichen Forschung werden Versuche angestellt zur Anwendung allelopathischer Reaktionen in der Unkrautbekämpfung und in der Zucht von adaptierten Kulturpflanzen.

So enthält z. B. der Wurzelorganismus *Rhizobium japonicum* (Knöllchenbakterien) das Gift Rhizobitoxin, das als Herbizid eingesetzt werden könnte. Es wird mit diesen Unterlagen klar, daß Allelopathie viele interspezifische und teilweise intraspezifische Vorgänge mitbeeinflussen kann. Dazu gehört auch die Sukzession von Pflanzengesellschaften: Auf verlassenen Feldern im Prairiebereich Oklahomas ließen sich z. B. die folgende Sukzessionsstadien nachweisen: 1. Pionierkräuter 2–3 J., 2. einjährige Pflanzen 9–13 J., 3. überdauernde Gräser etwa 25 J. und 4. Klimax (Prairie). Die teilweise einjährigen Pionierkräuter hemmen sich untereinander ziemlich stark. Sie werden deshalb rasch von andern einjährigen Pflanzen abgelöst, so auch von dem Gras *Aristida oligantha*. Dieses hemmt nun seinerseits mit eigenen Toxinen die stickstoffixierenden Organismen *(Rhizobium, Azotobacter)*, wodurch die Stickstoffanreicherung im Boden verzögert wird. Aber das genügsame Gras kann sich so recht lange halten bis andere Arten langsam eindringen, die ihrerseits die Nitrifikation hemmen. Mit der Zeit schatten diese das Gras *Aristida* aus, und es kann nun etwas Stickstoff fixiert werden, wodurch der Standort fruchtbarer wird. Nun erscheinen endlich die Klimaxarten und verdrängen die Nitrifikationshemmer. Damit werden Ammonium-Ionen nicht mehr nur von negativ geladenen Bodenpartikeln adsorbiert, sondern zu Nitrat oxidiert, wodurch auch der Standort für *Aristida* und die übrigen vorbereitenden Arten im Vergleich mit den Klimaxarten zunehmend ungünstiger wird. Im Gleichgewichtsstadium sind endlich nur noch Klimaxgräser und Kräuter herrschend.

3.1.3 Die ökologische Nische

Das Zusammenleben verschiedener Pflanzen- oder Tierarten führt also dazu, daß jede Art ihre eigene «Ecke», ihre «ökologische Nische», beansprucht, mithin einen Bereich im mehrdimensionalen Gefüge der Standortfaktoren, wo die Konkurrenz minimal wird (vgl. Hutchinson). Dadurch werden die verschiedenen Arten räumlich, zeitlich oder hinsichtlich Futter oder Nährstoffe voneinander getrennt.

So wächst ein Apfelbaum nur auf einem für ihn günstigen, trockenen Boden. Die Giraffe ist an eine fast gleichbleibende Wärme und eine offene Landschaft angepaßt. Sie wäre in waldreichen Gebieten behindert. Ein Räuber würde sich seine Lebensgrundlage zerstören, wenn er seine Beutetiere zu stark dezimieren würde.

Wir Menschen haben unsere ökologische Nische ausgedehnt: wir heizen, damit wir uns auch dort ansiedeln können, wo es für uns zu kalt ist. Die ökologische Nische ist demnach das Habitat, das für ein bestimmtes Lebewesen die günstigste Kombination von biotischen und abiotischen Standort- bzw. **Lebensbedingungen** bietet. (Ökolog. Nische als Ausdruck für den artspezifischen Platz im multidimensionalen Gefüge der Standortfaktoren.) Sie ist oft von der Jahres- oder Tageszeit abhängig und wird natürlich durch die Konkurrenten mitbestimmt.

So würde die Wald-Föhre auf einem mittleren Boden am besten wachsen. Ohne Einfluß des Menschen aber wächst sie entweder auf Moorboden oder an trockenen, felsigen Standorten. In ihrer an sich günstigsten Nische wird sie nämlich durch Buche und Eiche verdrängt (s. a. S. 63).

Die Arten weichen also vor Konkurrenten in ihre mannigfachen Nischen aus: Pflanzen, die am selben Ort wachsen, blühen zu verschiedenen Zeiten; pflanzenfressende Tiere erscheinen ebenfalls zu verschiedenen Zeiten am selben Ort; Pflanzen haben sich im Walde auf mehreren Stockwerken ausgebreitet; kleine Pflanzenfresser beanspruchen verschiedene Teile derselben Pflanze, größere dagegen ganz bestimmte Futterpflanzen, auf die sie von klein auf ansprechen, usw.

Ein recht großer Anteil der Vegetation wird durch **Pflanzenfresser** genutzt, nämlich zwischen 10 und 60 Prozent. Diese Tatsache bedeutet nun aber nicht, daß die einzelne Pflanze dem Verbiß schutzlos ausgesetzt wäre. Die Natur war nämlich im Verlaufe der Koevolution von Pflanzen und Pflanzenfressern sehr erfinderisch und hat eine Vielzahl von **Schutzmöglichkeiten** geschaffen. Teilweise ist der Schutz

Tab. 3.3: **Die Nutzung der Pflanzen durch Pflanzenfresser.** Die Prozentzahlen beziehen sich auf die Primärproduktion, das heißt auf die von den Pflanzen insgesamt produzierte Biomasse. (Aus McNaughton u. M. 1973 und Ricklefs 1973, verändert)

Ökosystem	Nutzung
Tropenwälder	7 – 8,5 %
Wälder, gemäßigte Zone	1,5 – 9 %[1]
Brachland, 7 bis 30jährig (Kräuter, Gräser)	1 –12 %
Wiesenland	25 –30 %
Weideland (nur Anteil der Säugernahrung)	30 –45 %[2]
tropische Grasländer (Uganda, Tansania, Indien)	30 –60 %
Quellgewässer	25 –40 %
Ozean (Phytoplankton)	60 –99 %

[1] Eichenwald/Steppe, N-Amerika: unter 80%/um 20% des Blattfalls gefressen, 10%/10% durch Mikroorganismen aufgearbeitet, 15%/70% direkt mineralisiert (abhängig von Einstrahlung und Auswaschung)
[2] Prairie, N-Amerika: 7–26% der Wurzelproduktion durch Nematoden gefressen.

nur mechanisch, indem die Pflanze Dornen oder Stacheln entwickelt hat, die aber nicht gegen Insekten oder Schnecken schützen. Die Pflanzen schützen sich auch chemisch: durch Geschmacks- oder Geruchsstoffe, oft sogar Gifte, schützen sie sich vor Fraß (vgl. S. 28ff.). Immerhin werden vom Rehwild gut 75 Prozent aller vorhandenen Pflanzenarten angenommen, obwohl viele dieser Arten Giftstoffe und meist viel Gerbstoff (Tannine als chemische Hemmstoffe) enthalten (Tab. 3.3).

Alle diese Schutzvorrichtungen haben auch eine Kehrseite: sie kosten etwas! Ihr Aufbau erfordert nämlich **Energie**, die ansonsten den Reservestoffen oder der Fortpflanzung zugute käme. Teilweise lassen sich diese Stoffe aber auch als «Abfallstoffe» der Pflanze betrachten.

Gerade bei Pflanzen arider Gebiete, die sich sowohl an unregelmäßig fallende Niederschläge als auch an Verbiß anpassen mußten, lassen sich deutlich Zusammenhänge zwischen Zeitpunkt und Schnelligkeit der Entwicklung und dem Aufbau von Schutzmaßnahmen erkennen. Einjährige Pflanzen (Ephemere), die sich nur bei Niederschlägen entwickeln, haben oft kaum Schutzorgane oder Giftstoffe. Sie entwickeln sich in Massen und «konzentrieren» sich auf die Entwicklung von Samen. Die Wahrscheinlichkeit, mit Pflanzenfressern in Berührung zu kommen, ist so für die Einzelpflanze viel kleiner. Für die

Entwicklung anderer Vorrichtungen bleibt einfach keine Zeit. Dafür können spezialisierte Samenfresser zu einer Bedrohung werden, wenn die Pflanze nicht genügend Samen auszubilden vermag. An Trockenheit angepaßte Zwergsträucher oder andere ausdauernde Pflanzen, die sich vor der Trockenheit mit Blattfall oder durch spezielle Schutzmaßnahmen gegen die Verdunstung vorsehen, enthalten dagegen eine ganze Reihe typischer Giftstoffe oder schützen sich auch mechanisch vor Pflanzenfressern.

Oft gehen diese Schutzvorrichtungen auch auf Kosten der **Lebenstüchtigkeit,** der sogenannten Fitness: sie führen zu einem langsameren Wachstum der Pflanze. Viele Arten des Klimaxstadiums von Ökosystemen sind, verglichen mit den einjährigen Arten früher Sukzessionsstadien, sehr langsamwüchsig. Sie kommen im Verlaufe ihres Lebens ganz sicher mit Pflanzenfressern in Berührung und müssen dabei überleben. Anderseits gab und gibt es immer Pflanzenfresser, die sich im Verlaufe der Koevolution an die Schutzstoffe der Pflanze physiologisch angepaßt haben und so zu Spezialisten geworden sind. Falls nun einjährige Pflanzen überhaupt Giftstoffe entwickeln, dann müssen diese schon in sehr geringer Konzentration und zudem breit wirksam sein. Damit wird der Schutz bei guter Produktion am wirksamsten. Bei selteneren Arten wirkt das «Prinzip der Unvorhersehbarkeit»: Eine neue Fraßpflanze muß vom Konsumenten im Gewirr der Lebensgemeinschaft gesucht werden. Außerdem setzen verschiedene Arten in ungleichmäßiger Verteilung ihre Samen aus. Örtlich und zeitlich schützt sich der Produzent so vor explosionsartigen Vermehrungen seiner Konsumenten. Somit ist die Häufigkeit einer Pflanze mit der Verteidigungstaktik verbunden.

Wohin auch immer die Schutzvorrichtung zielt, in allen Fällen muß die Pflanze sich für diese Schutzmaßnahmen möglichst viel Energie sichern. Sie kann dies beispielsweise über eine besonders angepaßte Assimilation und Atmung erreichen. So ist die immergrüne mediterrane Steineiche *(Quercus ilex)* im heißtrockenen Sommer durch die warmen Nächte gezwungen, stärker zu atmen, was sie zum Aufbau bestimmter Schutzstoffe ausnützt. Dafür vermag sie das ganze Jahr zu assimilieren und atmet als Ausgleich im Winter sehr wenig.

Der Begriff der «ökologischen Nische» macht nun auch besser verständlich, daß in einem Ökosystem **Lebensgemeinschaften** entstehen. Jede Art nimmt ihren ganz bestimmten Platz ein; sie hat ihre ganz bestimmte Funktion, und ihre Lebensdauer und ihr Optimalraum sind gegeben. Diese Situation erinnert an das «Patt» im Schachspiel, wo beide Könige auf ihrem Feld festsitzen und die Spieler sich gegenseitig blockieren. Auch in der Natur können sich weitere Arten nur dann ansiedeln, wenn im Ökosystem eine freie Nische entsteht. Dies geschieht in einer Sukzession fortwährend. In reifen Ökosystemen entstehen neue Nischen nur im Verlaufe der Evolution oder wenn sich prägende Umweltfaktoren (z.B. Wärme) ändern (vgl. auch «Schlüssel-Schloß-System» S. 343). Dies alles erinnert an das Leben und Treiben in einem Haus mit seinen Bewohnern. Jeder hat seine Stellung, seine Funktion, die für das ganze Haus von Bedeutung ist. Konkurrenz findet zwar auch statt, aber viel wichtiger ist die Kooperation.

3.1.4 Stabilität durch Wechselbeziehungen

Betrachtet man die Bindung der Lebewesen an ihre Nische, an ihren unbestreitbaren «Heimplatz», im Rahmen eines Ökosystems, dann wirken die Grenzen der Nischen mit einmal nicht mehr so starr. Es gibt nicht immer gleich viele Pflanzen, somit auch nicht immer gleich viele Pflanzenfresser. Sie passen sich dem Angebot an, und die Pflanzen reagieren auf die Nutzung, Ausdruck dieses Gefüges von Wechselbeziehungen.

Zwischen Pflanzen und Pflanzenfressern herrschen also rege Wechselbeziehungen, was auch für alle übrigen Organismengruppen eines Ökosystems gilt. Jedes Lebewesen ist durch vielerlei Wechselbeziehungen mit den anderen verbunden, es ist ein Teil eines ökologischen Beziehungsgefüges.

Das folgende vereinfachte, aber äußerst einprägsame Beispiel soll diese Zusammenhänge etwas verdeutlichen. Die typischen Charakterbäume der ostafrikanischen Savanne sind die **Akazien,** bekannt geworden durch die vielen Safarireiseprospekte. Die Akazien dienen der grazilen **Impala-Antilope** als Nahrung. Eigenartig ist nun die Wechselbeziehung zwischen diesen beiden Lebewesen: Obwohl die Impala an Jungbäumen und niederhängenden Zweigen der Akazie frißt und auch ihre Keimlinge verzehrt, können nur diejenigen Akaziensamen gut keimen, die den Darm der Impala passiert haben! Die oberen und mittleren Stockwerke der Akazie werden durch **Giraffen** und andere große Pflanzenfresser wie **Elefanten, Elenantilopen** usw. genutzt. Schließlich wird das tote Holz der Akazie von **Termiten** teils gefressen, teils in ihre bizarren Hügel eingearbeitet. Die Termiten ihrerseits werden Beute des **Erdferkels,** das sich sinnvollerweise seine Höhlen manchmal direkt am Fuß eines Termitenhügels gräbt. Termiten üben noch eine weitere wichtige ökologische Funktion aus: sie wirken als Tiefpflug und holen für ihren Bau frischen Boden aus dem tiefen und steinharten Savannenboden herauf. Anders als der karge Oberboden enthält diese Tieferde viele Nährstoffe was sich auf

Ordnung und Stabilität · 241

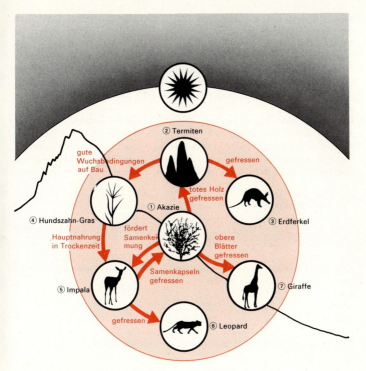

Abb. 3.5: **Beziehungen zwischen Pflanzen und Tieren im Tarangire-Tarangire-Nationalpark.** (Nach Lamprey 1963)

die darauf wachsenden Pflanzen auswirkt. Deshalb wird sie von anderen Gräsern besiedelt als der alte Savannenboden – eigenartigerweise gerade von solchen Gräsern, die der Impala in der Trockenzeit ein wichtiges Futter liefern. Über all diesen Beziehungen zwischen Pflanzen, Pflanzenfressern und -verwertern sowie Insektenfressern stehen die Raubtiere, in unserem Falle der **Leopard.** Er ernährt sich hauptsächlich von den Impalas sowie von anderen, kleineren Antilopen (Abb. 3.5).

Ein ähnliches Beispiel wurde aus Südisrael bekannt: die Keimung der dortigen Akazien wird beeinflußt durch **Dorcasgazellen** und **Saatkäfer.** Fast alle Samen werden von Käfern angebohrt und gefressen. Anderseits werden aber die Samen, die von der Gazelle gefressen werden, durch die im Verdauungssaft enthaltenen Wirkstoffe in ihrer Keimfähigkeit gefördert, wodurch sie dem

Käferfraß weniger lange ausgesetzt sind. Außerdem sind alle drei Arten an extreme Wüstenbedingungen angepaßt. So garantiert die Anpassung der Pflanze an die Aufnahme durch Pflanzenfresser – hier durch Schutz des Pflanzenembryos in harten Samenschalen – die Existenz des Gesamtsystems. Ähnlich verhält es sich mit Akaziensamen, die von Griaffen ausgeschieden werden. In deren Dung sind sie vor Bruchiden-Käfern besser geschützt als auf offener Fläche, außerdem ist an dieser Stelle auch die Konkurrenz der Gräser vermindert.

Auch in der gemäßigten Zone gibt es ähnliche «**Fraß-Nischen**», wo sich die einzelnen Konsumenten aus dem Wege gehen. So können sich sympatrisch lebende europäische Hirsche in ihre jeweiligen Nischen stark zurückziehen. Das Reh ernährt sich im Sommer zu einem guten Teil von Kräutern und Zwergsträuchern, der Elch von Holzpflanzen, Flechten (und z.T. Sumpfpflan-

Tab. 3.4: **Menupuzzle.** (Untersuchung von Kautz & van Dyne)

	Gräser		Kräuter		Sträucher
	SH	WH	SH	WH	
		in Gewichts-% der Nahrung			
Bison	63	26	1	5	4
Rind	34	23	9	17	16
Schaf	26	21	5	17	30
Pronghorn*	18	28	4	41	9

SH = Sommerhalbjahr; WH = Winterhalbjahr; * Gabelhornantilope

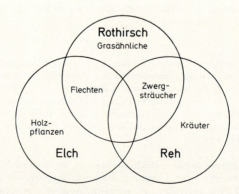

Abb. 3.6: **Menupuzzle von Rothirsch, Reh und Elch, z.B. in Nordeuropa.** (Vgl. auch Gossow 1976).

zen) und der Rothirsch von grasartigen Gewächsen und etwas weniger Flechten und Zwergsträuchern. Überlappungen gibt es immer, aber doch immer auch eine weitgehende Spezialisierung. Ähnliche selektive Schwergewichtsbildungen zeigt, nun aus einem Nichtwaldgebiet, das «Menu-Puzzle» aus den Kurzgras-Steppen Nordamerikas (Tab. 3.4, Abb. 3.6 u. 3.7).

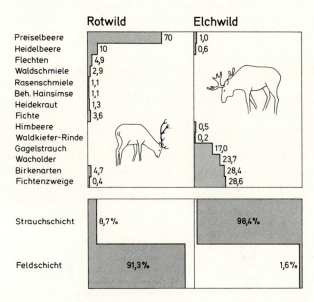

Abb. 3.7: **Vergleich der Nahrungsdiät von Elch- und Rotwild in gemeinsamen skandinavischen Vorkommensgebieten.** Der untere Teil der Abbildung faßt nach Vegetationsschichten zusammen. (Nach Ahlén 1963)

3.2 Die Nahrungsbeziehung

Das **Überleben des Einzelnen** im Gefüge der Lebensgemeinschaft wird also durch die Natur – rein physiologisch – nicht unbedingt garantiert. Nach der berühmten und auch durch die moderne Forschung bestätigten Feststellung von Darwin überlebt ganz einfach der am besten «Angepaßte» («survival of the fittest»).

In dem oben erwähnten Savannen-Beispiel treten drei voneinander abhängige Organismen deutlich hervor: Akazie, Impala und Leopard. Ihre Wechselbeziehungen veranschaulichen eine der möglichen **Nahrungsketten** in der Savanne, also einen der vielen möglichen Wege, auf denen die Nährstoffe von Organismus zu Organismus weitergegeben werden. In der Savanne gibt es sehr viele Akazien und sehr viel Gras, noch immer recht viele Impalas, aber nur wenige Leoparden, die indirekt die Pflanzen ebenfalls nutzen. Natürlich wären auch einheimische Beispiele zu nennen, die allerdings nicht mehr so vollständig sind (z. B. Tanne, Reh, Wolf).

3.2.1 Nahrungskette und Nahrungspyramide

Pflanzen, Pflanzenfresser und Fleischfresser bilden also die Pyramide, eine Nahrungspyramide, die sich gegen die Spitze hin stark verjüngt. Sie stützt sich auf die solide Basis der Pflanzen, der **Produzenten.** Darauf stellen sich die einzelnen Konsumenten dieser Pflanzen, nämlich die **Pflanzenfresser** oder Herbivoren. Die Pflanzenfresser wiederum geben die Beute ab für die **Fleischfresser** oder Karnivoren. Diese können ihrerseits durch andere Tiere gefressen werden, beispielsweise der Schakal durch den Leopard oder der Fuchs durch den Wolf. Die

① Naturwald   ② Kulturwald

Abb. 3.8: **Die Nahrungspyramide in einem mitteleuropäischen Wald.** Links der Naturzustand, rechts Kulturwald. (Nach Brüll 1970)

Nahrungspyramide (Abb. 3.8) ist stabil, weil für jeden Räuber genügend Beutetiere bereitgestellt werden, so daß er diese nie ausrotten kann. Dies alles basiert letztlich auf einer genügend großen Pflanzenmasse. Sie ist die tragende Grundlage allen tierischen Lebens.

Von der Stellung der Art in der Nahrungspyramide hängt auch die Größe des **Lebensraumes** eines Individuums ab: Mäuse haben ein sehr kleines Heimareal, Luchse ein sehr großes. In der Nahrungspyramide besteht mithin ein deutlicher Zusammenhang zwischen Körpergröße und Gewicht, Nachkommenschaft (Fortpflanzungsziffer) und Individuenzahl pro Flächeneinheit innerhalb vergleichbarer Gruppen. Größere Arten mit relativ wenig Nachkommen, aber großem Heimareal stehen eher an der Spitze der Pyramide. Überdies kommen bei Pflanzen und Tieren größere Arten in der Regel später ins fortpflanzungsfähige Alter als kleinere Arten (Abb. 3.9, Tab. 3.5).

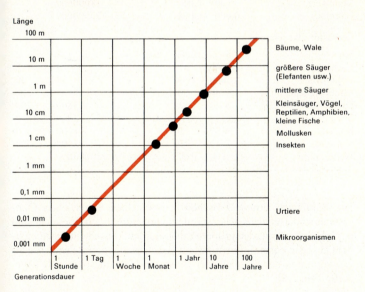

Abb. 3.9: **Zusammenhang zwischen Größe und Generationsdauer.** Kleine Lebewesen pflanzen sich schneller fort als große. Die Achsen der Graphik sind im logarithmischen Maßstab aufgetragen. (Nach Bonner 1965)

246 · Die organismische Beziehung

Tab. 3.5: **Die Nahrungspyramide zweier Ökosysteme in Zahlen.** Je höher ein Tier in der Nahrungspyramide steht, desto größer ist der Lebensraum, den es benötigt, und desto weniger Nachkommen kann es auf einer bestimmten Fläche großziehen. (Nach Brüll 1971)

Tier	Lebensraum in Hektar	Durchschnittliche Zahl der Nachkommen auf 10 000 ha pro Jahr
Land-Ökosystem		
Steinadler	8000–14000	1– 2
Uhu	6000– 8000	4– 6
Fuchs	700– 1500	40– 100
Mäusebussard	100– 800	60– 90
Feldhase	15– 30	3600– 10000
Rebhuhn	30	4800– 12000
Hermelin	8– 12	5000– 8500
Mauswiesel	4– 6	12000– 17000
Kaninchen	0,1– 2	120000–430000
Maulwurf	0,005–0,01	15– 18000000
Feldmaus	0,0005–0,001	75–100000000
Gewässer-Ökosystem		
Seeadler	6000–12000	1– 2
Fischotter	5000– 7000	4– 8
Rohrweihe	1000– 2000	18– 30
Haubentaucher	40– 70	600– 800
Fischreiher	10	3800– 6200
Bläßhuhn	30	2400– 3600
Knäkente	30– 50	1800– 3300
Stockente	10– 30	11000– 16000
Wanderratte	0,001–0,005	70–120000000

Die Zahlenverhältnisse zwischen den einzelnen Stufen eines Ökosystems sind also keineswegs stabil und unveränderlich. Vielmehr sind in Nahrungspyramiden größere zahlenmäßige Umschichtungen möglich, ja sogar normal. Einen Begriff von diesen **dynamischen Vorgängen** vermittelt das Beispiel einer Gewässer-Nahrungspyramide (Abb. 3.10, Tab. 3.6).

Am schnellsten werden die Algen umgesetzt, nämlich 10 Tonnen pro Quadratkilometer in nur zwei Tagen, am langsamsten die Fische an der Spitze der Pyramide. Ihre 18 Tonnen pro Quadratkilometer werden in 700 Tagen

Die Nahrungsbeziehung · 247

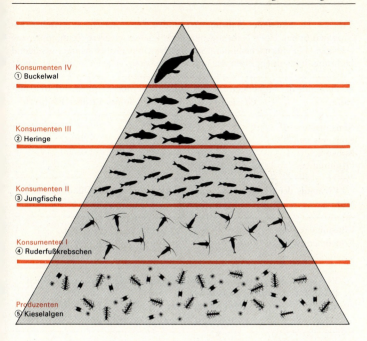

zu ④ anstelle von Ruderfußkrebschen z. B. Krill: *(Euphausia superba)*, potentieller fischbarer Ertrag: 50–300 Mio t/J.

Abb. 3.10: **Die Nahrungspyramide im Meer.** Je höher die Stufe in der Pyramide, desto größer sind die Individuen und desto geringer ist ihre Zahl. Ein Buckelwal als quaternärer Konsument (Konsument IV) frißt pro Tag ungefähr 5000 Heringe. Ein Hering, tertiärer (III) Konsument, hat sich in dieser Zeit teilweise über kleinere Fische, sekundäre (II) Konsumenten, von 6000 Ruderfußkrebschen, ein Ruderfußkrebschen, primärer (I) Konsument, von 130 000 Kieselalgen ernährt. Ein Buckelwal frißt pro Tag die umgesetzte Menge von 400 Milliarden Kieselalgen. (Nach Boughey 1969)
Heute wird die Stellung der Buckelwale (oder auch «weiter unten» krillkonsumierender Arten von Bartenwalen) in vielen Gebieten durch Robben und Pinguine eingenommen (vgl. Remmert 1981).

einmal umgesetzt: die verfügbare Algenmasse erlaubt keinen schnelleren Umsatz. Mit diesen Stoffumsätzen ist ein beträchtlicher Energiefluß verbunden (mehr darüber auf S. 253 ff.).

Tab. 3.6: **Die Stufen der Nahrungspyramiden.** Die Unterschiede zwischen den einzelnen Stufen einer Nahrungspyramide können mehrere Zehnerpotenzen betragen. Für die nächsthöhere Stufe stehen, mit großer Marge, genügend Nahrung, Individuen, Biomasse und Energie bereit. (Nach Odum et al. 1971)

① **Pyramide der Individuen (ausgenommen Mikroorganismen, auf 1000 m^2)**

Stufe	Grasland im Sommer	Sommergrüner Laubwald
Konsumenten III	1	2
Konsumenten II	90 000	120 000
Konsumenten I	200 000	150 000
Produzenten	1 500 000	200

② **Pyramide der Biomasse (Gramm Trockengewicht pro Quadratmeter)**

Stufe	Süßwassersee	Tropischer Saisonwald
Konsumenten II	4	1
Konsumenten I	11	4
Produzenten	96	40 000

③ **Pyramiden der Jahresproduktion und des Energieflusses im Vergleich. Beispiel: Quellfluß in Florida**

Stufe	Jahresproduktion in kJ pro m^2	Energiefluß in kJ pro m^2 und Jahr
Konsumenten III	6,3	88
Konsumenten II	46	1 600
Konsumenten I	155	14 080
Produzenten	3382	86 990

④ **Änderung der Biomassenpyramide im Laufe eines Jahres. Beispiel: Plankton in einem oberitalienischen See (in Milligramm pro Kubikmeter Wasser)**

Stufe	Winter	Sommer
Konsumenten II	3	6
Konsumenten I	10	12
Produzenten	2	100

Cohen hat aus diesen Zusammenhängen einige Prinzipien formuliert:
1) Zyklen sind in Nahrungsketten (Nk) sehr selten.
2) Nk sind kurz mit in der Regel 4–5 Verbindungen
3) Die Länge von Nk wird nicht durch Räuber-Beute-Beziehungen (R/B) bestimmt.
4) Auch die Proportionen der verschiedenen Verbindungen sind nicht von R/B-Beziehungen abhängig.
5) Ebenso ist der Quotient von Zahl der Arten und Zahl der Verbindungen nicht von der Länge der Nk abhängig.

3.2.2 Räuber-Beute-Beziehungen

Innerhalb der einzelnen Stufen einer Nahrungspyramide gibt es allerlei **Spezialisten**. Sie können je nach der Art der Nahrungsaufnahme zu Gruppen mit speziellen Funktionen zusammengefaßt werden. Raubwild, Libellen und Laubkäfer greifen ihre Beute; Vögel, Amphibien und Reptilien schnappen sie. Die Beutetiere ihrerseits rupfen, raspeln oder saugen. Ebenso differenzieren sich die anderen Stufen der Pyramide. Auch in der Nutzung herrscht also eine reiche Vielfalt (Diversität). Von der Art des Beutemachens, von den Individuenschwankungen und Energieumsätzen in den einzelnen Stufen können einzelne Arten in charakteristischer Weise beeinflußt werden. Innerhalb einzelner Arten oder zwischen Räubern und Beutetieren spielen sich gesetzmäßige, aber doch ziemlich komplizierte Regelvorgänge ab (Tab. 3.7). Ein einfaches Denkmodell soll dies etwas näher erläutern:

Wenn zum Beispiel ein früher Frost ein Massensterben von **Pflanzenläusen** verursacht, dann leiden die **Marienkäfer**, die von diesen Pflanzenläusen leben, an Nahrungsmangel. Die Zahl der Marienkäfer nimmt ab, und damit können sich deren Beutetiere ungestört erholen. Ist dagegen die Population der Pflanzenläuse durch besonders günstige Witterungsverhältnisse gewachsen, so finden die Marienkäfer genügend Nahrung, und ihre Individuenzahl nimmt zu. Damit können sie die gewachsene Pflanzenlauspopulation besser kontrollieren. Die Beziehung zwischen Räuber und Beute stabilisiert sich schließlich durch negative Rückkopplung.

In der Natur herrschen jedoch nicht derartige ideale Verhältnisse. Einwanderung und Auswanderung von Räubern und Beutetieren sowie ihre individuellen Gebietsansprüche (Heimareale, «home range») komplizieren das Bild.

Tab. 3.7: **Nahrungsketten in und zwischen Ökosystemen.** Das Beispiel zeigt den Übergang von einem Pappel-Auenwald zur offenen Steppe im mittleren Nordamerika. Die Organismen und ihre Fraßbeziehungen sind durch Nummern bezeichnet: eingekreiste Nummern bedeuten fressende, Nummern in Klammern die von ihnen gefressenen Organismen oder Organismengruppen. (Nach Tischler 1955)

Stufe	Pappel-Auenwald	Waldrand	Weidengesellschaft	Prärie
Produzenten	① Pappel Hornstrauch Hasel *Gaultheria* *Aralia*	② Pappel Schneebeere Hasel Schwarzdorn	③ Weiden Wasserpflanzen	④ Gräser *Topinambur*
Konsumenten I	⑤ Bockkäfer (1) ⑥ andere Insekten (1) ⑦ Haselhuhn (1) ⑧ Krähe (1,2) ⑨ Hase (1,3) Mensch	⑩ Insekten (2) ⑪ Rotrückenmaus (2) ⑫ Franklinziesel (2) ⑬ Hase (2,3)	⑭ Blattkäfer (3) ⑮ Insekten (3)	⑯ Eulenraupen (4) Heuschrecken u.a. ⑰ Wühlmaus (4) ⑱ Taschenratte (4) ⑲ Ziesel (4)
Konsumenten II	⑳ Buntspecht (5) ㉑ Spinnen (6) ㉒ Stärling (6) Sumpfmeise Tyrann Grauwangendrossel u.a. ㉓ Schwarzkopfhabicht (7, 9) ㉔ Goldspecht (6, 31)	㉕ Spinnen (10, 16) ㉖ Zaunkönig (10, 16) Laubwürger Stieglitz Spottdrossel u.a. ㉗ Zecken (13)	㉘ Spinnen (15) ㉙ Bläßhuhn Enten (15, 3) ㉚ Gelber Laubsänger (15) Hordenvogel Bootschwanz ㉛ Frosch (21, 28) ㉜ Fische (3, 31)	㉝ Ameisen (16) ㉞ Präriewolf (9, 11–13, 16–19) Wiesel Stinktier ㉟ Spinnen (16)
Konsumenten III	㊱ Uhu (8, 9, 11–13, 17, 18, 29, 33) ㊲ Sperber (22, 26, 30)		㊳ Strumpfbandnatter (35, 37) ㊴ Mensch (29)	㊵ Mensch (4, 32, 34)

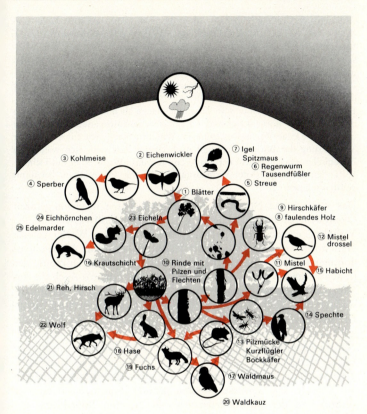

Abb. 3.11: **Das Artengefüge in einem Eichenwald.** Eine große Eiche hat: 200 000 Blätter, 1200 m² Oberfläche, 1 Billion Chloroplasten und produziert 12 kg Trockensubstanz/Tag sowie 9400 Liter Sauerstoff pro Tag. (Nach Stugren 1974)

Innerhalb einer Nahrungspyramide liegt ein ganzes **Netzwerk von Nahrungsketten,** was schon am Beispiel des Savannen-Ökosystems (s. S. 241f.) deutlich wurde. Doch auch das Beispiel unserer altbekannten Eiche zeigt, wie intensiv und vielfältig eine Art genutzt sein kann (Abb. 3.11).

Allein bei den Insekten leben gut 100 Arten von der Eiche. Von ihren Blättern ernähren sich Maikäfer, Nachtfalterraupen (Spinner, Spanner und Eulen) sowie Gallwespen, vom Holz Bockkäferlarven (diese schaffen Hohlräume für

Ameisen), von Blüten, Früchten, Jungtrieben und Knospen Rüsselkäfer und Wicklerraupen; schließlich leben unter der Rinde noch verschiedene Käfer. An Säugern nähren sich von der Eiche (neben anderen Baumarten) das Wildschwein (Eicheln), Dachs, Hirsch, Reh und Eichhörnchen, ferner Mäuse und auch verschiedene Vögel. An verschiedenen Organen endlich saugen Pflanzenläuse, an verholzten Pflanzenteilen nagen Mäuse, und im morschen Holz lebt der Engerling des Hirschkäfers.

Recht gut untersucht sind diese Zusammenhänge auch an Fichten: Zwischen den Zahlen der Borkenkäfer und der Buntspechte sowie anderer Lebewesen ergeben sich enge Wechselbeziehungen. Windbruchereignisse führen zu einer Vermehrung der Borkenkäfer, und nach einiger Zeit stellt sich wieder ein biologisches Gleichgewicht ein. Dagegen führt das «Waldsterben» in Fichtenbeständen zu **Borkenkäfer-Vermehrungen,** die mit Pheromonen bekämpft werden müssen.

Das verflochtene Netzwerk der Nahrungsketten in einem ganzen Ökosystem ist überaus kompliziert; in einem **Stillwasser** sind die Verhältnisse indessen noch recht überschaubar. Im Wasser gelöste Nährstoffe werden von höheren Wasserpflanzen und Algen aufgenommen. Algen gehören zum Speisezettel des Zooplanktons, der freischwebenden Herbivoren (primäre Konsumenten). Auch die am Boden kriechenden Arten (Benthos) ernähren sich von Algen. Teilweise gehören auch bestimmte höhere Wasserpflanzen in dieses Menü. Die sekundären Konsumenten sind zum Teil bereits räuberisch: sie nähren sich von pflanzlichem und tierischem Plankton. Die Spitze der Nahrungspyramide und das Endglied der Nahrungskette bilden die Fische, hier die «Gipfelraubtiere». Sie sind die tertiären Konsumenten, die die sekundären Konsumenten fressen. Auch die Schlammschichten am Grunde der Gewässer werden genutzt. Sofern das Gewässer gesund und der Boden sauerstoffreich ist, sind Bodenflora und Bodenfauna ziemlich artenreich.

Doch auch der «Spitzenfisch» kann noch von höheren Organismen benachbarter Ökosysteme genutzt werden. Sobald nun aber Nahrungsketten zwischen den Ökosystemen analysiert werden, sind die Verhältnisse schon kaum mehr überschaubar. Immerhin sei hier ein Beispiel aus einem Wald-Grasland-Übergangsgebiet vorgestellt (Tab. 3.7).

In der Natur hat also jedes Lebewesen seinen **natürlichen Feind** oder Parasiten. Auf der einen Seite sichert diese Situation dem Räuber seine Nahrung. Auf der anderen Seite aber genügt schon die Gegenwart eines einzigen Räubers, um größere Ansammlungen einer Beutetierart zu verhindern. Er frißt also nicht bloß seine Beutetiere, sondern sorgt auch für deren Verteilung und verhindert damit auf die Dauer eine lokale Massenvermehrung der Beuteart.

Selbstverständlich spielen noch andere Faktoren mit: So können Krankheiten oder ungünstige **Witterungseinflüsse** gewisse Arten dezimieren. Kommt es aber beim Fehlen von Räubern zu einer Massenvermehrung, zerstören die Beutetiere ihre Nährpflanzen und damit ihre Lebensgrundlage. Das Gleichgewicht eines Ökosystems ist also mit der Lösung des Hauptproblems, genügend Nahrung bereitzustellen, noch nicht garantiert. Zusätzlich muß auch die Vermehrung der Arten kontrolliert werden.

3.2.3 Energiefluß im Ökosystem

Wie steht es nun aber mit der «Wirtschaftlichkeit» im Ökosystem? Wie gut wird die Energie in seinen verschiedenen Teilen verwertet?

Tab. 3.8: **Die Wirksamkeit der Energieumsätze im Ökosystem.** In Gewässer-Ökosystemen ist die Wirksamkeit allgemein höher als bei Land-Ökosystemen. Deshalb können in Gewässern die Nahrungsketten länger sein. (Nach Ricklefs 1973)

Energie für Produktion	Abfallenergie	Wirksamkeit (Effizienz)
① Menge der in einer Stufe der Nahrungspyramide produzierten Energie	nicht genutzte Energie	②/① = Nutzungseffizienz, Durchschnittswerte bei Pflanzenfressern 1 bis 10 %, bei Fleischfressern 10 bis 100 %
② Menge der in die nächste Stufe aufgenommenen Energie (Fraß)	unverdauliche Substanz	③/② = Aufnahmeeffizienz, abhängig von der Qualität des Futters
③ Menge der im Körper verwerteten Energie	Atmung Ausscheidung	④/③ = = Netto-Produktionseffizienz, bei Warmblütern 0,5 bis 6 %, bei Wirbellosen 14 bis 45 %, abhängig von Aktivität ④/② = Brutto-Produktionseffizienz
④ Menge der in dieser Stufe umgesetzten Energie für Wachstum und Reproduktion	tote Substanz	④/① = Ökologische oder Nahrungsketteneffizienz, bei Warmblütern 1 bis 5 %, bei übrigen Organismen 5 bis 30 %

Während sie durch das Ökosystem fließt, von der Pflanze zum Pflanzenfresser, vom Pflanzenfresser zum Fleischfresser, wird sie verschiedenartig umgesetzt, und ihre Nutzung in den einzelnen Stufen der Nahrungspyramide ist sehr unterschiedlich. In einzelnen Teilen des Ökosystems entsteht sogar recht viel **Abfallenergie**! Aus folgendem Beispiel wird ersichtlich, wieviel von der tatsächlich verwerteten Sonnenenergie – die im Pflanzenkörper gespeichert wird – den Pflanzenfressern und Fleischfressern schließlich noch zur Verfügung steht.

Der größte Teil der Energie geht durch Atmungsvorgänge «verloren» oder fließt in die Destruenten-Nahrungskette. Durchschnittlich kann vom Pflanzenfresser etwa 10 Prozent der aufgenommenen pflanzlichen Materie im Tierkörper eingebaut werden, vom Fleischfresser noch etwa 0,1 Prozent (Richtwerte) (Tab. 3.8 u. 3.9). In diesem Zusammenhang gesehen ist auch unsere Fleischkost für die gesamte Umwelt schwer tragbar, wenn Nutztiere mit Zusatzfutter in

Tab. 3.9: **Energienutzung in zwei gegensätzlichen Ökosystemen.** (Nach Odum 1957 bzw. Lindeman 1942 in Ricklefs 1973)

Wirksamkeit der Energienutzung	Quellsee ohne Ablagerung von Assimilationsprodukten	Moor mit Ablagerung von Assimilationsprodukten
einfallende Sonnenstrahlung in $kJ/m^2/Jahr$	7 100 000	5 000 000
Bruttoprimärproduktion in $kJ/m^2/Jahr$	88 000	4 600
photosynthetische Effizienz	1,2 %	0,1 %
Netto-Produktionseffizienz		
• Produzenten	42 %	79 %
• Konsumenten I	44 %	70 %
• Konsumenten II	19 %	42 %
Nutzungseffizienz		
• Konsumenten I	38 %	17 %
• Konsumenten II	27 %	30 %
ökologische Effizienz		
• Konsumenten I	17 %	12 %
• Konsumenten II	5 %	13 %

Z. Vgl. Laubwald, Mitteleuropa: 40–45 % der NPP eines Jahres wird kontinuierlich von Heterotrophen genutzt, rund 2 % wird von Herbivoren verzehrt.

bessere Fleischmaschinen umgebaut werden. Schon heute werden ca 2/5 der Cerealienproduktion als Viehfutter eingesetzt (vgl. S. 403 ff.).

Im Rahmen des «Internationalen Biologischen Programms» (IBP) und später im Unesco-Programm «Man and Biosphere» (MAB) wurde auf der ganzen Erde und in sehr verschiedenartigen Ökosystemen der Energiefluß durch die einzelnen Stufen der Nahrungspyramide untersucht (s. Tab. 3.8 u. 3.9).

3.3 Die Gesetze der Vermehrung

Ähnlich wie eine Kerzenflamme sind auch die Populationen von Tier- und Pflanzenarten positiven und negativen Rückkopplungen unterworfen. Je mehr fortpflanzungsfähige Tiere vorhanden sind, desto mehr Junge werden geboren und kommen wiederum ins fortpflanzungsfähige Alter usw. Diese Entwicklung läßt sich in einem mathematischen Modell als **Zuwachskurve** darstellen. Der Zuwachs einer Art berechnet sich in einem geschlossenen System (ohne Zu- oder Abwanderung) als Differenz von Geburten und Todesfällen. (Ableitung der Kurve s. S. 415).
In der Natur sind indessen dem Wachstum meist **Grenzen** gesetzt: Je mehr Tiere in einem bestimmten Gebiet vorhanden sind, desto knapper wird das Futter, desto mehr Individuen fallen Räubern oder ansteckenden Krankheiten zum Opfer, oder ihre Fortpflanzungsbereitschaft vermindert sich durch innere Faktoren (Streß). Diese natürlichen Grenzen oder Wachstumsbremsen bestimmen die Populationsgröße, die von der Umwelt gerade noch verkraftet werden kann, die sogenannte **Tragfähigkeit.** Eine Wachstumsbremse wirkt sich um so stärker aus, je näher die Population an die untere Grenze der Tragfähigkeit kommt (vgl. Anhang).
Im mathematischen Modell wird diese Wirkung der Wachstumsbremse als Abflachung der Wachstumskurve sichtbar: Die Exponentialkurve wird dabei in eine sogenannte Sigmoide oder **logistische Kurve** (Abb. 3.12) umgewandelt. Dieses Modell hat, biologisch gesehen, einen grundlegenden Fehler. Bei sehr kleiner Individuenzahl finden die Partner nur schwer zur Fortpflanzung zusammen. Ferner ist bei Inzucht eine meist verminderte Fruchtbarkeit anzunehmen (dies gilt nicht für Individuen, die sich durch Sprossung fortpflanzen). Das

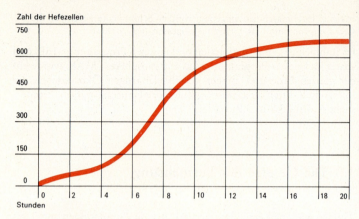

Abb. 3.12: **Wachstum einer Hefekultur.** Die logistische Kurve zeigt, wie die Vermehrungsgeschwindigkeit anfangs zu-, später abnimmt und wie die Populationsgröße sich auf einen stabilen Wert einpegelt. (Nach Allee 1949)

Modell läßt sich korrigieren durch Annahme eines Schwellenwertes, unterhalb dessen die Population ausstirbt.
Je nach ihrer Konstitution sind die Organismen eher in der exponentiellen Wachstumsphase (sogenannte r-Strategie) oder in der dynamischen Gleichgewichtslage in der Nähe der Tragfähigkeit (K-Strategie) konkurrenzfähig. Schließlich sind einige Organismengruppen an Minimalbedingungen angepaßt, zum Beispiel die Lebewesen in gelegentlichen Wüstentümpeln, die sich zeitweise explosiv vermehren (L-Strategie).
Die **Strategie der Reproduktion** (Abb. 3.13) ist abhängig von der Energie, die für Wachstum und Erhaltung des Individuums sowie für die Produktion von Nachkommen verausgabt wird (einschließlich Schutzvorrichtungen). Dabei hängt der Erfolg einer zahlreichen Nachkommenschaft von einer Vielzahl von Umweltbedingungen (äußeren Faktoren) und physiologischen Eigenheiten (innere Faktoren) ab. Dies führt dazu, daß Lebewesen nicht immer nur an einer einzigen Strategie festhalten, sondern sich den besonderen Lebensumständen anpassen.
Auch bei der **Entwicklung des Nachwuchses** wirken Nahrungsangebot, innerartliche Konkurrenz um bestimmte Reviere und Brutplätze, Kämpfe um die soziale Rangordnung, Krankheiten, Streß

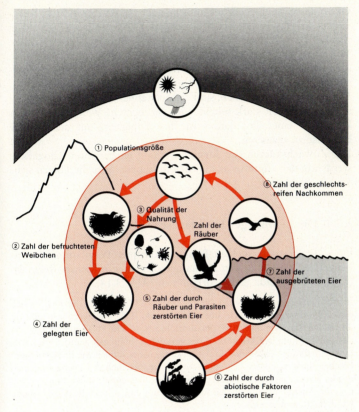

Abb. 3.13: **Die wichtigsten Faktoren, die die Zahl der Nachkommen bestimmen.** (Nach Collier u. M. 1973)

durch Überbevölkerung und andere Faktoren regulierend auf die Größe der Population ein.

Namentlich die **Streßsituation** bei hoher Bevölkerungsdichte kann sich auf mannigfache Art auswirken. Das Verhalten der Tiere ändert sich durch Ausschüttung von Hypophysenvorderlappen-Hormon, das die Nebennierenrinde zu vermehrter Adrenalinausscheidung anregt. Sie werden nicht nur empfindlicher und aggressiver, sondern auch krankheitsanfälliger, und ihre Fruchtbarkeit nimmt ab. Teilweise verändern sich durch Streß und Übernutzung auch die Individuen oder ganze

Ökosysteme. Schließlich beeinflussen auch die Räuber indirekt (seltener direkt) das Wachstum der Population (s. S. 267f.). Unabhängig von der Bevölkerungsdichte sind dagegen Störgrößen, die durch die Witterung bedingt sind. So ist die Sterblichkeit vieler Organismen abhängig von der Dauer und der Intensität des Regens. Auch nichtansteckende Krankheiten und Ernährungsstörungen, die nicht auf Nahrungsmangel beruhen, sind dichteunabhängig. In der Natur sind alle Störfaktoren stark miteinander verflochten. Wesentlich für das Überleben einer Population ist ihre Fähigkeit, auf schädigende Einflüsse zu reagieren.

Die Zuwachskurven der Menschheit und einiger ihrer Tätigkeiten werden in der Literatur ausführlich diskutiert (über die Folgen siehe auch S. 384, 393 ff.).

3.3.1 Die Lemminge: Ein klassischer Fall

Eines der bestuntersuchten Beispiele abrupter Populationsschwankungen ist dasjenige der Lemminge, die in nordischen Regionen (Lappland, Kanada usw.) vorkommen (Abb. 3.14).

In Abständen von drei bis vier Jahren (Alaska, 9 J. Finnland) vermehren sich diese Wühlmäuse plötzlich übermäßig stark. Die Bevölkerungsexplosion umfaßt Gebiete von über 1000 Quadratkilometern, und zwar unabhängig von der Entwicklung der Vegetation, die von den Lemmingen genutzt wird. Die lawinenhaft angewachsene Population kann ebenso schnell wieder zusammenbrechen, indem gewisse Lemminge, von einer rätselhaften Unruhe getrieben, große Wanderungen unternehmen und dabei massenhaft umkommen. Nach neuerer Ansicht könnte es sich überhaupt um eine sektorielle Verschiebung handeln (Remmert mdl.).

Vermutlich wird diese Wanderung weniger durch äußere (Witterung, Nährstoffe) als vielmehr durch **innere Faktoren** ausgelöst (Abb. 3.15). So könnte der Streß im Gedränge zu einer hormonalen Umstimmung führen, die dann zu vermehrten Revierkämpfen und zu schlechterer Futterverwertung führt. Bei größerer Bevölkerungsdichte entsteht auch ein anderer Wuchstyp, der an sich schon aggressiver und weniger reproduktiv ist. Diese Eigenschaften sind vermutlich genetisch fixiert. Bei niedriger Dichte verschwindet dieser Typ wieder. In der Streßsituation betätigen sich die Tiere auch ganz sinnlos: sie verbeißen mehr pflanzliches Material, als sie für ihre Ernährung benötigen, und erzeugen dadurch viel pflanzliche Streu. Damit wird die **Vegetation** ihrerseits zyklischen Schwankungen unterworfen. Bei größerer Lem-

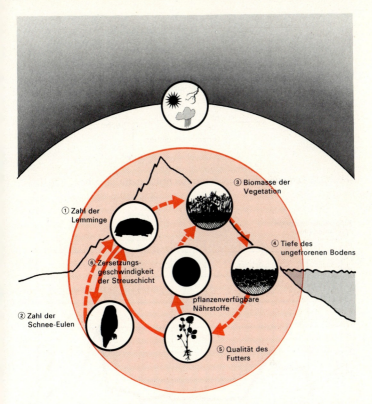

Abb. 3.14: **Die Lemminge und ihre Umwelt.** Ausgezogene Pfeile bedeuten positive, gestrichelte Pfeile negative Wirkungen auf die entsprechenden Umweltfaktoren. (Nach Schulz 1969)

mingdichte wird nämlich mehr Pflanzenmasse gefressen, und die Wärme der Sonne kann besser bis auf den Boden vordringen. Dadurch taut der ewig gefrorene Tundraboden stärker auf. Verstärkt wird diese Wirkung durch die Grabtätigkeit der Tiere, die den Boden lockert und mehr Nährstoffe an die Bodenoberfläche schafft, was die Vegetation zu stärkerem Wachstum anregt. Bei stärkerem Wachstum der Vegetation vermehren sich wiederum die Lemminge schneller. Gleichzeitig vermehren sich aber auch die Nutznießer der Lemminge, in erster Linie die Eulen (Abb. 3.16).

260 · Die organismische Beziehung

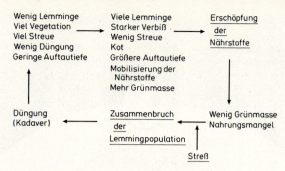

Abb. 3.15: **Lemmingzyklus** in der arktischen Tundra (4–5 bzw. (–9) J.).

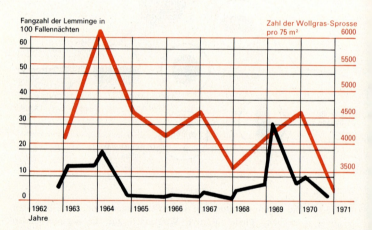

Abb. 3.16: **Beziehung zwischen Lemming-Dichte und Vegetation.** Dies ist das Ergebnis einer Untersuchung in Finnisch-Lappland, nach Tast und Kalela, 1971. (Aus Krebs und Myers 1974)

Bald zeigen sich indessen die ersten Folgen des Ungleichgewichts. Zunächst wird durch das Übermaß an Kot und Streu die **Bodenmikroflora** umgestimmt. Diese vermag die anfallenden Mengen nicht mehr aufzuarbeiten; die Nährstoffe bleiben in der Kot- und Streuschicht festgelegt, die nun den Oberboden wieder von der Sonnenstrahlung abschirmt. Nun taut der Boden weniger stark auf, und die Vegetation wird zusehends schütterer.

Zu diesem Zeitpunkt ist indessen die Lemmingpopulation bereits am Zusammenbrechen oder teilweise ausgewandert. Dadurch kann die Vegetation sich wieder erholen, und die Nährstoffe aus der Streue werden langsam freigesetzt.

Umgekehrt kann die Vegetation sich auch erst nach dem Zusammenbruch maximal entwickeln – ein Zeichen, daß sie nicht durch die Lemminge geschwächt wird oder daß der Zusammenbruch der Lemmingpopulation nicht durch Nahrungsmangel bedingt ist. Mit dem Rückgang der anfallenden Kotmenge stellt sich nun auch die Bodenmikroflora wieder hauptsächlich auf den Abbau pflanzlicher Substanz um. Bei erneut besserer Weidequalität beginnt auch die Lemmingpopulation wieder zu wachsen, und der Zyklus kann von vorne beginnen.

Auch die Massenvermehrung von Waldinsekten kann zu Reaktionen des Oberbodens führen, die schließlich den Prozeß zugunsten des Baumes wieder stabilisieren. So können Entlaubungen der Krone durch Rüsselkäfer (*Orestes [Rhynchaena] fagi*), der im Spätfrühling ab Bodentemperaturen von 8 °C in die Buchenkronen steigt, zu stärkerer Verlichtung, Blattfall und vermehrter Fäkalienzufuhr führen. Dies wiederum regt die Vermehrung von Destruenten an, die dadurch pflanzenverfügbare Nährstoffe schneller bereitstellen, die dem geschädigten Baum dann auch schneller wieder zugute kommen (negative Rückkopplung), so daß er seinen Stoffwechsel kompensatorisch ausgleichen kann. Durch die Nährstoffaufbereitung können gleichzeitig auch Sukzessionen in Strauch- und Krautschicht ausgelöst werden. Verschiedene Insekten-Herbivoren können sich je nach Generationendauer, Entwicklungszyklus und Verhalten tages- und saisonrhythmisch ablösen.

3.3.2 Inseltheorie

Jede schützenswerte, einigermaßen noch naturnähere Fläche bildet heute eine Insel im Meer der Kulturlandschaft. Und da jedes Lebewesen auf einer Insel seinem Schicksal – lies: einer wesentlichen Veränderung der Umweltbedingungen – nicht so gut ausweichen kann wie auf unbegrenzter Fläche, und da zudem eine Vielzahl von Organismen auf zahlreichen Inseln dieser Welt immer stärker bedroht sind, war es naheliegend, sich Gedanken zu machen über die Überlebenschancen solcher Lebewesen und solcher Lebensgemeinschaften. Mittlerweile ist die sog. «Inseltheorie» (trotz gewisser Widersprüchlichkeiten) fester Bestandteil einer generellen Überlebensstrategie für bedrohte Organismen. Damit wurde ein Instrument geschaffen, um deren Chancen gezielt und quantitativ zu verbessern, oder aber, es ist erkennbar, welche Organismen kaum eine Chance haben und wegen ihrer zu kleinen Insel aussterben **müssen**.

Aus vielen Beobachtungen auf (echten!) Inseln, aus Nationalparks und in isolierten Wäldern weiß man heute, daß Artenzahl und zur Verfügung stehende Fläche proportional sind (formelmäßige Ableitung s. Anhang math. Ableitungen). Aus dieser Beziehung lassen sich Aussagen über das mögliche Einwandern und Aussterben von Organismen (Arten) herleiten. Denn beide Vorgänge sind in Abhängigkeit von der Entfernung zur nächsten Insel im dynamischen Gleichgewicht. Es ist ja nicht gleichgültig, von wie weit her eine neue Art einwandern oder einfliegen muß. Daraus lassen sich eine Reihe von Gesetzmäßigkeiten herleiten:

1. Die Einwanderung (Immigration I) nimmt ab mit der Zunahme der Gesamtzahl an Arten, umgekehrt steigt die Aussterberate (Extinktion E) (Abb. 3.17).

2. Im dynamischen Gleichgewicht ist die Artenzahl (Summe S) abhängig von der Größe der Insel und von den Eigenheiten der betreffenden taxonomischen Gruppen. Größere Inseln haben in der Regel auch eine größere Vielfalt an Lebensräumen, so daß sich mehr Lebensgemeinschaften und somit auch mehr Lebewesen (Arten)

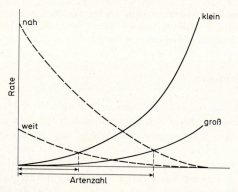

Abb. 3.17: **Gleichgewichtsmodell für Fauna und Flora von Inseln in verschiedener Entfernung vom Ursprungsgebiet und von verschiedener Größe.** Zunahme der Entfernung vermindert die Einwanderungsrate (unterbrochene Linie), Zunahme der Größe die Aussterberate (ausgezogene Kurve). An den Kurvenschnittpunkten läßt sich die errechenbare Artenzahl ablesen. (Nach MacArthur und Wilson, 1963, verändert).

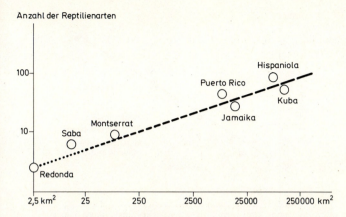

Abb. 3.18: **Zusammenhang zwischen Größe der Inseln und Anzahl der Arten.** Zum Beispiel die Reptilienarten auf mittelamerikanischen Inseln. Die senkrechte Skala gibt die Anzahl der Arten, die waagrechte die Fläche der Inseln an. Um die stark variierenden Werte gut darstellen zu können, wurde für beide Skalen ein logarithmischer Maßstab gewählt. Die Graphik zeigt: Auf kleinen Inseln, wie Redonda oder Saba, leben erheblich weniger Arten als auf großen Inseln, wie Hispaniola oder Kuba. (Nach Kurt in Natur 1986).

ansiedeln können. Diese Beziehung wird bestimmt durch die Inselgröße und den Grad der Isolierung (Abb. 3.18). (Achtung: Eine Serie kleinerer Inseln kann für die Besiedlung eine größere Trittstein-Wirkung haben.)

3. Je abgelegener eine Insel ist, desto geringer ist die Immigrationsrate (flache I-Kurve, s. Anhang) (Abb. 3.19 u. 3.20).

4. Je kleiner eine Insel ist, desto kleiner sind Artenzahl und Populationsgrößen und desto größer die Extinktionsrate (steile E-Kurve, s. Anhang). Unter diesen Bedingungen interferieren mehr Arten auf kleinerem Raum und konkurrieren stärker um die verfügbaren Ressourcen. Bei freien Flächen (z. B. Krakatau nach der Katastrophe, neue Vulkaninseln) ist die Immigration je nach Ausgangsisoliertheit zunächst hoch, worauf nach Erreichen eines Grenzwerts aus Konkurrenzgründen die Extinktion stark ansteigt bis sich ein neues Gleichgewicht anbahnt. Umgekehrt kann bei der Abspaltung einer Insel die Extinktionsrate wegen der relativen Überladung der Insel mit Arten stark ansteigen (in der Kulturlandschaft z. B. Verklei-

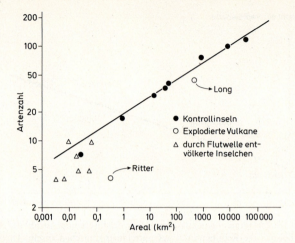

Abb. 3.19: **Beziehung zwischen Artenzahl und Inselfläche in einem Archipel.** Anzahl S der seßhaften, nichtmarinen Tieflandvögel im Bismarck-Archipel, aufgetragen als Funktion der Inselfläche in doppelt logarithmischem Maßstab. Die Punkte stellen verhältnismäßig ungestörte Inseln dar, die Gerade $S = 18{,}8\,A^{1{,}18}$ wurde nach den kleinsten Quadraten für die sieben größten Inseln durch die Punkte gelegt. Die Kreise entsprechen den explodierten Vulkanen Long und Ritter, wo die Artenzahl, vor allem auf Ritter wegen unvollständiger Erneuerung der Vegetation noch unter dem Gleichgewicht liegt. Dreiecke bezeichnen die durch die Ritter-Flutwelle 1888 überschwemmten Koralleninselchen. (Nach Diamond 1974).

nerung eines Schutzgebietes). Auch in diesem Falle muß die Art-Identität nicht konstant sein, dagegen sehr wohl die dynamischen Schwankungen um eine bestimmte Zahl von Arten (s. Abb. 3.17–3.20).

In unseren Schutzgebieten werden einige dieser Gesetzmäßigkeiten durch menschliche Einflüsse durchbrochen. So können durch gezielte Pflegemaßnahmen gefährdete Pflanzenarten eher erhalten bleiben, und bei Tierarten kann sich das Verhalten so ändern, daß größere Zutraulichkeit zu Veränderungen des Artenspektrums führt.

Auf der Panamakanal-Insel Barro Colorado sind Pekari, Nasenbär und Gürteltier zutraulich und häufig geworden. Dafür verschwanden einige Pflanzenarten, Reptilien, Vögel (vor allem Bodenbrüter) und Kleinsäuger wegen der Überpopulation von Pekari und Nasenbär. In Mitteleuropa wird

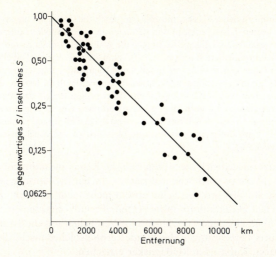

Abb. 3.20: **Beziehung zwischen Artenzahl und Entfernung der Insel vom Ursprung der Besiedlung: Vögel auf Tropeninseln im südwestlichen Pazifik.** Die Ordinate (logarithmische Skala) stellt die Anzahl der seßhaften, nichtmarinen Tieflandvögel auf Inseln dar, die > 500 km von der größeren Quellinsel Neuguinea entfernt sind, dividiert durch die Artenzahl auf einer Insel gleicher Größe nahe bei Neuguinea. Die Abszisse ist die Entfernung der Insel von Neuguinea. Die annähernd lineare Beziehung bedeutet, daß die Artenzahl exponentiell mit der Entfernung abnimmt, und zwar um den Faktor 2 auf 2600 km (vgl. auch Trittstein-Wirkung). (Nach Diamond 1874)

durch die übersetzten Schalenwildpopulationen, aber auch durch die Veränderung ihres Verhaltens der Nachwuchs vieler Baumarten nachhaltig geschädigt. Trotz durchschnittlich reichem Äsungsangebot und trotz der Tatsache, daß gut 3/4 aller Pflanzenarten vom Reh angenommen werden, ist die Verjüngung von z. B. Weißtanne und Eibe nicht mehr gesichert. Andernorts sorgt der Hirsch für den Ausfall von Fichten-Jungbeständen, weil er immer stärker deren Rinde schält.

Schließlich sind selbst die riesigen Populationen in den Nationalparks aller Kontinente nicht mehr gesichert, entweder weil die Migrationsrouten unterbrochen wurden oder weil die Störung durch Haustiere zu intensiv ist.

Im «Wood Buffalo»-NP Kanadas (45 000 km^2) besteht kein Schutz des Bisons vor Krankheiten der Haustiere; im Serengeti-NP genießen die Wanderherden keinen ganzjährigen Schutz, da sie teilweise die 13 000 km^2 großen Schutzgebiete immer noch verlassen müssen (vgl. auch die Tsavo-Elefanten-Tragödien der letzten Jahrzehnte), und in den südasiatischen Wildelefantenschutzgebieten werden durch illegale Rodungen die Waldinseln immer kleiner, so daß «ausgewiesene» kleinere Bullen nicht mehr zum Zuge kommen. Dabei werden nicht nur Plantagen zerstört und geschützte Organismen abgeschossen: mehr und mehr kommt es zur Bildung von Inzuchtgruppen, und die letzten Gruppen geraten in unausweichliche «Gen-Fallen». Kurt prognostiziert das Aussterben solcher Populationen innerhalb 3–25 Generationen, eine unbegrenzte Erhaltung wäre nur ab etwa 500 Eltern pro Generation gewährleistet, was unter den gegebenen Umständen mangels Austauschkanälen zwischen den Inseln nicht mehr gegeben ist.

Überspitzt ausgedrückt zerstören sich die Reservate nunmehr selbst. Der Artenkollaps wird prognostizierbar. Ja, ein Evolutionsgeschehen ist selbst auf den größten Schutzinseln nicht mehr möglich. Zudem entsprechen Habitatinseln mit direkten «Fremdkontakten» nicht den stärker abgeschiedenen Ozean-Inseln. Verglichen mit diesen müßten nach Kurts Berechnungen die Mindestgröße solcher Inseln diejenige von Luzon, Kuba oder Madagaskar erreichen.

3.3.3 Vermehrung von Räuber und Beute

Nicht nur die unbelebte Umwelt, innere Faktoren und die Konkurrenz beeinflussen indessen den Zuwachs von Tierpopulationen, sondern auch die Räuber, die sich von diesen Tierpopulationen ernähren (Abb. 3.21).
Ein **mathematisches Modell,** das die gegenseitige zeitliche Abhängigkeit der Räuber- und Beuteschwankungen beschreibt, geht auf Lotka und Volterra zurück (Abb. 3.22). In der Praxis stimmte das Modell recht gut mit der Wirklichkeit überein. Es setzt voraus, daß

- die **Geburtenrate** des Räubers zunimmt, wenn die Beutetiere zunehmen,

- die **Sterberate** der Beutetiere zunimmt, wenn die Räuber zunehmen.

Sind die Schwankungen von Räuber und Beute nicht phasenverschoben, so lassen sie sich graphisch gut darstellen (s. S. 267). Die Abhängigkeit des Zuwachses der Räuber- und Beutezahlen von den jeweiligen Populationsdichten läßt sich nämlich in einem Achsensystem, in dem die Größe der Räuber- und der Beutepopulation auf senkrecht aufeinanderstehenden Achsen aufgetragen wird, unschwer aufzeigen. Bei einer Räuberpopulation, die weder zu- noch abnimmt,

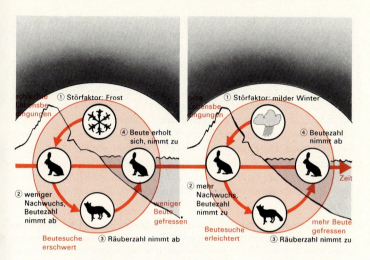

Abb. 3.21: **Die Wechselbeziehung zwischen Räuber und Beute.** Dieses Denkmodell berücksichtigt die populationsinterne Regulation nicht. Nach neuerer Ansicht kein typischer R/B-Zyklus. (Nach Gigon 1974)

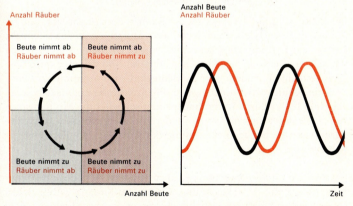

Abb. 3.22: **Theoretisches Modell von Lotka und Volterra.** Die linke Graphik zeigt, wie bei großer Häufigkeit der Beute die Räuber zunehmen, bei großer Häufigkeit der Räuber die Beute abnimmt. Daraus resultieren phasenverschobene zyklische Schwankungen von Räuber und Beute (rechte Graphik). (Nach Wilson und Bossert 1971 in McNaughton und Wolf 1973)

ist die Anzahl der Beute gleich der Sterberate des Räubers, geteilt durch dessen Geburtenrate. Dasselbe gilt sinngemäß für die Zahl der Räuber.

Somit ist im ersten Feld die Zahl der Räuber kleiner, als dies dem Gleichgewichtszustand entspricht, deshalb nimmt die Beute zu. Im zweiten Feld nimmt als Reaktion auf die Zunahme der Beute auch die Zahl der Räuber zu. Darauf vermindert sich im dritten Feld die Zahl der Beute, die von den zunehmenden Räubern vermehrt gefressen wird. Schließlich gehen auch die Räuber wegen mangelnder Beute wieder zurück. Die Beute kann sich erholen (im ersten Feld) wegen der geringen Zahl von Räubern. Damit beginnt die Entwicklung wieder von vorne. Auf einer Zeitachse aufgetragen, äußert sich diese Wechselbeziehung als **zyklische Schwankung** der Räuber- und Beutezahlen.

Im Labor läßt sich die Wechselbeziehung zwischen Räuber und Beute recht gut nachweisen, etwa indem zwei Arten von Urtierchen oder Milben zusammengegeben werden, von denen je eine räuberisch lebt. Bei diesem Versuch kommt es freilich darauf an, wie groß die Individuenzahlen am Anfang gewählt werden oder wann die räuberische Art zugesetzt wird. Außerdem lassen sich die zyklischen Schwankungen der Räuber- und Beutepopulation nur aufrechterhalten, wenn die Zuwanderung von Organismen künstlich imitiert wird. Solche Experimente wurden von Gause bereits 1937 durchgeführt. Auch aus der Natur wurden eindrucksvolle Beispiele bekannt.

Die Beute ist immer häufiger als der Räuber, der von ihr lebt, und sie ist auch genetisch vielfältiger bei höherer Mutationsrate, da sich mehr Partner zur Fortpflanzung zusammenfinden. Die Beute kann sich also schneller an freie oder neue Nischen anpassen und sich oft explosionsartig vermehren. Zudem wird die Beute durch Koevolution mit Pflanzen, die Schutzvorrichtungen gegen Pflanzenfresser entwickeln, auch eher und besser damit fertig, findet somit schneller die Mechanismen zur Neutralisierung von Giften. In der Praxis ergaben sich vergleichbare Probleme bei der Bekämpfung des Apfelwicklers und gewisser Schadmilben.

Verblüffend ist die regelmäßige, aber phasenverschobene Schwankung der Zahl der Hasen und Luchse in Kanada (Abb. 3.23). Offensichtlich hängt hier, vereinfacht gesagt, in erster Linie die Zahl der Luchse von der Zahl der Hasen ab und nicht umgekehrt. Für natürliche Verhältnisse zwischen Räuber und Beute sind ferner folgende Reaktionen zu berücksichtigen:

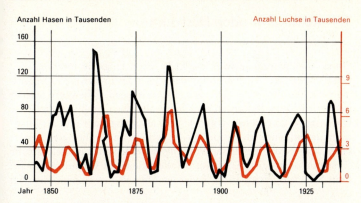

Abb. 3.23: **Ein Beispiel aus der Praxis:** Populationsschwankungen von Luchs und Schneeschuhhase im Gebiet der Hudson-Bay, ermittelt nach den Stückzahlen der eingegangenen Felle. (Nach MacLulich 1937 in Ricklefs 1973)

- Es ist anzunehmen, daß Räuber während ihrer Entwicklung ihre **Ansprüche ändern.** Dies wirkt sich auf die Zahl der Beutetiere aus.

- Die **Bevorzugung** bestimmter Beutetiere hängt auch von der Leichtigkeit ab, mit der sie erwischt werden, also vom Energieaufwand des Räubers zum Fang der Beute in bezug auf die dabei gewonnene Energie und Nutzbarkeit der Nährstoffe des Beutetieres (Effizienz des Beutemachens).

- In Abhängigkeit von den Umweltbedingungen muß der Räuber auf eine maximale **Reproduktionsrate** tendieren. Das bedeutet, daß er nicht unbeschränkt Zeit zum Beutemachen hat.

Erst in jüngerer Zeit wurde man gewahr, daß man viele dieser R/B-Beziehungen mit allzu stark vereinfachten Rahmenbedingungen angegangen war. Mit den Grundlagen der Chaostheorie (s. Anhang) lassen sich viele komplexe Vorgänge, so auch die Populationsschwankungen, besser und exakter veranschaulichen.

3.4 Reduktion oder Destruktion

Ohne Abbauvorgänge wäre die Erde schon längst in ihren eigenen Abfällen erstickt. Doch schon in der Urzeit der Erde waren Organismen da, die die Nährstoffe aus abgestorbenen Lebewesen wieder freisetzten. Deshalb werden auch heute alle lebenden Bestandteile der Ökosysteme von diesen Organismen wieder abgebaut und als Pflanzennährstoffe entweder sofort wieder verfügbar oder für einige Zeit im Humus festgelegt. Bei diesen Vorgängen werden auch die Schadstoffe (Pestizide oder gewisse Schwermetalle) wieder in Umlauf gebracht: Kein Schadstoff wird beim Tode des Organismus einfach aus dem

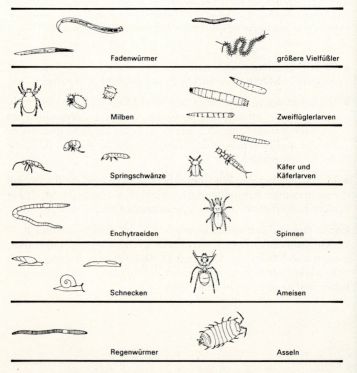

Abb. 3.24: **Die Bewohner eines mitteleuropäischen Wiesenbodens.**

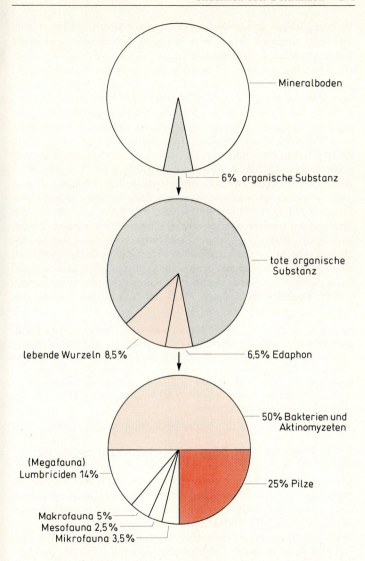

Abb. 3.25: **Anteile an Organismen und organischen Stoffen im Humus eines mullreichen A-Horizontes** (frischer Laubmischwald). (Aus Dunger 1983 in Becker 1991)

Verkehr gezogen. Zusammen mit den anderen Stoffen gelangt er, zum Teil leicht umgewandelt, wieder in andere Lebewesen, meist in die Organismen der Bodennahrungskette.
Der Humus eines Mineralbodens enthält meist ca. 4 bis 6 Prozent organische Substanz. Von diesem Anteil wiederum sind 85 Prozent tote Materie, etwa 8,5 Prozent lebende Wurzelspitzen und Würzelchen und 6,5 Prozent Lebewesen der **Bodennahrungskette**. Diese setzt sich aus den verschiedenartigsten Lebewesen zusammen: aus Schnekken, Würmern, Asseln, Milben, Tausendfüßlern, Urtierchen, Pilzen und Bakterien. Auch Raubtiere gibt es in der Bodennahrungskette, wie Spinnen, Hundertfüßler, Ameisen usw. (Abb. 3.24).
Alle diese Lebewesen faßt man unter den Begriffen «Zerleger», «Reduzenten» oder «Destruenten» zusammen, denn sie bauen abgestorbene Pflanzen und Tiere ab und zerlegen sie in ihre Nährstoffe, die von den Produzenten wiederverwertet werden können. Diese werden von den Konsumenten wieder gefressen, den Nutznießern dieses Aufwandes. Die gesamte Masse der Destruenten ist um ein Vielfaches größer als diejenige der Konsumenten, denn sie müssen ja mit dem ganzen Abfall fertig werden, der von den Konsumenten und den Produzenten anfällt. Deshalb bilden sie die Basis der Nahrungspyramide (Abb. 3.25).

Aber nicht nur die «Abfälle» natürlicher Ökosysteme, sondern auch die Abfälle des urban-industriellen Ökosystems enthalten in den meisten Fällen noch wertvolle Stoffe. Immer mehr dringt die Einsicht durch, diese Stoffe auch in unsern künstlichen Ökosystemen wieder zu nutzen, also Abfälle nicht einfach abzulagern oder zu verbrennen, sondern im Sinne der natürlichen Vorgänge in der Bodennahrungskette wieder nutzbar zu machen, etwa durch Kompostierung von organischen Haushaltsabfällen.

3.4.1 Reduzenten im Zentrum der Erneuerungsprozesse

Unsere modernen Kompostierwerke arbeiten nach dem Vorbild der Natur; sie bauen die organischen Abfälle in zwei Hauptphasen ab: in einer vorwiegend aufbereitenden Zerkleinerungsphase und in einer biochemischen, auflösenden Zersetzungsphase.
Beide Vorgänge, der mechanische und der chemische, werden auch von den Reduzenten, den abbauenden Bodenorganismen, durchgeführt. Fallen die Zerkleinerer einmal aus, so können allerdings auch die Zersetzer den ganzen Abbau bewerkstelligen.
Tiere zerkleinern und verteilen in erster Linie die **organische Substanz**

des Bodens, so die Cellulose und das Lignin der abgefallenen Blätter, Äste und Zweige sowie die unverdaulichen Bestandteile der tierischen Leichen. Die große Oberfläche der so immer wieder mechanisch zerkleinerten toten organischen Substanz ermöglicht es dann den nichttierischen Lebewesen, den Bakterien, Blaualgen und Pilzen (insbesondere Strahlenpilze), die unverdauliche Substanz schnell chemisch umzusetzen.

Regenwürmer wirken als Miniaturpflug und «Zementmischer» und schichten den Boden um. Dabei tragen sie zur sogenannten «Bodengare» bei: Die Humusschichten werden krümeliger und besser durchlüftet.

Pro Hektar und Jahr wandern so zwischen 1 und 20 Tonnen Boden durch die Körper der Regenwürmer. Im Laubwald wird auf diese Weise der Oberboden bis 50 cm Tiefe in 200–300 Jahren einmal umgesetzt, in Steppen die obersten 30 cm in 100–150 Jahren.

Fadenwürmer und **Protisten** ernähren sich von verwesenden tierischen und pflanzlichen Leichen. Sehr wesentlich tragen dann auch die **Hornmilben** zur Zerkleinerung der Substanzen bei: durch ihre Tätigkeit vergrößern sie die Oberfläche der Erde auf das Fünftausendfache (s. S. 165). Schließlich beteiligen sich auf bestimmten Böden vornehmlich Urinsekten von Anfang an am Zerkleinerungsprozeß, nämlich die **Springschwänze** (Collembolen). Sie sind besonders zahlreich in sauren Bodenschichten, wo Regenwürmer kaum mehr vorkommen. Dank ihres großen Artenreichtums und ihrer Spezialisierung können sie mehr oder weniger alle Pflanzenreste zerkleinern (Tab. 3.10).
Diese feinverteilten Reste werden nun von **Pilzen** angegriffen, die in erster Linie Eiweiße als Aminosäurelieferanten für ihre körpereigenen Eiweiße benützen und dabei oft sehr schnelle und hohe Stickstoffumsätze erzielen. Die Mykorrhiza-Pilze stellen wahrscheinlich die Aminosäuren den Bäumen und anderen Pflanzen direkt zur Verfügung. Komplizierte Eiweiße werden durch Strahlenpilze aufgespalten, und schließlich wird das nun bereits stark zersetzte organische Material für die **Bakterien** verfügbar. Diese machen die letzten chemischen Schritte in diesem Zersetzungsprozeß; sie spalten aus einfacheren organischen Substanzen wieder pflanzenverfügbare Nährstoffe ab und schließen so den ewigen Kreislauf des Lebens.

Die Zahl der Bakterien ist gewaltig: sie sind etwa mit 0,03 bis 0,3 Prozent an der Bodenmasse beteiligt. Ihre Rohproduktion erreicht pro Monat und Gramm Boden zwischen 1,3 und über 70 Milligramm Körpersubstanz (Tab. 3.11).

Tab. 3.10: **Zahlen und Gewichte von Bodenlebewesen.** Die wichtigsten Pflanzen- und Tiergruppen in europäischen Böden. Die Anzahl der Individuen und ihr Gesamtgewicht wurde auf einen Bodenblock von einem Quadratmeter Oberfläche und dreißig Zentimetern Tiefe berechnet. (Nach Dunger 1970 in Illies und Klausewitz 1973)

Gruppe	Anzahl Einzelwesen durchschnittlich und im Optimum	Gesamtgewicht in Gramm, durchschnittlich und maximal
Kleinste Pflanzen i.w.S.		
• Bakterien	10^{12}–10^{15}	50– 500
• Strahlenpilze	10^{10}–10^{13}	50– 500
• Pilze	10^9 –10^{12}	100–1000
• Algen	10^6 –10^{10}	1– 15
Kleinste Tiere (bis 0,2 mm)		
• Geißeltierchen	$5 \cdot 10^{11}$–10^{12}	10–100
• Wurzelfüßer	10^{11}–$5 \cdot 10^{11}$	10–100
• Wimpertierchen	10^6 –10^8	10–100
Kleintiere (0,2 bis 2 mm)		
• Rädertiere	25 000–600 000	0,01– 0,3
• Fadenwürmer	10^6–$2 \cdot 10^7$	1 –20
• Milben	100 000–400 000	1 –10
• Springschwänze	50 000–400 000	0,6 –10
Größere Kleintiere (2 bis 20 mm)		
• Enchytraeiden	10 000–200 000	2 –26
• Schnecken	50– 1 000	1 –30
• Spinnen	50– 200	0,2 – 1
• Asseln	50– 200	0,5 – 1,5
• Doppelfüßer	150– 500	4 – 8
• Hundertfüßer	50– 300	0,4 – 2
• übrige Vielfüßer	100– 2 000	0,05– 1
• Käfer mit Larven	100– 600	1,5 –20
• Zweiflüglerlarven	100– 1 000	1 –10
• übrige Kerbtiere	150– 15 000	1 –15
Mittelgroße Tiere (20 bis 200 mm)		
• Regenwürmer	80–800	40–400
• Wirbeltiere	0,001–0,1	0,1–10

Tab. 3.11: **Die Zerleger der Laubstreuschicht.** Ausschnitt aus dem von den Zerlegern beherrschten Teil des Stoffkreislaufs in einem Laubholzbestand. Die Beziehungen der Räuber zu den Erstzerlegern sind nicht dargestellt. (Nach Brauns 1971)

Stufe	Organismen und Substanzen
tote organische Substanz	• Fallaub
Zerleger I (Fallaubfresser)	• Milben, Ohrwürmer, Felsenspringer, Pilzmückenlarven, Haarmückenlarven, Schnakenlarven, Trauermückenlarven, Gallmückenlarven, Fliegenlarven, Regenwürmer, Borstenwürmer, Fadenwürmer, Springschwänze, Schnepfenfliegen • Pilzmyzelien
Zerleger II (Pilzfresser)	• Milben, Ohrwürmer, Pilzmückenlarven, Trauermückenlarven, Schnakenlarven
Zerleger III (Kotfresser)	• Trauermückenlarven, Gallmückenlarven, Pilzmückenlarven, Regenwürmer

Auf allen Stufen dieser Abbauprozesse gibt es auch **räuberische Nutznießer**: Spinnen, Raubmilben, Afterskorpione, Raubinsekten (Ameisen, Käfer, Wanzen usw.), Hundertfüßler, Schnecken und Protisten ernähren sich von Gliedern der Destruentennahrungskette. Auch hier gelten ähnliche Prinzipien wie bei der Nahrungskette der Pflanzen- und Fleischfresser (s. S. 243 ff.). Alle Arten von Bodenlebewesen sind wiederum direkte Lebendnahrung für bodenbewohnende Fleischfresser. Gut 90 Prozent der Nettoprimärproduktion (von Pflanzen aufgebaute Stoffe unter Abzug der Atmungsverluste) wird von Detritusfressern der Destruentennahrungskette aufgenommen, ohne daß sich Pflanzenfresser einschalten. (Diese wiederum haben ebenfalls ihre Querverbindungen zur Destruentennahrungskette.) Die meisten Blätter gelangen nämlich mit dem Laubfall auf den Boden, bevor sie durch die Pflanzenfresser genutzt werden können. Der **größte Energieanteil** des Ökosystems wird somit in die Destruentennahrungskette gepumpt (Abb. 3.26).

Auch auf diesem Wege können bestimmte **Schadstoffe** angereichert, oft aber auch unschädlich gemacht werden. So kann DDT durch die Destruenten in rund 5 Jahren abgebaut werden, auch gewisse Herbizide usw. Die nicht abbaubaren oder sehr persistenten Stoffe (z. B.

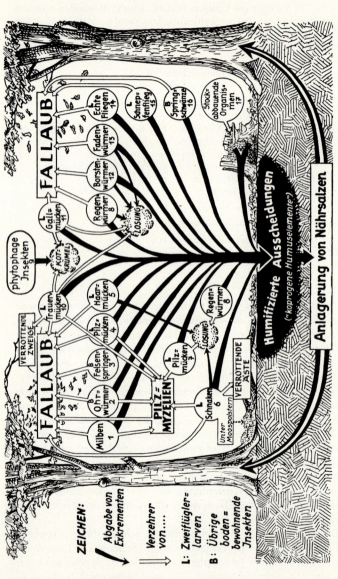

Abb. 3.26: Ausschnitt aus dem Stoffkreislauf in einem Laubholzbestand unter Berücksichtigung einiger Erstzersetzer (Zeichenerklärung im Diagramm). (Orig., gez. nach Brauns 1958)

Dioxine) und die Schwermetalle werden auf diese Weise nicht aus dem Ökosystem entfernt (mehr darüber auf S. 299 ff.).

3.4.2 Stoffumsatz im Ökosystem

Von der Tätigkeit der Destruenten hängt auch die Zeit ab, die die Energie braucht, um durch ein Ökosystem zu fließen. Sie läßt sich ermitteln durch die Messung des Laubzerfalls in ausgelegten, mit Laub beschichten Gazesäckchen, wo nichts weggetragen oder weggeblasen werden kann, oder durch die Bestimmung der Bodenatmung (umgesetztes Kohlendioxid pro Zeit- und Flächeneinheit). Dieser Umsatz ist natürlich von Pflanzen- und Tierbestand, Klima, Boden sowie von den beteiligten Destruenten abhängig. Durchschnittlich werden so in unseren Breiten zwischen 40 und 90 Prozent des im Herbst gefallenen Laubes innerhalb eines Jahres umgesetzt; ein vollständiger Abbau erfolgt in etwa 1 bis 3 Jahren (Tab. 3.12).

In höheren Lagen geht dieser Abbau viel langsamer, in den feuchtwarmen Tropen wesentlich schneller vor sich. Wird die gesamte Biomasse berücksichtigt, so ergibt sich für Tropenwälder ein totaler Umsatz in etwa 25 Jahren, in unsern gemäßigten Breiten in etwa 50 bis 200 Jahren.

Wesentlich schneller sind die Totalumsätze in den Seen. Sie lassen sich sehr gut mit dem «P/B-Wert» veranschaulichen, der Nettoprimärproduktion pro Jahr, verglichen mit der Biomasse: Plankton-Lebensgemeinschaften setzen ihre Biomasse pro Jahr etwa 20- bis 40mal um (also einmal in 9 bis 18 Tagen), strauchige unreife Waldökosysteme 0,1- bis 0,4mal, reifere Waldökosysteme dagegen nur noch 0,04mal – einmal in 25 und mehr Jahren.

Ein Ökosystem baut zwar wenig der eingestrahlten Energie in seine Produzenten ein, aber die einmal eingefangene Energie wird sehr wirkungsvoll ausgenützt.

Tab. 3.12: **Geschwindigkeit der Zersetzung und Humusmineralisierung in zwei gegensätzlichen Ökosystemen.** (Nach Bernard 1945 in Klötzli 1968)

Ökosystem	Geschwindigkeit der Streuzersetzung in Jahren	Geschwindigkeit der Humusmineralisierung in Jahren
tropischer Regenwald	0,26	12,6
subalpiner Fichtenwald	23,3	155

3.4.3 Das Abfallproblem

In Mitteleuropa dürften heute pro Kopf und Jahr bis 400 Kilogramm Abfall entstehen* (Tab. 3.13 u. 3.14). So fielen etwa in der Schweiz 1975 13,8 Millionen Kubikmeter Abfälle an, wovon 57 Prozent **Haushaltsabfälle**, 19 Prozent Industrie- und Gewerbeabfälle sowie 24 Prozent Sperrgutmüll. Der Abfallberg nimmt jährlich um 2 Prozent zu; in Städten erreicht er über 300 kg pro Einwohner und Jahr (in den USA 800 kg) (Abb. 3.27 u. 3.28).

Tab. 3.13: **Zusammensetzung von Haus- und Gewerbemüll in Gewichtsprozent (1985) in den alten Bundesländern.**

	Hausmüll[1]	Gewerbemüll[2]
Papier	12,0	10–15
Pappe	4,0	12–17
Glas	9,2	0–5
Kunststoffe	5,4	12–17
Holz, Leder, Gummi	./.	7–12
Metalle	3,2	4
Wegwerfwindeln	2,8	./.
Material- und Verpackungsverbund	3,0	5–10
Feinmüll 0–8 mm (z. B. Asche, Sand)	10,1	./.
Mittelmüll 8–40 mm	16,0	./.
Vegetabile Stoffe (z. B. Küchen- und Gartenabfälle)	29,9	0–5
Sonstiges	4,4	rd. 30

Quelle: [1] Umweltbundesamt
[2] Anhaltwerte auf Basis von Untersuchungen der Ingenieursozietät Abfall für die Stadt Augsburg, 1985

In mitteleuropäischen Industrieländern wie beispielsweise Deutschland und der Schweiz werden mehr als 80 Prozent der Abfälle geordnet vernichtet: in Kehrichtverbrennungsanstalten 62 Prozent (CH: 1987, >80%), in geordneten Deponien 11 Prozent und in

---

* Schweiz, 1983: 340 kg/Einw. und Jahr [Kt. Zürich, –435 kg]; BRD, 1984: 32 Mio t Haushaltsabfälle, entsprechend etwa 500 kg/Einw., davon mehr als 30% energetisch verwertet; dazu mehr als 100 Mio t Industrieabfälle inkl. 3–4 Mio t Sonderabfälle.

Tab. 3.14: **Jährliches Aufkommen an Siedlungsabfällen in den alten Bundesländern.**

		1980	1984	1987
Haushalte und	Mio t	31,7	29,6	31,0
Gewerbebetriebe	kg/Einwohner	514	485	505
davon anteilig	Mio t	23,5	22,1	22,3
Haushalte und	Mio m^3	124	138	148
Kleingewerbe	kg/Einwohner	380	380	364
	m^3/Einwohner	2,0	2,0	2,4

Quelle: Statistisches Bundesamt

Zwar ist das Gewicht des je Einwohner anfallenden Hausmülls im Vergleich zu 1980 leicht zurückgegangen (hauptsächlich durch getrennte Sammlung von Altglas und Altpapier), jedoch wuchs gleichzeitig das Volumen des Mülls durch zunehmenden Anteil leichter Verpackungen, der Müllberg ist also größer geworden.

Zur Veranschaulichung: Wollte man das Abfallaufkommen 1987 aus Haushalten und Kleingewerbe per Bahn transportieren, so wäre dazu ein Güterzug von rd. 25 000 km Länge erforderlich.

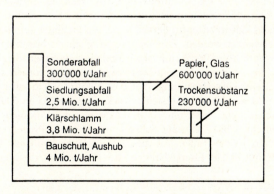

Abb. 3.27: **Abfallmengen in der Schweiz** (EAWAG, 1987)

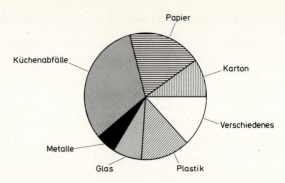

Abb. 3.28: **Mittlere Zusammensetzung des Hausmülls in der Schweiz** (Bundesamt für Umweltschutz 1984) inklusive nicht-separierte Fraktion. (Nach EAWAG 1987)

Kompostier- und kombinierten Werken 13 Prozent; der Rest wird immer noch größtenteils in freien Schutthalden abgelagert.
Bei der Deponie werden die Abfallstoffe größtenteils natürlichen Kreisläufen entzogen. Kompostieren bringt die Abfälle in den natürlichen Stoffkreislauf zurück, wobei verschiedene Möglichkeiten bestehen:

- sortieren, dann kompostieren mit Klärschlammzusatz;

- sortieren, dann zerkleinern (via Drehtrommel), kompostieren usw.

Auch hier bestehen Organisations- und Absatzschwierigkeiten wie bei reinem Klärschlamm. Immerhin kann derartiger Kompost als eisenspendendes Zusatzfutter für Ferkel, ferner zur Geflügel- und Karpfenzucht verwendet werden. Eine weitere Möglichkeit bringt das «Brikollare»-Verfahren: Preßkompost wird gelagert, wobei er gärt, Wasser verliert (von 65 auf 10 Prozent Wassergehalt) und sterilisiert wird.
Bei der **Kehrrichtverbrennung*** hat das Abfallproblem zwei Seiten: Abgase und Schlacken. Es entstehen Rückstände von 25 bis 40 Prozent des Frischgewichts, aber nur 10 bis 12 Prozent des Volumens, wenn der Kehricht 4 bis 7 Prozent Schrott und etwa 30 Prozent Wasser enthielt. In Zürich fallen auf diese Weise jährlich 50 000 Tonnen Schlacke mit einem Eisengehalt von 15 Prozent an, die abgelagert

---

* Schweiz, ca. 3/4 der Bevölkerung mit Anschluß an KVA

werden. Der Heizwert des Materials wird für Fernheizungen ausgenützt; besser wäre eine Pyrolyse bei 400 bis 1000 Grad Celsius, was Heizgas liefern würde. Aufwendige Filteranlagen sorgen für minimale Luftverschmutzung aus Kehrichtverbrennungsanlagen.

Besondere Probleme bietet heute noch der Anteil **chlorhaltiger Kunststoffe** in den Abfällen.

1969 waren 2 Prozent des Gesamtmülls Kunststoffe, wovon 65 Prozent Polyolefine, 19,5 Prozent Polystyrole und etwa 15,5 Prozent Polyvinylchlorid (PVC) und andere chlorierte Kohlenwasserstoffe. 30 000 Tonnen PVC wurden verbraucht, davon gelangten 3000 Tonnen in den Abfall, die Hälfte davon als eigentliche Wegwerfgegenstände. Damit ist mit 0,7 bis 1 kg PVC-Abfällen pro Einwohner und Jahr zu rechnen. Aus einem Kilogramm PVC entstehen 580 Gramm Salzsäure, die zu 30 bis 40 Prozent bei der Verbrennung neutralisiert wird. Immerhin entstehen bis zu 1,4 kg Salzsäure pro Tonne Müll. Auch Dioxin («Seveso-Gift») kann sich bei 300–400 °C in der Flugasche bilden, zersetzt sich indessen bei rund 600 °C (vgl. S. 284 ff.) (Abb. 3.29).

Diese Probleme zwingen die Kunststoffindustrie dazu, nach Kunststoffen zu suchen, die in natürlichen Prozessen zersetzbar sind, wozu sie sonst vom Gesetzgeber veranlaßt werden könnte.

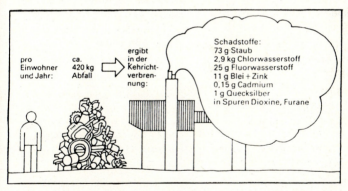

Abb. 3.29: **Schadstoffe aus Kehrichtverbrennungsanlagen.** Pro Einwohner und Jahr fallen in den Kehrichtverbrennungsanlagen im Kanton Zürich durchschnittlich 420 kg Abfall an. In der Umgebung von Kehrichtverbrennungsanlagen kann es zu einer erhöhten Belastung durch Gase und Metallstäube kommen. Bei einer Anlage mit Rost-Ofen und trockener Abgasentstaubung mittels Elektrofilter gelten bei einem Staubauswurf von 25 mg/m^3 die obigen Werte. Grenzwert für Staub ist 50 mg/m^3. Neuere Anlagen erreichen Werte von weniger als 10 mg/m^3. (Aus Luftreinhaltung im Kanton Zürich 1985)

Das Problem der Abfallbeseitigung läßt sich nur dann befriedigend lösen, wenn alle drei Verfahren – Deponie, Verbrennung und Kompostierung – nebeneinander angewendet werden. Denn gewisse problematische Substanzen können nicht abgelagert, andere müssen verbrannt werden, und die organischen Haushaltsabfälle sollten möglichst kompostiert werden. Noch sinnvoller ist es freilich, be-

Tab. 3.15: **So lassen sich Abfälle wiederverwerten.** (Nach Bonda 1983)

Material	Anteil in %CH 1982	Wiederverwertung
Gummiabfälle		Granulat, Mehl, Straßenbelagsmischung
Altpapier[1]	24	Pappe, Papier, Isoliermaterial für Bau
Alteisen (Autowracks)	5	Schrott[2]
Plastik und Papier		Platten, Futtertröge
Schaumstoff		Sportmatten, Polsterplatten, Verpackung
Kunststoff	11,5	Folien, Platten, Rohre
Müll		Preßblöcke für Wälle und Auffüllungen; modifiziert: Schalungsplatten, Holzspanplatten[3], Brennstoff[4]
Textilien	2,8	Putzfäden, Dichtungsmaterial
Altglas[5]	5,5	Neuglas, Straßenbeläge, Kunstmarmor
Altöl		Neuöl durch Reraffinieren
landwirtschaftliche und tierische Abfälle		Futtermittel Gewinnung von Biogas, u.a. CH_4; mithilfe von Cyanophyten (oder Archaebakterien) H_2-Gewinnung
Schlacke		Baumaterial
Beizereiabwässer usw.		Rückgewinnung von Chemikalien

[1] Etwa ¼ wird global rezykliert, was ⅓ bis ½ weniger Energie braucht, 95 % weniger NO_x, 99 % weniger SO_2 gibt.
[2] BRD: –50 % wiederverwertet. Vgl. Al ca. ⅓, Batterien mehr als 50 %. Schweiz: 600 t Zn, 10 t Hg, 1 t Cd pro Jahr rezykliert.
[3] 25 % Faserstoff aus Kompost + 75 % Holz (nach Jetzer)
[4] Müllhomogenisat und Kohlenstoff (nach Neidl)
[5] BRD 1975: 200 000 t, 1982: 700 000 t; Schweiz 1983: 40 % rezykliert, 20 kg/Einw. · J. Abfall, 90 kg/Einw. · J. Pfandflaschen

stimmte Rohstoffe wiederzuverwenden, statt sie zu verbrennen oder abzulagern.

«Echte» **Wiederverwendung,** Rezyklieren (**Recycling**), bedeutet das Wieder-in-Umlauf-Bringen eines bestimmten Rohstoffs zum gleichen oder ähnlichen Zweck, ohne daß er umgewandelt wird (Tab. 3.15). Dazu gehört auch das energiesparende «echte» Recycling von Aluminium (neu hergestellt 51 000 kWh/t Al, rezykliert nur 2000 kWh/t; ähnlich für Kupfer, Eisen, Magnesium, Titan, Tab. 3.16). Grundlagen und Voraussetzungen für diese der Natur abgeschauten Prozesse sind: Lebensdauer der Produkte maximieren, reparierfähige Produkte und Mehrzweckprodukte schaffen, energieintensive Produkte verhindern und rezyklierte Produkte lokal transportieren und energiesparend

Tab. 3.16: **Abfall-Recycling in den alten Bundesländern.**

Durch die stoffliche Verwertung von Abfällen werden wertvolle Energie- und Rohstoffreserven geschont und die Abfallmengen deutlich vermindert.

Im Bereich **Hausmüll und Gewerbeabfall** wurden 1987/1988 beachtliche Materialanteile zurückgewonnen. Als Beispiele sind folgende Verwertungsquoten zu nennen:

- Altglas 43,2 % (bezogen auf Behälterglas)
- Altpapier 43,8 %
- Altkunststoffe 6,8 %
- Aluminium 38,3 %
- Blei 50,6 %
- Kupfer 38,5 %

Quelle: Müll und Abfall 4/90 S. 169–172

Aus dem **Abfallaufkommen des Produzierenden Gewerbes** wurden im Jahre 1987 rd. 43,6 Mio t entsprechend 21,2 % (1984: 31,9 Mio t, 16,2 %) an weiterverarbeitende Betriebe und den Altstoffhandel abgegeben, also dem Wirtschaftskreislauf wieder zugeführt. Läßt man die Bereiche Bodenaushub und Bauschutt unberücksichtigt, so lag der durchschnittliche Anteil der stofflichen Verwertung 1987 bei 43,4 % (1984: 38,4 %).

Einzelne Verwertungsquoten 1987:

- Metallabfälle 98,7 %
- Papier- und Pappeabfälle 80,9 %
- Sonstige organische Abfälle 76,4 %
  (Holz, Nahrungsmittelindustrie)

Quelle: Statistisches Bundesamt

aufbereiten. Schließlich ist die Gesamtenergiebilanz von Produkt zu rezykliertem Produkt zu erfassen (Prinzip des vollständigen Kreislaufs)*. Nur durch den Einbau menschlicher Erzeugnisse in die natürlichen Kreisläufe wird es auf die Dauer möglich sein, menschliches Wirken in Einklang mit der Natur zu bringen und die erschöpfbaren Rohstoffe nachhaltig zu bewirtschaften. Untersuchungen über Rezyklieren und über die Belastbarkeit unserer Umwelt mit Schadstoffen und Abfällen werden von der deutschen Forschungsgemeinschaft gefördert und in verschiedenen nationalen Forschungsprogrammen der Schweiz bearbeitet.

3.5 Veränderungen durch Anreicherung von Schadstoffen**

Durch das Gefüge in der Nahrungskette bedingt werden Stoffe, die durch Lebewesen nur sehr schwer oder überhaupt nicht ausgeschieden werden können, mit der Zeit angereichert. Der Räuber kann nämlich nur etwa 10 bis 20 Prozent der Energie, die in den Beutetieren enthalten ist, für seinen Körperaufbau nutzen; der Rest des Beutetieres wird umgesetzt (veratmet) und ausgeschieden. Jeder Räuber ist auf eine große Zahl von Beutetieren angewiesen, um überleben zu können. Damit reichert sich aber jeder schädliche Stoff, der von den Lebewesen nicht ausgeschieden werden kann, im Verlaufe der Nahrungskette an.

Jedes «Spitzenlebewesen» lebt letztlich von der Basis der Nahrungspyramide. Wenn er nicht ausgeschieden wird, gelangt der Schadstoff in immer konzentrierterer Form in die Spitze, wo seine Wirkung voll zur Geltung kommt (Abb. 3.30–3.32).

---

* Lastpakete beim Recycling:
    1. LP: Ausbeutung, Transport der Rohstoffe, Aufbereitung zu Gütern
    2. LP: Aus Gütern entsteht Abfall (Deponie, Verbrennung)
    3. LP: Wiederaufbereitung des industriell-kommunalen Abfalls, inkl. Altöl, Müll, Wracks.
    Rückführung biogener Abfälle in natürliche Stoffkreisläufe dann sinnvoll, wenn LP 3 < LP 1 + 2.
** Teilbereich der Ökotoxikologie

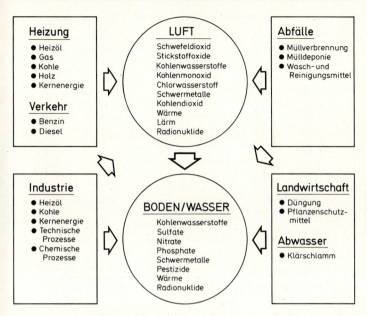

Abb. 3.30: **Wichtigste Quellen der Umweltbelastungen und Kontaminationswege.** (Nach Wanner 1985)

Besonders wichtig für uns ist die unauffällige und unkontrollierte Anreicherung in den **Gewässernahrungsketten,** an deren einem Ende auch wir Menschen stehen.

Zum Beispiel wird überschüssiges DDT oder ein anderer Schadstoff mit dem Oberflächenwasser in die Seen oder ins Meer gespült oder geht mit verdunstetem Bodenwasser in die Atmosphäre und mit dem Niederschlag in die Gewässer. Dort wird der Stoff in der Nahrungskette über Algen, Kleinkrebse und Schalentiere in den Fischen angereichert (Abb. 3.33). Schon stark angereichert, konzentriert sich der Stoff dann weiter in Vögeln oder wird vom Menschen mit den Fischen gegessen. Die langfristigen und endgültigen Auswirkungen von DDT und ähnlichen Giften auf den Menschen sind jedoch bis heute noch nicht in allen Einzelheiten erforscht.

Und doch stehen wir in einem Dilemma: Immer weniger Menschen produzieren immer mehr pflanzliche Nahrung pro Fläche für immer mehr Verbraucher. Also sind wir auf jeden Fall auf eine dauerhafte Kontrolle der Ernteschädlinge angewiesen, denn ein Drittel der

286 · Die organismische Beziehung

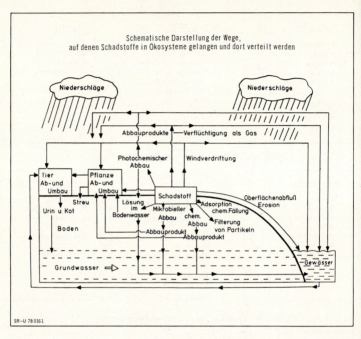

Abb. 3.31: **Schematische Darstellung der Wege, auf denen Schadstoffe in Ökosysteme gelangen und dort verteilt werden.** Gez. nach Umweltgutachten 1978. (Hansmeyer et al. 1979)

Welternte wird durch Schädlinge vernichtet. Ihre Bekämpfung ist deshalb eine Frage des Überlebens. Man hat dies bisher vor allem auf direktem Wege mit Pestiziden versucht. Indessen ist auch die Aufnahme von Pestiziden (vor allem Insektiziden) in die Nahrungskette ganz ähnlichen Gesetzmäßigkeiten unterworfen wie die aller Schadstoffe, die nicht an die Lebensvorgänge angepaßt sind (Tab. 3.17).
Was für Pestizide gilt, gilt auch für gewisse **metallische Schadstoffe.** So werden viele seltene Schwermetalle zusammen mit den anderen künstlich in der Natur verbreiteten Giftstoffen in der Nahrungskette angereichert und treffen schließlich uns selbst, für deren Schutz oder Nutzen sie ursprünglich gedacht waren.

Der Umsatz dieser Schwermetalle wird heute stark beschleunigt, und bei einigen gelangen wir gar schon heute an eine kritische Grenze der Erschöpfung

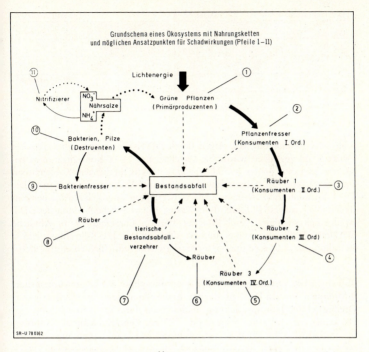

Abb. 3.32: **Grundschema eines Ökosystems mit Nahrungsketten und möglichen Ansatzpunkten für Schadwirkungen** (Pfeile 1–11). Gez. nach Umweltgutachten 1978. (Hansmeyer et al. 1979)

der Vorräte. Die Förderung von Blei (für Akkumulatoren, Isolationen, Benzinzusätze usw.) übersteigt die Kapazität der Umwelt, diesen Stoff ohne Schaden zu verkraften, etwa um das Hundertfache (bei Quecksilber um das Zehnfache). Es werden also beträchtliche Mengen von Schwermetallen (z. B. auch Zn, Cd) in der Natur unwiederbringlich verbreitet (dissipiert) und zwar in Abhängigkeit von Bauweise und Abfallgeschehen (vgl. auch: anthropogener Input von C 10×, von P 100× [P-Zunahme im Boden ca. 1%/J.], von Fe 650×).

Nicht ganz geklärt sind allerdings bisher die **Grenzkonzentrationen** dieser Stoffe, die auf den Menschen und sein Erbgut gerade noch schädlich wirken. Sehr unvollständig ist schließlich auch unser Wissen um die langfristige Wirkung und die Anreicherung geringer Konzentrationen radioaktiver Spurenstoffe insbesondere in der Boden- und

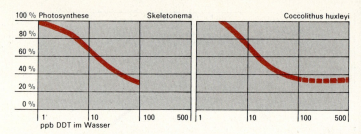

Abb. 3.33: **Schädigung von Algen durch DDT.** Die Photosyntheseaktivität zweier Plankton-Algen wurde bei verschiedenen DDT-Konzentrationen gemessen, und zwar an der Aufnahme von radioaktiv markiertem Kohlendioxid (mit dem Isotop C-14), im Vergleich zu Kontroll-Algen in reinem Wasser. Die DDT-Konzentration ist in ppb (parts per billion) angegeben, das heißt in Teilen DDT auf eine Milliarde Teile Wasser. Die schädliche Wirkung des DDT ist deutlich sichtbar. (Nach Wurster 1968 in Ehrenfeld 1970). Ähnliche Wirkung durch Ozonabbau und Verstärkung der UV-B-Strahlung: 25% Reduktion bewirkt eine um 35% reduzierte Aktivität. (Brown et al. 1989)

Tab. 3.17: **Die Verteilung von DDT in der Biosphäre.** Bis heute wurden rund 3 Millionen Tonnen DDT produziert. In der Biomasse befindet sich etwa ein Dreißigstel der Jahresproduktion, nämlich ungefähr 5400 Tonnen. Die Lebensdauer von DDT im Boden beträgt 5 Jahre. Wenn Kühe mit der Nahrung 0,5 ppm DDT aufnehmen, so wird es in der Milch auf 5 ppm angereichert.

Ort	Menge DDT in Tonnen	Konzentration in ppm
Atmosphäre		0,00007
Ozeane		0,000015
Landpflanzen	1500	0,1
Meerespflanzen	2400	1
Landtiere	500	1
Meerestiere	1000	0,7
Endglieder der Nahrungsketten[1]		bis 100

[1] Haie: im Fettgewebe bis 0,3%, bis 2,1% PCB!
(Vgl. auch Blumenbach 1971).

Milchnahrungskette, die dann in der Spitze der Nahrungspyramide in unseren Körper eingebaut werden.

Besonders heimtückisch ist, daß sie sich in bestimmten Teilen unseres Körpers konzentrieren und von dort aus lebenswichtige Organe, einschließlich der Keimzellen, beeinflussen und zu krebsartigen Wucherungen veranlassen können. Außerdem könnten bei der Aufnahme von radioaktiven Stoffen (z. B. Tritium) in die DNS und bei ihrem nachfolgenden Zerfall Chromosomenbrüche eintreten, was sich dann auf die nachfolgende Entwicklung der Lebewesen auswirken könnte. Wir Menschen sind ja besonders strahlengefährdet durch lange Generationsdauer, den komplizierten Aufbau und die eingeschränkte natürliche Auslese.

In diesem Zusammenhang spielt es keine große Rolle, daß die Atomkraftwerktechnik, für sich allein betrachtet, allenfalls sogar sicher sein mag. Das Problem liegt in erster Linie im Einbau naturfremder Stoffe in der Nahrungskette und in der Verarbeitung und Lagerung **hochradioaktiver Abfälle**, die über Jahrhunderte, ja Jahrtausende dauernd und sicher unter Verschluß gehalten werden müssen. Vom Menschen und seiner kriegerischen Vergangenheit sowie von der Erdentwicklung her betrachtet ist dies sicherlich nicht nur ein geschichtliches, politisches und soziologisches, sondern auch ein geologisches Problem. Die Ablagerungszonen des Atommülls müßten also in jeder Hinsicht stabil sein. Auf die Kontroverse zwischen Befürwortern und Gegnern von Atomkraftwerken kann an dieser Stelle nicht eingegangen werden.

Was ist ein Umweltgift?

Mit Umweltgiften bezeichnen wir hier künstliche organische Stoffe, die in natürlichen Ökosystemen nur sehr schwer abgebaut und dabei meist noch in den Nahrungsketten angereichert werden, oder dann gewisse Schwermetalle, einschließlich radioaktiver Stoffe, die zwar in Spuren in der Natur vorkommen, aber vom Menschen bei seinen industriell-urbanen und landwirtschaftlichen Tätigkeiten in viel stärkerem Maße in Umlauf gesetzt werden. In neueren Forschungsprogrammen der BRD (DFG) und der Schweiz (Nationale Forschungsprogramme NFP des Schweiz. Nationalfonds) wird der Wirkung von Schadstoffen auf den Boden besonderes Augenmerk geschenkt (Schwermetalle, Radionuklide und auch Düngemittel) (Tab. 3.18).

Tab. 3.18: **Übersicht über die wichtigsten Belastungen und deren Auswirkungen.** (Nach Wanner 1985)

Belastungen	Auswirkungen
Schwefeldioxid	Mensch: Erkrankungen der Atemwege – erhöhte Gefährdung zusammen mit Schwebestaub (Teilchen < 3–5 µm) – begünstigt chronische Bronchitis. Pflanzen: Stoffwechselstörungen – Verringerung der Photosyntheseleistung – Abnahme des Chlorophyllgehaltes – Lähmungen der Spaltöffnungen – verstärkte Wirkungen in Anwesenheit von Stickstoffoxiden und Ozon. NH_3 mit «Pförtner-Funktion» für stärkere Wirksamkeit von SO_2. Materialien und Gebäude: Beschleunigte Verwitterung und Zerstörung durch saure Niederschläge, an deren Bildung Schwefeldioxid beteiligt ist.
Stickstoffoxide	Mensch: Erkrankungen der Atemwege – Störung der Lungenfunktionen – begünstigt chronische Bronchitis. Pflanzen: Stoffwechselstörungen, v.a. in Kombination mit Schwefeldioxid – zusammen mit Kohlenwasserstoffen Bildung von photochemischem Smog, der bereits in sehr niedrigen Konzentrationen empfindliche Pflanzen schädigt. Materialien und Gebäude: Beschleunigte Verwitterung und Zerstörung durch saure Niederschläge (wie Schwefeldioxid).
Kohlenwasserstoffe	Mensch: Erhöhtes Krebsrisiko durch polyzyklische Kohlenwasserstoffe. Pflanzen: Stoffwechsel- und Wachstumsstörungen durch Äthylen – Bildung von photochemischem Smog (wie Stickstoffoxide).
Chlorwasserstoff	Mensch: Reizung der Augen und Schleimhäute – Erkrankungen der Atemorgane. Pflanzen: Stoffwechselstörungen.
Kohlenmonoxid	Mensch: Beeinträchtigung der Sauerstoffversorgung der Organe – erhöhte Gefährdung bei Herz- und Kreislaufkrankheiten.
Nitrate	Mensch: Bei Umwandlung in Nitrite Reaktion mit Aminen zu Nitrosaminen, die kanzerogene und mutagene Eigenschaften haben – erhöhte Gefährdung für Neugeborene.

	Gewässer: Eutrophierung (wie Phosphate) – Anstieg des Nitratgehaltes im Grundwasser.
Phosphate	Gewässer: Eutrophierung – Sauerstoffentzug infolge Faulungsprozessen – Fischsterben – Verlust Selbstreinigung.
Pestizide (chlorierte Kohlenwassertoffe)	Gefährdung durch Akkumulation – Resistenzbildungen – Dezimierung der Artenvielfalt – Beeinträchtigung der Fruchtbarkeit – Schwächung von Abwehrkräften.
Schwermetalle (Blei, Cadmium, Quecksilber)	Gefährdung durch Akkumulation – Konzentrationszunahme in der Nahrungskette – Störungen enzymatischer Prozesse und zentralnervöser Funktionen – bei Pflanzen Störungen des Stoffwechsels.
Radionuklide	Kanzerogene und mutagene Wirkungen.
Schall (Lärm)	Beim Menschen Belästigungen, Schlafstörungen, Auswirkungen auf das Nervensystem und Hörschäden.
Kohlendioxid	Biologisch ungefährlich – Treibhauseffekt kann allgemeine Temperaturerhöhung bewirken – globale Klimaveränderungen.
Wärme	Lokale Klimaveränderungen – Gefährdung aquatischer Ökosysteme infolge Temperaturanstieg in Gewässern.

3.5.1 Pestizide als Auslöser von Umweltveränderungen

Ein typisches Beispiel eines Pestizids, dessen schädliche Nebenwirkungen relativ spät erkannt wurden, ist das **DDT**. Seine günstigen Wirkungen in der Malariabekämpfung waren zweifellos unbestreitbar und auch in der Verminderung der Ernteverluste, die in Afrika und Asien mehr als 40 % betragen, wobei gut 15 % auf Kosten mangelnder Unkrautbekämpfung gehen. Schon allein deshalb wurden die offensichtlich recht gravierenden Wirkungen in tierischen Organismen lange verniedlicht. Und noch heute dauert die Kontroverse um Nutzen und Schaden bei verschiedenen physiologisch ähnlich wirkenden Pestiziden an. In Europa werden jährlich etwa 10 000 Tonnen Pestizide versprüht (Global 30 000 t/J., davon 60 % Herbizide).

Schon Spuren von DDT stören die photosynthetische Aktivität von Meeresalgen (Abb. 3.33). Seine weitere Aufnahme und Anreicherung in der Nahrungskette war mit ein Grund für das Verbot von DDT und anderer chlorierter Kohlenwasserstoffe in vielen Ländern. Nach dieser Akkumulation ist es schließlich so stark konzentriert in Geweben von Vögeln oder anderen Endgliedern der Nahrungskette, daß es Stoffwechselstörungen bewirken kann, wie zum Beispiel die durch Störung des Kalkstoffwechsels mangelnde Festigkeit von Vogeleiern (Akkumulation in Fischen auf 10^5, in Vögeln und Säugern 10^7). Neuere Erkenntnisse zeigen, daß im limnischen Bereich kein signifikanter Nahrungsketten-Effekt zu beobachten ist (Pestizide und Schwermetalle). In Abhängigkeit von der Konzentration ist die Akkumulation in den Algen am höchsten. Mit der Dauer der Exposition nimmt jedoch bei Konsumenten der Weg über die Nahrung zu (vor allem bei Schwermetallen, vgl. ab S. 299ff.). Ansonsten ist der Weg über die direkte Aufnahme durch das Wasser entscheidend. Nach kurzer Zeit (Minuten bis wenige Stunden) kommt es zu einem dynamischen Verteilungs-Gleichgewicht. (Einzelheiten zur Akkumulation bzw. «Biomagnifikation» s. z.B. DFG-Bereichte.)

Die meisten chlorierten Kohlenwasserstoffe (DDT, Hexachlorocyclohexan, HCH, γ-Form, Lindan, Dieldrin, Aldrin usw., aber auch die Polychlorbiphenyle PCB) wirken auf das Zentralnervensystem und beeinflussen generell biologische Membranen (inkl. der Chloroplasten-M; damit Hemmung des photosynthetischen Elektronentransports). Im Gegensatz zu ihrer Akkumulation in der Nahrungskette ist die Speicherfähigkeit im Humus recht gering, im Rohhumus besser als in Mull. Sie werden durch Mikroorganismen abgebaut, oder dann – in wasserlöslicher Form – in die Gewässersysteme verfrachtet (Persistenz von HCH ca. 1 J., β-HCH aber 8 J.).

Weitere Wirkungen der chlorierten Pestizide umfassen Störungen von Enzym- und Hormonsystemen in Leber, Nebenniere, Schilddrüse, in der Gehirntätigkeit, ferner Herzmuskelschwund, Hautkrankheiten (Chlorakne), Rückgang der Spermienbildung, Verzögerung der Ovulation und Gefiedermißbildungen. All diese Vorgänge wurden speziell bei Vögeln untersucht.

Auch hier können **Synergismen** auftreten, so zwischen DDT und PCB (polychlorierte Biphenyle), die als Transformatorenöle (Dielektrikum), Isolationsmaterial, als Zusatzstoff für Schutzanstriche und als Weichmacher in der Kunststoffindustrie gebraucht werden. Es sind äußerst stabile fettlösliche Substanzen und in ihrer Wirkung auf den Organismus den chlorierten Insektiziden (z.B. DDT) ähnlich. Allein schon die Gegenwart von DDT beeinflußt den Rückhalt von polychlorierten Biphenylen; diese reichern sich in gewissen Organen – vor allem in der Leber – stärker an als allein. Ferner kann

in diesem Falle PCB die Leberenzyme fünfmal stärker beeinträchtigen als DDT. (DDT steht hier stellvertretend für verschiedene andere chlorierte Insektizide, die eine ähnliche Wirkung auf viele Organismen haben.)**
Einige Pestizide sind äußerst widerstandsfähig und durch Mikroorganismen schwer abbaubar: kein abbauender Organismus ist je mit ihnen evoluiert! Es ist deshalb auch nicht erstaunlich, daß bei einigen dieser Stoffe teratogene Wirkung nachgewiesen worden ist, das heißt **Mißbildung** von Föten. Bekannt wurden dafür in letzter Zeit die Dioxine, die als Verunreinigungen von Herbiziden in die Umwelt kommen und durch die Katastrophe von Seveso Weltberühmtheit erlangt haben. Von 2,3,6,7-Tetrachloro-p-dioxin verursachen schon 0,125 µg pro Kilogramm Lebendgewicht bei Ratten das Absterben von Föten.

Als Alternative zum Einsatz von Pestiziden hat sich schon vielenorts die **biologische Schädlingsbekämpfung** bewährt. Freilich scheint sich in besonders hartnäckigen Fällen eine Kombination aller Mittel aufzudrängen, als «integrierte Schädlingsbekämpfung».

3.5.2 Herbizide als Vermittler von Umweltveränderungen für den Produzenten

Zur Bekämpfung der Unkräuter werden Substanzen eingesetzt, die den Stoffen gleichen, die von der Pflanze in der Natur aufgenommen oder aufgebaut werden. Die Pflanze nimmt den Stoff bereitwillig auf und vergiftet dabei ihren Stoffwechsel. Die Kriterien, nach denen Herbizide beurteilt werden, sind

- geringer Aufwand bei der Ausbringung

- vernachlässigbare Schäden an den Kulturpflanzen

- niedrige Giftigkeit für Warmblüter

- wenig Rückstände

- geringe Einflüsse auf Bodenmikroflora und Grundwasser

- mikrobielle Abbaubarkeit

** BRD: PCB [HCH] Produktion/Verbrauch 7400/2700 t/J. [8000]/[150–250] (1980; ab 1983 gestoppt, Verbrauch noch rd. 1000), aktueller Eintrag: PCB im Boden 0,05–0,1 mg/kg, in die Luft 5–30 mg/kg; HCH (α- und γ-Form) 0,25 g/ha J. aus Niederschlägen (1976/7).

Chemische Unkrautbekämpfungsmittel können ihre herbizide Wirksamkeit direkt oder indirekt auf die betroffenen Pflanzen einwirken lassen. Direkte Wirkung erfolgt am Anwendungsort, so daß sie, ohne verlagert zu werden, schädigen können (Kontakt-Herbizide). Andere wirken über die Blätter oder über den Boden, wobei die Aufnahme über keimende Samen oder die Wurzeln möglich ist (Blatt-, Boden-Herbizide). Übergänge zwischen den Typen sind fließend.
Ihre physiologische Wirksamkeit zeigt verschiedene Mechanismen: Bei Photosynthese-Hemmern wird die Assimilation unterbunden, allgemeine Zellgifte verhindern lebenswichtige Prozesse wie die Chlorophyll- oder Protein-Synthese usw. Spezifischer wirkende Typen wie die Proteinfäller denaturieren pflanzliche Eiweiße, die Wuchsstoffpräparate stören das natürliche Gleichgewicht der Hormone.
Weshalb bestimmte Pflanzen geschädigt werden und andere nicht, ist nicht immer klar. Aber gerade diese Eigenheiten erlauben die selektive Anwendung vieler Herbizide.

Weil z. B. die Wuchsstoff-Herbizide auf das Kambium wirken, werden dikotyle Pflanzen mit ausgeprägterem Kambium stärker geschädigt werden als monokotyle. Außerdem werden auch die abstehenden Blätter der Dikotylen stärker benetzt als die aufrechtstehenden der Monokotylen, so daß größere Mengen eindringen können. Dasselbe gilt für Pflanzen mit glatter Blattoberfläche, dünner Cuticula und ohne schützende Wachsschicht im Gegensatz zu Blättern mit behaarter Oberfläche oder starker Wachsschicht. Und schließlich sind tiefer wurzelnde Pflanzen besser geschützt als solche mit flachstreichenden Wurzeln.
Unbeabsichtigte Schädigungen oder auch Vorteile für die Pflanzen ergeben sich durch die Wechselbeziehungen zwischen Boden und Herbizid. Dabei kann Wirkstoff vom Boden verdampfen, längere Zeit adsorbiert und inaktiv bleiben, weiter transprotiert werden, oder aber durch die Aktivität der Pflanzen und Bodenmikroorganismen (z. B. N-Bakterien) abgebaut oder gar stärker aufgenommen werden. Solche Vorgänge werden durch die chemischen Eigenheiten der einzelnen Herbizide mitbestimmt, aber ebensosehr durch die Eigenheiten der Bodentypen und die herrschenden Witterungsbedingungen während der Anwendung.

Neben den gebräuchlichsten Einsätzen in Getreide-, Gemüse-, Intensiv-Obst- und Weinanbau, oder auch zum Freihalten von Fahrwegen, Geleisen, Industrieanlagen, andernorts auch von Kanälen, Ent- und Bewässerungsgräben bis zur immer mehr umstrittenen Behandlung flächiger Monokulturen namentlich der Dritten Welt (Baumwolle, Bananen, Sisal usw.) und dem Einsatz in Wiesen, Weiden und Parkanlagen, ist es in den letzten zwanzig Jahren immer mehr üblich geworden, sich das gerichtete Jäten zu ersparen. Starke Arborizide zur Entlaubung beschirmender Bäume wurden sogar in Kriegen großflächig eingesetzt, dies bis zur irreversiblen Störung des betroffenen Ökosystems. Und im weiteren Sinne gehören zu dieser chemischen Stoffgruppe auch die phytohormonähnlichen Substanzen, die zur Regulation von (Längen-)Wachstum, Blüte, Fruchtbildung in für Menschen vorteilhafter Art und Weise zum Einsatz kommen (z. B. standfesteres Getreide mit CCC).

Seit jeher zurückhaltender war die Anwendung von Herbiziden in der Forstwirtschaft. In der Schweiz gar verpönt, erstreckt sich diese Zurückhaltung jetzt auch auf die Behandlung von Baumtellern an Alleebäumen, ja in immer stärkerem Maße auf die Anwendung überhaupt, sofern eine rein mechanische Entfernung möglich ist (Schweiz, Verbrauch 1980: 800 t).

Herbizide dienen zwar dem Schutz der Kulturen, indessen können diese bei einem Einsatz nie ganz von Nebenwirkungen verschont werden. Dabei verändert sich ihr Stoffhaushalt, was sich allerdings nur selten stärker auswirkt.

Immerhin kann beispielsweise ein stärkerer Blattlausbefall durch die Zunahme von Aminosäuren und Zuckern im Zellsaft verursacht werden. Umgekehrt «verstehen» es die Unkräuter sehr gut, sich zu adaptieren: ein bekanntes Beispiel liefert der Windhalm *(Apera spica-venti)*, der seine Keimzeit immer mehr in die Frühjahrs-Monate hinein verlagert hat und so der herbstlichen Bekämpfungszeit auf abgeerntetem Getreideacker entweichen konnte. In einzelnen Fällen kann durch Umstellung im Stoffwechsel Giftwirkung oder Nährwert verändert werden und somit Herbivoren (inkl. den Menschen) direkt treffen, oder dann – was häufiger der Fall ist – meiden Konsumenten behandelte Pflanzen, es wird die Dichteregulation bei Schädlingen und Nützlingen gestört (meist zuungunsten der Nützlinge), oder aber es verschwinden einzelne Wildpflanzen gänzlich, die als Futterpflanzen gedient hatten, und ziehen so ihre Nutznießer mit (vgl. Rückgang des Rebhuhns, der Wachtel, des Hänflings usw.).

Vorzugsweise werden zwei Hauptgruppen angewendet, nämlich die Derivate der chlorierten Phenoxiessigsäure und substituierte Harnstoffderivate.

3.5.2.1 Derivate der chlorierten Phenoxiessigsäure
(z. B. 2,4-D, 2,4,5-T, inkl. 4-Amino-3,5,6-tri-chlorpicolinsäure* = Picloram)

Diese Substanzen gleichen den **Wuchsstoffen,** den natürlichen Wachstumsregulatoren der Pflanze (z. B. Indol-3-Essigsäure) (Abb. 3.34). Deshalb beeinflussen sie das Längenwachstum, die Lichtreaktionen

---

* – COOH-Gruppe in o-Stellung zu N im Ring

Organische: – Chlorophenoxi- und Chlorbenzoesäuren

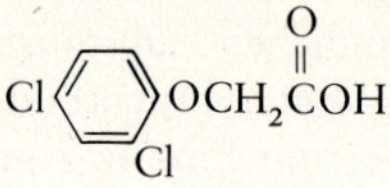

$$Cl-C_6H_3(Cl)-OCH_2\overset{O}{\underset{\|}{C}}OH \qquad Cl-C_6H_3(CH_3)-OCH_2\overset{O}{\underset{\|}{C}}OH$$

2,4-D 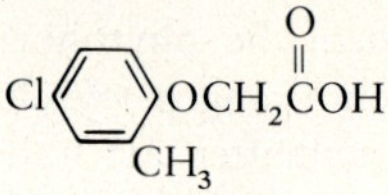 MCPA

$$Cl_3C_6H_2-OCH_2\overset{O}{\underset{\|}{C}}OH$$

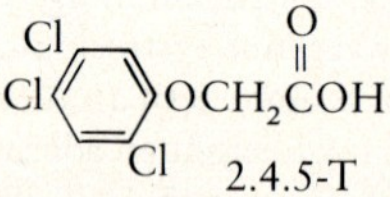

2.4.5-T

führen zu **unkontrolliertem Wachstum**

– Aliphatische Chlorsäuren

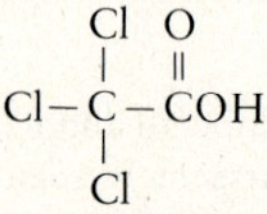

$$Cl-\underset{\underset{Cl}{|}}{\overset{\overset{Cl}{|}}{C}}-\overset{O}{\underset{\|}{C}}OH \qquad CH_3-\underset{\underset{Cl}{|}}{\overset{\overset{Cl}{|}}{C}}-\overset{O}{\underset{\|}{C}}OH$$

TCA 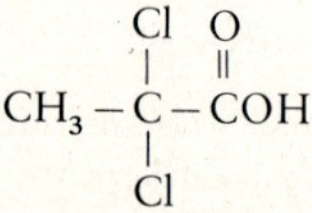 Dalapon

Wachstumshemmer

– Amide

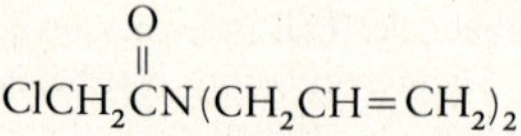

$$ClCH_2\overset{O}{\underset{\|}{C}}N(CH_2CH=CH_2)_2 \qquad C_2H_5\overset{O}{\underset{\|}{C}}NH-C_6H_3Cl_2$$

CDAA 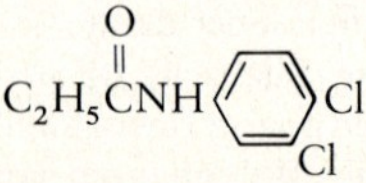 Propanil

Beeinträchtigung der **Photosynthese**

– Harnstoffderivate

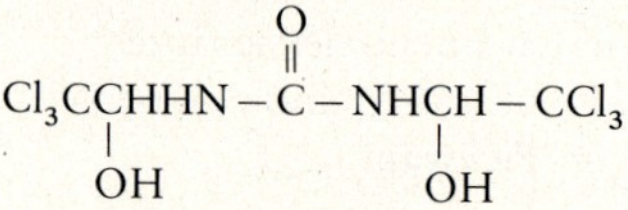

$$Cl_3CCHHN-\overset{O}{\underset{\|}{C}}-NHCH-CCl_3 \qquad Cl-C_6H_4-NH\overset{O}{\underset{\|}{C}}N(CH_3)_2$$
$$\underset{OH}{|} \underset{OH}{|}$$

DCU 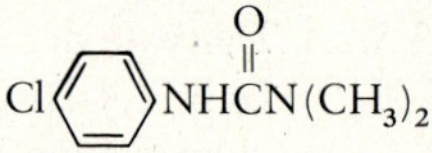 Monuron

Beeinträchtigung der **Photosynthese**
Kollaps der Parenchymgefäße

Abb. 3.34

– Carbamate

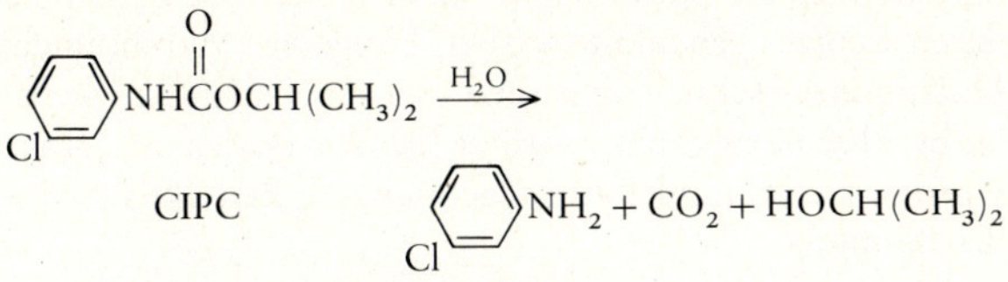

$$\underset{Cl}{\text{C}_6\text{H}_4}\text{NHCOCH(CH}_3)_2 \xrightarrow{H_2O}$$

CIPC $\quad\underset{Cl}{\text{C}_6\text{H}_4}\text{NH}_2 + CO_2 + HOCH(CH_3)_2$

Beeinträchtigung der **Photosynthese**
Mitosegift bei Mono- und Dikotylen

– Triazine

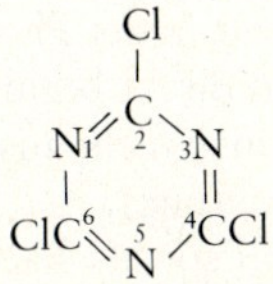

Cyanuril-chlorid 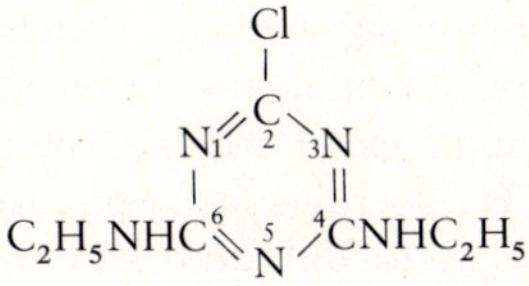 $\qquad$ Simazine

CO_2-Fixierung blockiert

Abb. 3.34: **Chemie und Wirkungsweise einiger Herbizide.**

und andere Vorgänge. Eine Überdosis Herbizid bewirkt somit ein unkontrolliertes Wachstum: Die Pflanze «wächst sich zu Tode» oder wird durch Blockierung wichtiger Stoffwechselvorgänge in ihrem Wachstum gehemmt. In Tieren wirken die Stoffe nicht als Wachstumshormone und wirken deshalb auch nicht direkt giftig, von den meist vorhandenen Verunreinigungen mit Dioxinen einmal abgesehen.

Im Boden werden Herbizide um so schneller durch Mikroorganismen umgesetzt, je mehr Basen und organische Substanzen der Boden enthält. Diese absorbieren nämlich die Herbizide und setzen sie dadurch dem mikrobiellen Angriff stärker aus. Damit kommt es normalerweise weder zu einer wesentlichen Akkumulation von Herbiziden im Boden, noch zu Störungen von Sorptionsfähigkeit, Mikroorganismen-Garnitur und Ertragsfähigkeit (vgl. «terrestrische Entgiftung», DFG-Bericht). Bei stärkerer Mobilität, die vom Ton-Humus-Komplex (Sorption) des Bodens abhängig ist, kommt es jedoch zu Auswaschungen und zur Kontamination des Grundwassers, bzw. zur Akkumulation in der Gewässer-Nahrungskette (Halbwertszeit von 2,4,5-T in einem Luvisol bei 15–20 °C: 30 d).

Gräser werden von den Herbiziden dieser Gruppe weniger beeinträchtigt, weil sie die Stoffe nur in kleinen Mengen aufnehmen oder von ihnen weniger gehemmt werden. Einige der Verbindungen werden in Holzpflanzen schnell umgesetzt und abgebaut; diese werden zwar entlaubt, aber nicht ganz abgetötet (bei 2,4-D, das in Vietnam eingesetzt wurde). Picloram bleibt dagegen längere Zeit aktiv und vernichtet so die Bäume.

3.5.2.2 Triazine und substituierte Harnstoffderivate
[z. B. Simazin, Atrazin (Diamino-s-chlorotriazin) sowie Fenuron, Diuron, Monuron]

Diese Stoffe blockieren einen wichtigen Schritt in der **Photosynthese**; die Pflanze «verhungert». Tiere werden nicht direkt beeinflußt; dagegen sind mutagene Wirkungen bei den Triazinen nicht auszuschließen (Abb. 3.34) (Geringe atmosphärische Verbreitung).

Eine **biologische Unkrautbekämpfung** ist über sonst schadlose Parasiten oder durch biologische Unterdrückung in gewissen Fällen möglich, etwa durch Dichtschluß von Kulturen, dichte Untersaat, oder ähnliche Maßnahmen. Allerdings haben sich viele Unkräuter, auch gestaltsmäßig, an die Kulturpflanzen angepaßt und sind deshalb schwer zu kontrollieren. So werden etwa durch Saatgutreinigungen

Tab. 3.19: **Geschichte des Einsatzes von Herbiziden.**

1850	Ausprobieren von anorganischen Verbindungen ($CaCO_3$, NaCl, $FeSO_4$ usw.)
1900	Bekämpfung von Hederich und Ackersenf (Raphanus raphanistrum, Sinapis arvensis) mit $CuSO_4$ in F und GB, mit $FeSO_4$ in D
1900/30	Einsatz von H_2SO_4 im Getreide in den USA, GB, F Düngemittel mit Ätzwirkung (z.B. Kalkstickstoff $CaCN_2$ und Kainit $MgSO_4 \cdot KCl \cdot 3 H_2O$), totale Bekämpfung mit Chloraten ($NaClO_3$, USA bis 1950) und Arseniten ($NaAsO_3$, USA bis 1935, auf Geleisen)
1932	1. organisches Herbizid: 2-Methyl-4,6-dinitrophenol, DNOC, selektive Bekämpfung im Getreide
1942	Entdeckung von 2,4-D (2,4-Dichlorphenoxiessigsäure) und MCPA (4-Chlor-2-methylphenoxiessigsäure) Allgemeiner Einsatz seit 1945 in USA und GB usf.
aktuell:	etwa 200 Stoffe, davon 95% organisch.

bestimmte Samengrößen bevorzugt ausgeschieden; dadurch können sich andere Größen immer stärker durchsetzen. Auch wird durch Konkurrenz die Gestalt, Größe und Wachstumsgeschwindigkeit der Unkräuter den Kulturpflanzen angeglichen.
Neuerdings werden in vermehrtem Maße Substanzen synthetisiert, die direkt am Photosyntheseapparat der Pflanzen angreifen, beispielsweise Wachstumsregulatoren (Tab. 3.19).

3.5.3 Schwermetalle als Festiger von Umweltveränderungen

Die zunehmende Ausstreuung (Dissipation) von Schwermetallen aus Industrie, Verkehr, Kohlen- und Kehrichtverbrennung in der Biosphäre (Abb. 3.35) zeigt sich besonders eindrucksvoll in Schichten, die sich im Verlaufe der Jahrhunderte oder Jahrzehnte nach und nach

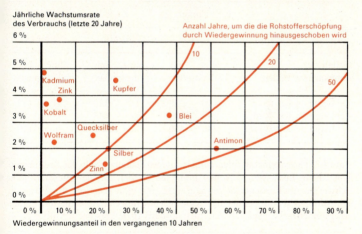

Abb. 3.35: **Verbrauchssteigerung und Wiedergewinnung einiger Rohstoffe.** Je weiter links oben ein Rohstoff in diesem Diagramm steht, desto weniger lang kann die Erschöpfung der bekannten Vorräte durch Recycling hinausgezögert werden. Je weiter rechts unten ein Stoff steht, desto länger können seine Vorräte noch gestreckt werden. Nur für Antimon beträgt diese Streckung bei Fortsetzung der heutigen Verhältnisse mehr als 20 Jahre. (Nach Herrera, Skolnik u. a. 1977)
Sollten die Entwicklungsländer gleich viel Cu, Co, Mo, Ni (und Erdöl) brauchen wie die USA, so würden die Vorräte noch etwa 10 Jahre reichen.

aufbauen, so im Gletschereis oder im Holz sowie im Boden (Richtwerte für die Belastung von Boden, Pflanze, Kompost, Klärschlamm s. Lit.). In beiden Fällen sind die jüngeren Schichten deutlich reicher an Schwermetallen als die älteren (Tab. 3.20 u. 3.21). Entsprechendes gilt auch für den Staubniederschlag ganz allgemein. Die Belastung der Biosphäre mit Stäuben aller Art ist heute auf den hundertfachen Wert von 1800 gestiegen. Diese Angaben weisen auf ein mögliches Ende des Selbstreinigungsvermögens der Erdatmosphäre hin. (Einzelheiten über Verbreitung, Konzentration in der Umwelt inkl. Organismen, Transport [Aufwirbelung, Vulkanismus, Waldbrand usw.], Kreislauf, biologische Wirkung, kritische Grenzen, Aufnahme, Metabolismus, Elimination, Nahrungsketten-Dynamik sämtlicher Metalle s. bei Merian 1990.)

Tab. 3.20: **Schwermetallanreicherung in Böden durch Behandlung mit Müllkompost.** (Nach Davies 1986)

	Kupfer		Zink		Blei	
normaler Gehalt (ppm)	2–100		5–210		15–218	
Gehalt der untersuchten Böden	ohne Kompost	mit Kompost	ohne Kompost	mit Kompost	ohne Kompost	mit Kompost
Rebberge im Kt. Genf	110	229	60	120	31	112
Rebberge im Kt. Wallis	140	190	46	146	35	81
Rebberge im Kt. Waadt	240	400	88	252	46	119

Tab. 3.21: **Schwermetallablagerung in tonigen Sedimenten.** In den Sedimenten von Rhein, Ems, Weser, Donau und Elbe wurden für die untenstehenden Schwermetalle Konzentrationen von über 1000 ppm gemessen. Im Vergleich mit Mittelwerten für Sedimentgesteine bedeutet dies eine Anreicherung bis auf das Hundertfache. (Vgl. z. B. Baccini u. Roberts 1976, Förstner u. Müller 1974)

Anreicherung 3- bis 5mal	**Anreicherung 20- bis 100mal**
Kupfer	Blei
Chrom	Quecksilber
Nickel	Kadmium
Kobalt	

Die Verlagerung von Blei ins Meer entspricht dem hundertfachen prähistorischen Wert.

Verschiedene Schwermetalle gelangen als «erschöpfte Rohstoffe» an eine kritische Grenze: Chrom, Gold, Kobalt, Kupfer, Mangan, Molybdän, Nickel, Quecksilber, Silber, Uran, Zink, Zinn. 70 Prozent der jährlich geförderten Menge an Schwermetallen geht durch Dissipation verloren: 50 Jahre nach dem ersten Einsatz sind durchschnittlich nur noch weniger als 0,5 Prozent vorhanden. Von der bis heute total geförderten Menge sind noch 20 Prozent im Gebrauch oder wieder nutzbar. Viele «verschwinden» nach ihrer Anwendung als Pigmente, Korrosionsschutz, Treibstoffstabilisator, Legierungsbestandteil oder aus Batterien und machen sich schließlich als pflanzenschädigende Stäube oder im Klärschlamm bemerkbar.

Die Ursachen für den zunehmenden Staubgehalt unserer Umwelt sind somit klar: Immer größere Mengen von Schwermetallen, insbesondere Blei, werden durch die Industrie seit Ende des 18. Jahrhunderts (erste Industrialisierungsperiode) verbraucht (Tab. 3.22). Der lawinenartig angewachsene **Automobilverkehr** brachte in den letzten Jahren eine weitere Steigerung. (Stadt Zürich u. U.: 150 000 Fahrzeuge fuhren 4 Mio km/J. und verstreuten Mitte der Achtzigerjahre noch 40 kg Bleistaub.)
Der Zusatz von Bleialkylen als Antiklopfmittel zum Treibstoff führt zu einer starken Ausstreuung von **Blei** in der Nähe von Verkehrsadern, wo das Schwermetall teilweise von der Vegetation absorbiert wird. Auch der Mensch nimmt heute mit Wasser, Luft und Nahrung bedeutend mehr Blei auf, nämlich gut vierzigmal mehr als im letzten Jahrhundert. Dabei ist die über den Darm aufgenommene Menge bedeutungslos; sie beträgt lediglich 2 bis 7 Prozent der durch die

Tab. 3.22: **Schwermetallquellen im Überblick (in Tonnen), 1980, Schweiz.** (Nach Davies 1986, Biozid-Report)

Herkunft	Zn	in %	Cu	in %	Co	in %	Pb	in %
Müll	92,4	93,8	3,4	41,5	1,4–14	41–88	35	2,8
Heizöl	5,5*	5,6	2,8*	34,1	0,1	3– 0,6	5,5*	0,4
Schweröl								
Benzin							1200	96,3
Diesel	0,6*	0,6	0,3*	3,7	0,006		0,6*	
Gas								
Kohle			1,7	20,7	1,9	56–12	5	0,4
Total	98,5		8,2		3,4–16,0		1246,1	

* basiert auf Einzelmessungen

302 · Die organismische Beziehung

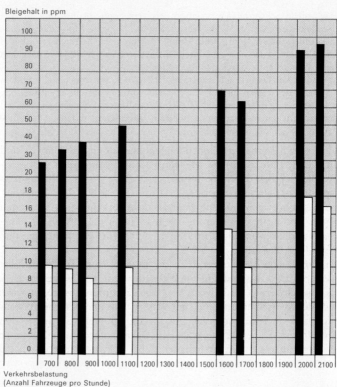

Abb. 3.36: **Bleiablagerung durch Autoabgase in Bäumen.** In der Rinde und im Splintholz von Robinien (falschen Akazien) an verkehrsbelasteten Stellen in München wurden die Bleikonzentrationen ermittelt. In der lebenden Substanz der Rinde ist eine viel größere Konzentration festzustellen als im toten Splintholz. (Nach Hartge 1974)
Pb und Cd als Gift der Buche s. Breckle 1987. Eintrag in Pflanzen s. Abb. 3.31.

Lungen resorbierten Mengen (Abb. 3.36–3.38). 99% der Pb-Zufuhr in die Ökosysteme erfolgt durch atmosphärische Deposition.

Beim zweiten stark dissipierten Schwermetall, dem **Quecksilber,** liegt der Mehrverbrauch weniger bei der Industrie (Katalysator in der

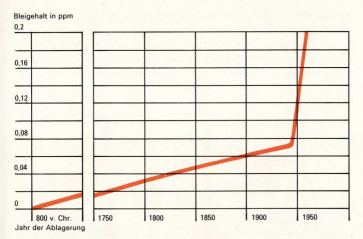

Abb. 3.37: **Anstieg des Bleigehaltes in grönländischen Eisschichten.** Der Beginn des Anstiegs fällt mit dem Beginn des industriellen Zeitalters (etwa um 1750) zusammen. In den zwanziger Jahren dieses Jahrhunderts wurden erstmals bleihaltige Zusätze als Antiklopfmittel in Treibstoffen verwendet. Als Folge nahmen die Bleiablagerungen sehr stark zu. (Nach Hartge 1974)

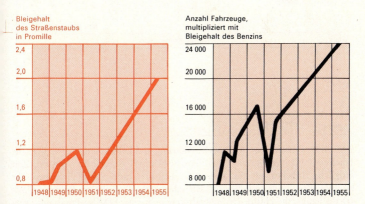

Abb. 3.38: **Verkehrsdichte und bleihaltiger Straßenstaub.** Zwischen der Konzentration von Blei im Straßenstaub und der Verkehrsbelastung, gemessen an der Anzahl der Fahrzeuge und dem Bleianteil im Benzin, besteht ein enger Zusammenhang. (Nach Daten von Högger aus Zürich 1958 in Danielson 1970)

Kunststoffherstellung) als bei der Landwirtschaft, die es als Saatbeizmittel gegen Pilzbefall beim Auflaufen der Saat verstärkt einsetzt. Ferner sind auch die Kohlen aus gewissen Gebieten sowie die sulfidischen Erze sehr quecksilberhaltig. Ein erheblicher Teil entweicht außerdem bei der Zement- und Phosphataufbereitung (Abb. 3.39).

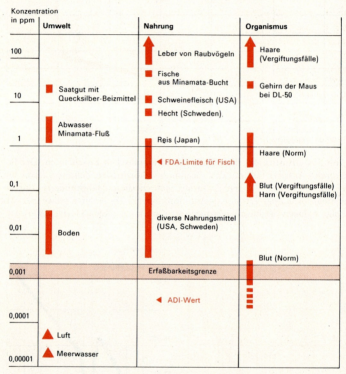

Abb. 3.39: **Quecksilber in Umwelt, Nahrung und Lebewesen.** Der analytische Nachweis bis Nanogramm (Milliardstelgramm) ist erst in jüngerer Zeit möglich. Änliches gilt für andere Schadstoffe. Eine natürliche, aber sehr niedrige Kontamination besteht seit jeher. DL-50 = halbe tödliche Dosis (Dosis letalis, die Hälfte der Versuchstiere geht ein). FDA = Food and Drug Administration. ADI (Acceptable daily intake) ist die pro Tag eingenommene Menge, die noch als unschädlich gilt. (Nach Aeby 1972)
Vgl. die Untersuchungen der Schwermetallgehalte in Elsterfedern in Abhängigkeit von der Schwermetall-Deposition (Cd, Cu, Pb), z.B. bei Kühnast & Ellenberg 1990, Niecke et al. 1990. (Näheres in Merian 1990)

Ist dies überhaupt bedenklich? Die in ppm (parts per million) gemessenen Konzentrationen sind ja immer noch sehr gering, obwohl die Ablagerung um ein Vielfaches angestiegen ist. Indessen nimmt die Tendenz immer noch zu: ein Zeichen, daß die Selbstreinigungskräfte von Atmosphäre und Hydrosphäre überansprucht sind? Jedenfalls kann die ständig zunehmende Menge an Schadstoffen in der Natur gar nicht mehr sicher abgelagert, das heißt biologisch unschädlich gemacht werden. Sogar wenn sie bereits in Seen oder Flüssen abgelagert sind, können Schwermetalle, wenn sich die chemischen Verhältnisse geringfügig ändern, wieder in Lösung gehen. Dazu können etwa neuartige phosphatfreie Waschmittel wie Nitrilotriessigsäure (NTE bzw. NTA) zu einer Verschiebung im pH-Wert und in der Nährstoffzufuhr beitragen. Auch Huminstoffe können wie NTE zur

Tab. 3.23: **Gesamtgehalte und Orientierungsdaten (Richtwerte) für tolerierbare Gesamtgehalte von Schwermetallen in Kulturböden.** (Nach Kloke 1980, verändert)

Element		Gesamtgehalt im lufttrockenen Boden in mg/kg*		
		häufig	besondere, bzw. kontaminierte Böden	tolerierbar (Richtwert)
As	Arsen	0,1 – 20	8000	20
Cd	Cadmium	0,01– 1	200	3
Co	Cobalt	1 – 10	800	50
Cr	Chrom	2 – 50	20000	100
Cu	Kupfer	1 – 20	22000	100
Hg	Quecksilber	0,01– 1	500	2
Mo	Molybdän	0,2 – 5	200	5
Ni	Nickel	2 – 50	10000	50
Pb	Blei	0,1 – 20	4000	100
Se	Selen	0,01– 5	1200	10
Sn	Zinn	1 – 20	800	50
Tl	Thallium	0,01– 0,5	40	1
Ti	Titan	10 –5000	20000	5000
V	Vanadium	10 – 100	1000	50
Zn	Zink	3 – 50	20000	300

* 1 mg/kg bzw. ppm = 3 kg Schwermetall/ha, für eine Bodendichte von 1,5 kg/dm^3 und 2 dm Bodentiefe
mind. 10–15% von z.B. Cu und Cd wird über die Wurzeln aufgenommen.

Komplexierung von Schadstoffen beitragen und beeinflussen damit die Bioverfügbarkeit (Tab. 3.23, Abb. 3.40 u. 3.41; Näheres zur Chelatisierung in Merian 1990).

Bisherige Rohstoffe	Verwendungsbereich	z.T. substituiert durch
Kupfer, Blei	Stromkabel -Leiter -Ummantelung 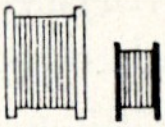	Aluminium Kunststoff
Kupfer Messing	Rohre Apparatebau 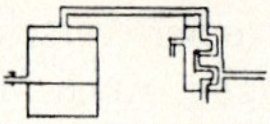	Edelstahl
Grauguß	Maschinen Motorblöcke 	Aluminium
Kupfer Messing	Ölleitungen Filter 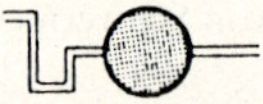	Kunststoff
Blei	Druckerei-Lettern 	Fotoverfahren
Aluminium Kupfer Messing, Zink	Haushaltgeräte 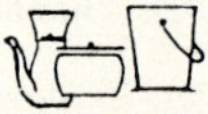	Kunststoff
Stahlblech	LKW- und Schienenfahrzeug-Aufbauten 	Aluminium
Stahl Aluminium	Fenster Türen 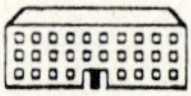	Kunststoff
Grauguß	Heizkörper 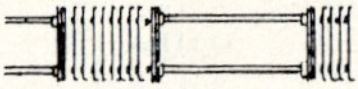	Aluminium Stahlblech
Blei	Abwasser-Installationen 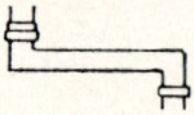	Kunststoff
Zink	Dachrinnen 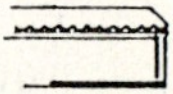	Kunststoff
Zinn	Verpackung (Tuben, Folien) 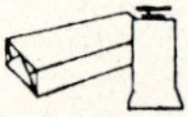	Aluminium Kunststoff

Abb. 3.40: **Übersicht über Substitionswerkstoffe wichtiger NE-Metalle und für Eisen und Stahl.** (Quelle: Mineralische Rohstoffe, Bundesministerium für Wirtschaft, 1979, S. 34)

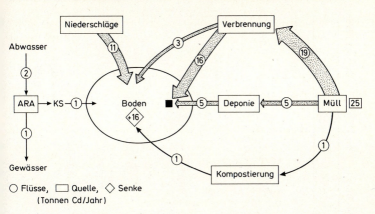

Abb. 3.41: **Cadmiumflüsse via Abfallstoffe am Beispiel der Schweiz.** (Nach Brunner/Baccini 1981)

Gelöste Schwermetalle werden nach und nach in der Nahrungskette **konzentriert,** reichern sich mit zunehmendem Alter des Organismus an und erreichen so auch für uns schädliche Konzentrationen. Direkt äußert sich dies in sehr verschiedenen Erkrankungen.

Durch Blei wird beispielsweise die Hämbildung gestört (das Häm ist ein Bestandteil des Blutfarbstoffes Hämoglobin), was zu Blutkrankheiten führt. Blei kann auch das Calcium in den Knochen ersetzen, wodurch diese brüchig werden. Bei erneutem Austritt ins Blut kann es zu Stoffwechselstörungen, ja sogar zur Vernichtung bestimmter Hirnzellen führen. Cadmium* bewirkt schmerzhafte Knochenveränderungen, die sogenannte «Itai-Itai-Krankheit», von der vor allem in Japan Fälle bekannt wurden. Als besonders heimtückisch erwies sich auch Quecksilber (Tab. 3.24). Erst in den letzten zwanzig Jahren gelang es, den verschlungenen Pfaden seiner natürlich entstehenden organischen Verbindungen und deren Giftwirkung auf die Spur zu kommen. Gelangt Quecksilber in die sauerstoffarmen Tiefwasserschichten der Küstenmeere oder Seen, so bildet sich unter Wirkung von Mikroorganismen Methylquecksilber, das stabil ist und in die Nahrungskette gelangt. Die Vergiftung durch Methylquecksilber äußert sich in unheilbaren Nervenschäden, in der berühmt-berüchtigten «Minamata»-Krankheit, die sich bereits bei Neugeborenen zeigen kann.

---

* Zusätzliche Verbreitung aus fossilen Brennstoffen und Düngern inkl. Klärschlamm. Kompost und Kulturboden darf höchstens 2 ppm Cd, 1 ppm Hg, 80 ppm Ni enthalten. Aufnahme pro Tag und Einwohner: 13,7–15,7 µg Cd (weiteres s. Lit.).

Tab. 3.24: Gehalt und Wirkung der Schwermetalle Pb, Cd, Hg. (Bundesminister des Innern, 1985; Näheres in Merian, 1990)

		Pb	Cd	Hg
natürlicher Gehalt				
– Erdkruste	mg/kg	16	0,13	0,08
– lufttrockener Boden	mg/kg	0,1–20	0,1–1[1]	0,01–1
– Pflanze	mg/kg TS	0,1–5,0	0,05–0,2	0,005–0,01
Freisetzung von Spurenelementen in der Atmosphäre (1983)	10^9 g			
anthropogene Quelle		332	7,6	3,6
natürlicher Ursprung		12	1,3	2,5
Gesamt-Emission		344	8,9	6,1
Verhältnis natürlich:gesamt		0,0004	0,15	0,41
Jahresverbrauch	t	$5,4 \cdot 10^6$	$2 \cdot 10^4$	$5,8 \cdot 10^3$
Reserven in Erz	t	$1,9 \cdot 10^8$	$2 \cdot 10^5$	$2,5 \cdot 10^5$
Produktion	t/J	330000 (1982)	1800	360
Verbrauch	t/J	35100[2]	1500[3]	680[4]
Emission	t/J	5600	100	120
Eintrag	g/ha · J	200 (100–1000)	7 (2–50)	7
Staubniederschlag		13–580	0,4–3[5]	
Schnee, Grünland	10^{-9} g/g	0,1–0,9[6]	0,001–0,03	–
gastrointestinale Absorption[10]	%	$\approx 10^7$	4–7	<0,5
Grenzkonzentration Trinkwasser (DS)	µg/l	50–100	5–10	1–50
Schwermetalleintrag aus Atmosphäre Stadt	µg/m²d	20–45–90	0,8–1–1,5	
in Deutschland 1985–88 Land		10–15–20	0,3–0,5–0,7	

Aufnahme mit der Nahrung[8]	mg/Person × Woche	0,91	0,28 (−0,5)	0,06 (−0,3)
Spezielle Wirkung		Neurotoxizität Blutbildung Verdacht auf Karzinogenität auch bei Cd[9]	Schädigung von Enzymen Nieren Knochenveränderungen (30 mg letal)[7]	Nerven Nieren Mitotische Wirkung, Chromosomenbrüche (v. a. auch bei Cd, z. T. bei Pb)

[1] Cd-Toleranzgrenze: 1–3 mg/kg (Pb 50 mg/kg) lufttrockner Boden, aber stellenweise bis 200 mg/kg
 Cd-Verhältnisse, CH: Import 100 t/a, Ferntransport 11 t/a, davon $^1/_3$ in Abfall und Abwasser
 In Sedimenten des Greifensees: 1940/4, 1980/12 mg/kg.
[2] In Antiklopfmitteln, Tetraethyl- und Tetramethyl-Blei 4500 t als Pb; ferner für Akkumulatoren, Kabelummantelung usw.
[3] als Korrosionsschutz, in Pigmenten, Batterien, Kunststoff-Stabilisatoren
[4] in Batterien, Chemikalien, Leuchtstoffröhren, in der Zahnmedizin
[5] Deposition im Wald: Pb 24 mg/m³ · a. Bei Cd wird 18 % im Humus, 41 % im Ton festgehalten, 20 % bleibt gelöst und beweglich
[6] seit prähistorischer Zeit 200 × stärker konzentriert
[7] Krebswirkung möglich bei Inhalation und Ingestion; wirkt mit Nitrosaminen, PAN, N_2O, O_3, SO_2 und Asbest synergistisch. Akute Toxizität steigt mit der Zunahme der Elektropositivität, also z. B. Zn < Cd < Hg
[8] nach neueren Untersuchungen ca. 30–150 μg Pb/d (10–15 % gastrointestinal, totale Resorption möglich)
[9] Inhibition der N-Mineralisierung bei 1000 μg Pb pro trockenen Bodens; Beeinflussung der mikrobiellen Bodenatmung: Hg ≫ Cd ≫ Pb
[10] Pb-Abs. abhängig von Mangelzuständen (Vit. D, Fe, Ca) bis 50 % bei Kleinkindern (ähnlich bei Cd); terato-mutagene Wirkungen bei Pb, Cd, Hg nachgewiesen

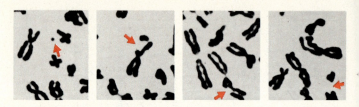

Abb. 3.42: **Chromosomenbrüche bei quecksilberverseuchten Menschen.** Die Verseuchung erfolgte durch die Einnahme größerer Mengen von quecksilberverseuchtem Fisch. Die Pfeile deuten auf die Bruchstellen von Chromosomen hin, die bei Blutuntersuchungen gefunden wurden. (Karolinska-Spital, Stockholm, 1972).

Gefährlich ist jedoch vor allem die indirekte Wirkung dieser Schwermetalle, und zwar über die Beeinflussung von **Zellteilungsvorgängen** (Abb. 3.42). Dies kann nicht nur zu momentanen Deformationen, sondern auch zu Änderungen in der Erbsubstanz führen. Überdies haben Versuche ergeben, daß die Wirkungen von Schwermetallen, etwa von Blei, Zink und Quecksilber, sich nicht nur addieren, sondern sogar unterstützen (synergistischer Effekt). Nach neueren Untersuchungen ist die Aufnahme einzelner Schwermetalle abhängig von der totalen Absättigung des Substrats mit Schwermetallen sowie von ihrem Verhältnis zueinander (Kompetition), somit auch von pH und Humusgehalt! Bei höheren Bleigehalten wird z.B. mehr Kadmium von der Pflanze aufgenommen. Außerdem bestimmt die Mykorrhiza die Aufnehmbarkeit mit, und zwar in förderndem wie auch in blockierendem Sinne. Dabei können sich gewisse Pflanzen an höhere Schwermetallgehalte adaptieren oder spezifische auch an andere Umweltgifte. (Vgl. auch die Übersicht in Uehleke 1980; alle Einzelheiten in Merian 1990, auch über den Mechanismus des Membran-Transfers in die Zelle.)

3.5.4 Radioaktive Stoffe in Organismen und Ökosystemen

Wie die Schwermetalle können auch radioaktive Stoffe auf verschiedenen Wegen über die Nahrungskette in den menschlichen Körper gelangen: über die Luft, über das Wasser und über tierische Nahrung (Abb. 3.43). Wie schnell die Weitergabe von radioaktiven Stoffen vor sich geht, zeigt das Beispiel des Phosphors (^{32}P) in einer Gewässernahrungskette.

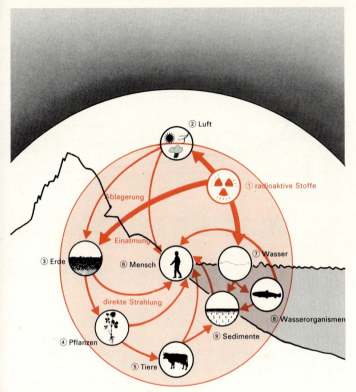

Abb. 3.43: **Radioaktive Stoffe und Strahlung in der Umwelt.** (Nach Weish und Gruber 1973)

Nach Zugabe von markiertem Phosphat (Experiment) zum Seewasser wird die Substanz von den Pflanzenfressern entweder mit dem Wasser oder mit der Nahrung aufgenommen und in 17 Tagen maximal angereichert. Danach nimmt die Konzentration langsam wieder ab. Viel steiler nimmt die Konzentration in den Fleischfressern zu und gipfelt in einem spitzen Maximum bei 28 Tagen. Sehr flach verläuft die Zunahme bei den Destruenten, die nach etwa 35 Tagen eine höchste, für einige Zeit gleichbleibende Konzentration aufweisen. In dieser Zeit kann die angereicherte Radioaktivität unter natürlichen Bedingungen wieder an die Produzentennahrungskette zurückgeleitet werden (Abb. 3.44).

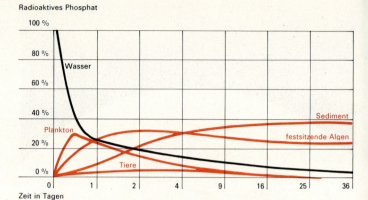

Abb. 3.44: **Umsatz von radioaktivem Phosphat in einem Aquarium.** Ein Aquarium ist ein einfaches Modell eines Ökosystems. Der Umsatz wurde mit dem radioaktiv markierten Phosphorisotop P-32 untersucht. Das Phosphat befindet sich zu Beginn des Versuchs im Wasser. Es wird dann vom Plankton schnell und von den festsitzenden Algen langsam aufgenommen und zuletzt im Sediment abgelagert. (Nach Whittaker 1961, 1975)

Auf diesem bekannten Wege – Pflanze, Pflanzenfresser, Fleischfresser – wird auch radioaktive Substanz, ebenso wie die Pestizide oder Schwermetalle, im komplizierten Nahrungsnetz angereichert. Dabei ergeben sich in gewissen Organen besonders hohe Konzentrationen, so bei Strontium (^{90}Sr) in den Knochen, bei Cäsium (^{137}Cs) in den Muskeln, Geschlechtsorganen usw. (Über das totale Gewicht der Organismen gerechnet, nimmt die Konzentration jedoch ab.) (Abb. 3.45).

Durch die Anreicherung radioaktiver Stoffe in höheren Lebewesen können mancherlei **Schäden** auftreten, die zum Teil recht schwerwiegend sein können. Mit zunehmender Dosis ergeben sich zum Beispiel in Fischeiern Mißbildungen, die auch bei sehr niedriger Dosis noch recht beträchtlich sind (Tab. 3.25, Abb. 3.46 u. 3.47).

Bei einigen radioaktiven Substanzen spielt nicht nur ihre Strahlung eine Rolle, sondern auch ihre **spezifische Giftigkeit.** So gab es vor der Umwandlung aus Uran kein oder kaum Plutonium in der Ökosphäre. Deshalb gab es auch keine Anpassung an diesen Stoff, und seine

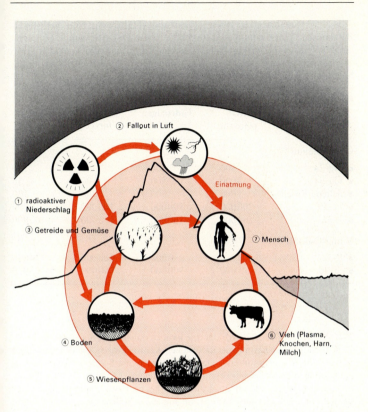

Abb. 3.45: **Die Verseuchung des Menschen durch radioaktives Strontium.**
(Nach Rankama 1963 in Weish und Gruber 1973, 1986)

chemische Giftigkeit ist entsprechend hoch. (Vgl. auch die höhere physiologische Giftigkeit von Pb, Hg, Cd.)

Natürliche Kernreaktoren wurden erst in den letzten zwanzig Jahren entdeckt und unter dem Begriff «Oklo-Phänomen» beschrieben. Bei Erzuntersuchungen im Gebiet von Oklo/Gabun wurden Isotopen-Anomalien in metamorphen Gesteinen gefunden, die nur bei reaktorartigen Prozessen entstanden sein konnten (ca. 0,3% ^{235}U statt 0,7% und typische Spaltprodukte). Dieses Material war aus präkambrischen Silikatgesteinen bei differenzierenden Sedimentationsprozessen angereichert worden und enthielt ursprünglich ca.

Tab. 3.25: **Anreicherung von radioaktiven Abfällen.** In zwei Süßwasser-Biozönosen, dem Columbiafluß und dem White-Oak-See, wurde gemessen, um das Wievielfache gewisse radioaktive Abfälle (Radionuklide) in Lebewesen angereichert wurden, verglichen mit dem umgebenden Wasser. (Nach Krumholz und Foster 1957 in Weish und Gruber 1973)

Radionuklid	Anreicherungsfaktoren, bezogen auf Wasser			
	Phyto-plankton	Fadenalgen	Insekten-larven	Fische
Columbiafluß				
● Na-24	500	500	100	100
● Cu-64	2 000	500	500	50
● Seltene Erden	1 000	500	200	100
● Fe-59	200 000	100 000	100 000	10 000
● P-32	200 000	100 000	100 000	100 000
White-Oak-See				
● P-32	150 000	850 000	100 000	50 000
● Sr-90	75 000	500 000	100 000	25 000

3% ^{235}U. Mit Wasser als Moderator kam es dabei in Taschen mit mehr als 10% U zum Betrieb von sechs natürlichen Kernreaktoren, die erst nach über 2 Mio Jahren «ausbrannten». Dabei wanderten die Spaltprodukte (damals noch ohne organismische Vektoren!) etwa einen Meter in 10 000 Jahren, insgesamt zehn Meter vom Reaktionsort weg, und zwar hauptsächlich ^{99}Ru (Ruthenium, gebildet aus Technetium mit einer Halbwertszeit von 0,2 Mio Jahren).
In diesem Zusammenhang darf hervorgehoben werden daß Schwermetalle in Sedimenten recht ähnlich qualitativ und quantitativ eingelagert werden, so z. B. Uran in devonischen Schiefern (380 Mio J. alt) zu 0,4 und in Sedimenten präkambrischer Herkunft (2000 Mio. J. alt) zu 0,25–1 mg/g Gestein. Schon vor 2000 Mio Jahren war somit die Atmosphäre genügend sauerstoffreich, um Oxidation und Lösung von Uran (bzw. UO_2^+-Ion) zu gewährleisten (U und Th haben eine sehr niedere Löslichkeit, geben jedoch Komplexe besserer Löslichkeit mit verschiedenen Biomolekülen).

Da sich auch Spuren dieser strahlenden Stoffe nicht aus der Welt schaffen lassen, bevor «ihre Zeit abgelaufen ist» (siehe Maßeinheiten), bleibt die Hantierung und Wegschaffung dieser Stoffe ein Problem, das wir als Hypothek an kommende Generationen weitergeben. Wegschaffung bedeutet in diesem Falle auch die vollständige Tren-

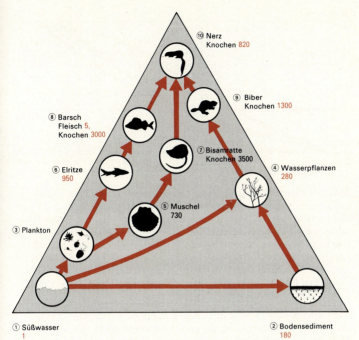

Abb. 3.46: Anreicherung von radioaktivem Strontium in einer Süßwasser-Nahrungspyramide. Je höher ein Tier in der Nahrungspyramide steht, desto stärker ist das radioaktive Strontium angereichert. Strontium lagert sich vor allem in den Knochen ab. (Nach Ophel 1962 in Weish und Gruber 1973, 1986)

nung von der Biosphäre mit ihren Nahrungsketten, einschließlich Boden, Grundwasser, Luft usw. (BRD: Menge ca. $10\,m^3/J$.).

Ob die offene Anreicherung in der Nahrungskette (z. B. von radioaktivem Jod über die Milch) auch einmal für uns kritisch wird, ist wegen der teilweise schlecht bekannten und kumulativen Langzeitwirkungen schwer abzuschätzen. Es bestand ja auch keine Möglichkeit, über lange Zeiträume Erfahrungen zu sammeln! Die Gefahr ist so groß, daß bei der Hantierung mit radioaktiven Stoffen andere Maßstäbe angelegt werden müssen als bei Pestiziden oder Schwermetallen. Denn sie bedrohen unsere Erbsubstanz durch **schleichende Langzeitwirkungen,** die sich erst nach Generationen zu äußern brauchen.

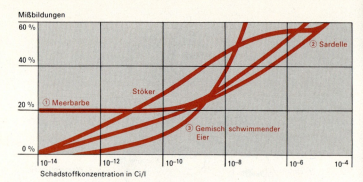

Abb. 3.47: **Entwicklungsstörungen bei radioaktiv verseuchten Fischen.** Die radioaktiven Isotope Strontium-90 und Yttrium-90 reichern sich in der Hülle von Fischeiern an. Bei Fischen des Schwarzen Meeres wurden Entwicklungsstörungen schon bei Konzentrationen beobachtet, die im Trinkwasser als absolut unbedenklich gelten. Bei 10- bis 20prozentiger chronischer Strahlenschädigung an den Eiern würde der Fischbestand in 15 bis 50 Jahren, die sonstigen Umweltveränderungen nicht eingerechnet, auf etwa die Hälfte zurückgehen. (Nach Polykarpow 1966 in Weish und Gruber 1973, 1986)

Eine solche Wirkung könnte darin bestehen, daß die Anfälligkeit für bestimmte Krankheiten verändert wird, die nicht unbedingt direkt mit der erhöhten Radioaktivität zu tun haben müssen. Ungeklärt ist zur Zeit auch die Endwirkung von radioaktivem Phosphor oder Tritium, die bei Stoffwechselvorgängen in der Erbsubstanz eingebaut werden können. Beim Zerfall dieser radioaktiven Atome kann die Kette der DNS-Moleküle brechen mit den entsprechenden Folgen für den Aufbau verschiedener Grundstoffe oder der Struktur der Lebewesen (umstritten). Auch an sich inerte (reaktionsträge) radioaktive Stoffe können zur Wirkung kommen, z. B. das Edelgas Krypton, das von Lipiden im Körper oder vom Blutkreislauf aufgenommen werden kann, oder dann an sich unlösliche Stoffe, die im Gefüge des Ökosystems aufgeschlossen werden können. Bis heute sind solche Hinweise nicht bestätigt worden, und die Kontroversen halten an, insbesondere über die Wirkung kleiner Strahlendosen (sog. Pettkau-Effekt), dies unter der Voraussetzung bekannter Reparatur- und Restitutionsmechanismen (s. ab S. 320ff.).

In mehreren Ländern Mitteleuropas werden seit Beginn der Inbetriebnahme von **Kernkraftwerken*** regelmäßig Messungen in einzelnen

---

* 1985: 345 Kernkraftwerke produzieren mit 220 000 MW 13 % des globalen Energiebedarfs. In Frankreich liefern u.a. Schnellbrüter 64 % des Elektrizitätsbedarfs und decken 35 % des Primärenergieverbrauchs ab.

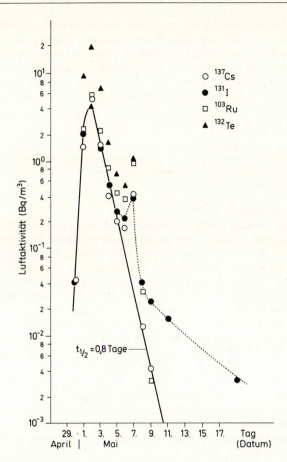

Abb. 3.48: **Resultate der Nuclidzusammensetzung der Luft,** gemessen am Staubfilter aus «High Volume Sampler» mit 960 m³/Durchsatz (NABEL-Station Düsseldorf). Zeitpunkt: Tschernobyl-Unfall 1986. (Nach Santschi 1987)

Gliedern von Nahrungsketten gemacht, die mit Emissionen der Werke in Berührung kommen (Luft, Wasser, Boden). Bisher wurden zwar recht hohe Anreicherungen (Transfer-Raten), aber keine nach heutiger Auffassung alarmierenden Werte bekannt**. Hoffen wir, daß hier keine wesentlichen Radionuclide vernachlässigt wurden (wie dies etwa bei ^{128}Jod kritisiert wird) und daß keine unbekannten Schwellenwerte überschritten werden, was in diesem Falle kaum rückgängig zu machen wäre*** (Abb. 3.48).

In diesem Sinne sollten die Fissions-Kernkraftwerke als vorübergehende Periode in der Energienutzung und -bereitstellung betrachtet werden. Wir hätten jetzt Zeit, andere Nutzungsmöglichkeiten über sog. erneuerbare Energieressourcen anzubahnen und Einsparungen zu verwirklichen.

Strahlendosis beim Menschen

Maximal zulässig sind nach heutiger Auffassung 5 rem pro Person in 30 Jahren, also rund 170 mrem (Tab. 3.26) pro Jahr. In der Umgebung von Kraftwerken sind maximal 500 mrem zulässig, was einer Vergrößerung der natürlichen Mutationsrate von $^1/_{140}$ entsprechen würde. In Wirklichkeit beträgt die Mehrbelastung nur 1 Prozent der zulässigen 500 mrem, also 1 mrad. Vergleichsweise beläuft sich die natürliche Belastung des Mitteleuropäers auf rund 100 bis 255(–800) mrad (aus kosmischer, terrestrischer und eigener Strahlung aus dem körpereigenen ^{14}C und ^{40}Ca); dazu kommt eine zusätzliche künstliche Belastung, die zu 94 Prozent aus der Medizin (eine Ganzkörperbestrahlung bringt 5 Gy = 500 rad) zu 4 bis 5 Prozent aus alten Atomversuchen und zu 1 bis 2 Prozent aus der Atomtechnik stammt. Bis zum Jahre 2000 dürften jährlich weltweit etwa 10^{-3} mrem Krypton 85 und 1 mrem Tritium freigesetzt werden. Siehe jedoch dazu die Bemerkungen zur Potenzierung einiger radioaktiver Stoffe in der Nahrungskette und zur Verarbeitung der vom Menschen erzeugten neuen Schadstoffe.

** Beim Betrieb treten nur sehr minimale Mengen aus (regelmäßige Messungen z. B. in der Schweiz durch die KUER, Kommission für die Überwachung der Radioaktivität), aber ebenso bei der Aufbereitung gebrauchter Brennstäbe.

*** Vgl. indessen die Giftigkeit im Vergleich zu den Schwermetallen und der natürlichen Radioaktivität am Beispiel des Radiums, das mit 80 Mio t in den Weltmeeren vorkommt und dessen Toxizität 16 Milliarden t Plutonium entspricht.

Tab. 3.26: **Maßeinheiten**

Phys. Größe	Maßeinheiten	Definition
Aktivität	Ci	= Curie. Aktivität des radioaktiven Elementes (Radionuklid) mit $3,7 \cdot 10^{10}$ Zerfallsakten pro Sekunde, entsprechend 1 Gramm Radium.
	Bq	= Becquerel. $1\,Bq = 2,7 \cdot 10^{-11}\,Ci = 27\,pCi$; $1\,Ci = 3,7 \cdot 10^{10}\,Bq$.
	HWZ	= Halbwertszeit. Die Hälfte der vorliegenden Radionuklide sind zerfallen.
Ionendosis	r, R	= Röntgen. Maß für die Zahl der durch radioaktive Strahlung in Luft erzeugten Ionisationen. Bei 0 °C, 760 Torr und trockener Luft entstehen bei 1 Röntgen etwa $2 \cdot 10^8$ Ionenpaare pro Kubikmeter.
	C/kg	= Coulomb/kg. $1\,C/kg = 3876\,R$; $1\,R = 2,58 \cdot 10^{-4}\,C/kg$
Energiedosis	rad, rd	= Energie, die 1 Gramm durchstrahlter Stoff bei der Absorption einer ionisierenden Strahlung von 100 erg aufnimmt. $1\,rad = 100\,erg/Gramm$, $1\,erg = 10^{-7}$ Joule (J), $1\,J = 1$ Wattsekunde (Ws).
	Gy	= Gray. $1\,Gy = 1\,J/kg = 100\,rad$; $1\,rad = 0,01\,Gy$
Äquivalentdosis	rem	= «roentgen equivalent man». Einheit der biologischen Wirksamkeit einer ionisierenden Strahlungsdosis. Eine unterschiedliche Strahlung hat eine unterschiedliche biologische Wirkung. Die rem-Zahl ergibt sich aus der rad-Zahl unter Multiplikation mit einem qualitativen Bewertungsfaktor (Q). 1 rem = biologische Wirkung der harten Röntgenstrahlung von 2000 keV bei Q = 1. (Schnelle Neutronen und Protonen haben z.B. einen Q-Wert von 10.) Ein Tausendstel rem = 1 Millirem (mrem). Bei Plutonium 239, das sich im Organismus anreichert, entspricht 1 rad rund 50 rem (die Mutations-

320 · Die organismische Beziehung

Tab. 3.26: **Fortsetzung**

Phys. Größe	Maßeinheiten	Definitionen
		rate* der DNS verdoppelt sich bei einer Belastung von 30 bis 80 rad).
	Sv	= Sievert. 1 Sv = 1 J/kg = 100 rem; 1 rem = 0,01 Sv
	eV	= Elektronvolt. Einheit der Energie in der Physik der Elementarteilchen. Der Energiezuwachs, den ein Elektron beim Durchlaufen einer Spannung von 1 Volt erhält, entspricht $1{,}602 \cdot 10^{-12}$ erg.
Energiedosisleistung	Gy/S	
Ionendosisleistung	A/kg	(Ampére/kg)

* mit Reststrahlung ca. $10\,m^3/J$ in BRD

3.6 Überlegungen zur Wirkung der Radioaktivität in Mitteleuropa

3.6.1 Grundbelastung und Zusatzbelastungen für den Mitteleuropäer

Nach verschiedenen Unterlagen (z. B. Burkart, 1977) ergibt sich für den Schweizer und Süddeutschen die in Abb. 3.49 dargestellte durchschnittliche radioaktive Grundbelastung. Je nach Höhenlage oder Muttergestein kann sich diese Grundbelastung um nahezu einen Faktor erhöhen.

An dieser Strahlung beteiligen sich Radionuclide verschiedener Eigenheiten – lang- und kurzlebige α-, β- und γ-Strahler, leicht und schwerer inkorporierbare, in bestimmten Körperteilen akkumulierende Radionuclide –, unter diesen auch die immer vorhandenen

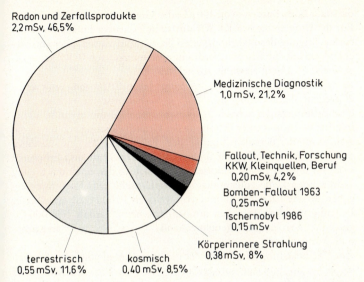

Abb. 3.49: **Mittlere jährliche Strahlenexposition der Schweizer Bevölkerung.** (PSI 1989; s. auch Fritsch 1990)

natürlichen Radionuclide lebenswichtiger Elemente wie z. B. ^{40}K und ^{14}C.

Das totale Aktivitätsinventar von ^{14}C wird auf $311{,}10^6$ Ci veranschlagt, wobei 93 % in Meerwasser von > 75 m Tiefe liegen. 7 % ($22 \cdot 10^6$ Mio Ci) liegen im Biosphärenbereich und sind im schnellen Austausch mit Oberflächenwasser (5 MCi), Bio- (11 MCi) und Atmosphäre (5 MCi). Dazu addiert sich der Ausstoß von ^{14}C aus Reaktoren mit einer Bildungsrate von 30–70 – 200 Ci pro 1000 MW$_e$ und Jahr.

Diese relativ geringe Bildungsrate täuscht: Schon ein totaler Ausstoß von 37 600 Ci (weltweit) ergibt in absehbarer Zeit ein ähnlich hohes Aktivitätsinventar wie das natürliche bzw. in den nächsten dreißig Jahren einen kumulierten Ausstoß von rund 10 MCi (und bei anhaltendem Trend wäre dann etwa alle 50 Jahre mit einer zusätzlichen Aktivität wie der natürlichen zu rechnen).

Die genetisch wirksame Strahlenbelastung (Ganzkörperdosis) durch natürlich entstandenes ^{14}C liegt um ca. 1 mrad/J. (0,16 mrad/J. und pCi ^{14}C pro g C). Oder anders ausgedrückt ergibt sich bei einem ^{14}C/^{12}C-Verhältnis von ca. $1{,}25 \cdot 10^{-12}$ eine Ganzkörper-Belastung von 0,83 mrad oder 1 mrem/J. Nach den ICRP-Richtlinien vermittelt die sog. «Body Burden» von 400 µCi den Gonaden bis zu 5000 mrem/J. Für die Umgebung von KKW's dürfte sich darüber hinaus unter Berücksichtigung der Nahrungsketten bis zum Menschen, aber entsprechenden atmosphärischen Verdünnungseffekten nach ICRP keine zusätzliche Strahlenbelastung abzeichnen.

Bei anhaltendem Trend ist bis zum Jahre 2020 mit einer etwa 20prozent. Veränderung des $^{14}C/^{12}C$-Verhältnisses zu rechnen, was eine Erhöhung des schnell austauschbaren ^{14}C um etwa 50% beinhaltet und somit einer Erhöhung der Grundbelastung von 0,6 mrem gleichkommt (Berücksichtigung der Erhöhung des ^{12}C-Gehaltes durch Verbrennung fossiler Brennstoffe mit 3%-Rate und Erhöhung von ^{12}C um ca. 25%). Indessen würde sich in den nächsten dreißig Jahren noch keine vollständige atmosphärische Durchmischung ergeben, so daß bei der Annahme von weltweit 10 000 GW$_e$ installierter Leistung mit dem 18fachen atmosphärischen ^{14}Gehalt (700 000 Ci) gerechnet werden müßte (entsprechend $^{14}C/^{12}C = 2.10^{-10}$ in Körper und Atmosphäre).

Zur ^{14}C-Belastung käme noch der geringere Anteil von ^{85}Kr, da auch dieses Isotop (im Gegensatz etwa zu ^{137}Cs oder ^{90}Sr) in KKW's oder in Wiederaufbereitungsanlagen nicht zurückgehalten werden kann und somit zu den kritischen Radionucliden gezählt werden muß.

Ganz anders präsentieren sich in diesem Zusammenhang die hohen Werte in der Umgebung von Kiew oder gar in Tschernobyl selber (Tab. 3.27).

Tab. 3.27: **Wirkung des Unfalls von Tschernobyl** im Bereich der weißrussisch-ukrainischen Grenze, 80 km nö Kiew. (Ausführliche Begutachtung in Flavin 1987)

Distanz	zusätzliche Strahlenbelastung	Zeit
> 1000 km*	10–1000 mrem[1]	mehrere Jahre
> 100 km	1– 100 rem	mehrere Stunden
–50 km	1– 100 rem (ds 12 rem)	mehrere Monate

(Mai 86: kurzfristig höhere Aktivität von ^{131}J am Bodensee, ^{137}Cs sedimentiert; vgl. Abb. 3.48)

---

* Schweiz, zusätzlich 100–200 mrem, max.; 15, ds (rd. 1% der ds natürlichen Strahlenbelastung für die nächsten 30 Jahre).
[1] Vgl. dazu die typische Innenluft-Belastung in der Schweiz aus dem Untergrund der Häuser, vor allem auf Urgestein (Granit) mit Radon von durchschnittlich 2,2 mSv/J. [= 220 mrem/J.], also fast die Hälfte der Durchschnittsbelastung von 4,95 mSv/J., z. Vgl.: BRD ca. 1 mSv/J.

Durch die vorherrschenden Windströmungen waren die kontaminierten Luftpakete vor allem nach N und NW getrieben worden. Aber auch Deutschland und die Schweiz erhielten Ausläufer stärker belasteter Luftmassen. Namentlich der Kanton Tessin wurde stärker getroffen, und die Aufnahme verschiedener Nahrungsmittel mußte vorsichtshalber eingeschränkt werden. Im Durchschnitt stieg die Belastung unserer Umwelt in ähnlichem Maße wie zu Zeiten der Bombentests, aber mit stärker abweichendem Radionuklidspektrum (z. B. geringere Mengen an ^{137}Cs und ^{90}Sr, größere Anteile von ^{131}J usw.) (Abb. 3.49). Längerfristig gesehen ist mit einer geringeren Zusatzbelastung von etwa 1 mrem zu rechnen.

3.6.2 Kritische Wertung der Wirkung zusätzlicher niederer radioaktiver Dosen

In diesem Zusammenhang können vor allem die oft divergierenden Ergebnisse aus den Untersuchungen der größten Gruppe je betroffener Menschen, nämlich der atombombenbetroffenen Überlebenden von Hiroshima und Nagasaki beigezogen werden. Diese und weitere Beispiele von Gruppen, die durch Lecks oder Unfälle in KKW's oder dann durch Bombentests tangiert wurden, werden von einer Vielzahl von Autoren aufgeführt (z. B. Utah-Mormonen aus dem Bereich von Bombentests, durch Lecks Betroffene aus Gebieten wie Denver, Three Mile Island, Staat Wisconsin, Savannah River, Windscale-Aufbereitungsanlage usw.).

Alle Ergebnisse aus solchen Beispielen werden auch immer wieder in Frage gestellt oder zumindest kritisch analysiert, insbesondere bezüglich der Vergleichbarkeit von Grundgesamtheiten, der Wege der statistischen Auswertung, der Zuverlässigkeit der Grunddaten usw.

Aus all diesen oft recht gegensätzlichen Unterlagen können wenigstens die folgenden Schlüsse gezogen werden:

- Hinweise auf höhere Morbidität in von Natur aus stärker radioaktiven Gebieten höherer Lagen oder radionuclidhaltiger Erze (z. B. Monazit) sind spärlich. Es wird von höherer Anfälligkeit gegenüber Leukämie berichtet, oder aber es finden sich Angaben über ungünstige Einflüsse auf die Hirnentwicklung. Indessen fehlen auch Hinweise auf eher günstige Wirkungen nicht.

- Nachweise überdurchschnittlichen Auftretens verschiedener Krebsformen in Gebieten, die unter überdurchschnittlich hoher radioaktiver Belastung gestanden haben – Lecks und andere Unfälle bei KKW's, Einflüsse aus Bombentestflächen (Nevada, Bikini), Spätwirkungen unter den Überlebenden von Hiroshima und Nagasaki – sind recht zahlreich, aber ebenfalls ganz oder in Einzelheiten umstritten.

- Beweise einer höheren krebsinduzierten Mortalität bei Arbeitern in stärker strahlenbelasteten Installationen sind ebenfalls von der Fachwelt nicht generell akzeptiert worden (Probleme um die «Plutonium-Arbeiter»).
  Nach Untersuchungen in der Aufbereitungsanlage Sellafield/GB besteht ab mind. 100 mSv die Gefahr der Übertragung einer höheren Leukämie-Disposition von exponierten Vätern auf die Kinder.

Biologisch betrachtet sind Schädigungen von Personen in allen drei Fallgruppen plausibel, allerdings am ehesten in der am wenigsten durch Zufälligkeiten belasteten dritten Gruppe. Außerdem wird die Plausibilität beeinflußt durch die persönlich gefärbte Annahme der statistisch ausgewerteten Grundgesamtheiten aus mehr oder weniger betroffenen Bevölkerungsgruppen. Eine weitere Färbung erhält die Interpretation der Ergebnisse aus der Auffassung über den Verlauf der «Dosis-Wirkungs-Kurven» im Bereich der niederen radioaktiven Strahlung.

3.6.3 Die Form der Dosis-Wirkungs-Kurve im niederradioaktiven Bereich

Bei verschiedenen Autoren wird aus Analysen der Wirkungen niederradioaktiver Dosen bei belasteten Gruppen (aus z. B. Japan) abgeleitet, daß die (zusätzlichen) Wirkungen solcher Strahlungsdosen unterschätzt worden seien. Ja unter dem Begriff «Pettkau-Effekt» wird angenommen, daß auch an den Phospholipid-haltigen Membranen in lebendem Gewebe bei dauerhaft wirksamen niederen Dosen merkliche Schädigungen nachzuweisen seien. Es kann nun durchaus sein, daß α- und β-strahlende inkorporierte Radionuklide lokale Gewebsschädigungen ergeben können. Im allgemeinen ist aber doch anzunehmen, daß sämtliche Organe und Organismen bei der uns bekannten Grundbelastung unter dem Einfluß von ^{14}C und ^{40}K sowie anderen Radionukliden evoluiert sind, sich mithin auch mit den entsprechenden Reparaturmechanismen angepaßt haben. Evolutiv gesehen kann man sich als Adaptation sogar positive (sog. «Hormesis-Effekte») vorstellen. Indessen dürfte ein sauberer Nachweis irgendeiner Wirkung im niederradioaktiven Bereich nur sehr schwer zu erbringen sein. Nach dem aktuellen Wissensstand dürfte somit die Annahme einer linearen Dosis-Wirkungs-Kurve (ohne Schwellenwert im Bereich niederer Werte) am ehesten ihre Berechtigung haben.

3.6.4 Schlußfolgerungen

Aus den zahlreichen und oft widersprüchlichen Diskussionsbeiträgen in der Fachliteratur ergeben sich im wesentlichen die folgenden Aussagen:

- Die **Grundbelastung** der Bevölkerung wird bei Normalbetrieb der KKW's extrem gering und nur im Bereich der von der natürlichen Umwelt diktierten Strahlungsunterschiede erhöht.
- Wirkungen zusätzlich inkorporierter langlebiger Radionuclide (z. B. ^{14}C) liegen vorläufig noch im (umstrittenen) Bereich der Wirkung niederer Dosen. Gemäß den Aussagen auf S. 310 dürften bei anhaltendem Trend im Energieverbrauch und in der Errichtung neuer KKW's die Quantitäten in inkorporierten sog. **natürlichen Radionucliden** (z. B. ^{14}C, ^{85}Kr) recht schnell steigen. Eine Begutachtung der Auswirkungen wäre spekulativ, entspricht indessen einem neuen Umweltzustand, an den die Organismen nicht angepaßt sind.
- Die zusätzliche Dosis aus dem **Ereignis von Tschernobyl** liegt für die nächsten Jahre im Bereich natürlicher Schwankungen der Grundbelastung (außer bei forciertem Konsum speziell indizierter Nahrungsmittel).

3.6.5 Aktueller Stand der Kenntnisse zu den Auswirkungen der Katastrophe von Tschernobyl (n. Savchenko 1991)

70 %	der total entwichenen Radioaktivität (RA) wurde in Weiß-Rußland niedergeschlagen
20 %	des Landes sind heute durch Radionuclide kontaminiert.
8–10 %	des totalen radioaktiven Inhalts von 10^{12} Ci ging in die Umwelt.

$1{,}9\text{--}5{,}0 \cdot 10^8$ Bq ging in die Atmosphäre und zog über alle Länder der
nördlichen Halbkugel, aber vor allem bis zur Atlantikküste,
und wurde auf Boden und Wasser zwischen 30°–50° NB deponiert,
damit wurde die natürliche RA auf das 100- bis 1000fache erhöht, insbesondere
mit ^{131}I, ^{89}Sr, ^{132}Te (sowie X und Kr) und weitere gefährliche langlebige Isotope verbreitet, so z.B. ^{137}Cs + ^{134}Cs sowie ^{90}Sr und etwas Pu.

28 000 km² mit 800 000 Einwohnern ist zur Zeit erfaßt mit > 5 Ci/km² (> 1 Cu: 70 000 km²).

Im Umkreis von 30 km des KKW ist die RA > 1 Ci/km² infolge $^{239,\,240,\,241}$Pu (für ca. 1000 J. unbewohnbar).

^{14}C wurde durch die Pflanzen absorbiert und z.T. in Streue und Oberboden verlagert (–20–40 cm n.F.), dazu kommt ^{90}Sr + ^{137}Cs, ca. 90% der Pu-Isotope lagern sich am Ton-Humus-Komplex an.

(Insbesondere Spinat, Fenchel, Dill und Petersilie sind mit Sr und Cs kontaminiert.)

Nach 6 Monaten war vom ^{137}Cs mehr als die Hälfte an Bodenfraktionen pflanzenverfügbar absorbiert (5% an Ton, 10% an Sand, 40% an Torf; geringe Mengen an Cerealien und Knollen).

(Transfer-Rate für ^{90}Sr vom Boden zur Pflanze geringer in sandigem als im tonigem Böden.)

Auswirkungen auf **Haustiere:** Störung der Sexual-Zyklen, abnormale Geburten.

Der **Mensch** hat ca. 1% der totalen RA inhaliert, 5% über das Trinkwasser bezogen und größere Mengen über die Nahrung.

Krankheiten: In einem Areal mit strikter Kontrolle wurde von 1986–90 eine 50%ige Erhöhung der Häufigkeit von Schilddrüsen-Krebs, Leukämie und Fehlgeburten festgestellt.

Wirtschaftliches: In den belasteten Wäldern kann nur schwer restriktiv Holz gewonnen werden, dasselbe gilt für Trinkwasser.

Stillgelegt wurden 144 000 ha LN (landwirtschaftl. Nutzfläche), 492 000 ha Wald

Evakuierung:	116 000 Einwohner wurden 1986 evakuiert, von 1990–90 werden ca. 800 000 Einwohner folgen. – Erwartete Kosten: 55 Mia Rubel.

3.7 Alternative Nutzung von Ökosystemen

Jeder Versuch, mit naturgegebenen Mitteln tierische und pflanzliche Schädlinge unter Kontrolle zu halten oder alternative Energiequellen zu entwickeln, ist aus den erwähnten Gründen zu begrüßen. Schon heute sind wesentliche Impulse von der biologischen Schädlingsbekämpfung, vom biologischen Landbau und von Versuchen mit umweltfreundlicheren Energiequellen ausgegangen, und man versucht nun auch an den Hochschulen, diesen Gedanken alternativer Technologien mit wissenschaftlichen Mitteln nachzugehen.

Erst gründliche und von verschiedener Seite angepackte Untersuchungen werden zeigen, welche Möglichkeiten in den alternativen Methoden stecken und ob sie die nötige Beweiskraft haben, um die Bereitstellung ausreichender Energie zu sichern und um die Landwirtschaft auf eine naturnähere und gleichzeitig nachhaltige Bewirtschaftung umstimmen zu können.

3.7.1 Biologische Schädlingsbekämpfung

Die Schädlingsbekämpfung hat es mit einem vielseitigen, anpassungsfähigen und zähen Gegner zu tun, der in Riesenheeren auftritt: heute sind etwa **3000 Arten von Schadinsekten** bekannt, also etwa 0,1 Prozent aller bekannten Insektenarten und ohne Berücksichtigung der Schädlinge, die nicht zu den Insekten gehören, wie etwa die Milben. Anzeichen einer Unempfindlichkeit (Resistenz) gegen Insektizide sind heute keine Seltenheit mehr.

Bei gut hundert Schadinsektenarten im Bereich der Hygiene, hauptsächlich Überträgern menschlicher Krankheiten, zeigen sich resistente Rassen, ferner bei über 200 Arten in der Landwirtschaft, einschließlich der Haustierschädlinge, und bei einer Art in der Forstwirtschaft. Einige Arten unter den Insekten und anderen Gliedertieren wurden erst richtig schädlich, nachdem sie bekämpft wurden. So wurde durch Modifikation des pflanzlichen Stoffwechsels das

Leben der Weibchen der «roten Spinne» (einer Milbe) verlängert. Aus den Tropen Westafrikas ist sogar ein Fall bekannt, wo eine Kaffeeplantage erst nach der Behandlung mit Parathion vernichtet wurde.

Es ist also verständlich, daß nach andern Wegen gesucht wurde. Die biologische Schädlingsbekämpfung ermöglicht die Kontrolle von Insekten, ohne Gifte einzusetzen. Unter den vielen Möglichkeiten seien einige Beispiele herausgegriffen.

3.7.1.1 Bekämpfung von Insekten mit ihren natürlichen Feinden

Diese Methode ist vor allem an **Holzgewächsen** möglich, da Blattverluste in Kauf genommen werden müssen, bevor die Abwehr ihre höchste Wirkung entfalten kann.

Älteres Beispiel: Die australische Wollschildlaus, *Percerya purchasi*, bedrohte 1888 die kalifornische Zitrusindustrie. Der eingeführte australische Marienkäfer, *Rhodolia cardinalis*, erlaubte die biologische Bekämpfung. In der Schweiz wurde die San-José-Schildlaus mit der Erzwespe, *Prospaltella perniciosi*, erfolgreich bekämpft. Weitere Experimente mit zahlreichen andern Schädlingen verliefen seither ebenfalls erfolgreich. In den USA gelang die Bekämpfung des Eulenfalters, *Heliothis*, der die Samenhülsen der Baumwolle zerstörte, mit Florfliegenlarven.

3.7.1.2 Autozidverfahren: Insektenmännchen werden mit Röntgenstrahlen sterilisiert und ausgesetzt

Schon nach der vierten Generation kann die Insektenpopulation wegen mangelnder Befruchtung aussterben, denn die sterilisierten Männchen setzen sich durch, weil sie sonst normal und gut genährt sind.

So wurden mit dieser Methode der Schraubenwurm, *Cochliomya hominivorax*, der Eier in Wunden von Haustieren legt und dabei auch die Häute wertlos macht, im Südosten der USA praktisch ausgerottet. Pro Woche mußten dabei 125 Millionen sterile Männchen ausgesetzt werden. Trotzdem betrugen die Kosten der Bekämpfung nur etwa ein Fünftel der Schadensumme. Auch gegen die mexikanischen Fruchtfliegen und den Baumwollrüsselkäfer, wo die behandelten Männchen die unbehandelten sogar verdrängten, war die Methode erfolgreich. Seit einiger Zeit wird diese Methode auch zur Bekämpfung der Tsetsefliege erprobt, da die Weibchen generell nur einmal befruchtet werden und somit beim Einsatz steriler Männchen unfruchtbar bleiben.

3.7.1.3 Verwendung von Insektenhormonen (Insekten-Wachstumsregulatoren)

Häutungshormon (Ecdyson) verhindert in geschlechtsreifen Insekten die Entwicklung der Eierstöcke. Juvenilhormon, Wachstumsregulator der Insekten, bewirkt Fehlhäutungen der Larven zu einem zusätzlichen Larvenstadium oder zu Zwischenformen, weil es normalerweise erst vor der letzten (Adult-)Häutung in größerer Menge im Körper vorhanden ist; die Tiere sind dann nicht mehr fortpflanzungsfähig. Ein Gramm Juvenilhornmon genügt, um die Metamorphose einer Billion Mehlwürmer zu blockieren. Die Juvenilhormone sind leider nicht sehr stabil, können aber teilweise durch chemisch ähnliche Stoffe ersetzt werden (Juvenilhormon-Analoge). Ausgedehnte Versuche laufen zur Zeit mit Blattläusen. In der Schweiz werden diese Hormone gegen Schalenwickler eingesetzt. Eine weitere Möglichkeit besteht im Einsatz von Hormonunterdrückern (Anti-Juvenilhormone, z. B. Precocin, s. S. 28). Diese bewirken eine vorzeitige Metamorphose der Insekten und damit ihre Sterilität. Sie sind in gewissen Pflanzen enthalten (z. B. *Ageratum houstonianum*), die durch diesen koevolutiv entwickelten Abwehrmechanismus eine überaus hohe Immunität gegen Insektenbefall aufweisen. Andererseits gibt es auch Chitinsynthesehemmer (z. B. Dimilin), die verschiedene Reifungsprozesse unterbinden. So kann z. B. die Larve die Eihülle nicht sprengen, oder dann die spätere Larvenkutikula nicht öffnen (Stoffe dieser Art werden im Boden schon im ersten Monat abgebaut). Auch die Verwendung von Sexuallockstoffen (Insektenpheromone) wurde versucht: Die Männchen werden in Fallen gelockt und vernichtet. Der Einsatz solcher Fallen ist von der Tageszeit abhängig.

Bei *Trichoplusia ni* verirren sich die Männchen bereits bei 10^{-8} Gramm Lockstoff pro Kubikmeter Luft. Einige Lockstoffe können durch pflanzliche Stoffgruppen (z. B. Terpenen) in ihrer Wirkung unterstützt werden. In der Schweiz werden sie insbesondere in Borkenkäferfallen, aber auch versuchsweise gegen den Apfelwickler eingesetzt. Auch gegen den Vorratsschädling Khaprakäfer *(Trogoderma granarium)* haben sie sich bewährt.

3.7.1.4 Biologische Insektizide

Sie werden aus *Pyrethrum*, einer margeritenähnlichen Pflanze, aus Bakterien (z. B. *Bacillus thuringiensis** gegen Luzerne-Heufalter, eine kalif. *Colias*-Art), aus Viren (z. B. Granulosisvirus gegen Apfelwickler, *Laspeyresia pomonella*, Polyedervirus gegen Kiefernbuschhorn-Blattwespe, *Acantholyda hieroglyphica*) sowie zum Teil aus Schimmelpilzen und Würmern gewonnen, wovon einige auch für Säuger giftig sind. Wie aus diesen Erfahrungen hervorgeht, dürfte nur eine sehr diversifizierte Schädlingsbekämpfung auf die Dauer wirksam sein.

Übrigens können auch gegen **Pilze** und **Bakterien** natürliche Stoffe eingesetzt werden: die sogenannten Phytoalexine. Diese natürlichen Abwehrstoffe der Pflanzen entstehen oft erst beim Angriff der Mikroorganismen. Es sind fettartige Substanzen, die sich in der Pflanze unter dem Einfluß von Polysacchariden (z. B. Glucon) bilden. Auch hier gibt es wieder Pilzarten, die die Abwehrstoffe umwandeln können und deshalb schädlich sind.

3.7.1.5 Biologische Unkrautbekämpfung

Typische Eigenheiten der Unkräuter liegen ziemlich genau parallel zu denen erfolgreicher Neubürger (Agriophyten; vgl. S. 334). Ihre negativen Eigenschaften ergeben sich durch ihre Konkurrenzfähigkeit, was zu Ertragsminderungen an den Kulturpflanzen führt. Außerdem können sie Giftwirkungen entfalten, Krankheiten und Schädlinge übertragen sowie die Pflanz- und Erntearbeiten erschweren. Ihre positiven Eigenschaften ergeben sich aus der möglichen Beeinflussung des «antiphytopathogenen Potentials» im Boden (s. S. 90) und der günstigen Prägung des Klimas bodennaher Luftschichten. Ihre Kontrolle ist nicht nur durch mechanische oder chemische Bekämpfung möglich, sondern auch durch Saatgutreinigung (aber: Anpassung der Samengröße!), Veränderung der Saatzeit (aber: Anpassung durch

---

* *B. thuringiensis* mit Delta-Endotoxin (USA: Insektizidmarkt 1 %) vor allem gegen Lepidopteren, so z. B. gegen die amerikan. Gemüse-Eule *(Plurella xylostella)*, Tannentrieb-Wickler *(Choristoneura fumiferana)*, in der Schweiz schwerpunktmäßig im Obstbau gegen Frostspanner, Gespinstmotte, Traubenwickler sowie Lärchenwickler (Geometridae, z. B. *Erannis*, *Cheimatobia*, Hyponomentidae, *Eupoecilia ambiguella*, *Zeiraphera deiniana*) und Luzerne-Heufalter, aber auch gegen Stech- und Kriebelmücken.

Auflaufen in anderer Jahreszeit!) und der Fruchtfolge (aber: Anpassung an Zyklen der Kulturpflanzen).

Der Austausch solcher Pionierpflanzen (die oft von Flußufern stammen) erfolgte über alle Kontinente hinweg. Unser Hartheu *(Hypericum perforatum)* verbreitete sich im NW Nordamerikas ab ca. 1900 explosionsartig und bedeckte 1944 8000 km² Weideflächen. Dadurch wurde die Lichtkrankheit des Viehs (ausgelöst durch das pflanzeneigene Hypericin) gefördert. Zur Eindämmung wurden 2600 Insektenarten ausprobiert. Erst die Bekämpfung mit *Chrysolina quadrigenina* und *Ch. hyperici* (Käfer, die die wichtigen grundständigen Blätter fraßen) bewirkte den Rückgang der sonst rostpilzanfälligen Pflanze auf bescheidene 0,5 % des Areals.

3.7.2 Biologischer Landbau

Aus Gründen der Wirtschaftlichkeit in Industrie und Gewerbe war auch der «konventionelle» Landbau gezwungen, ebenfalls großzügig zu rationalisieren. Dabei mußte eine einfache Fruchtfolge eingehalten werden, was den massiven Einsatz von Düngern und Pestiziden nötig machte. Solche Praktiken werden vom biologischen Landbau[*] abgelehnt. So suchte der «organisch-biologische» Landbau durch Einsatz naturgegebener Mittel die Fruchtbarkeit und Gare des Bodens zu erhalten. Nahrungs- und Futtermittel sollen im geschlossenen Kreislauf erzeugt werden. Zu diesem Zweck dürfen keine «Kunstdünger» (Handelsdünger) und keine Pestizide angewendet werden. Regelmäßige Bodenuntersuchungen sollen über Zustand und Bedürfnisse des Bodens Aufschluß geben. Der biologische Landbau bedient sich folgender Arbeitsmethoden:

- **Pflügen** nur bis in 10 cm Tiefe, um die Mikroorganismengesellschaften der einzelnen Bodenschichten zu erhalten.

- **Düngen** mit lebendiger, tierischer und mineralischer Komponente. Dazu wird «Gründünger» (Unkraut, Klee oder Wicken) in den Boden eingearbeitet, ferner Stallmist (meist kompostiert), Horn-, Knochen- und Blutmehl, Urgesteinsmehl, Naturphosphat, verkalkte Algen. Die Pflanze soll nicht «direkt», sondern über den Boden ernährt werden.

---

[*] Die Eigenheiten des sogenannten biologisch-dynamischen Landbaus werden hier nicht berücksichtigt.

- **Unkraut** wird nicht entfernt, solange es das Wachstum der Kulturpflanzen nicht konkurrenziert; falls nötig, wird es nur mechanisch kontrolliert.

Diese Methoden beruhen auf den folgenden Prinzipien:

- Produktion im Einklang mit der Natur, geringer Verbrauch an Fremdenergie**, Anstreben von geschlossenen Kreisläufen,
- Anpassung an den Lebenszyklus von Kulturpflanzen, Verzicht auf Herbizide und andere Pestizide sowie Futterzusätze.

In interdisziplinären Arbeitsgruppen wird heute dem biologischen Landbau auch auf Hochschulebene Beachtung geschenkt. Versuche sind im Gange, um die biologischen Vorgänge im Boden abzuklären, die durch diese Bewirtschaftungsform bewirkt oder verändert werden.

Aus eigener Anschauung sind mir Bauernhöfe bekannt, auf denen mit den oben skizzierten Methoden mindestens gleich hohe Erträge wie beim konventionellen Landbau erzielt werden. Freilich sind **Umstellungsschwierigkeiten** normal. Gut drei bis fünf Jahre kann der Ertrag unter dem Durchschnitt liegen. Außerdem braucht es mehr mechanischen (also körperlichen!) Einsatz.

Angesichts der steigenden Eutrophierung unserer Umwelt und der Gefahr durch verschiedene Pestizide glaube ich, daß sich auf lange Sicht ein **Kompromiß** zwischen konventionellem und biologischem Landbau abzeichnet. Genauere Untersuchungen über die Haltbarkeit der Produkte und über die Wirksamkeit verschiedener Düngung, Bodenbearbeitung und anderer Bewirtschaftungsmaßnahmen auf die Bodeneigenschaften sind im Gange (vgl. Verfahren der «Integrierten Pflanzenproduktion», IPP).

Jedenfalls wird auch der konventionelle Landbau in Zukunft versuchen müssen, ein vertretbares Gleichgewicht zwischen humuszehrenden, -erhaltenden und -mehrenden Kulturpflanzen anzustreben, jede einseitige Düngung zu vermeiden (vor allem Phosphat und Kali werden in zu großen Mengen angewendet) und vermehrt Gründüngung einzuplanen, das heißt Leguminosen anzubauen. Außerdem

---

** Die Produktion von 1 t NH_3 zur Gewinnung von N-Dünger verlangt den Einsatz von ca. 1 t Erdöl.
N-Sparmaßnahmen allgemeiner Art: Nitrifikationshemmer im Winter, langwirkende organische N-Düngung, Erhöhung der biologischen N_2-Fixierung (Assoziation von N-bindenden Bakterien mit Gräsern).

wird die Forschung die Züchtung resistenter Sorten, die Verbesserung der photosynthetischen Wirksamkeit und der Produktionssysteme vorantreiben müssen, indem sie die natürliche Bodenfruchtbarkeit durch optimale Fruchtfolge fördert. Einerseits kann auch eine vorsichtige Mineraldüngung das Bodenleben fördern (vgl. Düngung durch Ionenaustausch ab Zeolithen = Natrium-Aluminium-Silikat) und anderseits kann durch eine zu starke Kompostgabe eine übermäßige Stickstoffdüngung eintreten. Schließlich sollen vordergründig gesehen nicht die Schädlinge bekämpft, sondern die Lebensmöglichkeiten der Nützlinge gefördert werden. In diesem Sinne lenkt eine vollständige Unkrautbeseitigung den Angriff polyphager Insekten auf die Kulturpflanzen.

So nimmt z. B. beim Befall von Gamma- und Kohleule auf Zuckerrüben deren Dichte und Häufigkeit zu, vor allem bei verstärktem Herbizideinsatz. Oder der Blattlausbesatz erhöht sich, wenn der Druck der Räuber (Marienkäfer, Schwebfliegen) abnimmt. Außerdem vermindern dichtere Bestände von Ackerhederich, Gänsefuß und Windhafer die Kollembolen-Aktivität in Zuckerrübenfeldern.

Generell dürfte nach Ansicht der Gegner eine totale Umstellung auf die Prinzipien des organisch-biologischen Landbaus kaum möglich sein, wenn die heutigen Flächenerträge erhalten bleiben sollen. Zudem sei bei einem vollständigen Verzicht auf jegliche Mineraldüngung zu wenig Kompost vorhanden, oder es müßten zu viele Tiere gehalten werden. Versuche werden Behauptung und Gegenbehauptung abklären.

So sollen ausgedehnte Untersuchungen etwa der Agrecol in Deutschland und der «Stiftung für biologischen Landbau» in Oberwil (DOK-Versuch, Vergleich von dynamisch-biolog., organisch-biologischem und konventionellem Landbau) BL (Schweiz) die Möglichkeiten der verschiedenen umweltschonenden Bebauungsverfahren erkennen helfen. Verlässliche Resultate sind freilich erst in den frühen neunziger Jahren zu erwarten. Erste Auswertungen zeigen bei den biologisch bewirtschafteten Parzellen höhere biolog. Aktivität, höhere Biomasse (nach 8 Jahren von heute insgesamt 15 J.), vielfältigere Fauna (z. B. Carabiden [Laufkäfer], Lumbriciden [Regenwürmer]), reichere Unkrautflora, günstigere Bodeneigenschaften usw.

3.8 Der Mensch als Außenseiter ökologischer Gesetzmäßigkeiten

Im Gefüge der Nahrungsketten ist der Mensch ein Außenseiter. Alle seine natürlichen Feinde hat er mehr oder weniger ausgerottet, aktuell verschwindet immer noch eine Tierart pro Tag (Trendprognose für das Jahr 2000: 1 Art/Stunde! Näheres s. S. 335 ff., 353 ff.; über die Ursachen s. Abb. 3.50/51) 31% der Pflanzen sind bedroht und 45% der Wirbeltiere (Tab. 3.28, Abb. 3.52). Aber diese Tatsache gilt insbesondere auch für die krankheitserregenden Mikroorganismen, die durch den Siegeszug der modernen Antibiotika aus weiten Gebieten der Erde verdrängt wurden. Durch das Fehlen natürlicher Feinde begann der Mensch sich unkontrolliert zu vermehren, und trotz der inzwischen entwickelten Mittel zur Geburtenkontrolle hält diese Bevölkerungsexplosion weiter an. Auf der anderen Seite hat der Mensch in seiner ganzen Kulturgeschichte seinesgleichen umgebracht, ja sogar massenhaft vernichtet – ein Verhalten, das bei höheren Tieren auch im stärksten Konkurrenzkampf nicht zu beobachten ist. Schließlich greift er als einziges Lebewesen massiv in die Nahrungsketten ein: er schaltet Raubtiere aus oder führt fremde Glieder in bestehende Nahrungsketten ein. Dafür ist er aber imstande – und könnte es noch in viel stärkerem Maße sein –, die Umwelt und seine Zukunft denkend zu gestalten, auch im ökologischen Sinne.

Verlustbilanz an Biotopen in der Schweiz (Daten nach Broggi & Schlegel 1990):

- Seit 1800 verschwanden rund 90% der Feuchtgebiete.
- Der Rückgang der trockenen Blumenwiesen liegt ebenfalls bei über 90%. Dieser Verlust trat weitgehend erst nach dem Zweiten Weltkrieg ein.
- Zwischen 1951–1985 wurden in der Schweiz 2550 km Bäche korrigiert, in einigen Mittellandkantonen ist gar die Hälfte der Bäche verschwunden.
- Der Anteil der naturnahen Uferzonen an der Ufergesamtlänge der größeren Mittellandseen beträgt heute weniger als 30%.
- In den letzten 20 Jahren dürften rund 30% der Feldgehölze des Mittellandes beseitigt worden sein.
- In den letzten 40 Jahren sind mehr als drei Viertel aller hochstämmigen Obstbäume gefällt worden, alleine zwischen 1961–81 fand gesamtschweizerisch eine Halbierung des Feldobstbestandes statt.
- Der in den tieferen Lagen von Natur aus dominierende Laubwald hat sich als Folge der Bewirtschaftung auf rund 40% seines Potentials vermindert.

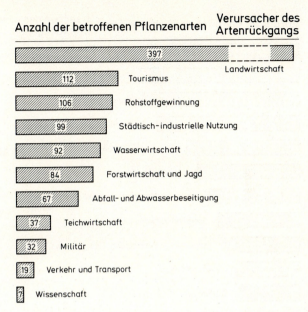

Abb. 3.50: **Versursacher (Landnutzer und Wirtschaftszweige) des Artenrückgangs**. Aktuell (1990) 580 Pflanzenarten auf R. L., davon 400 durch Landwirtschaft betroffen, entsprechend 30% des typischen Artenspektrums von Mitteleuropa. Damit wird 70% der Populationen stenöker Arten negativ beeinflußt. Vgl. auch S. 412. Damit wird unsere Landschaft zunehmend stärker «synanthropisiert» und verliert an Vielfalt und Natürlichkeit (vgl. Synanthropisation, Hernerobiestufen, Natürlichkeitsgrad).

Jeder Bruch in der Nahrungskette führt zu oft überraschenden Veränderungen. Die Nische, die bei der Ausrottung einer Tierart frei wird, kann nämlich durch andere Arten besetzt werden. Oder ein «Flicken» in der Nahrungskette – die bewußte oder fahrlässige Einfuhr eines Fremdlings – hat meist unerwartete Folgen für die gesamte Nahrungspyramide, einschließlich der Menschen (Tab. 3.29).

Verschiedene Beispiele sind so bekannt, daß sie hier nur kurz erwähnt werden sollen: Kaninchenplage in Australien, explosionsartige Vermehrung des Feigenkaktus auf dem selben Kontinent und seine Bekämpfung mit einem Nachtfalter, *Cactoblastis*, aus Argentinien, Flugzeugeinsatz in Neuseeland gegen die eingeführten Huftiere (z. B. Rothirsch) zur Bremsung von Waldzer-

336 · Die organismische Beziehung

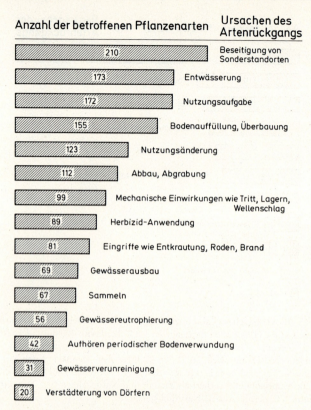

Abb. 3.51: **Ursachen des Artenrückgangs angeordnet nach Zahl der betroffenen Pflanzenarten der Roten Listen.** Diese weitgehende Landschaftszerstörung hat heute dazu geführt, daß Renaturierungsmaßnahmen für Mangelbiotope bei neueren Eingriffen häufig eingesetzt werden. (Sukopp et al. 1978)

störung und Erosion, Vermehrung und Degenerierung von Maultierhirschen auf dem Kaibab-Plateau Arizonas nach der Ausrottung der Raubtiere und dem Stopp der Beweidung durch Haustiere und neueren Datums die explosionsartige Vermehrung der riesigen Aga-Kröte (Bufo marina aus S-Amerika) in Queensland, NE-Australien, mit allen Folgen für die einheimische Fauna. usw. Die Aufzählung von Schulbuchbeispielen ließe sich noch verlängern! Einige weitere Fälle sind indessen ökologisch so illustrativ, daß sie hier doch etwas näher vorgestellt werden sollen.

Tab. 3.28: **Geschätzter Anstieg der Aussterberate bei Säugern.**

Zeitraum	ausgest. Arten pro Jahrhundert	Verlust in % der aktuellen Artenzahl[1]	Gründe
Eiszeit 3,5 Mio J.	0,01	—	natürliches Aussterben
Späte Eiszeit 100000 J	0,08	0,002	Klimawechsel, jungsteinzeitliche Jäger
1600–1980	17	0,4	europäische Kolonisierung, Jagd, Handel
1980–2000[2]	145	3,5	Zerstörung der Lebensräume

[1] Annahme: 100% = 4100 Säugerarten, das entspricht etwa den Verhältnissen während der jüngsten Evolutionszeit.
[2] Annahme: $1/5$ von 145 gefährdeten Säugerarten verschwinden bis 2000 (gemäß IUCN Manual Red Data Book).

Als recht folgenschwer erwies sich im letzten Jahrhundert die Einführung des **Mungos** in Jamaica und anderen westindischen Inseln (Abb. 3.53). Der Mungo hätte der Ratten Herr werden sollen, die sich an den für diese Inseln so wichtigen Zuckerrohrplantagen gütlich taten. Er tat ein übriges und rottete einzelne einheimische Säuger nahezu aus. Außerdem vergriff er sich an Reptilien und Vögeln, was wiederum zur Folge hatte, daß verschiedene Insekten, insbesondere die Mücken, sich ungemein vermehrten und die Malariagefahr erhöhten. Malaria ist eine Tropenkrankheit, die noch heute gut ein Viertel der Bevölkerung wärmerer Länder bedroht! Erst die Bekämpfung des Mungos, der auf Jamaica keine natürlichen Feinde hatte, brachte die Lage wieder einigermaßen ins Gleichgewicht und damit die Nahrungspyramiden in eine halbwegs stabile Form. Die überlebenden Mungos haben sich nun auf einen breiten Speisezettel mit Insekten, Amphibien, Reptilien, Vögeln, Ratten und sogar Pflanzen umgestellt. Allerdings müssen die aus dem Gleichgewicht geratenen Insektenbevölkerungen mit künstlichen Mitteln bekämpft werden.

Aber nicht nur im Tierreich, sondern auch bei den **Pflanzen** hat der Mensch eingegriffen.

Ein Gartenfreund oder auch der bloße Zufall schleppte die prächtig blühende Wasserhyazinthe, *Eichhornia crassipes*, aus Südamerika nach Afrika ein. Dort geriet sie aus den Gewässern des besagten Pflanzenliebhabers in andere Wasserläufe. Heute bildet sie auf dem Nil und dem Kongo das größte

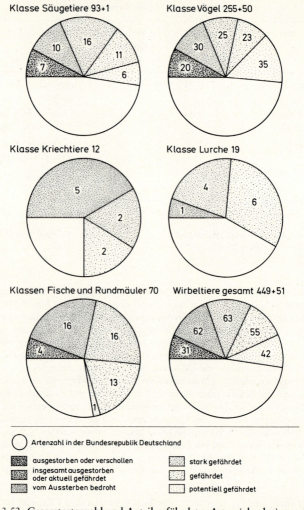

Abb. 3.52: **Gesamtartenzahl und Anteil gefährdeter Arten (absolut) verschiedener Taxa der Fauna in der Bundesrepublik Deutschland.** (Nach «Rote Liste der gefährdeten Tiere und Pflanzen in der Bundesrepublik Deutschland», Kildaverlag 1984). Bei anhaltendem Trend würden bis zum Jahre 2000 weltweit etwa 50 % der Arten ausgerottet werden. (Weltweit beschriebene Arten: um 1,4 Mio, sicheres Vorkommen von 4 Mio, nach neueren Untersuchungen eher 30 Mio Arten).

Tab. 3.29: Beispiele von Pflanzenepidemien.

Typ	Feuerbrand	Kastanienkrebs	Ulmensterben	Blasenrost
Erreger	*Erwinia amylovora* (Enterobacteriaceae)	*Endothia parasitica*	*Ceratocystis ulmi*	*Cronartium ribicola*
Herkunft	Nordamerika Europa: 1955	O-Asien New York: 1904 Europa: 1938 Italien: 1949 Ticino/CH	Durch den Menschen global verbreitet. 1918, NL, 1920, N-Amerika, Höhepunkt 1930, ab 1972 neue Formen	ursprüngl.: Alpen u. E-Sibirien, seit 18. Jh. an Pinus strobus, Überbrückung des freien Areals.
Wirts-spektrum	Rosaceae: *Pyrus, Cydonia, Prunus, Amelanchier, Crataegus, Pyracantha, Sorbus*	Fagaceae: *Castanea* N-Am.: *C. dentata* Europa: *C. sativa* E-Asien: *C. mollissima*	Ulmaceae: *Ulmus* (alle Arten)	Pinaceae: *Pinus*, 5-nadlige Arten, als Zwischenwirt, *Ribes* als Hauptwirt.

Tab. 3.29: Fortsetzung

Typ	Feuerbrand	Kastanienkrebs	Ulmensterben	Blasenrost
Symptome und Krankheitsverlauf	Befall von Blüten, Früchten, Blättern, Trieben, Stämmen. Peitschenförmiges Abbiegen von unverholzten Trieben. Dunkle Blätter, die an den Zweigen bleiben. Geschrumpftes Rindengewebe, Risse Absterben des Baumes innerhalb von Wochen nach der Infektion, abhängig von Wirkung und Virulenz Auflösung der Mittel-Lamellen.	Risse in Stamm, Zweigen; zuerst ziegelrote Flecken an Zweigen, ringförmige Ausdehnung; Infektion vor allem an 10–20jähr. Holz, namentlich zwischen März und Juni. Sehr schnelle Ausbreitung: N-Amerika: in 50 J. 80% abgestorben auf 1 Mio km², heute 1%. Starke Standortsveränderung in den befallenen Wäldern, dazu Abnahme Blattflächenindex, Veränderung von Stoffkreislauf, Krautschicht, Verjüngung. Europa: allg. Infektion, aber wenig tote Bäume, oft Pilz von Viroid befallen. O-Asien: *C. mollissima* resistent wegen der Aufspaltung von Tannin in Phenole.	Welken der Blätter; Absterben nach wenigen Jahren. Ausscheidung eines Welketoxins durch Pilz. Frühere Form: Wiederansteckung jedes Jahr. Neue Form wächst von Jahrring zu Jahrring, braucht keine Neuinfektion.	Infektion über Nadeln, Mycel in Rinde, goldgelbe blasenförmige Fruchtkörper an der Rinde. Seit *Pin. strobus* in Europa einheimisch ist, weitere Ausbreitung von *Cronartium* aus O-UdSSR: 1865 Baltikum, 1895 Schweiz, 1909 N-Amerika, heute abgeflacht.

Tab. 3.29: Fortsetzung

Typ	Feuerbrand	Kastanienkrebs	Ulmensterben	Blasenrost
Ausbreitung	Bakterienschleim an den Stämmen, Verbreitung durch Vögel, Insekten, Mensch Überwinterung im Rindengewebe.	Wind (Sporen), Vögel, Mensch, Infektion über Verletzung des Baumes.	Verbreitung der Sporen durch Ulmen-Splintkäfer (*Scollytus*) z. T. via Borkenkäfer-Fraßgänge.	Ausbreitung ab *Ribes*.
Bekämpfung	Vorbeugen durch Saatkontrolle, Quarantäne etc. Züchtung resistenter Sorten.	Schwache Wirkung antibiotisch wirkender Mikroorganismen, oder dann mit Fungiziden (auch das ganze Jahr über); resistente Hybriden setzen sich nicht durch.	Resistenzzüchtung. Quarantäne. Fang von Käfern mit Pheromon-Fallen (provoziert evtl. Kompensator-Wachstum). Mycotoxin aus *Pseudomonas syringae*.	Vernichtung von *Ribes* (N-Am.) und kranken *Pinus*-Arten.

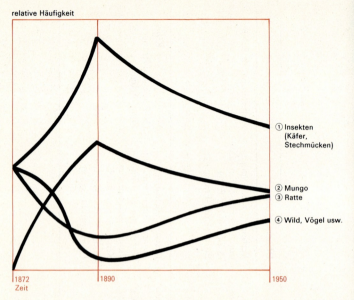

Abb. 3.53: **Die Tierwelt Jamaicas nach Einführung des Mungos.** 1872 wurden auf Jamaica und anderen westindischen Inseln zur Bekämpfung der zuckerrohrfressenden Ratten Mungos ausgesetzt. Zehn Jahre später waren die Ratten unter Kontrolle, aber der Mungo vergriff sich an der übrigen Tierwelt und rottete einige Arten völlig aus. Ab 1890 begann man den Mungo zu bekämpfen. Die Insekten hatten sich inzwischen durch die Dezimierung der natürlichen Feinde stark vermehrt. Ab 1950 begann sich ein neues ökologisches Gleichgewicht einzustellen. (Nach Milne 1965)

Hindernis für die Schiffahrt und verbraucht auch viel Wasser, das sonst für die Bewässerung genutzt werden könnte. Der Fremdling aus Südamerika hat nämlich in Afrika keine natürlichen Feinde und konnte sich ungehindert ausbreiten. Auch ihre Bekämpfung mit südamerikanischen Insekten und mit parasitären Pilzen hat noch zu keinem Erfolg geführt. Allenfalls könnte ihre Vermehrung durch Pflanzenhormone (Gibberellinsäure) gebremst werden oder durch eine vernünftige Nutzung als Rohproteinlieferant für Viehfutter. Die Pflanze zeigt nämlich einen hohen Nährstoffumsatz und könnte dank ihres Eiweißreichtums auch zur Herstellung von Biogas dienen.

Dies ist nur ein Beispiel von Dutzenden von Pflanzeninvasionen durch Aussetzung von Fremdarten in andern Ländern oder Kontinenten.

Durch Bewirtschaftung der natürlichen Umwelt entstehen an derart «gestörten» Standorten neue ökologische Nischen, die dann von geeigneten und besser adaptierbaren Fremdarten nach dem «Schlüssel-Schloß-System» besetzt werden. (Schlüssel: produktionsbestimmende Standorts-Faktoren und Standorts-Dynamik; Schloß: Produktions- und Populationsstrategien, Konkurrenz und Regeneration). Der Ausbreitungserfolg gegen die Konkurrenz einheimischer Arten ergibt sich i.d.R. durch hohe Spezialisierung bezüglich der Ressourcen-Ansprüche und hoher Flexibilität in der Wuchsform sowie den Populationsparametern (z.B. Samenansatz und Verbreitung).

Ein neueres Beispiel zeigt sich auf Hawaii, wo die Nische der teilweise ausgerotteten Kerzenpflanzen (*Argyroxiphium sandvicense*, «Silberschwert») am Mauna Kea von adaptierten, in neuen Formen wachsenden und längerlebigen Königskerzen *(Verbascum thapsus)* eingenommen wird. Besonders gut untersucht ist die Insel La Réunion: Von 675 Pflanzensippen sind 33% endemisch, aber 460 Arten wurden zusätzlich eingeführt und breiten sich meist auf gestörten Flächen aus, 62 dringen auch in Primärwälder ein oder besiedeln junge Lavafelder.

An den folgenden Beispielen sei die Komplexität solcher Vorgänge näher illustriert:

Um die Niagarafälle zu umgehen, mußte der Welland-Kanal gebaut werden. Das Meerneunauge *(Petromyzon marinus dorsatus)* erhielt dadurch Gelegenheit, vom Ontariosee in die anderen großen Seen zu gelangen. Aber erst 100 Jahre später, mit zunehmender Verschmutzung dieser Seen in den dreißiger bis fünfziger Jahren, vermochte es einzuwandern. Dort vergriff es sich am Hauptnahrungsfisch einer Möwenart, dem Namaycush (*Salvelinus namaycush*, auch bei uns in kühleren Gewässern eingeführt), dem Hechtbarsch (Zanderarten, *Stizostedion canadense, St. vitraeum*), der Maräne (Felchenart, *Coregonus clupaeformis* u.a.) usw. Diese Fische wurden durch die raspelnde Tätigkeit der Neunaugen verletzt. Oft wurden sie zusätzlich noch durch Pilze infiziert. Die Folge war ein starker Rückgang dieser Fische, die massenweise tot angespült wurden. Damit war der Tisch für Möwen und andere Vögel reich gedeckt. Nun würde man vermuten, daß nach dem großen Fest die Möwen einen wesentlichen Teil ihrer Nahrungsgrundlage verloren hätten und stark zurückgegangen wären. Das war keineswegs der Fall: Die Möwen stellten sich einfach auf einen andern Fisch um, der zudem noch frei von Möwenparasiten war. Einige der früher konsumierten Fische waren nämlich Zwischenwirte eines Saugwurms (Trematode) gewesen, der durch Schnecken übertragen wurde (die durch Abwässer indirekt gefördert wurden). Eine andere Art war Träger des Fischbandwurms, an dessen Wirkung vor allem Jungmöwen eingingen.

Tab. 3.30: **Die Wirkung einwandernder Neunaugen auf Fische und Vögel.** (Nach Milne 1965 u.a.m.)

Zeit	Neunauge *Petromyzon marinus dorsatus*	Fische	Silbermöwen	Parasiten
1920	• Einwanderung im Eriesee nach Kanalvertiefung (1921)	• Einwanderung des Seeherings *Alosa pseudoharengus* (ein Weißfisch)		
1930	• Einwanderung im Huron- und Michigansee, Vermehrung	• Rückgang der Fangerträge z.T. über 99%		
1940		• Rückgang der «Seeforelle» *Salvelinus namaycush* (Namaycush)	• Hauptnahrung Hechtbarsch *Stizostedion canadense* u.a.	• Wurmstar (Erblindung) auf Möwe übertragen
1950	• Einwanderung im Oberen See	• Hechtbarsche über Saugwunden von Pilzen infiziert, leichte Beute • Vermehrung parasitenfreier Fischarten	• Vermehrung • Umstellung auf andere Fische • Vermehrung hoch und parasitenfrei	• Fischbandwurm in Hechtbarschen • Fischbandwurm und Wurmstar nehmen ab
1960	• starke chemische Bekämpfung	• Neuansiedlung von Seeforellen *Salvelinus namaycush* und Coho-Salm *Oncorhynchus kisutch*	• Jungtiere schwach infiziert	• Fischbandwurm reduziert

Diesmal freilich nimmt die Geschichte ein besseres Ende als gedacht: Die (gewagte!) Einfuhr eines fremden Fisches, des Coho-Salms *(Oncorhynchus kisutch)*, beseitigte das Neunauge in den späten sechziger Jahren und führte damit zu einem fischereiwirtschaftlich günstigen neuen Gleichgewicht (Tab. 3.30).

Weitere folgenschwere Eingriffe des Menschen decken seine Selbstüberschätzung auf, was Verständnis und Steuerungsvermögen von ungünstig beeinflußten Ökosystemen betrifft:

- Bau des Assuan-Staudammes in Oberägypten und seine Folgen für das Unterland

- Zusammenbruch der Sardellenfischerei an der peruanischen Küste durch Überfischung zu einem ungünstigen Zeitpunkt

- Niedergang der Baumwoll-Monokulturen in Peru durch falsche Planung, Übernutzung des Bodens und unangepaßte Anwendung von Schädlingsbekämpfungsmitteln

- katastrophale Dürre im Sahel durch unnötige Eingriffe in Wasserhaushalt und soziale Strukturen (Verstärkung naturgegebener Wirkungen; Näheres s. Lit.)

Da eine Nahrungspyramide aus einem komplizierten Beziehungsgefüge besteht und auf jeder Stufe charakteristische Bestandesschwankungen innerhalb der Arten zeigt, sind Eingriffe sehr schwierig abzuschätzen. Immerhin wirkt die Vielfalt (Diversität) auch stabilisierend, wie schon gezeigt wurde. Fällt eine Beuteart aus, so kann der Räuber bei hoher Diversität auf eine andere zurückgreifen, ohne daß die Nahrungspyramide einstürzt (Abb. 3.54).

Auch wir Menschen waren als Jäger und Sammler einst Bestandteil dieser Nahrungspyramide. Als Ackerbauern begaben wir uns dann aus diesem Gefüge heraus und stehen heute nun eigentlich überall und nirgends. Denn wir sind im übertragenen Sinne hervorragende Produzenten und noch viel bessere Konsumenten, aber miserable Reduzenten. Ja, unsere Einstellung zu den eigenen Abfällen ist bezeichnend für die Haltung, die wir unserer Umwelt gegenüber einnehmen (s. S. 412). Wir gleichen einem reifen Ökosystem, das seine Abfälle nicht umsetzt und vor der Reife darin verschwindet, einem Wald, der in seinem eigenen Laubfall zu ersticken droht.

Im letzten Teil dieses Buches soll nun noch die Reaktion der wichtigsten Ökosysteme auf die menschlichen Einflüsse verfolgt werden. Darauf aufbauend, zeigt schließlich eine globale Bilanz, wie die

Stellung des Menschen in seiner veränderten Umwelt zu beurteilen ist und wo Umstellungen in seiner Haltung der Umwelt gegenüber anzusetzen wären.

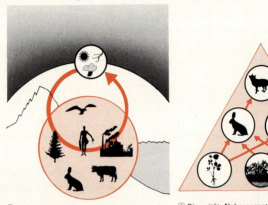

① Kreislaufprinzip

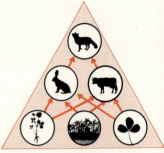

④ Diversität: Nahrungsnetz

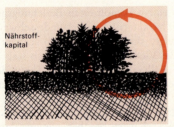

② Kapital groß, verglichen mit Umsatz

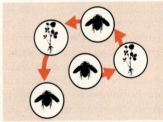

⑤ Koevolution

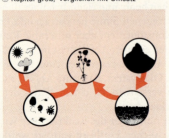

③ Pufferwirkung von Boden und Mikroklima

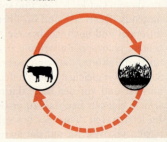

⑥ Negative Rückkopplung

Abb.3.54: **Stabilitätsprinzipien in der Biosphäre.** Geruchsreize, sog. «Ökomone» meist sekundäre Pflanzenstoffe, tragen wesentlich zur Stabilität natürlicher Ökosysteme bei. Sie fördern:
1) Existenz der Art: Abschrecken von Konsumenten, Auffinden von Nahrung, Wachstumsstimulans
2) Struktur des Systems: chemische Wechselbeziehungen (z.B. Allelopathie, s. S. 235)
3) Diversität: verschiedene Inhaltsstoffe in den Organismen
4) Stabilität der Populationen: Garant der Kontinuität im Bereich von Prädation, Parasitismus, interspezifische Konkurrenz
5) Stoffkreislauf/Energiefluß: chemische Interaktionen
6) Adaptation: Optimierung der Funktionsabläufe durch geruchliche und geschmackliche Informationsflüsse

Beispiel: Borkenkäfer/Baum, Fraß-Stimulans in Pflanze, dann Produktion von Pheromon durch Käfer, teilweise über Kot-Duftstoffe. Schwacher und starker Befall äußert sich in unterschiedlichen Lockstoffen.

Mit diesen Stabilitätsprinzipien sind natürliche Ökosysteme nach von Weizsäcker und von Weizsäcker unter ihren jeweiligen Bedingungen «tüchtig» und – was sich gegenseitig bedingt – «fehlerfreundlich», d.h. sie können «Fehler» – z.B. Störungen aus/in der Umwelt – verkraften und vermeiden unangepaßte Stagnation (Starrheit) durch ihr Fließgleichgewicht. Im Gegensatz dazu neigen unsere künstlichen Systeme (Stadt, Maschine, Kraftwerk) eher zu Pannen: sie sind nicht fehlerfreundlich.

4 Die Nutzung und Erhaltung von Ökosystemen
Umweltbeeinträchtigungen durch den Menschen

4.1 Nutzung von Ökosystemen

Die drei ersten Teile dieses Buches haben gezeigt, daß die **Nachhaltigkeit** im Haushalt der Natur durch verschiedene stabilisierende Faktoren bedingt ist: durch Diversität, Rückkopplungsmechanismen, Kreisläufe, Nahrungsketten. Die Kreisläufe in den meist sehr diversen natürlichen Ökosystemen sind befähigt, durch Regelvorgänge (meist negative Rückkopplung) äußere Einflüsse schon vor der Grenze der uns oft unbekannten Belastbarkeit abzuleiten. Die Vorräte an nicht umlaufenden Stoffen sind groß im Vergleich zur jährlich umgesetzten Menge. Zur **Stabilisierung** des Ökosystems trägt das verzweigte Netz der Nahrungsketten bei, das jedem Lebewesen seine ökologische Nische zuordbnet, die räumlich, zeitlich oder in nahrungsspezifischer Hinsicht von den übrigen Nischen getrennt ist. Die Verhaltensweisen all dieser Lebewesen sind aufeinander eingespielt. Nur der Mensch hat mit seinem Verhalten das Gleichgewicht immer wieder gestört. Bis zu einem gewissen Grade konnte die Natur dies noch verkraften. Ob sie dies in Zukunft auch noch kann, ist eine Frage, der nun der vierte Teil dieses Buches nachgehen soll.
Bevor der Einfluß des Menschen in seiner ganzen Tragweite verständlich wird, müssen zusammmenfassend einige Eigenschaften und Funktionen der wichtigsten Ökosysteme unserer Erde erläutert werden, also Meer, Wald, Grasland und Wüste einerseits, Stadt und Acker andererseits. Erst wenn die einzelnen Teile bekannt sind, wird das Verständnis für die Eigenheiten des weltweiten Ökosystems geöffnet, für die sogenannte Ökosphäre, in der die schmale Zone des Lebens eingebettet ist, die Biosphäre (Tab. 4.1, Abb. 4.1 und 4.2).

Dabei soll zuerst der Frage nachgegangen werden, welche Veränderungen die Ökosysteme durch die menschlichen Einflüsse in den letzten hundertfünfzig Jahren erfahren haben. Dadurch werden die wesentlichsten ökologischen Probleme deutlich, die die Menschheit heute beschäftigen. Die Kenntnis dieser Probleme führt zu konkreten Forderungen nach Erhaltung einer gesunden Umwelt und einer gesunden Lebensweise – neben dem wissenschaftlichen Zweck eines der Hauptanliegen dieses Buches.

Tab. 4.1: **Die Verbreitung der wichtigsten natürlichen Ökosysteme auf der Erde.** Die wesentlich geringere Landmasse auf der Südhalbkugel bringt ein viel ozeanischeres Klima mit sich. Schon bei weniger als 55 Grad südlicher Breite sind die Temperaturverhältnisse zwar ausgeglichen, aber so niedrig, daß Bäume nicht mehr wachsen können. In den extrem kontinentalen Gebieten des Nordens erreicht der Wald dagegen über 70 Grad nördliche Breite, weil die Sommerwärme für ein Wachstum ausreicht. (Nach Stocker 1963)

Geographische Breite	Humide Gebiete (feucht)	Aride Gebiete (trocken)
Nordpol		
80°	Kältewüste	Kältewüste, Tundra
70°	Tundra	Tundra, borealer Nadelwald
60°	borealer Nadelwald	borealer Nadelwald
50°	Heide, sommergrüner Laubwald	Steppe
40°	Lorbeer-/Hartlaubwald	Wüste
30°	Lorbeer-/Hartlaubwald	Wüste
20°	Regenwald/Savanne[1]	Dornbusch
10°	Regenwald	Savanne[1]
Äquator	Regenwald	Savanne[1]
10°	Regenwald, Savanne[1]	Savanne[1], Dornbusch
20°	Lorbeerwald[2], Savanne[1]	Dornbusch, Wüste
30°	Lorbeerwald[2], Hartlaubwald	Steppe, Dornbusch
40°	Lorbeerwald[2], sommergrüner Laubwald	Steppe
50°	Lorbeerwald[2], sommergrüner Laubwald	Steppe
60°	Heide, Tundra	Kältewüste
70°	Kältewüste	
80°		
Südpol		

[1] einschließlich trockenerer bzw. offenerer Tropenwälder
[2] einschließlich kühlerer Regenwälder

350 · Die Nutzung und Erhaltung von Ökosystemen

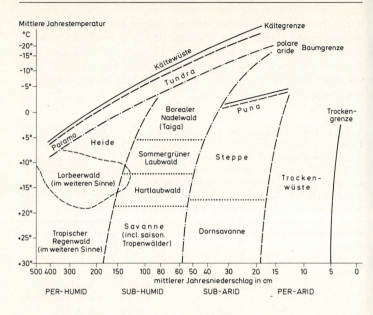

Abb. 4.1: **Die Verteilung der Biome auf der Erde.** (Nach Stocker 1963)

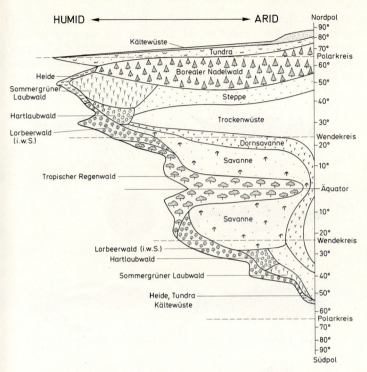

Abb. 4.2: **Klima und Vegetationszonen.** Horizontale Verbreitung der Vegetation der Erde in zweidimensionaler Darstellung. (Nach Stocker 1963)

4.1.1 Meere: An den Grenzen der Nutzung

Das Meer ist ein weltweiter Puffer für die Temperatur und für chemische Stoffe wie Kohlendioxid. Darüber hinaus ist es das Wasserreservoir der Erde, das über Verdunstung und Niederschlag unsere Trinkwasservorräte speist. Damit reguliert das Meer weitgehend das Klima und die Witterung auf der ganzen Erde.

Auch als «Wiege des Lebens» und als bedeutender Nahrungsspender ist das Meer ein Begriff. Sein Artenreichtum erlaubt ein sehr stabiles Nahrungsnetz. Eine Vielfalt von Lebewesen – nicht nur Fische, sondern auch Krebs- und Schalentiere – bieten Hunderten von

Millionen Menschen einen wesentlichen Teil der Nahrungsgrundlage (Abb. 4.3). Dabei handelt es sich allerdings nur um zwei bis drei Prozent des gesamten Nahrungsangebots. Drei Viertel des Ertrages kommen freilich nicht den Bewohnern der Küstenländer zugute, sondern gehen in die besser versorgten Industriestaaten. Wesentlich ist

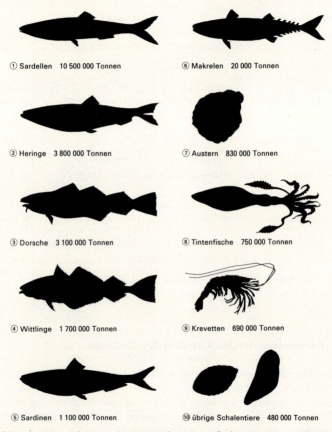

Abb. 4.3: **Die wichtigsten Beutetiere der Meeresfischerei.** 1967 wurden insgesamt 53 Millionen Tonnen Fische und Schalentiere erbeutet (nach Holt 1969), seit 1970 stagniert der Ertrag bei 70 ± 5 Mio t/J., wobei ein Optimalwert bei 83,5 liegen dürfte (Global 2000) und potentiell 100–250 Mio t erreichbar sind. (1989: Rekordfangergebnis von ca. 200 Mio t)

in diesem Zusammenhang, daß nur einige Glieder der Meeresnahrungsketten, nämlich etwa sechs bis zwölf Fischarten – also Organismen, die sich aus einer Unmenge von Kleintieren aufgebaut haben –, für den Menschen überhaupt wirtschaftlich von Bedeutung sind. Dazu kommen einige Mollusken, Krebstiere und Würmer (z. B. der Palolo). Einen großen Teil von Meerestieren nehmen wir zudem über den Umweg von Viehfutter als Nahrung in uns auf. Symptomatisch ist in diesem Zusammenhang auch die Überbejagung der Wale, die eine ganze Anzahl Arten an den Rand der Ausrottung gebracht hat (Kurze Darstellung der Bedingungen im **Watt** und Korallenriff s. z. B. bei Christner, 1988).

Ohne großen Energieaufwand ließe sich der Ertrag des Meeres nachhaltig steigern (Abb. 4.4). So könnten gewisse tropische Schwarmfische besser genutzt, einige Kleinkrebse (z. B. Krill) besser verwertet und bestimmte Tierarten in abgeschlossenen Meeresräumen kultiviert werden, wie man dies für Austern bereits organisiert hat (Aquakulturen).

Nun hängt aber die von uns genutzte Meeresnahrungspyramide auch von der **Wasserqualität** ab. Diese Qualität wird jedoch gerade dort, wo die besten und vielseitigsten Fischgründe der küstennahen Gebiete (Schelfmeere und Riffe, ferner Gebiete mit Strömungsdivergenzen sowie Aufwärtsströmungen vom Meeresgrund, sogenannte Auftriebsgebiete, s. Abb. 4.4) liegen, durch Öl* und Giftstoffe, Schwermetalle und Pestizide vermindert. Die Basis der Nahrungspyramide (Algen) wird schon durch geringe Mengen von Giftstoffen geschädigt (s. S. 284 ff.). Einige Organismen werden indessen durch die Düngung der Küstengewässer gefördert und bringen höhere Erträge. Umgekehrt entwickeln sich allerdings in überdüngten Meeresteilen auch giftige Kieselalgen (gewisse Dinoflagellaten, «rote Tide»), die über die Nahrungsketten das Fleisch der Fische vergiften.

Wiederum zeigt sich, daß durch die Wirkung des Menschen die kaum überschaubaren Beziehungen durchbrochen und neue, unbekannte geknüpft werden. Überdies ist zu berücksichtigen, daß die allgemeine Energienutzung des Meeres gar nicht sehr groß ist; sie beträgt nur etwa 1 Promille der eingestrahlten Energie. Damit ist auch die

---

* 1986: 14 Mio t Erdöl im Meer, 3–8 Mio t durch Abwässer und von Schiffen, 0,02–2 Mio t aus natürlichen Quellen; etwa 10 Mio t können durch ca. 40 verschiedene Arten von Mikroorganismen (Bakterien, Aktinomyceten usw.) pro Jahr abgebaut werden.

354 · Die Nutzung und Erhaltung von Ökosystemen

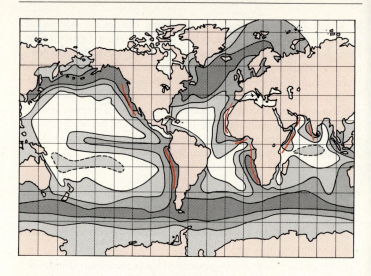

Primärproduktion
in Gramm Kohlenstoff
pro Quadratmeter und Jahr

    weniger als 50

    zwischen 50 und 100

    zwischen 100 und 200

    zwischen 200 und 400

    Upwelling-Bereiche

Abb. 4.4: **Die Population der Weltmeere.** Die produktivsten Meeresteile befinden sich in den Übergangsgebieten von der gemäßigten zur polaren Zone sowie im Bereich kühler küstennaher Strömungen, wie beispielsweise an den Westküsten der beiden amerikanischen Kontinente und Afrikas. Die offenen Ozeane haben demgegenüber nur eine sehr geringe Produktion. (Nach Krey 1960 in Ellenberg 1973a)

Auftriebsgebiet («upwelling»): Ein ablandiger bis küstenparalleler Wind treibt Oberflächenwasser von der Küste weg, dadurch erscheint nährstoffreicheres Tiefenwasser an der Küste. Spezialfall: «El Niño» (eigentlich «Weihnachtskind» wegen der typischen Jahreszeit). Küste von N-Peru und Ecuador, anhaltende Anomalie: alle 3–7 Jahre (zuletzt 1988, besonders stark 1982/83) erwärmt sich die Oberflächentemperatur des tropischen pazifischen Ozeans sehr stark, weil die westwärtigen Passatwinde wegen geringeren Druckunterschieden (Tief im W-Pazifik [N-Australien, Indonesien], Hoch im O-Pazifik mit Zentrum über der Osterinsel) nur sehr schwach wehen und keine Durchmischung mit dem kalten Küstenwasser des Humboldtstromes erfolgt. Warmes Ozeanwasser drückt stärker nach O und verdrängt das kalten küstennahen Humboldtstrom weit nach Süden. Im S-Winter schwächt sich die Wirkung ab und die wieder stärker wehenden (SO-)Passatwinde bedingen eine Hebung des Meeresspiegels bei Australien, worauf der Humboldstrom und damit aufwallendes, nährstoffreiches Wasser wieder normal nördlichere Gebiete erreicht. (Auslösung durch

Primärproduktion der Meere relativ gering. Und doch hat der Mensch in den letzten Jahrzehnten – trotz seiner schädigenden Einflüsse – den Ertrag aus den Meeren verdreifacht; er liegt nun seit einigen Jahren zwischen etwa 70 und 75 Millionen Tonnen pro Jahr. Bei der heutigen Verschmutzung des Meeres müssen diese Erträge jedoch schon als Übernutzung bezeichnet werden. Das Meer wird demnach schon heute erschöpfend genutzt.

Eine Nutzung der Erzvorräte des Meeres ist vorläufig noch kaum wirtschaftlich. Die vielerwähnten Manganknollen sind uralte Gebilde, wachsen etwa 5 mm in 1 Mio Jahren und bedecken weite Flächen (> 15% Mn, 13% Fe, 1,3% Ni).

4.1.2 Wälder: Vergehende Stabilisatoren unserer Umwelt

Indirekt, durch Verdunstung und Regen, wirkt sich das Meer auch auf das oft benachbarte Ökosystem, den Wald aus. Wald bildet sich ja nicht überall, sondern nur dort, wo genügend Niederschlag fällt und die Temperatur so hoch ist, daß Bäume wachsen können (Abb. 4.2 und 4.5).
Außerhalb der waldfähigen Klimazonen erscheinen Bäume nur auf Spezialstandorten, in Grenzbereichen auf felsigeren Böden, entlang Wasserläufen und selbstverständlich in höheren Lagen, wo Steigungsregen die nötige Feuchtigkeit herbeiführen und wo die Verdunstung geringer ist. Deshalb sind die meerfernen inneren Teile der Kontinente waldfrei, namentlich auf der Nordhalbkugel. Die asiatischen und amerikanischen Steppen beispielsweise sind wegen der speziellen Niederschlagsverhältnisse nur sehr spärlich von Wald bedeckt.

---

die Wirkung von Zyklonen durch vorjährige außerordentlich starke Passate, oder aber evtl. durch die Wärmeaustritte auf dem aktiven subozeanischen ostpazifischen Rücken, wo sich die Erdkruste schneller teilt). Über der großen Fläche des Pazifik herrscht eine starke Kopplung von atmosphärischer und ozeanischer Zirkulation, so daß Änderungen in irgendeinem Teilbereich (Luft, Ozean) sich auf den Gesamtbereich auswirken. Wegen der stark wechselnden Heftigkeit des El Niño ergeben sich markante Ertragsunterschiede, nämlich von 1:7 bis 1:18 in den einzelnen Jahren (stärkste Auslenkung 1982/83, von N-Sommer bis N-Sommer außerordentlich warm, starke Witterungs-Störungen, Dürre auf Galapagos usw.)

356 · Die Nutzung und Erhaltung von Ökosystemen

① Brettwurzeln an einem alten Stamm im Regenwald des Amazonas bei Iquitos, Peru.

② Laubfall in einem Saisonwald im klimatischen Randbereich tropischer Feuchtwälder in den Shimba Hills, Ostafrika.

③ Im Hintergrund tropischer regengrüner Trockenwald, im Vordergrund offene Baumsavanne mit Affenbrotbäumen im südlichen Tansania.

④ Offener tropischer Trockenwald mit schirmkronigen Dornbäumen und Sukkulenten im südlichen Tansania.

⑤ Moosbewachsener Stamm in einem subtropischen Loorbeerwald der Nebellagen auf den Kanarischen Inseln.

⑥ Durch Beweidung und Erosion aufgelöster mediterraner Hartlaubwald mit Macchiengebüsch und offenen Gariden in Südfrankreich.

Abb. 4.5: **Wald-Ökosysteme in verschiedenen Klimabereichen.**

Der Wald zeigt sich in sehr vielen **Erscheinungsformen:** am besten ist uns der sommergrüne (oder winterkahle) Laubwald unserer gemäßigten Breiten vertraut, der – weltweit betrachtet – nur ein Spezialfall ist. Viel weiter verbreitet sind der tropische Regenwald, die tropischen Trockenwälder (33% der Tropenzone) und die nordischen Nadelwälder, die bei uns im Gebirge vorherrschen. Schließlich ist noch der immergrüne Hartlaubwald zu erwähnen, der früher im Mittelmeergebiet vorherrschend war, indessen schon durch die alten Kulturvölker, die Griechen und Römer, fast völlig vernichtet wurde. Ein ähnliches Schicksal ereilte die mehrheitlich ostasiatischen Lorbeerwälder (so benannt nach der vorwiegend lorbeerartigen Blattkonsistenz): Abgesehen von einigen Reservaten und Tempelwäldern kommen sie fast nur noch außerhalb ihres Hauptareals, z.B. in tropisch-subtropischen Gebirgslagen (Himalaya), vor.

Zu den wesentlichen Eigenschaften des Waldes im Hinblick auf das weltweite Ökosystem gehört seine **ausgleichende klimatische Wirkung,** die sich auch seiner unmittelbaren Umgebung mitteilt. Im Waldbestand wird die durchfallende Energie stark umgewandelt, so daß viel Wärmestrahlung entsteht. Die abschirmende Wirkung der Kronen erzeugt ein Klima, das gegenüber dem Freiland gemildert ist («Schonklima»). Der Wasserhaushalt einer ganzen Landschaft wird durch den Wald reguliert, denn das Wasser sickert in den lockeren Boden ein, wird dort teilweise zurückgehalten und fließt nur langsam unterirdisch ab (Abb. 4.6 u. 4.7, Tab. 4.2). Dabei wird der ursprüngliche Chemismus des Niederschlagswassers umgestimmt, so daß schließlich gewisse Ionen (z.B. Ammonium-, Phosphat- und Wasserstoffionen) im Ökosystem angereichert, andere (Calcium-, Magnesium-, Natrium- und Aluminiumionen) eher ausgewaschen werden («natürliche Eutrophierung», s. S. 203f.) (Tab. 4.3, Abb. 4.8).

Wie bereits erwähnt, ist der Wald ein nahezu «geschlossenes» Ökosystem, aus dem fast keine Nährstoffe verlorengehen. Der Wald ist also ein **natürlicher Nährstoffspeicher.** Wir sind die Nutznießer einer jahrtausendealten positiven Rückkopplung: Je mehr Humus der Wald bildet, desto mehr Nährstoffe werden festgelegt, desto mehr Bäume und Sträucher produziert der Wald und desto mehr Humus wird wieder gebildet, bis ein Gleichgewichtszustand erreicht wird, in dem gleich viel Humus verbraucht wird, wie solcher anfällt (s. S. 155f.). Im allgemeinen ist es jedoch sehr schwierig, die Humusentwicklung

358 · Die Nutzung und Erhaltung von Ökosystemen

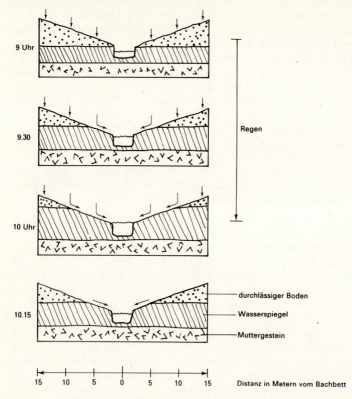

Abb. 4.6: **Versickerung und Oberflächenabfluß.** Die Beobachtungsserie zeigt, wie das Gebiet mit Oberflächenabfluß sich während eines Gewitterregens vergrößert, und zwar in erster Linie wegen der seitlichen Zuflüsse von Sickerwasser. (Nach Kunkle 1974)

aus der Zufuhr an organischer Substanz und der Atmung der Heterotrophen abzuschätzen.

Ferner ist der Wald ein bemerkenswert guter **Filter** für Staub und Giftstoffe in der Luft. Dabei sollte aber nicht übersehen werden, daß Waldbäume selbst sehr empfindlich auf Giftstoffe reagieren können (vgl. S. 141 ff.).

Nutzung von Ökosystemen · 359

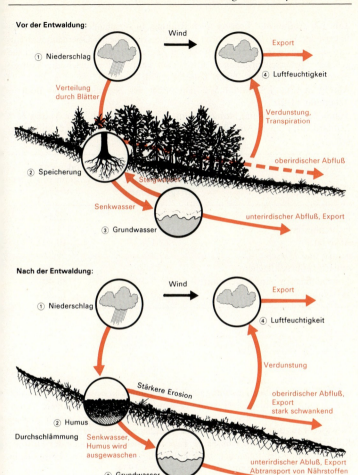

Abb. 4.7: **Der Wald als Wasserspeicher.** Wasserhaushalt einer Landschaft vor und nach der Entwaldung. Die Folgen der Rodung sind verstärkter oberirdischer Abfluß und Bodenerosion. (Nach Sigmond in Stugren 1974)
Beispiel: Manaus, Amazonien (Bras.). $1/4$ der Niederschläge verdunstet, $1/2$ wird durch Transpiration in die Atmosphäre geleitet, $1/4$ fließt ab; bei einer Rodung würden sich die Verhältnisse umkehren, $1/4$ verdunstet, $3/4$ fließt ab und verstärkt die Erosion.

Tab. 4.2: **Abfluß und Erosion nach Rodung.** In verschiedenen Gebieten von Bayern und Hessen wurden durch Beregnungsversuche der Oberflächenabfluß und die Bodenerosion gemessen. Dabei zeigte sich, daß der Mischwald die größten Niederschlagsmengen aufnehmen kann und zugleich die kleinste Bodenerosion aufweist. (Nach Toldrian 1974)
Abtrag in t/ha · J.: Wald 0,5–2 (entspricht der Neubildung von Boden), Ackerland 11–20.
Totale Abnahme bis ins Jahr 2000 um 32 %; aktueller globaler Abtrag 25,4 Milliarden t/J., in N-Amerika, UdSSR, Indien, China allein 13,2 Milliarden t/J.

Gebiet	Oberflächenabfluß, bezogen auf Beregnungsmenge	Bodenabtrag in Gramm pro Liter Abfluß
Mischwald	4,9 %	0,15
Fichtenbestand	6,4 %	2,06
Ackerland	21,1 %	10,00
Almen und Wiesen	29,8 %	0,61
sanierte Abbruchflächen	49,9 %	2,09
Abbruchflächen ohne Vegetation	56,0 %	188,40
Skiabfahrten	80,0 %	13,20

Tab. 4.3: **Nährstoffauswaschung nach Entwaldung.** In einem Wasserlauf, der aus einem Kahlschlaggebiet kommt, wurden die Konzentrationen einiger wichtiger Nährstoffe gemessen und mit den Werten eines gleich großen Gewässers aus dicht bewaldetem Gebiet verglichen. Die hohen Werte aus dem Kahlschlaggebiet hielten sich bis 12 Tage nach dem Verbrennen der Holzabfälle. Im Laufe der folgenden zwei Jahre nahmen sie, je nach Nährstoff, in unregelmäßigem Rhythmus ab. (Nach Kunkle 1974)

Nährstoffe		Konzentrationen in Milligramm pro Liter	
		Kahlschlag	Wald
Ammoniakstickstoff	NH_4^+–N	1,2	nicht bestimmbar
Nitratstickstoff	NO_3^-–N	0,4	0,01
Magnesium	Mg^{2+}	6,4	1,3
Bikarbonatkohlenstoff	$-HCO_3^-$–C	15,8	4,1

Nutzung von Ökosystemen · 361

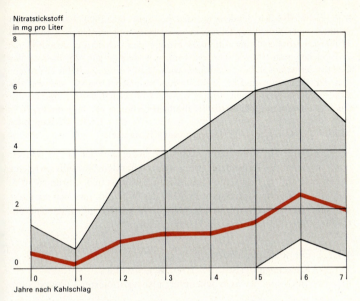

Abb. 4.8: **Stickstoffgehalt von Quellwasser nach Entwaldung.** Die dicke Linie stellt den Mittelwert aller untersuchten Flächen dar, die schraffierte Fläche den Schwankungsbereich. Beispiel aus Südschweden. (Nach Tamm et al. 1974, vereinfacht)

Der Wald hat also eine in mancher Hinsicht stabilisierende Wirkung auf die Landschaft und erhöht damit wesentlich die Umweltqualität für den Menschen. Dieser hat indessen seit Jahrtausenden Wälder abgeholzt und verbrannt (Brandrodung), um den Boden für Acker- und Grünland zu erschließen. Wälder wurden auch für andere Zwecke gerodet: für Bergbau, Schiffsbau usw. Die Zerstörungsrate der Wälder beträgt heute um 0,3 Millionen Quadratkilometer jährlich (–2 %/J.), gut die Hälfte in den Tropen*.

---

* Das ausgedehnte Flächenfeuer des Jahres 1983 in Borneo hat allein etwa 3,5 Mio ha Wald vernichtet, entsprechend 50–1000 % des jährlichen Waldschlags im tropischen Regenwald.
Waldrodung von 1860–1980: Ausstoß von ca. 10 Milliarden t C, heute 0,6–2,6 Milliarden t C./J., also 12–50 % der Wirkung der fossilen Energieträger.

Bei gleichbleibender Tendenz werden bis zum Jahr 2000 300 Milliarden
Tonnen seiner Biomasse (Trockengewicht) verbrannt werden, was rund 400
Milliarden Tonnen Sauerstoff (0,03 Prozent des Gehalts der Atmosphäre)
verbrauchen und 550 Milliarden Tonnen Kohlendioxid (25 Prozent des
Gehalts der Atmosphäre) produzieren wird. Dieses dürfte zu 10 bis 20 Prozent
von der Vegetation und zu je 40 Prozent von den Ozeanen und von der
Atmosphäre aufgenommen werden, was den CO_2-Gehalt der Atmosphäre um
etwa 10 Prozent erhöhen wird. Bei Bränden verbrennt ca. 30% direkt, 70%
wird in 10–15 J. mikrobiell abgebaut. Nur 5% wird i.d.R. als Bau- oder
Möbelholz verwertet (= 1% der gesamten Biomasse).

Weitere Folgen großflächiger Rodungen liegen auf der Hand: Durch
das Entfernen der Bäume mit ihren weitreichenden Wurzeln verhärtet
der Boden und verliert seine Stabilität; Totholz ist in 3 Jahren zu 50%
mikrobiell abgebaut, in 5 Jahren 50% der Wurzeln, das Wasser fließt
schneller oberirdisch ab, die Humusschicht wird abgetragen, und ein
Großteil der Nährstoffe geht damit verloren.

4.1.2.1 Die Regenwaldzone:
Kurzcharakteristik des trop. Regenwaldes
(inklusive etwas trockenerer, also saisonierter Ökosysteme)

Sie umfaßt rund 30 Mio km^2, also etwa 20% der festen Erdoberfläche
(z. Vgl.: tropische Klimazone zwischen den Wendekreisen ca. 52 Mio
km^2 mit etwa 2 Milliarden Einwohnern), davon liegen ca. 50% in den
stark schrumpfenden Waldgebieten von Brasilien, Indonesien und
Zaire; von dieser Fläche sind nur noch 40% geschlossener Wald,
25% bereits offener Wald, 20% Busch und 1% Nadelholzkulturen.
(Zunahme der Agrarfläche in den Feuchttropen ca. 8 Mio km^2, davon
3,5 Mio km^2 Weide, 3 Mio km^2 Wald-Feldbau).
Nach gängigen Prognosen wird die Fläche mit heute noch stehendem
Regenwald bis zum Jahre 2000 um etwa 60% abgenommen haben
(1990 ca. noch 18 Mio km^2 = 13% der terrestrischen Fläche[*], um
50% der pot. Fläche), und bis zum Jahre 2015 sind 9 tropische Länder
ohne geschlossene Wälder, bis 2040 13 Länder. Die extensive
Entwaldung durch Brandfeldbau umfaßt in Afrika bereits 70% der
potentiellen Waldfläche, in Asien 50% und in Lateinamerika 35%.
Ein einmaliger Schlag von 20 Bäumen pro Hektar schädigt etwa 40%
der so betroffenen Waldfläche.
Nach konservativer Schätzung gibt es eine Vielfalt an Organismen
von rd. 3 Mio von total 4,5 Mio Arten, nach neueren, vor allem auf

---

[*] Davon ca. 8 Mio km^2 im Urzustand.

Erfahrungen aus Amazonien beruhenden Schätzungen nahezu eine Größenordnung mehr. Darunter findet sich eine Vielzahl kaum (oder noch gar nicht) bekannter Nutzpflanzen, wie neuere Untersuchungen erwiesen haben.

In Malaysia z. B. (Untersuchungsgebiet von Pasok, nur Baumarten) erschienen total 460 Arten in 5900 Bäumen auf 11 ha mit 660 t oberirdischer Biomasse, 70–100 t/ha Brutto-, 20–40 t/ha Nettoprimärproduktion. Die Bäume werden durchschnittlich in 40–100 Jahren einmal umgesetzt bei einem mittleren Alter der Überständer von 110–720 Jahren, somit wird jede Stelle im Wald in etwa 60 Jahren einmal von einer meist traumatisch entstandenen Lichtung berührt!

Die Bodenfruchtbarkeit ist abhängig von:

1. Restmineralgehalt (in der Feinerde kaum verwitterte Splitter des Muttergesteins), bei reichen Oberböden 25–30 mval/100 g Feinerde, bei armen 5–10 mval/100 g Feinerde,

2. Humusstoffe, bei reichen 8–12 %, bei armen 2–3 %,

3. Pflanzenverfügbare Nähr-(Kat-)Ionen (Kationenumtauschkapazität, KUK).

Bei normaler feucht-tropischer Desilifizierung (s. S. 160) ergibt sich eine sehr geringe KUK. In solchen Fällen erübrigt sich die Düngung, weil sich Nährionen an Kaolinit (s. u.) kaum binden lassen (Bodentyp: Ferralsol). Bindefähigkeit der Tonmineralien (1–3-schichtige, vgl. S. 150ff.): Montmorillonit(3) 80–150, Vermiculit, Illit und Chlorit(3) je 15–40, Kaolinit(1) 3–15 mval(Mol) pro 100 g Ton (z. Vgl. Humus-Stoffe: 150–500 mval pro 100 g Humus). Die Verwitterungsenergie ist in den feuchten Tropen etwa 100–200mal größer als in den feuchten Außertropen.

Erosionsintensität: Naturwald 0,2–10, Brandrodungsfeldbau 600–1200 t/ha J.

Fruchtbare Ausnahmeböden sind:

- Vulkanische Böden (mit Dauerfeldbau wie in Java oder Rwanda),

- Überschwemmungsgebiete von Weißwasserflüssen (mit Naßreis-Kulturlandschaft wie z. B. in Teilen Amazoniens),
  (Dazu gehören auch die milderen Vertisole mit kolluvialen, sehr stark wechseltrockenen, meist Na^+-reicheren Böden),

- Gebirgs-Skelettböden (Mischkulturen wie in weiten Bereichen des Andenfußes).

Auf den ärmeren Böden der natürlichen feuchttropischen Ökosysteme bedingt ein «Nährstoff-Kurzschluß» (direct mineral cycling) die Stabilisierung des Systems mit: Die Vegetation trägt mit ihrer starken Schichtung zur Filterung der Nährstoffe bei, und der Wurzelfilz mit dichter Mykorrhiza (s. S. 83f.) wirkt als eigentliche Nährstoff-Falle (70–80% der absorbierenden Feinwurzeln liegen in nur 0–30 cm Tiefe). Bei jeder Nutzung (Ackerbau) wird das System gestört, die restlichen Humusstoffe mineralisieren schnell, und der Standort «blutet» (oft irreversibel) «aus»; übrig bleibt ein geringer Restmineralgehalt. Im Gegensatz dazu wirkt der stabilere Humus der feuchteren Außentropen als Nährstoff-Puffermasse.

Sind Vegetation und Humus zuerstört, so wirken sich Wind und Wasser nun voll auf den ungeschützten Boden aus. Damit verliert die gesamte Landschaft ihre Stabilität, die Wasserläufe werden überlastet, Seen werden aufgefüllt, und am Ende geraten auch die benachbarten Ökosysteme aus dem Gleichgewicht.

Rodungen in ariden Zonen (3 bis 9 Trockenmonate), können sich noch wesentlich stärker auswirken, wie dies in den Notstandsgebieten des Sahel und ähnlich gelagerter Trockengebiete deutlich zu verfolgen war. Eine ausgedehnte Rodung kann somit den Anfang einer allgemeinen Verwüstung bedeuten, verbunden mit stärkerer Erosion.

4.1.3 Wüsten: In alarmierender Ausbreitung

Natürliche Erosionstrichter finden sich auch in Mitteleuropa. Sie werden aber durch den Wald an einer rascheren Ausdehnung gehindert. Durch den Menschen geschaffene Erosionslandschaften sind bei uns glücklicherweise nicht sehr häufig.

Indessen wurden riesige Gebiete im Grenzbereich der Wüsten und Dornsavannen im Sahel, in Teilen Äthiopiens, in Pakistan usw. (Abb. 4.9) durch Überweidung und Feuer schon seit 10–20 000 Jahren verwüstet, wobei die früher auch noch recht häufigen lichten Trockenwälder gerodet wurden. Die Katastrophen, die sich jetzt dort abspielen, gehen mindestens teilweise primär auf diese Eingriffe zurück. Sekundär sind allerdings auch das herrschende Wirtschaftssystem und die oft fehlgeleiteten Eingriffe der weißen Siedler und Berater mitschuldig, die die Ackerflächen falsch anbauten und die Wasservorräte übernutzten. Außerdem unterstützt offenbar eine möglicherweise schon von vornherein wirksame Klimaschwankung den Einfluß des Menschen. Bei falscher Nutzung kann sich so die Tendenz zur Verwüstung immer mehr verstärken, und zwar durch positive Rück-

Nutzung von Ökosystemen · 365

① Verwüstetes Gebiet in einer Dornsavanne der Sahel-artigen Zone SO-Äthiopiens.

② Kieswüste an der Küste Jemens.

③ Strauch-Halbwüste mit schwach sprießendem neuem Grün nach den ersten Regenfällen in Nordkenia.

④ Tümpel in der Strauch-Halbwüste Nordkenias nach stärkeren Regenfällen.

Abb. 4.9: **Wüstenlandschaften der Erde.**

kopplung zwischen Überweidung, Vegetationsrückgang, Veränderung der Verdunstung, des Abflusses, massiver Erosion und noch stärkerer Überweidung der Restvegetation (s. S. 36f.). Wasser wirkt in diesem Falle nicht mehr nur nutzbringend, sondern auch zerstörend, weil es für die trockeneren Perioden nicht in Rückhaltebecken gespeichert werden kann. Wenn diese Entwicklung anhält, kann die gesamte Sahelzone zur Wüste werden, mit allen Konsequenzen für die dort lebenden Menschen. Die folgenden Tabellen zeigen, wie uralte Traditionen diese Tendenz verstärken und sich verbinden mit nachteiligen Änderungen des überlieferten Verhaltens durch das Vordringen moderner Lebensart. (Den Einfluß von Rodungen in der Geschichte der Völker und ihre Folgen für die Landschaft behandeln z. B. Liebmann und Vester sehr ausführlich. (Tab. 4.4 u. 4.5))

Was ist nun aber eine **natürliche Wüste**, und welches sind ihre ökologischen Funktionen? Die Wüste ist zweifellos ein extremes Öko-

Tab. 4.4: **Die Folgen von Überweidung und Rodung.** Die Störung kann die verschiedenen Teilbereiche der Landschaft mehrfach durchlaufen und immer wieder neue Sekundärstörungen bewirken, oft mit großen zeitlichen Phasenverschiebungen. Durch die Konzentration der Nahrungsmittelproduktion auf die nichtgerodeten Gebiete müssen mehr Kunstdünger, Monokulturen und Maschinen eingesetzt werden, was den Energieverbrauch erhöht. (Nach Gigon 1972)

Abiotische Veränderungen	Biologische Veränderungen	Konsequenzen für den Menschen
① kein Bestandesklima mehr	② weniger Wurzelwerk → ④	
③ Ausschwemmung von Humus und Nährstoffen → ⑦	④ weniger Pflanzenproduktion, Verödung → ② ⑤	⑤ weniger Nahrung, weniger Holz → ⑥
		⑥ Abwanderung in Ballungsräume; tech. Investitionen
⑦ weniger Wasser gespeichert → ④ ⑧ ⑨		⑧ Überschwemmungen machen wasserbauliche Maßnahmen nötig
⑨ Versandung von Flüssen, Verlandung von Seen → ⑩ ⑪	⑩ andere Artenzusammensetzung	⑪ Verlandung von Wasserbauten

system. Ihr Leben ist zwar erstaunlicherweise immer noch vielfältig, aber auf einen Minimalbereich zurückgedrängt. Viele Lebewesen halten sich unter dem Boden auf und sind nur nachts aktiv. Dies ist eine sinnvolle Anpassung an die oft extrem hohen und tiefen **Temperaturen:** Tagsüber kann es sehr heiß werden und nachts oft sehr kalt. Der Wasserhaushalt ist grundverschieden von dem aller anderen Ökosysteme. Das wenige Wasser, das überhaupt auf den Boden gelangt, verdunstet sehr schnell wieder: Die **Verdunstung** (theoretisch berechnet aus Durchschnittstemperaturen und Luftfeuchtigkeit) ist gut zwanzigmal größer als der Niederschlag. Deshalb sind versiegende Wasserläufte und austrocknende Seen für Wüstengebiete (aber auch schon für weniger aride Gebiete wie die Steppen) typisch. Das wenige

Tab. 4.5: **Die Ursachen von Dürrekatastrophen.** Eine ganze Reihe nichtklimatischer Faktoren kann in einer Trockenperiode eine Dürrekatastrophe auslösen. So zum Beispiel im Sahelgebiet. (Nach Widstrand 1975)

① **Wirtschaftliche Veränderungen**
  bessere tierärztliche Betreuung
  bessere Wasserversorgung (Brunnen)
  Bekämpfung des Raubwildes
  politische Stabilität

③ **Zunahme der Herden**

② **Kulturelle Gegebenheiten**
  traditionelle Wertung des
  Viehs durch die Nomaden
  keine andere Möglichkeit für
  Kapitalbildung

④ **Förderung des Fruchtanbaus**
  durch seßhafte Ackerbauern

⑤ **Weideland wird knapp**

⑥ **Übernutzung** führt zu abnehmender Weidequalität und zu Erosion

⑦ **Verlängerte Trockenperiode** im Rahmen der üblichen Schwankungen

⑧ **Katastrophe**

Wasser sammelt sich an bestimmten Orten – Oasen, Wadis und Pfannen (große, flache Mulden). Nur dort kann sich eine dichtere Vegetation dauernd halten. In den extremeren Wüsten, wie etwa in gewissen Gebieten der Sahara oder in der Atacama, wächst meistens überhaupt keine Vegetation.

Aber auch die Wüste ist ein Ökosystem mit ausgewogenen **Wechselbeziehungen** zwischen den Lebewesen. Nur ein Beispiel: Die Überweidung der Halbwüsten in den südwestlichen USA (Arizona) verminderte den Anteil an Zwergsträuchern und ausdauernden Gräsern, förderte dagegen einjährige Arten, Kakteenm und den Mesquite-Strauch. Neben der willkürlichen Vernichtung von Raubwild und größeren Pflanzenfressern ereigneten sich dabei auch unbeabsichtigte Veränderungen in der Tierwelt: Während viele typische Wüstentiere, die durch ihre natürliche Anpassung an diese Zonen relativ hohe Fleischerträge liefern könnten, verschwanden, vermehrte sich der Eselhase, aber auch viele echte Nager, was wiederum für den Weiderasen ungünstig war.

Allerdings hat die Wüste – vom Menschen her betrachtet – neben ihrer Lebensfeindlichkeit auch eine positive Seite: sie gewährleistet und steuert den **tropischen Luftaustausch.** Über den äquatornahen Gebieten (Feuchttropen) steigen feuchte Luftmassen auf (zunächst ohne Wärmeaustausch, in größeren Höhen Kondensation und beschleunigter Aufstieg (Kondensationswärme!)) und regnen aus. Dabei werden sie in der Höhe durch die Erddrehung nach Westen und polwärts abgelenkt und gelangen als trockene Winde in die Hochdruckzonen über den **Wüsten,** von wo sie als Passate wieder äquatorwärts fließen und über den Meeren Feuchtigkeit aufnehmen können (ITC-Zirkulation). Damit hat die Wüste eine wesentliche Funktion für das allgemeine Luftzirkulationssystem der Erde. Jede Veränderung der spärlichen Vegetation leitet aber unweigerlich sich selbst verstärkende Prozesse ein, denn sie führt zu oft unumkehrbaren Veränderungen der Strahlungsverhältnisse (Tab. 4.6).

Tab. 4.6: **Die Strahlungsverhältnisse in der Wüste.** Zum Vergleich sind die Verhältnisse im Wald angegeben.

Energiebilanz am Tag	Wüste	Wald
Einstrahlung	90 %	40 %
Absorption durch Staub	10 %[1]	10 %
Absorption durch Wolken		20 %
Absorption durch Vegetation		30 %

Energiebilanz in der Nacht	Wüste	Wald
Rückstrahlung	90 %	50 %
Absorption durch Staub	10 %[1]	10 %
Absorption durch Wolken		20 %
Absorption durch Vegetation		20 %

[1] einschließlich Absorption durch Wolken und Vegetation

Die Wüste erhält tagsüber eine starke **Energieeinstrahlung** und strahlt nachts fast ebenso stark zurück. Nur wenig Strahlung wird durch Staub, Wolken oder Pflanzen absorbiert. Wüstenökosysteme besitzen also eine große «Albedo», wie das Eis übrigens auch. Wüsten sind sogenannte «Strahlungsdepressionen»: ihre Bodenoberfläche und Luft gibt bedeutend mehr Wärmestrahlung ab, als sie von der Sonne aufnimmt. Deshalb werden der gesamte Oberboden und die bodennahe Luftschicht verhältnismäßig wenig erwärmt. Dies führt zu einer nur mäßig schnell aufsteigenden Luftströmung. Und weil es keine Vegetation und keine Feuchtigkeit im Oberboden gibt, wird auch fast kein Wasser verdunstet und mit der aufsteigenden Luft verfrachtet. Aus diesem Grund sind lokale Niederschläge kaum möglich. Damit wird die Tendenz zur Verwüstung noch gesteigert: ein weiteres Beispiel einer positiven Rückkopplung (Theorie von Otterman).

Der Mensch hat diesen Prozeß in den bereits von Natur aus labilen Grenzgebieten der Wüste noch verstärkt. Ein sehr lehrreiches Beispiel findet sich beiderseits der israelischen Grenze im Gazastreifen: im Norden stärkere Vegetationsdecke, geringere Albedo und höherer Niederschlag; im Süden bei stärkerer Beweidung umgekehrte Verhältnisse. Eine Erhöhung der mittleren globalen Albedo von 0,30 um 0.01 führt zu einer Temperaturabnahme um ca. 2 °C, damit verdunstet weniger Wasser, und ohne Schutzwirkung der Pflanzendecke bei mehr Abfluß erhöht sich die Erosion.

Die Fläche der Wüsten und wüstenartigen Gebiete hat sich so in den letzten 100 Jahren um etwa 15 Prozent der gesamten Festlandfläche vermehrt. Dabei rückt die Wüste nicht auf breiter Front vor, sondern fleckenweise; die einzelnen Wüstenflecken vergrößern sich und fließen schließlich zusammen. Heute umfassen wüstenartige Gebiete rund 43 Prozent des Festlandes; allein die Sahara nimmt jährlich etwa um 10 000 Hektar zu. Zudem ist diese Tendenz steigend. Es ist daher nicht erstaunlich, daß bereits im September 1977 eine UNO-Konferenz über «Desertification» (Wüstenbildung) abgehalten wurde.

Doch läßt sich dieser Vorgang auch umkehren: Wüsten können unter bestimmten Bedingungen wieder fruchtbar gemacht werden. Vielfach wird durch natürliche Vorgänge, z. B. durch Cyanophyten, unter günstigen Bedingungen Stickstoff in Kiesschichten fixiert. Stickstoff kann in Halbwüsten auch durch «steinfressende» Schnecken ins System importiert werden, die z. B. Flechten an der Unterseite der Steine abweiden: 70–110 g $CaCo_3/m^2$ J. kann so abgeraspelt werden und mit 22–27 mg N/m^2 J. die Oberfläche düngen. Beispiele sind aus Israel und Kalifornien bekannt. Die intensive **Kultivierung von Wüstenböden** ist allerdings mit spezifischen Problemen verbunden, außer auf relativ grundwassernahen Böden, wie in Oasen. Aber auch dort besteht die latente Gefahr, daß die Wüstenböden versalzen. Dieser Vorgang wird durch ihren speziellen Wasserhaushalt verständlich. Niederschlagswasser sickert in Wüstenböden nur wenige Dutzend Zentimeter tief ein und läßt beim Verdunsten seine gelösten Salze zurück. Da diese Salze nie ausgewaschen werden (außer man sorgt für Spülung), reichern sie sich im Oberboden an. Dadurch wird der Anbau salzempfindlicher Nutzpflanzen unmöglich. In bewässerten Wüstenkulturen muß also durch technische Tricks dafür gesorgt werden, daß das Wasser abfließt und möglichst wenig im Wurzelbereich der Kulturpflanzen verdunsten kann.

Zusätzliche Schwierigkeiten ergeben sich bei der Schädlingskontrolle und bei Benetzung der Blätter: Wegen der starken Einstrahlung sind

370 · Die Nutzung und Erhaltung von Ökosystemen

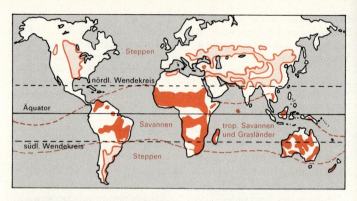

① Nordische Silberwurz-Zwergstrauch-Tundra auf basenreicheren Gesteinen im mittleren Schwedisch-Lappland. Weidengebüsch auf feuchteren Standorten.

② Offener Akazien-Dornbusch (Dornsavanne) mit ausgetrockneten Gräsern und Sukkulenten (Aloe) in Nordkenya.

③ Dichter Sukkulentenbusch mit Aloe und Sansevieria und stellenweise grasigem Unterwuchs im Regenschatten des Usambaragebirges im nördlichen Tansania.

④ Kanadische Prärielandschaft mit Weizenfeldern und Steppenresten auf sandigeren Böden (links und rechts außen) in der Provinz Saskatchewan.

Abb. 4.10: **Natürliche Grasland-Ökosysteme der Erde.** (Nach Duvigneaud 1974)

die Blätter der Kulturpflanzen sehr empfindlich gegen Nässe, da sich Schadpilze ungemein schnell vermehren.

Die **Versalzung des Ackerlandes** kann zum Niedergang ganzer Kulturen führen. So ist Mesopotamien, ein ehemals relativ waldreiches Steppengebiet, heute weitgehend verwüstet. Schon 3000 v. Chr. wurde dieses Gebiet im «fruchtbaren Halbmond» von Sumerern und Babyloniern kultiviert; es mußte jedoch schon ab 2400 und größtenteils bereits um 1000 v. Chr. wieder aufgegeben werden, weil das zu hoch anstehende Grundwasser immer mehr Salze in den Oberboden brachte. Wüstengebiete können also nur mit einem enormen Aufwand an Wasser, Energie und Technik nachhaltig genutzt werden. Sonst taugen die Grenzgebiete und die wenigen fruchtbaren Gebiete der Wüste nur als Weideland (vgl. S. 372 ff.).

4.1.4 Grasländer: Reste der Ur-Umwelt des Menschen

Natürliche Grasländer (im weitesten Sinne) liegen als Übergangszone zwischen Wüste und Wäldern, wobei die «Wüste» irgendeine vegetationsarme Zone sein kann (Trockenwüste, Schnee- und Kältewüste). Auch in den Alpenländern gibt es natürliches Grasland, das an eine vegetationsarme Zone grenzt, an den ewigen Schnee (Abb. 4.10). Dieses Grenzland zwischen Wald- und Schneegrenze ist neben dem Moor unserer eigentliches Naturgrasland. Wir können es nur zur Beweidung nutzen und haben es auf Kosten des Waldes gewaltig ausgedehnt.

Diese Ausdehnung war nicht nur eine Folge des Verbisses der domestizierten Weidetiere, sondern auch des vom Menschen geförderten **Feuers**. Zwar darf Feuer in allen Grasländern arider Gebiete und in trockeneren Wäldern als natürlicher Faktor gewertet werden. Es kann in regelmäßigen Abständen von ein bis zehn Jahren ausgelöst werden durch Blitzschlag («trockene Gewitter»), Vulkane oder auch durch Steinschlag an grasigen Hängen quarzreicherer Gebiete. Aber erst der Mensch hat diese an Feuer angepaßten Ökosysteme mit ihren geschützten Knospenlagen an allen bodennahen Gewächsen und den bei Bäumen dickeren Borken oder reichlich angesetzten «schlafenden» Knospen stärker genutzt. Er gewann daraus Weideland und hat dieses stark ausgedehnt und die so berührten Wälder aufgelichtet. Durch diese Tätigkeit entstanden viele der offenen Baumsavannen und – in Hartlaubgebieten – die Macchien und Gariden. Dabei wurde durch die Wirkung des Feuers, der Asche und den sukzessive stärkeren Licht- und Niederschlagszutritt zur Bodenoberfläche auch der Nährstoff-

372 · Die Nutzung und Erhaltung von Ökosystemen

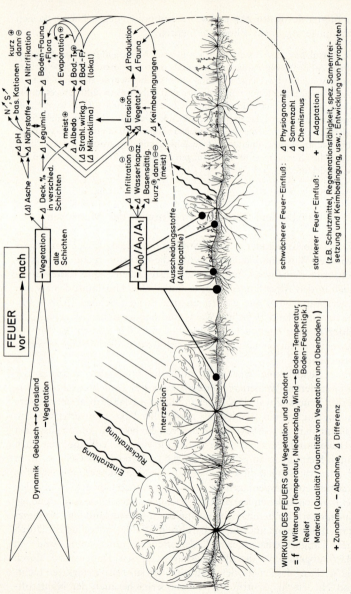

Abb. 4.11: Wirkung des Feuers auf buschreiche Ökosysteme. (Abkürzungen s. S. 163).

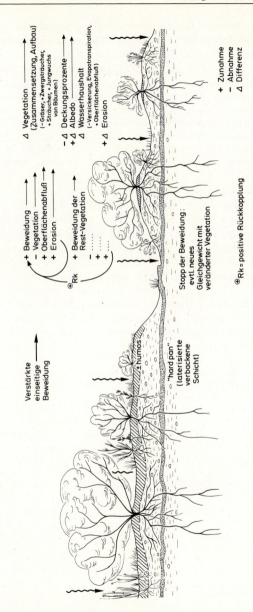

Abb. 4.12: Wirkung des Verbisses auf buschreiche Ökosysteme.

und Wasserhaushalt des Bodens teilweise nahezu irreversibel verändert. Die verschiedenen und kombinierten Wirkungen von Feuer und Weide sind Abb. 4.11 und 4.12 zu entnehmen.

Als Weideland nutzen wir in Mitteleuropa nicht nur den alpinen Rasen, sondern auch die alpine Zwergstrauchtundra, die durch ihre monotonen, teilweise recht grasigen Flächen auffällt, die von Beerensträuchern und Wacholder durchsetzt sind. Tundren und natürliche Gebirgsrasen überziehen zudem weite Flächen der nördlichen Halbkugel. Es ist klar, daß die durchschnittlich niedrigen Temperaturen für die geringe Entwicklung der Vegetation verantwortlich sind. Diese Gebiete, alpine Rasen und vor allem die Tundren nördlich des Polarkreises, werden von Nomaden und ihren Weidetieren genutzt.

Das **künstliche Grasland** dagegen entstand nach der Rodung von Wäldern, und zwar durch Neukombination von Wald- und eingewanderten Fels- und Steppenpflanzen, Moor- und Heidepflanzen. Bei uns in Mitteleuropa sind ja außerhalb der Gebirge überhaupt keine natürlichen Weidegebiete vorhanden. Wie und warum kam der Mensch überhaupt auf die Idee, neben den natürlichen Ökosystemen, in denen er ursprünglich zu Hause war, sich noch künstliche zu schaffen? Ganz zwangsläufig hat sich dies sicher nicht ergeben. Die ersten Hochkulturen des Menschen entstanden ja in den Grenzbereichen des Waldes zum natürlichen Grasland, in savannenartigen Landschaften wie Anatolien und Mesopotamien und im Industal (über Anfänge des Ackerbaus siehe Calder 1973) (Tab. 4.7, Abb. 4.13).

Tab. 4.7: **Änderungen in der Bodennutzung von 1882 bis 1952.** In diesem Zeitraum nahm die Weltbevölkerung von 1,1 auf 2,5 Milliarden Menschen zu (vgl. auch S. 399 ff.). (Aus Goldsmith, Allen et al. 1972)

Gebiete	Flächen in Milliarden Hektar		
	1882	1952	Änderung
Waldungen[3]	5,2 (45,4%)	3,3 (29,6%)	−1,9 (36,8%)
Wüsten[1]	1,1 (9,4%)	2,6 (23,3%)	+1,5 (140,6%)
überbaut[2]	0,9 (7,7%)	1,6 (14,6%)	+0,7 (85,8%)
Weiden	1,5 (13,4%)	2,2 (19,5%)	+0,7 (41,9%)
Ackerland	0,9 (7,6%)	1,1 (9,2%)	+0,2 (24,5%)
Brachland	1,8 (16,5%)	0,3 (3,8%)	−1,5 (79,9%)
Total	**11,4 (100%)**	**11,1 (100%)**	**−0,3 (2,4%)**

[1] einschließlich wüstenähnlicher Gebiete
[2] Durch Überbauung nahm in der Schweiz 1945–85 die Ackerfläche von 3550 auf 2800 km² oder von 28 a/Einw. auf 17 a/Einw. ab.
[3] Rodungen von 1950–90 ca. 50%, ab 85 ca. 20 Mio ha/J.

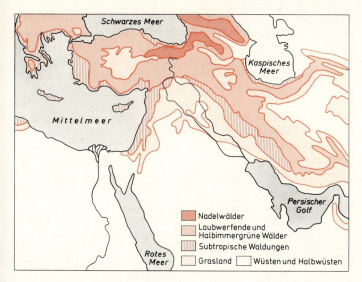

Abb. 4.13: **Grenzen Wald-Grasland im Bereich früher Hochkulturen.** (Nach Butzner 1972, aus Cox u. Moore 1987)

Bei seinen Wanderungen in die waldreicheren Gebiete Afrikas und Mitteleuropas nahm der Mensch Teile seiner ursprünglichen Umwelt mit, darunter die an das Grasland angepaßten Weidetiere, meist ehemalige Steppentiere (außer dem Schwein), Cerealien (Einkorn, Gerste) und Gemüse (z. B. Erbse). Für diese Weidetiere mußte er sich durch Rodung der Wälder künstliches Grasland schaffen. So entstanden unsere Futterwiesen und Weiden und – als selbständige Entwicklung – viele der riesigen offenen Savannengebiete in Afrika. Bei uns zeigt sich noch heute das Bedürfnis des Menschen, seine Savannenumwelt zu erhalten: Hecken- und Obstbaumanlagen werden als vielfältige und erholsame Gebiete empfunden (Haber 1973).

Die Wälder wurden zuerst vornehmlich dort gerodet, wo sie schon von Natur aus nur mit Mühe sich halten konnten, etwa in den Steppengrenzgebieten Osteuropas, wo sich stellenweise fast symbiotisch anmutende Verhältnisse zwischen nomadisierenden Reitervölkern und Ackerbauern herausbildeten.

Auch im Naturgrasland der eurasisch-nordamerikanischen Steppen ist die Verdunstung größer als der Niederschlag. Wie in der Wüste herrschen auch hier hohe Temperaturunterschiede. Trotzdem gehören die Steppen der gemäßigten Zonen zu den **fruchtbarsten Gebieten** der Welt. Die Feuchtigkeit im Boden reicht zwar nicht für Bäume aus, aber für die Entwicklung von sehr viel Gras und Kräutern. Mit den Pflanzen entwickelten sich zahlreiche blütenbestäubende Insekten und sorgten für ständige Weiterentwicklung und Anpassung der Arten. Bezeichnenderweise werden nur 20 Prozent der Steppenarten durch den Wind bestäubt (z. B. Gräser).

In den warmen Sommern wächst jedes Jahr eine große Menge pflanzlicher Substanz heran, die wegen der Trockenheit später nicht ganz abgebaut wird (Abb. 4.11). Deshalb häufen sich mit der Zeit gewaltige lockere Humuslager an. Diese nährstoffreiche und gut durchlüftete Humusschicht ist ein idealer natürlicher Standort für den Ackerbau.

Steppengebiete stellen damit die wichtigsten Kornkammern unserer Erde: Kanada, USA, Ukraine. Früher war die Fruchtbarkeit der Steppen durch die Wühltätigkeit von Nagetieren mit gewährleistet, die in Tiefpflugmanier für die Umschichtung des Bodens und Regeneration der Nährstoffe sorgten. Den ackerbauenden Menschen störten jedoch ihre Bauten, und so rottete er Präriehund, Bobak, Ziesel und andere Steppennagetiere mit Gift und Fallen vielenorts fast gänzlich aus. Heute sind weite Grasländereien durch Wind und Wassererosion in wüstenartige Gebiete umgewandelt worden. Sie verlieren einen halben bis zwei Zentimeter Humus pro Jahr. Ein Siebentel aller landwirtschaftlichen Gebiete verwandelt sich heute durch starke Humusverluste langsam in unproduktives Land (Abb. 4.12).

Gesamthaft ist also eine allgemeine **Verschiebung der Vegetationszonen** auf der Erde festzustellen: Aus Wald wird Grasland, aus Grasland wird Wüste. Etwaige kurzfristige Wirkungen auf das Klima und insbesondere auf den Wasserhaushalt sind kaum abzuschätzen, aber wegen starker Veränderungen der Albedo wahrscheinlich.

Zudem muß festgehalten werden, daß in den letzten 100 Jahren fast alle natürlichen Grasländer der gemäßigten Zone in Äcker umgewandelt worden sind, mit allen positiven, aber auch negativen Konsequenzen. Nur noch etwa $1/10$ % der früheren Fläche ist im Naturzustand erhalten geblieben.

4.1.5 Äcker: Breschen in den Kreisläufen

Die lokalen Veränderungen der Kreisläufe in einer Ackerlandschaft sind recht beträchtlich (s. S. 77), wenn auch nicht so extrem wie in einer Stadtlandschaft. Gegenüber den natürlichen Ökosystemen er-

geben sich immerhin einige wichtige Abweichungen in Kreislauf und Boden.
Im Acker wird die **Erosionsgeschwindigkeit** durchschnittlich verdreifacht und der Nährstoffkreislauf unterbrochen, da ja künstlich Material zu- oder abgeführt wird. Bei der Bearbeitung ändert sich die Qualität des Oberbodens und der Pflugsohle. Im allgemeinen nimmt der Humusgehalt auf mineralischen, eher lehmigen Böden schon nach fünfzig Jahren Kultur auf 30–50 % ab, was wiederum den C-Kreislauf beeinflußt (s. S. 106).

Deshalb wird neuerdings unter kritischen Umständen der Bodenerhaltung ein «no-till-System» propagiert, das jede tiefergründige Störung des Oberbodens vermeidet, mehr organische Substanz, eine optimale N-Mineralisierung und auch eine reichere Bodenfauna garantieren soll (s. Abb. 4.14).

In allen Fällen wird durch die Bodenveränderung auch der Wasserkreislauf lokal beeinflußt. Außerdem muß zur Bereitstellung der Äcker oft Wasser abgeführt (Drainage) oder zugeführt werden (Irrigation). Wir sind zwar in der glücklichen Lage, daß wir unsere Äcker nicht so extrem bewässern müssen, wie dies in vielen ariden Gebieten, etwa im Nahen Osten, der Fall ist. Anderseits sind unsere Ackerlandschaften oft durch Entwässerung fruchtbarer, aber nasser Moorböden entstanden. Dadurch wurde der Wasserrückhalt gewisser Moore ausgeschal-

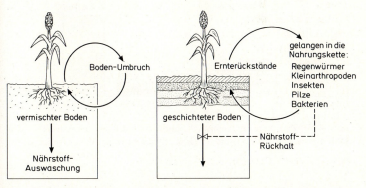

Abb. 4.14: **Wesentliche physikalische und strukturelle Unterschiede zwischen Bewirtschaftung mit und ohne Umbruch durch Pflügen** (Bodenschichtung; Abbau von Ernterückständen). (Nach House et al. 1984, in Coleman 1985)

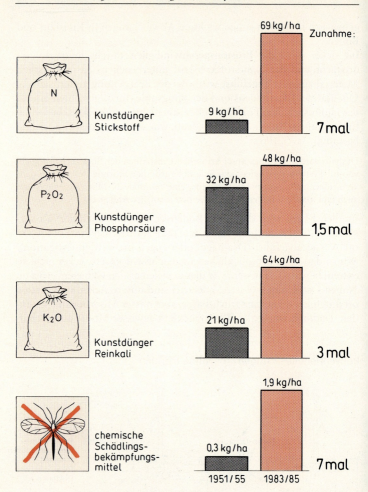

Abb. 4.15: Zunahme im Gebrauch landwirtschaftlicher Hilfsstoffe in den Jahren zwischen 1951/55 und 1983/85. (Nach Schweiz. Bauernverband)

tet und die Wasserführung ganzer Landschaften oft entscheidend – allerdings nicht immer negativ – umgestaltet. Gebietsweise wurden gut 90 % der Naßstandorte zerstört. Diese Wirkung wird durch die Veränderung der Nährstoffverhältnisse überlagert. So ist der Stickstoffbedarf der zukünftigen Agrar-Ökosysteme proportional zur Fähigkeit Stickstoff aus dem Oberboden zu mineralisieren, was unter normalen Bedingungen ebenfalls etwa proportional zur Produktion an organischer Substanz der natürlichen (vormaligen) Ökosysteme steht (vgl. z. B. die starke N-Ausschüttung nach der Rodung S. 361).

Mit der **Düngung** des Ackers ersetzen wir die Nährstoffe, die durch die Ernte entfernt wurden, und regen die Pflanzen zu stärkerem Wachstum an (Abb. 4.15). Daß sie dabei oft auch etwas mehr Wasser verbrauchen, vor allem in ariden Gebieten, ist eher nebensächlich. Wesentlich ist, daß der unterbrochene, aber durch Düngung beschleu-

Tab. 4.8: **Die Energiebilanz beim Maisanbau.** Die Zahlen gelten für amerikanische Verhältnisse in den Jahren 1969 bis 1971. Der Energieaufwand für die Produktion ist weit höher als die Energie, die für die menschliche Ernährung verwendet wird. In naturnahen Gesellschaften beträgt das Verhältnis zwischen Aufwand und Ertrag ein Zehntel und weniger. (Nach Borgstrom 1973)

Energieaufwand pro Hektar in Litern Brennstoff		Energieertrag pro Hektar in Millionen Kilojoule	
Düngererzeugung	592	Feldertrag	59,8
Pflügen	21,2	15 % Gewinnungsverlust	8,8
Eggen	12,0	verfügbar für Ernährung	51,0
Säen und Pflanzen	4,4	Viehfutter (74 %)	37,6
Hacken	11,5	menschliche Ernährung	13,4
Ernten	16,0	über tierische Produkte	5,4
Total Liter = 26,5 Millionen Kilojoule	658	Total für menschliche Ernährung	18,8

Verhältnis zwischen Aufwand und Ertrag

Bruttoertrag[1] (Feldproduktion) = $\dfrac{\text{Feldertrag}}{\text{Brennstoffbedarf}} = \dfrac{59{,}8}{26{,}5} = 2{,}3$

Nettoertrag (für menschliche Ernährung) = $\dfrac{\text{Netto-Nahrungsenergie}}{\text{Brennstoffbedarf}} = \dfrac{18{,}8}{26{,}5} = 0{,}71$

[1] Verhältnis zwischen Aufwand und Feldertrag in der Schweiz (nach Hauser 1975) 1,09

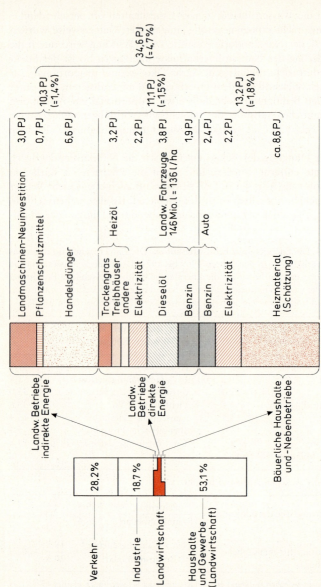

Abb. 4.16: Energiebedarf der Landwirtschaft am Beispiel mitteleuropäischer Betriebe. Anteile am Gesamtverbrauch 1985 in Prozent. (Nach Studer, Eidg. Forsch. Anstalt, Tänikon)

nigte Nährstoffumsatz der Äcker direkt und indirekt die Kreisläufe der Nachbarsysteme, etwa der Gewässer, beeinflußt. Indessen ist zu betonen, daß diese Nebenwirkungen nur bei einem – allerdings schon geringfügigen – Übermaß an Düngung auftreten oder dann bei der Abschwemmung von Oberboden einer nackten Brache.

In den letzten Jahrzehnten wurde durch die gesteigerte Nutzung der **Energieaufwand** für die Gewinnung der Nahrung ungleich größer; ein Aufwand, der für höhere Düngergaben, vermehrte Bewässerung und stärkeren Maschinengebrauch eingesetzt werden muß (Tab. 4.8 und Abb. 4.16). So konnte in den letzten dreißig Jahren der Ertrag in den USA zwar um das Zweieinhalbfache gesteigert werden, aber nur mit dreifach gesteigertem Energieaufwand, vor allem für die Gewinnung der Düngemittel. Damit ist eine obere Grenze erreicht worden, an der jeder weitere Aufwand für Dünger und Pestizide unwirtschaftlich wird. Dabei sind die Energiemengen für Lagerung, Weiterverarbeitung und Transport zum Verbraucher noch gar nicht inbegriffen: (Tab. 4.9). Gerade hier könnten durch sinnvolle Gründüngung und Nutzung des Stallmistes – wie dies bei uns die Regel ist – schon beträchtliche Energiemengen eingespart werden (Abb. 4.17).

Können aber die gesteigerten Ansprüche der Menschheit auf die Dauer überhaupt befriedigt werden? Die im Vergleich zu den natürlichen Ökosystemen hohe Produktion der Kulturpflanzen läßt dies vermuten. Der Mensch kann indessen nur einen sehr geringen Anteil der Gesamtproduktion pflanzlicher und tierischer Biomasse aller Ökosysteme nutzen (nur etwa 2 Prozent), wobei er natürlich am meisten Nahrung aus dem Ökosystem «Acker» bezieht. Aus dem flächenmäßig doch sehr beschränkten ackerbaulich nutzbaren Gebiet müssen wir also den Hauptteil unserer Nahrungsmittel herausholen (Abb. 4.18).

Eine Ausweitung dieser Fläche auf Kosten von Wald, Grasland und Wüste ist nur noch sehr bedingt möglich, nämlich um etwa 7 bis 10 Prozent, so etwa in Afrika und Südamerika. (Praktisch wäre es möglich, in den Tropen 53, in den Subtropen und der warm-gemäßigten Zone 17 und in der kühl-gemäßigten Zone 30 Prozent des Ackerlandes zu halten.) Ferner brauchen wir das Grasland für die Fleischproduktion und – von unserer mitteleuropäischen Warte aus gesehen – nicht zuletzt als Grüngürtel, der in den dichter besiedelten Gebieten als Puffer- und Ausgleichszone wirkt. Folglich muß der Ertrag nach Möglichkeit auf der bestehenden Fläche gesteigert werden. Neben nachhaltig wirksamer Intensivierung und Anpassung der Sorten an die jeweiligen Umweltbedingungen kann stellenweise eventuell die Wirkung der Photosynthese erhöht werden.

Tab. 4.9: Energie-Zufuhr in Agro-Ökosysteme. (Nach Pimentel 1985)

Maisproduktion		Energie: Output/Input	Mensch (M) Tiere Geräte	Land	Arbeit M, in h	Arbeit in % d. tot. Jahresarbeit v. 1 M	Energie f. 1 Fam. (4M) Nahrung N Holz H, Infrastruktur I[1] in kcal	Fremdenergie		Total Energie-Input Mio kcal/ha·J.
kg/ha	Mio kcal/ha Effiz. (%)[2]							Tier, Gerät, Brennstoff	entspr. Energie	
1944	6,9 (0,13)	0,73	M[3] mit Axt, Hacke; Saat	Mexiko	1144	57	N: 3000 kcal/d·M H: 6000 kcal/d·M I: 9000 kcal/d·Fam.	(I: Transporte, Bauten) Energie für Gerät + Saat	pro M rd. 1,2 Mio kcal/J. (verteilt auf ca. 2 ha)	9,4
941[4]	3,3 (0,06)	0,72	M und Ochse	Mexiko	380	10	id.	Ochse 200h (= 1/8 Jahreseinsatz)	Ochse Jahreseinsatz 1600h mit 150 kg Konzentrat +300 kg Heu	4,6
7000[5]	24,5 (0,45)	0,92	M und Pferd	USA	120	6	N, (H) + I aufsummiert, pro M: 76 Mio kcal × 4; bezogen auf 6%: 18,2 Mio kcal	Pferd 120h (≈700 kg schwer)	Pferd Jahreseinsatz 1600h mit je 140 kg Konzentrat + Heu (= 8,5 Mio kcal)	26,7

| 7000 | 24,5 (0,45) | 2,14 | M + Traktor[6] (intensive Landwirtschaft) | USA | 10 | 0,5 | bezogen auf 0,5% 1,9 Mio kcal | Traktor 10h braucht 1150 l foss. Brennstoffe (= 18% d. sol. En. im Mais) | Traktor, Dünger (≈ 2) Bewäss. (≈ 2) ($\approx 9,4$ Mio kcal) | 11,5 |

[1] Infrastruktur: Schule, Straße, Haus, Polizei, Militär
[2] Effizienz: in Korn umgewandelte eingestrahlte Sonnenenergie
[3] 1 Mann bewirtschaftet rd. 2 ha (inkl. Aufwand für Schwenden)
[4] nach häufiger Bewirtschaftung geringere Erträge!
[5] totale Biomasse 14 t/ha, entspricht einer Effizienz in der Konversion von Sonnenenergie von 0,45%
[6] Organ. Landwirtschaft: Mist statt Handelsdünger 7:1, aber 54% mehr Arbeit.

384 · Die Nutzung und Erhaltung von Ökosystemen

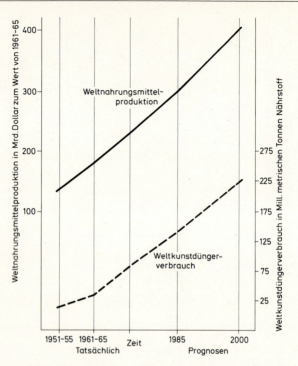

Abb. 4.17: **Weltnahrungsmittelproduktion und Weltkunstdüngerverbrauch:** Tatsächliche Werte und Prognosen. (Nach «Global 2000»)

In Pflanzenbeständen hängt der **Wirkungsgrad der Photosynthese,** die die Strahlenenergie in chemische Energie umwandelt, von verschiedenen Faktoren ab: Strahlungsintensität (Breitenlage) und Bestandesstruktur spielen die Hauptrolle, wobei die Effizienz von Natur aus in der Regel optimiert ist (Tab. 4.10 u. 4.11). Im einzelnen sind maßgeblich (vgl. S. 106):

- Lichtintensität

- Photosyntheseleistung der Blätter (abhängig von Einstrahlung, Einfallswinkel, Temperatur, Kohlendioxid-Diffusion; bei Verdopplung der CO_2-Konzentration ca. 5 % höhere NPP)

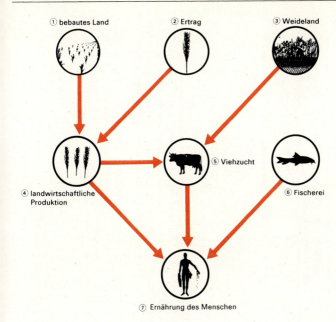

Abb. 4.18: **Die wichtigsten Komponenten der Nahrungsmittelproduktion.**

- Blattflächenindex (Fläche der Blätter, verglichen mit überdeckter Fläche)
- Lichtverteilung im Bestand

Eine stärkere Berücksichtigung dieser Zusammenhänge, aber letztlich eventuell auch gentechnologische Veränderungen am Erbgut der Kulturpflanzen (z. B. Übertragung von Herbizid-Resistenz, effizientere N_2-Fixierung mit und in den Rhizobien usw.) könnten die tatsächliche Produktion bei optimaler Bodenbearbeitung und Wassernutzung erhöhen, aber die Grenzzahl von 146 t/ha J. unter nicht begrenzten Bedingungen nicht überschreiten.

Wie stark eine **alternative Nutzung** des Bodens in einem tropischen Problemgebiet sich auf die umgebenden Ökosysteme auswirken könnte, soll nun anhand eines Beispiels aus Peru diskutiert werden.

Wir nehmen an, daß das Gebiet heute nur extensiv beweidet wird, und zwar mit einer lokalen Viehrasse. Dann ist die Produktion an Weidepflanzen eher mäßig; stellenweise sind die Weiden stark verunkrautet, und die tierische

Tab. 4.10: **Die Erträge der Landwirtschaft.** Produktion von pflanzlicher[5] Nahrung[7] in Tonnen Trockengewicht der ganzen Pflanzen pro Hektar und Jahr. (Nach Odum 1959/71, ergänzt)

Nutzpflanze	Totalertrag (in Mio t) Pot. 1978		Weltdurchschnitt	Länder mit höherer Produktion	Land	Ernteverluste[6] (in %)
Weizen[1,2]	5,8	4,4	3,4	12,5	Niederlande	25
Hafer u. a.[1]			3,6	9,3	Dänemark	
Mais[1,2,3]	5,7	3,7	4,1	7,9	Kanada	36
Reis[1,2]	7,2	3,8	5,0	14,4	Japan, Italien	47
Heu			4,2	14,4	Kalifornien	
Kartoffeln[1]			3,9	88,5	Niederlande	54
Zuckerrüben	16,0		7,7	14,7	Niederlande	54
Zuckerrohr			17,3	34,3	Hawai	
Baumwolle	0,6	0,4				34

[1] Produktion alle um 300 Mio t/J.[4] 1990: 3mal mehr als 1950, pro Kopf nur ca. 1,5mal mehr. [2] Cerealien, 1200 Mio t/J. entsprechend etwa 700 g/Einw. pro Tag mit 60 g Eiweiß und 3000 kcal; zusätzlich Yams, Maniok, Kochbananen, Kokosnuß, Früchte, Gemüse; z. Vgl. Fleisch 200, Fisch 100 Mio t/J. [3] Pro 2,5 cm Bodenverlust etwa 5 % Ertragsverlust. [4] Hülsenfrüchte ca. 200 Mio t/J. [5] 3000 Pflanzenarten dienen als Nahrungsmittel, 80000 sind potentiell eßbar. [6] Verluste durch tierische Schädlinge, Krankheiten und Unkraut. [7] Zum Vgl. **Fleischproduktion** 1990 (nach Durning & Brough 1991) in Mio t:

Haustier	Ertrag/J.		Input für 1 kg Fleisch (USA) kg Korn	Mcal (Energie)	
Schwein	64	(China 23, EG 13, USA 7, UdSSR 7)	6,9	30	Rund 25 % aller durch Photosynthese entstandenen Produkte werden genutzt, bzw. 40 % der Produkte auf den Kontinenten, aber nur 3 % der Nettoprimärproduktion für Nahrung und Hausbrand, 36 % Verluste durch Brand, Rodung, Siedlung, Ausbreitung von Wüsten und für Ernährung von Haustieren.
Rind	48	(USA 10, UdSSR 9, EG 8)	4,8	17	
Geflügel	34	(USA 10, EG 6, UdSSR 3, China 3)	2,8	13	

Kornverbrauch für Viehfutter 1990 in %: USA 70, Osteuropa 64, EG 57, UdSSR 56, China 20 (zum Vergleich Indien 2)

Tab. 4.11: **Produktion** (Waring und Schlesinger 1985) **und Biomasse der wichtigsten Ökosysteme der Erde.** (Nach Whittaker 1975)
In der sog. «Klimagleichung» nach Lieth werden Klimadaten mit dem forstlichen Produktionspotential verknüpft:

$$P = \frac{\bar{T}_{max} \cdot \bar{N}_a \cdot G \cdot E}{\Delta \bar{T}_{max} \cdot 12 \cdot 100}$$

P = klimabedingte Produktion der natürlichen Vegetationseinheit (z.B. Tropischer Regenwald, Hartlaubwald, Sommergrüner Laubwald usw.)
$\bar{T}_{max}$ = mittlere Temperatur des wärmsten Monats in °C
$\Delta \bar{T}_{max}$ = Unterschied zwischen mittlerer Temperatur des wärmsten und des kältesten Monats
$\bar{N}_a$ = mittlerer Jahresniederschlag
G = Vegetationsperiode in Monaten (= humide Monate mit Mindest-Durchschnitts-Temperatur von + 3 °C, mindestens 2 Monate mit Durchschnitts-Temperatur $\bar{T}$ = 10 °C;
diese humiden Monate werden mit dem Ariditätsindex nach De Martonne/Lauer bestimmt:

$$i = \frac{12n}{t + 10}$$

n = durchschnittl. Niederschlag des Monats in mm
t = durchschnittl. Temperatur des Monats in °C
aride Monate: i < 20.

E = Evapotranspirationsreduzent (nach Milankowitsch, Bestimmung der Einstrahlung ohne abschwächende Wirkung der Atmosphäre)

$$= \frac{100 \cdot R_p}{R_s}$$

R_p = Einstrahlung am Pol
R_s = Einstrahlung am (Meß-)Ort

Mit dieser Gleichung wurden erstmals schematisierte Produktionskarten im globalen Maßstab vermittelt.

Netto-Ökosystem-Produktion NEP = NPP − R_H + P_i − P_o
NPP = Nettophotosynthese
R_H = Respiration (Atmung) der Heterotrophen
P_i, P_o = partikulärer Input und Output an C

Tab. 4.11: **Fortsetzung**

Ökosystem	Fläche in Mio km²	Nettoprimärproduktion[1]		Biomasse		
		in Mio t/Jahr	g C/m² J.	in Mrd. t (10^{15} g C)		mittlere kg C/m²
Gewässer						
● Seen und Flüsse	2	0,5	250	0,05	(0,02)	0,01
● Sümpfe und Marschen	2	4,0	1000	30	(13,6)	7
Wälder						
● tropische Wälder[2]	25	39,4	1000	1025	(460)	22
● gemäßigte Zonen[3]	12	14,9	650	385	(175)	15
● boreale Wälder	12	9,6	400	240	(108)	9
● übrige (z. B. Buschwälder)	9	6,0	300	50	(22)	3
Grasländer						
● Savanne	15	13,5	350	60	(27)	2
● gemäßigte Zonen	9	5,4	250	14	(6,3)	1
Wüstengebiete und Hochlagen						
● Tundra und Alpen	8	1,1	70	5	(2,4)	0,3
● Halbwüste	18	1,6	35	13	(5,4)	0,3
● Wüsten	24	0,1	1	0,5	(0,2)	0,01
Kulturland[4]	14	9,1	32,5	14	(7,0)	0,5
Landfläche total[5]	150	105,2		1837	(827)	
Ozeane						
● offener Ozean	332	41,5	63	1,0	(0,5)	0,0015
● Kontinentalschelf	27	9,6	175	0,3	(0,5)	0,005
● Flußmündungen usw.	2	3,9	1000	2,6	(1,0)	0,5
● Ozeane total (1,4 Mio km³)	361	55,0		3,9	(1,67)	
Erde total	511	160,2		1841		

[1] im Mittel
[2] bedecken fast 5 % der Erdoberfläche, umfassen mehr als 50 % der globalen Pflanzenmasse und fast 50 % der globalen Waldfläche, 69 % der Produktion der globalen Waldfläche und 25 % des global fixierten Kohlenstoffs, enthalten ²/₃ aller Lebewesen der Tropen, entsprechend 40 % aller Organismen.

Produktion ist meist niedrig. An gewissen Hanglagen ist die Erosion recht beträchtlich. Aus diesen kaum bewaldeten Gebieten fließt ziemlich viel Wasser ab, das zwar für diese Gebiete verloren ist, dafür aber den tiefergelegenen Regionen zugute kommt, wo es für die Bewässerung der Felder genutzt werden kann. Die Stabilität dieses Weideökosystems ist mäßig wegen Erosion, Abfluß und Verunkrautung; indessen sind die Ausgaben für Nutzung und Unterhalt niedrig.

Nun könnte man sich verschiedene andere Nutzungsmöglichkeiten vorstellen: Zur Verbesserung der Weide könnte man die Tiere in Rotation halten, also einzelne Parzellen des Gebietes gleichmäßig nutzen; ferner könnte man Wasserstellen einrichten. Dann wäre die pflanzliche und tierische Produktion bedeutend höher, aber auch die Verunkrautung würde gesteigert, vor allem um die Wasserstellen herum. Dafür wären Abfluß und Erosion geringer. Auch die Bilanz dürfte sich etwas verbessern: erhöhte Stabilität des Gebietes bei niedrigen Ausgaben.

Schließlich stellt sich früher oder später die Frage nach der Optimalnutzung. Der Fleischertrag könnte durch Einkreuzung einer fremden Rasse gesteigert werden. Dafür müßte aber das oft giftige Unkraut bekämpft werden, gegen das die neue Rasse keine Auswahl- und Abwehrmöglichkeit hat. Werden indessen die am stärksten verunkrauteten Stellen anders genutzt, so fällt diese Maßnahme weg. Ungünstige Stellen werden in Futtergrünland (Wiesland), Acker oder Forst übergeführt. Dazu muß allerdings Dünger eingesetzt werden, um die Erträge zu sichern. Außerdem werden mehr Wasserstellen benötigt, und die Errichtung von Einzäunungen erfordert einen großen Arbeitsaufwand. All diese Maßnahmen führen zu ganz anderen Verhältnissen: stark gesteigerte tierische und pflanzliche Produktion bei sehr geringer Erosion und noch geringerem Abfluß, was wiederum die Bewirtschaftung der darunterliegenden Regionen durch Wasserentzug verändern dürfte. Immerhin ist auch die Bilanz günstig: sehr hohe Stabilität bei zwar ebenfalls hohen Ausgaben, aber optimalen Einnahmen (Tab. 4.12 u. 4.13).

---

[3] NPP bei optimalen Bedingungen (u.a. genügend Wasser) in allen Ökosystemen im Bereich Sommergrüner Wälder der gemäßigten Zone sehr ähnlich (in g Trockensubstanz/m^2):
Wald, Laub- 1450   Grasland 1420
Nadel- 1580   Acker 900–1230–>1500

[4] davon 1500 Mio t Cerealien aller Art (vgl. auch Tab. 4.10, 4.15, 4.21; s. S. 386, 393, 408; Abb. 4.19)

[5] Land-Ökosysteme und CO_2: enthalten 2000–2500 · 10^{15} g C (Milliarden t) = 3–4mal C in Atmosphäre
Austausch mit Atmosphäre: 1⁰/oo/J. = 2–2,5 · 10^{15} g = 40–50% des heutigen Eintrags durch fossile Brennstoffe (aktuelle Situation: 5 · 10^{15} g C/J. aus fossilen Brennstoffen)
Veränderung des atmosphärischen CO_2-Gehalts: 2,8 · 10^{15} g C/J., davon ca. 56% in Atmosphäre, 44% in Ozeane
Offene Frage: Netto-Eintrag an CO_2 in Land-Ökosysteme? (vgl. S. 112–116) Lit. s vor allem Bach et al. 1980. Aktuelle Bearbeitung innerhalb der internationalen Programme «Global Change» im IGBP (International Geosphere/Biosphere Programme).

Tab. 4.12: **Möglichkeiten einer Landnutzung in den Tropen.** Beispiel: Gebirgshartlaubwald in Peru, Höhe 2500 bis 3000 Meter über Meer, durchschnittliche Jahrestemperatur 14 bis 17 °C, durchschnittliche Jahresniederschläge 1000 mm, Trockenzeit 6 Monate. (Nach Ellenberg 1974, verändert)

Weide	Vieh-rasse	Nutzungsmöglichkeiten Wasser-stellen	Unkraut-bekämp-fung	Dün-gung	Sonstiges
① extensiv	lokal	nein	nein	nein	= Istzustand
② Rotation	lokal	nein	nein	nein	(sekundäre
③ Rotation[1]	lokal	ja	nein	nein	Gebirgs-
④ Rotation	fremd	ja	nein	nein	Steppe)
⑤ Rotation	fremd	ja	ja	nein	
⑥ Rotation	fremd	ja	ja	ja	
⑦ Rotation	fremd	ja	ja	nein	Brache
⑧ Rotation	fremd	ja	nein	nein	Mahd
⑨ Rotation[1]	fremd	ja	nein	ja	Mahd
⑩ Rotation	fremd	ja	nein	nein	Acker
⑪ Rotation	fremd	ja	nein	nein	Futterbau
⑫ Rotation	fremd	ja	eventuell	nein	Holz
⑬ keine	keine	nein	nein	nein	Brache
⑭ keine	keine	nein	nein	nein	Aufforstung

Produktion pflanzlich	Un-kraut	tierisch	Konsequenzen der verschiedenen Nutzungsmöglichkeiten Umweltbelastung Erosion	Abfluß[2]	Bilanz Stabili-tät	Aus-gaben
① mäßig	klein	klein	lokal	groß	mittel	niedrig
② groß	keine	mäßig	klein	mäßig	mittl	niedrig
③ groß	groß	groß	klein	mäßig	hoch	niedrig
④ groß	groß	klein	klein	mäßig	mittel	mittel
⑤ sehr groß	mäßig	mäßig	mäßig	mäßig	niedrig	mittel
⑥ sehr groß	mäßig	sehr groß	minimal	klein	niedrig	hoch
⑦ groß	mäßig	groß	minimal	klein	mittel	mittel
⑧ sehr groß	keine	sehr groß	minimal	klein	hoch	mittel
⑨ sehr groß	keine	extrem	minimal	klein	hoch	hoch
⑩ groß	keine	sehr groß	groß	groß	mittel	mittel
⑪ groß	keine	sehr groß	groß	groß	mittel	mittel
⑫ mäßig	mäßig	groß	mäßig	klein	niedrig	mittel
⑬ klein	keine	keine	klein	klein	mittel	keine
⑭ klein	keine	keine	minimal	minimal	hoch	mittel

[1] konkrete Vorschläge   [2] zugunsten des Gebirgsfußes

Tab. 4.13: **Expansionsmöglichkeiten und Expansionskosten.**

Begrenzung, durch
- Wasserknappheit
- Bodeneigenschaften
- Bodenbearbeitung (Technologie)
- Bereitschaft der Landwirtschaft

Expandierende Nahrungsmittelproduktion unterliegt sinkenden Grenzerträgen sowie der Verschlechterung der Beziehung Ertrag/Düngung/Bodenstruktur

Vorschläge: z. T.
- Verkürzung Brache, Landumlegung
- Förderung minimaler bodenerhalt. Bearbeitung («no till»-Technik)
- Verringerung der Intensität der Bodennutzung

Tab. 4.14: **Folgen für die Umwelt.**

2 Kategorien von Problemen:
- Expansion/Intensivierung der Nutzung aller Ressourcen
- steigende Anwendung der Inputs

Entscheidende begrenzende Faktoren der Expansion/Intensivierung
- Δ Qualität Boden
- Δ Verfügbarkeit Wasser

A_1 Bodenerosion	$A_{1,4}$ in
A_2 Nährstoffverluste	43 Ländern
A_3 Verdichtung	mit 1,4 Mrd Pers.
A_4 Versalzung/Alkalisierung/Versumpfung	
A_5 Desertifikation	$A_{1,2}$ in
A_6 Überbauung	24 Ländern
B_1 Ernteschäden	
B_2 Krankheiten/Schädlinge bei Hochertragssorten	
B_3 Aussterben von Wildarten	
C Wasserknappheit	C/D in
D Waldverluste (Brennmaterial: Kulturland-Gewinnung, Förderung CO_2-Problem)	26 Ländern

Bemerkungen:
Gefahrengebiete vor allem N-, Z-Afrika, Berggebiete von S-Amerika und Süd-Asien

A_1 Haupt-Ursache: destruktive Anbaupraxis/Überweidung
abhängig von Frucht: Mais (USA) -20 t/ac. J. $\approx 7{,}6$ cm Boden;
Weizen $-5 (-10)$ t/ac. J. $\approx 4{,}2$ cm Boden

A_2 Vor allem bei st. Intensivierung empfindl. (trop.) Böden, nach erstem Umbruch Verlust von 40–60 % der organischen Substanz. Wirkung der Düngstoffe oft additiv. – Erhöhung des CO_2-Pegels der Atmosphäre

A_4 In Irrigationsgebieten (z.B. Sind, Peru, Kalifornien). 1975: 230 Mio ha = 15 % der bebauten Fläche; 2000: $+\Delta$ 50 Mio ha. Von 1960–80 wurde die Agrarproduktion der EL durch Irrigation um 50–60 % gesteigert!

Heute bereits 50 % des irrig. Landes negativ beeinflußt, >1 Mio ha direkt bedroht (20 % des irrig. Landes der USA); Verlustquote für 2000 «nur» 1,4 % des irrig. Landes. 2–500 ppm Salz in bestem Irrigations-Wasser, damit ergibt sich eine Salzlast von 2–5 t bei 10 000 m^3 Wasser/ha. J. Neue Verfahren werden geprüft, da fast 40 % der Fläche nicht effektiv genug bewässert werden (z.B. über Mikroirrigation mit perforierten Röhren im unteren Wurzelraum).

Steigende Krankheitsanfälligkeit der Kulturpflanzen in irrig. Land.

A_5 Bedrohung von 60 % d. LN, vor allem außerhalb der humiden Regionen Ertragsverluste durch Erosion bei 3–10 % des anbaufähigen Landes: 6 Mio ha/J. verwüstet.

Von insgesamt 47 Mio km^2 arider Gebiete werden 41 Mio km^2 landwirtschaftlich genutzt (davon nur 1,3 Mio km^2 bewässertes, 2,2 Mio.km^2 unbewässertes Ackerland, Rest ist Weide), wobei 80 % von Desertifikation bedroht sind.

A_6 Namentlich auf bestem landwirtschaftlichem Boden

B_1 Zunehmende Gewässer- und Luftverschmutzung verstärkt Ernteschäden.

B_2 Input von Pestiziden: >50 % v.a. für hochwert. Kulturpflanzen (Baumwolle, Gemüse, Tabak). – Nachteile: Akkumulation in Nahrungskette, Vergiftung, Resistenzerscheinungen, Austilgen natürlicher Schädlingsvertilger, Herausbildung neuer Schädlinge.

B_3 Züchtungsmöglichkeit von adapt./resist. Sorten; eng begrenztes genetisches Material (z.B. bei Hevea, Ölpalme, Kaffee, Kakao, bzw. Taro, Bataten, Maniok) anfälliger für Pathogene. – 1970: $^4/_5$ der Nahrungsmittel von 20 Organismen.

P.S.: Grundhaltung in «Global 2000» eher optimistisch; geringe Berücksichtigung von Rückkopplungen

Dieses sehr stark vereinfachte Beispiel, das weder politische noch soziologische Konsequenzen berücksichtigt, macht doch klar, daß die bisher üblichen Nutzungsformen vielenorts kritisch überprüft werden können und müssen. In enger Zusammenarbeit mit der ansässigen

Bevölkerung kann auf einem **Musterbetrieb** experimentell die optimale Nutzung eines · Gebietes angestrebt werden, die bei hoher Stabilität nachhaltige Erträge liefert. Letztlich sind es freilich immer die lokalen Gebräuche, die darüber entscheiden, welche Nutzungsform der Bevölkerung annehmbar erscheint. Diese Traditionen und Einstellungen lassen sich jedoch durch gutverstandene Entwicklungshilfe beeinflussen (Tab. 4.14 u. 4.15).

Tab. 4.15: **Mutmaßliche Entwicklung der Landwirtschaft 1975–2000.** (Nach «Global 2000»)

Δ = Unterschied

A_1^Δ	Nahrungsmittelproduktion	+ 90–100 %	
A_2^Δ	Zuwachs/J.	+ 2,2 (−6) %	
B^Δ	Pro-Kopf-Verbrauch	+ 15 %	
C^Δ	Ernährungsfläche /P.: 0,4–0,25 ha	⇒ 2,6 → 4 P./ha	
D^Δ	Unterernährte P.	0,5 → 1,3 Mrd	
E^Δ	Realpreise	+ 95 %	
F_1^Δ	Kultiviertes Land	+ 4 %	
F_2^Δ	Desertifikation	+ 20 %	der anbau-
G^Δ	Dünger (Handels-)	+ 180 %	fäh. Fläche
H^Δ	Mentalität: IL teilw. Umorientierung → Konservierung EL Beschleunigung der Investitionen		

Bemerkungen:
A Entwicklung abhängig von energieintensiven Inputs und Technologie
  Erdölabhängigkeit
  Ausweitung Irrigationsgebiete!
B IL: + 21%, EL: + 9% ($^1/_3$–$^1/_2$ der Weltbevölkerung)
D EL: Im besten Falle bei 94% des FAO-Minimums ($\approx$ 2200 kcal)
  Zielwert 120% wegen der niederen Einkommensklassen
  $^2/_3$ der Weltbevölkerung: ± stagnier. Verhältnisse; ungleichmäßige Verteilung: weniger in Afrika, mehr in Südamerika, Ausbreitung von Protein-Mangelkrankheiten (Kwashiorkor, Marasmus)
  Weitere Akzentuierung der Stellung der USA als Ersatz-Nahrungsmittel-Lieferant
  Durch Desertifikation ca. 35% bedroht mit $^1/_5$ der Weltbevölkerung.
G N-Düngerzufuhr $\geqq$ natürl. N-Fixierung ab 1983.
  Ökologische Folgen s. Tab. 2.8, S. 131

IL = Industrieländer
EL = Entwicklungsländer

4.1.6 Städte: Kunstprodukte und ihre Wirkung

Der Vollständigkeit halber soll hier auch das urban-industrielle Ökosystem der Stadt im Vergleich mit den natürlichen oder doch zumindest naturnahen Ökosystemen erwähnt werden (vgl. auch S. 187–194 und Tab. 4.17).

In einem natürlichen Ökosystem fließt der Regen zum Teil durch den Boden in die Grundwasserspeicher und ist dann wieder nutzbar, oder das Wasser kann direkt den land- und forstwirtschaftlichen Erträgen zugute kommen. Beim Durchfluß durch den natürlich gelagerten Boden wird es zudem gereinigt. In der Stadt dagegen gelangt das Niederschlagswasser direkt und ungefiltert in die Flüsse und Seen. So trägt der Regen in einer Stadt zur Verschmutzung der Gewässer bei, indem er die ganzen Verunreinigungen der Straßen mitschwemmt. Außerdem fließt das Wasser, auch das in Kläranlagen gereinigte, ungenutzt ab. Dadurch wird die Verdunstung und lokal auch die Luftfeuchtigkeit verringert.

Nicht nur die Wasser- und Nährstoffverhältnisse werden verändert, sondern auch die meteorologischen Bedingungen: Da die Luft trüber ist, wird in einer Stadt der Wärmeaustausch gehemmt und die Sonneneinstrahlung so stark verändert, daß im Verein mit der stadteigenen Wärmeproduktion ein eigentliches Stadtklima entsteht, was auch eine spontane stadteigene Vegetation bewirkt. Die Folgen wurden bereits beschrieben: es wird wärmer, und zugleich fallen mehr Niederschläge. Außerdem haben sich die Bewohner an einen stärkeren Lärm und an verpestete Luft zu gewöhnen.

4.2 Umweltveränderung und weltweite Probleme

Die einschneidenden Veränderungen an Wald- und Wüstenflächen gingen mit bedeutenden Errungenschaften in Wissenschaft und Technik einher. Im Verein mit den Erfindungen und wissenschaftlichen Erkenntnissen hatten diese landschaftlichen Veränderungen für den Menschen und seine Einstellung zur Umwelt – aber auch für die Umwelt selber – weitreichende, oft nicht mehr rückgängig zu machende Folgen (s. Hauser 1976) (Tab. 4.16).

Tab. 4.16: Erfindungen und wissenschaftliche Erkenntnisse und ihre Auswirkungen auf die gesamte Ökosphäre. (Aus Stein 1986)

Jahr	Erfindung	Auswirkungen auf Menschen bzw. Biosphäre	Wasser bzw. Hydrosphäre	Luft bzw. Atmosphäre	Boden bzw. Pedosphäre	Rohstoffe bzw. Lithosphäre	Energie
1796	Pockenschutzimpfung	***			*		
1798	Hochdruckdampfmaschine	***	**	**			**
1800	Elektrisches Element		*			***	**
1814	Dampflokomotive			***	*	*	***
1821	Elektromotor		**	**	**		**
1824	Industrielle Zementherstellung				**		*
1837	Schreibtelegraph	**					
1847	Fleischextrakt	***					
1848	Kindbettfieberbekämpfung	***					
	Blinddarmoperation	***					
1859	Erdölgewinnung	**	**	**	*	**	**
1876	Telefon	**	*			*	*
1884	Viertaktbenzinmotor	**		***	**	**	**
1884	Aluminiumelektrolyse	*		**		***	**
1896	Entdeckung der Radioaktivität					**	**
1902	Erklärung der Radioaktivität					*	**
1903	Motorflug	**		*			**
1905	Spezielle Relativitätstheorie						**
1916	Stickstoffdünger, Erfindung des Mineraldüngers durch Liebig 1840	***	***	*	**	*	**

Umweltveränderung und weltweite Probleme

396 · Die Nutzung und Erhaltung von Ökosystemen

Tab. 4.16: Fortsetzung

Jahr	Erfindung	Auswirkungen auf Menschen bzw. Biosphäre	Wasser bzw. Hydrosphäre	Luft bzw. Atmosphäre	Boden bzw. Pedosphäre	Rohstoffe bzw. Lithosphäre	Energie
1928	Penizillin (ab ca. 1945 als Medikament)	***					
1930	Kunststoffchemie	*	***			*	**
1931	Entdeckung des Schweren Wasserstoffs			***			**
1933	Elektronenmikroskop	**	*		*	**	**
1939	Uranspaltung	***	*	*	*	**	**
1942	Atomreaktor (USA)	*	*	*	*	**	**
1942	Computer (USA)	*				**	**
1948	Transistor, Automation	**				**	**
1950	Großeinsatz, Antibiotika	***			*	**	*
1954	Antibabypille	***			**		
1957	Atomkraftwerk (UdSSR)	*	*	*	*	***	**
1957	Sputnik (UdSSR)					**	**
1960	Tranquilizer	**					
1966	Organtransplantation	***					
1969	Mondlandung (USA)					**	**
1970	Mikroprozessor	**				*	*
1972	DDT-Verbot (USA u. a.)	*	***	*	**		
1973	Skylab		***	***	*	**	**

Jahr	Ereignis											
1974	Gen-Übertragung	*										
1976	Marssonden Viking	**										
1977	Spraydosenverbot (USA, Schweden)	**			***							
1977	Meteosat 1	**			*							
1978	1. Retortenbaby	**										
1978	Synthese Antibiotika	**										
1978	Synthese Wachstumshormon	**										
1978	Tele- und Videotext	*										
1979	Genet. Manipulation (Interferon)	**										
1980	Aufbau Chromosom	**	*									
1981	Waldsterben Europa	**			**			**				
1981	WHO «Health for all»-Plan	**					*	*				
1981	Übertragung von Bakterien-Gen	**										
1982	Entdeckung AIDS	***										
1982	Elektronenmikroskop bildet Zwischenraum von Atomen ab (10 Mio. ×) (REM, Rastertunnel-Elektr.mikr.)											
1983	Z_0-Boson (Bestätigung einheitl. Theorie der Elementarteilchen)	**							**			
1983	Krebsmechanismus	*							**			
1983	Mikrochip für 1 Mia Bit/cm² (Bibelinhalt)								**			
1984	Auslenkung von «El Niño»	**		*	**			**		**		
1984	Diagnostik Hirnfunktion (PET)	**		*	*			*		**		
1985	Nachweisempfindlichkeit bei 10^{-21} g	*								*	*	*

Tab. 4.16: Fortsetzung

Jahr	Erfindung	Auswirkungen auf Menschen bzw. Biosphäre	Wasser bzw. Hydrosphäre	Luft bzw. Atmosphäre	Boden bzw. Pedosphäre	Rohstoffe bzw. Lithosphäre	Energie
1986	Verbesserung Supraleitfähigkeit (HT-Supraleiter)	*					***
	GAU-Tschernobyl	**	**	**	**	**	***
	Schlüsseltechnologien der 80er und 90er Jahre						
	– Roboter-Technik						
	– Verbund-Werkstoff						
	– Oberflächentechnik						
	– Recyclingverfahren						
	– Gentechnologie						
	– Biomasse-Technik						
	– Telekommunikation						
	– Energiespeicherung						
	– Mikroprozessoren						

* geringe ** mittlere *** große Auswirkungen

Tab. 4.17: **Die Verstädterung der Menschheit.**

Jahr	Zahl der Städte mit über 1 Mio Einwohnern	Anteil der Stadtbewohner
1800	1 (London)	< 4%
1850	4 (London, Paris, Tokio, Peking)	5%
1900	11	< 14%
1914	16	
1939	37	
1957	71	
1974	123	39%
1985	127	~ 45%

Tab. 4.18: **Die Zunahme der Weltbevölkerung.** Zu den am weitesten entwickelten Regionen werden gezählt: Europa, UdSSR, Japan, Nordamerika, die gemäßigte Zone Südamerikas, Australien und Neuseeland, zu den weniger entwickelten alle übrigen Regionen. In eckigen Klammern: jährliche Wachstumsrate in Prozent. (Nach Herrera, Skolnik u. M. 1977)

	Geschätzte Bevölkerung in Millionen Einwohner		
Jahr	Ganze Welt	Entwickelte Gebiete	Weniger entwickelte Gebiete
1750	791	201 (25,4%)	590 (74,6%)
1800	978 [0,4]	248 (25,3%) [0,4]	730 (74,7%) [0,4]
1850	1262 [0,5]	347 (27,5%) [0,7]	915 (72,5%) [0,5]
1900	1650 [0,5]	573 (34,7%) [1,0]	1077 (65,3%) [0,3]
1950	2506 [0,8]	857 (34,2%) [0,8]	1649 (65,8%) [0,9]
1960	2995 [1,8]	976 (32,6%) [1,3]	2019 (67,4%) [2,0]
1970	3621 [1,9]	1084 (29,9%) [1,0]	2537 (70,1%) [2,3]
1980	4401 [2,0]	1183 (26,9%) [0,9]	3218 (73,1%) [2,4]
1986	4900		
	Zuwachs/J. 80–90 Mio; stärkste Zunahmen erwartet für Afrika, Lateinamerika, S- und SE-Asien; ca. 85% in EL		
1987	5000 (ca. Juni)		
2025	8500		ca. 95%

Als Folge der weltweiten Umweltveränderungen und der ständig zunehmenden Möglichkeiten und technischen Fertigkeiten des Menschen, der die Grenzen der Machbarkeit immer weiter steckt, stiegen die Bevölkerungszahlen (Tab. 4.17 u. 4.18) enorm, der Boden wurde stärker genutzt und die Nahrungsmittelproduktion erhöht, immer mehr Wasser wurde verbraucht und gleichzeitig immer stärker verschmutzt; die Luft wurde erwärmt und verpestet, und immer mehr Energie wurde eingesetzt (Tab. 4.19 u. 4.20).

Tab. 4.19: **Die zunehmende Nutzung und Verschmutzung der Umwelt.**

Gebiet	Zunahme der			
	Bevölkerung	Bodennutzung	Nahrungsmittelproduktion	Umweltverschmutzung[1]
Europa	teilweise		im Osten	extrem
Nordamerika	im Osten	sehr stark	extrem	extrem
Südamerika	im Norden	sehr stark		
Afrika	sehr stark			
	sehr stark	stark		
Süd- und Ostasien[3]	sehr stark	mäßig[2]	nur im Osten stark	extrem

[1] Wasser, Luft, Abwärme
[2] In Sibirien
[3] In Süd- und Ostasien leben 50% der Weltbevölkerung mit nur 12% der Weiden und 27% der Äcker der Erde.

4.2.1 Industrie- und Entwicklungsländer als geteilte Welt

Die **Entwicklungsländer** haben bei starkem Bevölkerungswachstum nur mangelhafte Nahrungsgrundlagen. Ihre Bodennutzung wurde aber (wo dies möglich war) stark intensiviert. Die **Industrieländer** dagegen sind wegen ihrer Industrialisierung die Hauptverschmutzer der Biosphäre und verbrauchen auch am meisten Energie: Ein Sechzehntel der Erdbevölkerung profitiert als Maximalverbraucher von mehr als einem Drittel der natürlichen Ressourcen, zwei Drittel der Erdbevölkerung müssen sich als Minimalverbraucher mit einem Achtel der Ressourcen bescheiden. 60% des verfügbaren landwirtschaftlichen Bodens unserer Erde liegt in 29 Ländern mit nur 15% der Weltbevölkerung (Tab. 4.21 u. Abb. 4.19). Im Jahr 2000 dürften in vier von fünf Erdregionen noch rund 50% der Bevölkerung in günstiger gelegenen Produktionsgebieten leben.

Tab. 4.20: **Die ökologischen Probleme und ihre Lösung.** Zur Lösung dieser Probleme ist zusätzliche Energie erforderlich. Gibt es ein Entrinnen aus diesem Teufelskreis steigenden Energieverbrauchs? Unser weltweites Ökosystem ist begrenzt, unser Lebensraum endlich. Die Konsequenzen sind klar: Die Wachstumsraten müssen reduziert und an voraussehbare Krisenplafonds angeglichen werden, und die Energie und die sogenannten «freien» Güter wie Wasser, Luft und Boden müssen besser genutzt werden. Neuere zusammenfassende Darstellungen vermittelt der «Bericht an den Präsidenten», «Global 2000», von dem das Material in Tab. 4.12–4.14 zusammengefaßt wurde, sowie der Bericht der Enquete-Kommission des Deutschen Bundestages.

Problem	Auswirkungen	Behebung
Luftverschmutzung	Vergiftung durch Schadstoffe Treibhauseffekt	Luftreinigung erfordert zusätzliche Energie
Gewässerverschmutzung	Trinkwasserverknappung Vergiftung von Nahrungsketten	Kläranlagen usw. erfordern zusätzliche Energie
Bodenverschlechterung	Ertrag und Qualität der Ernte läßt nach[1]	Intensivierter Anbau erfordert zusätzliche Energie
Bevölkerungsexplosion[2]	Unterernährung, Arbeitslosigkeit[3]	
Industrialisierung	Verknappung von Rohstoffen und Energie	
zunehmender Energiebedarf	Abwärme, Umweltbeeinflussung durch CO_2 und radioaktive Stoffe	Energieproduktion erfordert große Energieinvestitionen

[1] Die Lösung liegt in einer Verbesserung der Nutzpflanzen, in einer Schädlingskontrolle mit auch biologischen Mitteln, in der Bodenverbesserung mit naturgegebenen Methoden (dabei muß berücksichtigt werden, daß die Produktion bei der Umstellung eine mehr oder weniger kurzfristige Einbuße erfährt).
[2] Positive Rückkopplung mit allen anderen Problemen (Umweltverschmutzung, Bodenverschlechterung, Industrialisierung, zunehmender Energiebedarf)
[3] Bei zwei Dritteln der Menschheit führt steigende Arbeitslosigkeit zu noch mehr Armut, diese zu fehlender oder mangelhafter Infrastruktur (Schulen, Straßen usw.), diese zu Analphabetismus und zum Mangel an kaufkräftiger Nachfrage, damit zu noch geringerer Nahrungsmittelproduktion und schließlich in positiver Rückkopplung zu noch mehr Arbeitslosigkeit und Unterernährung.

Tab. 4.21: **Weltweite Nahrungsmittel- und Holzproduktion.**
(Nach FAO 1972)

Nutzung und Ertrag	Meer	Wald	Grasland	Acker	Wüste[1]
Fläche					
in Mio km²	362	42[3]	37[3]	15[4]	54
in %	71%	8%	7%	3%	11%
in % des Festlandes		29%	25%	11%	36%
organische Substanz					
in Mrd t/Jahr	42	55[5]	28	11	5
in %	30%	39%	20%	7,5%	3,5%
Nutzung in Mio t/Jahr[2]	70	380	500	1720	
Anteil an Nahrungsproduktion	2,9%		21%	76%[6]	
Ertrag in t/ha		13	8	7	0,2

[1] Einschließlich Eis und Tundra
[2] Für Nahrung werden 1,8 % der organischen Substanz verwendet; gesamthaft gesehen weltweit geringe Zunahme, vgl. Abb. 4.17
[3] Einige Autoren rechnen lichte Wälder zum Grasland und sehr trockene Grasländer zur Wüste. Seit anfangs 18. Jh. Entwaldung von 6 Mio km².
[4] Mögliches Verhältnis Dauergrasland zu Ackerland ungefähr 2:1
Die Umwandlung dieser 11 % erfolgte in den letzten 8000 J.; in Mitteleuropa wurde in 4000 Jahren kultivierender Tätigkeit die Waldfläche von 90 auf 24 % reduziert (seit 1850 9 Mio km² kultiviert). Dadurch veränderte sich die Albedo von durchschnittlich 0,12–0,15 auf 0,18–0,22, was eine Abnahme der Evaporation um 3 % und eine Zunahme des Abflusses um 5 % zur Folge hatte. Gleichzeitig nahm auch die nutzbare Sonnenenergie von 63 auf 46 W/m² ab. – Eine weitere Zunahme der globalen Ackerfläche um 1 % auf insgesamt 12 % kann die Albedo – insbesondere über Getreidefeldern – während einem Drittel des Jahres um 25 % erhöhen, wobei die Temperatur sich dann um ein Grad vermindern würde.
Prognosen für das Jahr 2000 (Basis 25 + 11 % der Landfläche, s. o., nach Buringh 1981/2): (%-Werte in () = davon hochproduktiv)
Abnahme: potentiell produktives Landwirtschafts-Land 4 (22) %
               Acker-Reserven aus Wald und Steppe 24 (33) %
               (Ur-)Wald (totale Fläche) 15
               Wald auf potentiell produktivem Agrarland 55 (70) %
Zunahme: benötigtes Land für wachsende Bevölkerung
(effektiv) (Nicht-Agrarland) von 80 Mio/J. 50
[5] heute bis ⅓ des organischen Kohlenstoffs der Welt
[6] 40 % der potentiellen terrestrischen Produktion wird vom Menschen gebraucht oder «verloren». Reisanbau auf 11 % der LN, 50 % künstlich bewässert, dort 70 % der Ernte.
[7] Zur Aktualisierung s. Tab. 4.13–4.15, sowie «Global 2000».

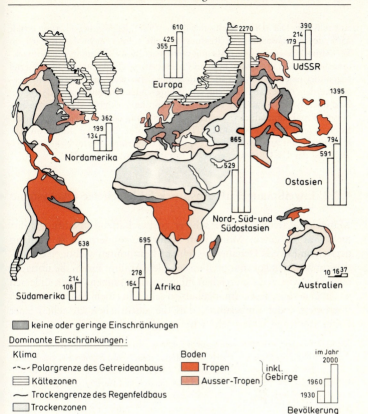

Abb. 4.19: **Gunst- und Ungunsträume der Erde im Nord-Süd-Vergleich.** (Nach Messerli 1986)

Noch immer steigt der Ausstoß von Produktionsgütern markant an (um 2,5 % J., Erhöhung um 20 % bis zum Jahr 2000). Allein die USA verbrauchen mehr als ein Drittel der Weltenergieproduktion ($1,6 \cdot 10^{15}$ kcal oder $6,5 \cdot 10^{16}$ kJ). In den letzten 30 Jahren wurden mehr Rohstoffe verbraucht als in allen Jahren zuvor (Verdopplungszeit 10 Jahre). Das ist die eine Seite. Auf der anderen Seite des «Grabens» ist die Situation umgekehrt. In 24 afrikanischen Entwicklungsländern ist die Nahrungsmittelproduktionsrate kleiner als die Bevölkerungszuwachsrate. Die «Dritte Welt» mit 80% (1987) der Weltbevölkerung erhält 25% des Weltkonsums an Ressourcen. Für immer mehr Leute wird im Verhältnis immer weniger Nahrung verfügbar. Bis 1985 muß in den Entwicklungsländern ein bedeutend höherer Prozentsatz des Einkommens (drei Viertel gegenüber einem Fünftel in Industrieländern) für weniger Kalorien ausgegeben werden, ohne daß damit ein Versorgungsengpaß vermieden werden kann. Und doch wären insgesamt 10% mehr Nahrung verfügbar als benötigt: eine bessere Ernährung scheitert auch an der Verteilung der Lebensmittel. Nur ein Konsumverzicht und Ressourcen-Transfer könnte bei einer Rate von 4% schließlich zum Ausgleich führen (Vgl. auch die Diskrepanz im N-S-Gespräch während der UNCED-Konferenz in Rio de Janeiro, Juni 1992).

4.2.2 Eiweißmangel als Ausdruck fehlgeleiteter Ökosysteme

Mangelnde, schlechte oder schwer zu beschaffende Nahrung führt nicht nur zu einem Mangel an Kalorien, sondern meist auch an **tierischem Eiweiß**. Genauer: Es fehlt an bestimmten wichtigen Grundsubstanzen, den sogenannten essentiellen Aminosäuren, die übrigens auch in gewissen eiweißreichen Pflanzen vorkommen (Soja). Indessen ist ein genereller Eiweißmangel oft so sehr von einem Kalorienmangel überlagert (oder umgekehrt), daß die eigentlichen Ursachen einer Unterernährung häufig sehr schwer aufzudecken sind.

Rund 70 Prozent des weltweit verbrauchten Eiweißes stammt aus Pflanzen. Aus Getreide wird 48, aus Hülsenfrüchten, Nüssen und Samen 12, aus Fleisch 14, aus Fisch und Eiern 7 und aus der Milch 11 Prozent gewonnen. In den Industrieländern beträgt der Anteil des tierischen Eiweißes 26, in den Entwicklungsländern dagegen nur 8 Prozent. Der Wert eines Eiweißes ist dabei abhängig von den Anteilen der am geringsten vertretenen essentiellen Aminosäuren. Auch in der Sojabohne sind diese Anteile hoch; die Soja – vor allem die verbesserten Sorten – ist deshalb als günstige Eiweißquelle zu betrachten.

Indessen können bei **Kalorienmangel** die Proteine nicht voll genutzt werden: Ein Viertel bis ein Drittel der Weltbevölkerung leidet an «Protein-Kalorien-Fehlernährung» (PCM, protein/calory malnutrition).

Die Folgen sind: erhöhte Anfälligkeit für ansteckende Krankheiten; «Kwashiorkor» (Ödem und Hautveränderungen nach abruptem Abstillen); Marasmus (Schwund von Muskel- und Unterhautfettgewebe im ersten Lebensjahr). Ungenügende Eiweißversorgung des Embryos und des Kleinkindes bis gegen Ende des zweiten Lebensjahres führt darüber hinaus zu irreversiblen Schädigungen am Hirn und an der Psyche.

Im Jahre 1977* waren etwa 600 Millionen Menschen unter- und 1500 Millionen einseitig ernährt. Vorsichtig geschätzt leidet etwa ein Fünftel der Menschheit an Kalorien- und Eiweißmangel, und weitere drei Fünftel erhalten nur die Hälfte der erforderlichen 30 Gramm Eiweiß pro Tag; das weltweite Eiweißmanko beträgt jährlich 10 Millionen Tonnen. In 22 Ländern Afrikas, Asiens und Südamerikas hat die Bevölkerung unter 2200 Kalorien pro Person und Tag (Mitteleuropa über 3000 Kalorien). Vgl. Abb. 4.19 Gunst- und Ungunsträume der Erde.

Besonders gefährdet ist die Bevölkerung in Gebieten, wo die Ernährung auf den eiweißarmen Knollengewächsen basiert (Kartoffel, Bataten, Maniok). Günstig bis gut stellt sich die Bevölkerung in den Gebieten, wo Hülsenfrüchte (Erdnüsse, Bohnen, Soja) und Getreide angebaut werden, da diese Grundnahrung gut die Hälfte des täglichen Eiweißbedarfs deckt. Künstlich zubereitete eiweißreiche Säuglingsnahrung kann in all diesen Gebieten vielen Kindern das Leben retten (z. B. Incaparina aus Mais, Hirse, Baumwollsamen und Hefe). Übrigens bestünde auch hier die Möglichkeit, eßbares Eiweiß aus Blattmaterial anderer Kulturen zu gewinnen (z. B. aus Gerste, Kartoffeln, Zuckerrüben).

Ein Ausgleich in der Eiweißversorgung wäre auch mit teilweise recht ausgefallenen Mitteln möglich, etwa durch Meeresgrünalgen, die bis 70 Prozent Eiweiß enthalten und in optimal belüfteten Becken bis 14 Tonnen, in den Tropen sogar bis 40 Tonnen Eiweiß pro Quadratkilometer und Jahr produzieren (Weizen 0,4 Tonnen) bei einem Nährwert von 81,5 Prozent (Vollei 100, Rindfleisch und Soja rund 85 Prozent). *Scenedesmus*-Algen enthalten bis zu 60 Prozent günstiges Eiweiß. Schon diese wenigen Angaben zeigen, daß es sinnvoll ist, den Eigenschaften einzelliger Organismen nachzugehen. Deshalb wird in manchen Ländern die Gewinnung von Einzeller-Protein (SCP = single cell protein) intensiv erforscht. Ganz allgemein ist die Herstellung von SCP sogar rationeller als die Landwirtschaft. Während für die Herstellung von 1 kcal bis 10 kcal aufgewendet werden müssen, für 1 kcal Fisch aus offenem Meer etwa 20 kcal, so müssen für die biologischen Verfahren nur etwa 5 kcal eingeplant werden. Übrigens bildet Tang in vielen ostasiatischen Gebieten eine Zusatznahrung, und in Peru werden seit alters Süßwasser-Blaualgen gegessen!

Doch naheliegender ist die Fermentierung von Getreide. Aus den 4 Tonnen Getreide, die man durchschnittlich pro Hektar Ackerland erhält, könnten bei fermentativer Nutzung etwa 680 kg SCP gewonnen werden. Dies ist etwa das Achtfache des durchschnittlichen Fleischertrags der gleichen Anbaufläche

---

* 1990: 5 Mrd Einw., 1 Mrd mangelernährt, $^1/_2$–1 Mrd hungert, 13 Mio verhungern pro Jahr (meist Kinder)

(85 kg). Ein weiterer Vorteil wäre die Züchtung von Stämmen mit einem Maximum an essentiellen Aminosäuren.
Indessen sind diese Verfahren zwar ökologisch sinnvoll, wirken aber noch reichlich utopisch. Bedeutend weniger utopisch wäre dagegen eine intensivere Nutzung günstig gelegener küstennaher Meeresteile mit der sogenannten Aquakultur. Vor allem China hat hier große Anstrengungen unternommen und dürfte heute ungefähr 40 Prozent des Weltertrages produzieren. (Totalertrag 1975 ca. 6 Mio t; Zucht von Meeresfrüchten 3% in Großkäfigen, z. B. Austern, Hummer). Neuerdings werden auch eiweißreiche Salzpflanzen der Meeresküsten geprüft, z. B. *Salicornia bigelowii* (Samen 31% Ew, 26–33% Öl). Übrigens wäre auch im Süßwasser eine Steigerung möglich, beispielsweise über die biologische Nutzung von nährstoffreichen Abwässern, die in Fischteichen veredelt werden (vgl. die Untersuchungen von R. Haller in rekultivierten Korallenkalkbrüchen an der Küste Kenyas nö Mombasa). Nach israelischen Angaben sind Jahreserträge bis über 2,5 t/ha möglich. Aber auch in reinen Grünlandgebieten kann die Eiweißversorgung sichergestellt werden, liegt doch bei optimaler Nutzung der Hektarertrag von Milchkühen bezüglich Energie und Protein noch über dem Getreide und wird nur von der Soja übertroffen. Außerdem kann auf diese Weise in den Anbaugebieten nicht mehr ackerfähiges Grünland sehr günstig genutzt werden.

In gewissen eher trockenen, wüstenhaften, tropischen Grasland-Ökosystemen wäre auch eine nachhaltige **Nutzung des Großwildes** («Wildlife Management») anzustreben, wie dies mit gutem Erfolg schon in südrussischen Steppengebieten (Saiga-Antilope) und in Südafrika (Elenantilope), ansatzweise in Ostafrika (Flußpferd) verwirklicht wurde. Wild ist darüber hinaus weniger krankheitsanfällig und kann die verfügbare Nahrung vor allem in den trockenen Savannen besser nutzen.

Vordringlichste Aufgabe ist indessen die Schaffung besserer sozialer und ökologischer Voraussetzungen für eine Produktionssteigerung. Es gilt, das verfügbare Kulturland besser zu nutzen, zum Beispiel durch bessere Bodenvorbereitung, Bewässerung, Düngung, Verwendung von Hochleistungs-Saatgut (falls dies möglich ist) und durch verbesserte Anbaumethoden und Kulturpflanzen (s. S. 379ff.) in den Tropen. Die verfügbaren Ressourcen sollten durch die Nutzorganismen besser umgesetzt werden, und schließlich – und das ist das Entscheidende – sollte die Nahrungsmittelumverteilung unter Einschränkung der Ernteverluste weltweit besser organisiert werden.

All diesen Fragen, aber vor allem der Verbesserung der Erträge von Kulturpflanzen, wurde im Rahmen der **«Grünen Revolution»** nachgegangen. Neben vielen Mißerfolgen kann diese Unternehmung in den Jahren 1965–75 doch unbestreitbare Erfolge mit 2–3fach höheren

Ernten nachweisen. Diese ergeben sich insbesondere dann, wenn einheinisches angepaßtes, allenfalls mit Hochertrags-Sorten verbessertes Kulturpflanzengut in ackerschonender Form mit modereren Methoden eingesetzt wurde und flankierende entwicklungs- und agrarpolitische Maßnahmen ergriffen wurden. Sofern Reformen, Preispolitik, Mechanisierung, Verbesserung der Infrastruktur und der Beratungsdienst auf die spezifischen Bedürfnisse der Kleinbauern eingestellt wurden, ergab sich auch eine deutliche Verbesserung von Nahrungsmittelproduktion und Einkommen, also eine offensichtliche und dem Land gemäße Besserstellung der landwirtschaftlich tätigen Bevölkerung.

4.3 Lösungsversuche

Läßt sich durch Stabilisierung der Bevölkerung und der Industrialisierung ein weltweites ökologisches Gleichgewicht erhalten? Sind unsere Weltprobleme überhaupt ökologisch lösbar? Ist eine Entschärfung der Nord-Süd-Konflikte möglich?
In den letzten Jahren wurden bekanntlich von verschiedenen Seiten Vorschläge und Forderungen vorgebracht, etwa die des **Club of Rome** in «Grenzen des Wachstums», die selbstverständlich für einzelne Länder oder Regionen zu modifizieren sind, oder, mit anderer Zielsetzung, die des **«Modells von Bariloche»**: Und schließlich ist viel von diesem Gedankengut in die Aktivitäten der teilweise aus Regierungsvertretern zusammengesetzten «World Commission on Environment and Development» eingeflossen, deren Aufruf 1987 herauskam («From one earth to one world», Brundtland-Bericht):

- **Weltweite Stabilisierung des Bevölkerungswachstums** (Familienplanung), Programme in China, Indonesien, Thailand, (S-)Korea, Mexiko; Ziel ist vorläufig die Reduktion des Wachstums um 25–60%, Anpassung der Nahrungsmittelproduktion an die Bevölkerungszahl, bessere Verteilung und Produktionsmethoden sowie bessere allgemeine Lebensbedingungen.

- **Nachhaltige Nutzung der natürlichen Ressourcen** und Rohstoffe nach ihre Knappheit, Verfügbarkeit und nach den realen Bedürfnissen (Reduktion des nicht erforderlichen Konsums).

- **Institutionalisierung der sozialen Kosten,** das heißt Besteuerung des Verbrauchs natürlicher Güter (Luft, Wasser, Rohstoffe, Boden usw.) aufgrund der dabei abgegebenen Abfälle und Giftstoffe («ökologische Buchhaltung» z.B. nach Müller-Wenk).

- **Neue Kapitalinvestitionen in der Industrie nur im Rahmen einer vertretbaren Nutzung verfügbarer Rohstoffe;** in Industrienationen Förderung des tertiären Sektors (Dienstleistungsbetriebe); Dezentralisierung, Recyclingwirtschaft im Rahmen des energetisch Möglichen; Förderung der Nutzung natürlicher Energieformen, weltweit vor allem als Quellen zusätzlicher Energie; Förderung der Lebensqualität im Sinne der Verbesserung des Bildungs- und Erziehungsniveaus, der Ernährung und der Umweltqualität, das heißt: Minimierung des Schadstoffgehaltes in Boden, Luft und Wasser. Beseitigung der sozio-ökonomisch-politischen Barrieren, namentlich gegenüber den Entwicklungsländern.

Der Grundgedanke heißt also: Weg von der reinen Symptombekämpfung mit Einsatz von mehr und mehr Energie zur direkten Bekämpfung der Ursachen, dem Wachstum der Bevölkerung und Wirtschaft. In den ersten Anfängen der Umweltschutzbewegung hat man sich oft damit begnügt, die Symptome der Umweltverschmutzung anzugehen. Man war ungeheuer findig im Entwickeln immer neuerer und besserer Reinigungsmethoden zur Abwehr von Schadgasen, schädlichen Abwässern und giftigen Chemikalien.

Bei all dieser Aktivität war man sich nicht bewußt, daß man einen modernen «Wettlauf mit der Schildkröte» eingegangen war, in dem der Abstand zwischen Ansprüchen und Möglichkeiten nie einzuholen ist! Schon bald zeigte sich indessen, daß zwar pro Installation weniger Schadstoff in die Umwelt gelangt, gleichzeitig aber die Zahl der Installationen stark zunimmt, so daß der Gesamtausstoß an Schadstoffen nahezu unverändert bleibt.

Der Übergang von der Symptom- zur **Ursachenbekämpfung** ist ein großer Schritt: Einzusehen, daß die Ursachen in der Bevölkerungsvermehrung und Konsumsteigerung liegen, bedeutet Abkehr von der institutionalisierten Wachstumsmentalität, bedeutet ein «Umdenken», bedeutet die Sicherung einer **nachhaltig** nutzbaren Erde mit angemessener Lebensqualität.

4.3.1 Lebensqualität auf der Grundlage stabiler Umweltbedingungen

Läßt sich der Begriff «Lebensqualität» (einschließlich der Umweltqualität), worunter doch jedermann etwas anderes versteht, überhaupt objektivieren? Ich halte dies für möglich, wenn die Kriterien sich streng auf die physiologisch-ökologischen Ansprüche des Menschen abstützen. Dabei darf aber der soziologische und ökonomische Aspekt – leibliche und materielle Sicherheit – nicht außer acht gelassen werden (Tab. 4.22).

Von welchen **Bedingungen** hängt Leben überhaupt ab? Beim Menschen im wesentlichen doch von den Überlebenschancen bei optimaler Gesundheit, von der Ordnung im Zusammenleben (Konfliktvermeidung) und von den Erlebnismöglichkeiten (Kommunikations- und Lernprozesse) in der Gemeinschaft.

In Anlehnung an Müller und nach der Schweizerischen Vereinigung für Zukunftsforschung läßt sich Lebensqualität definieren als «Maß, in dem die Erfordernisse des Überlebens, der vollen Entwicklung und des Wohlbefindens jedes Menschen ihrer Wichtigkeit entsprechend erfüllt sind».

Mit der Frage der Lebensqualität untrennbar verknüpft sind die Probleme der **Belastbarkeit** unseres Lebensraumes. Zwar ist uns heute klar, wo die Ursachen der Belastung liegen. Indessen sind die Grenzen der Belastbarkeit unseres Lebensraumes oft nicht sehr genau bekannt. Deshalb wird ein Sicherheitsabstand eingebaut, eine untere Grenze politisch bestimmt werden müssen. In Deutschland haben sich in den Siebzigerjahren neben Mesarovic und Pestel vor allem Kumm und Gruhl, in der Schweiz Basler und Scherrer quantitativ mit Fragen der Nutzungs- und Belastbarkeitsgrenzen befaßt. Scherrer gibt eine übersichtliche Darstellung all der verschiedenen Aspekte, die zum Begriff «Umweltqualität» beitragen. Hier sei deshalb seiner Darstellung gefolgt. In weiteren Schriften vermittelt er einen möglichen Kriterienkatalog für die Bewertung von Umweltbeziehungen durch Immissionen und Emissionen und entwirft eine mögliche Strategie, wie eine «gewollte Umweltqualität» durch politische und technologische Maßnahmen beibehalten werden kann (siehe auch Basler und Bianca, 1974, Merkmale umweltgerechter Zivilisation sowie Enquète-Kommission des Deutschen Bundestages).

Erst in neuerer Zeit beginnt in verschiedenen Ländern die Therapie zu wirken. Ursachen der Auslenkung unseres Umweltzustandes werden wissenschaftlich, politisch und rechtlich bearbeitet. Aber meist fehlt

Tab. 4.22: **Einige Faktoren, die die Lebensqualität bestimmen.**
(Nach Scherrer 1974)

Lebensstil	Umweltqualität	Sicherheit
Wohnort und Wohnqualität	ökologisches Gleichgewicht	materiell (Nahrung, Wohnung, Konsum)
Beschäftigung und Arbeitsplatz	nachhaltige Nutzung der Ressourcen	physisch (Unfälle, Krankheit)
Erholung und Freizeit	Schutz vor lästigen und schädlichen Einwirkungen	psychisch (Erziehung, Verhalten, Anpassung)
kulturelle und soziale Kontakte	auf Menschen abgestimmtes Veränderungstempo	sozio-kulturell (Verzicht als ökologisch begründete Tugend)
Konsumgüter Wohlstandserwartung ⇋ Umweltbedrohung		biologisch

Gliederung nach verschiedenen denkbaren Kriterien:

Funktionen	Bezugsrahmen	Erscheinungsformen	Beanspruchung von Umweltgütern
Verkehr und Siedlung	Individuum	optische Belastung	Kreislauf
Freizeit und Erholung	Gesellschaft	Lärm	Formänderung
Energie	Produktion und Konsum	Luft	Verzehr
Wirtschaft industrielle Produktion	Technologie Politik	Wasser Abfall	Dissipation
landwirtschaftliche Produktion	Futurologie	thermische Belastung	
	Ökosysteme	radioaktive Strahlung	

die volle Bereitschaft der Bevölkerung umweltgerecht zu denken, fehlt die Konsequenz, unter veränderten Umweltbedingungen auch das Verhalten zu ändern (Tab. 4.23).
Einige abschließende Gedanken mögen dazu dienen, dieses aus alten Zeiten übernommene unangepaßte Verhalten aufzuzeigen und in seinen Konsequenzen zu verfolgen.

Tab. 4.23: **Strukturfragen der Umweltproblematik.** (Nach Scherrer 1974)

	Ursachen und Grundlagen	Symptome und Therapie
Zustand, Trend	• Bevölkerungsexplosion • Konsumsteigerung • exponentielles Wachstum	• Überforderung der Natur • Verschmutzung des Lebensraumes • Verzehr nichtreproduzierbarer Güter
Ziele	• ökologisches Gleichgewicht • Erhaltung des Lebensraumes • übergeordnetes Ziel: Qualität des Lebens	
Maßnahmenbereiche	• Wachstumsbeschränkung bei Bevölkerung und Konsum • Recycling von Rohstoffen • Energie ohne Verzehr • nachhaltige Landnutzung • umweltgerechtes Verhalten • qualitatives Wachstum	• technologische Verbesserungen: Reinhaltung von Luft, Wasser und Boden, Lärmschutz, umweltschonende Verfahren, Kehricht- und Wärmeverwertung • optische Einfügung • umweltgerechte Düngung und Schädlingsbekämpfung
Erreichbarkeit	• langfristig	• kurzfristig

4.3.2 Schlußgedanken

«Der Mensch wird erst Mensch durch Erziehung» (Plato)

In unserer Zeit vergeht kaum ein Tag, an dem wir nicht durch Presse, Rundfunk und Fernsehen über die Notwendigkeit des Umweltschutzes informiert werden. Trotzdem scheint sich kaum etwas zu ändern. Die Tendenz all dessen, was uns in die weltweite ökologische Krise führte, ist immer noch steigend. Dies kann nicht allein daran liegen, daß die vorgeschlagenen Maßnahmen nicht ausreichen, sondern vielmehr daran, daß ihre Verwirklichung auf scheinbar unüberwindliche **Grenzen** stößt. Es sind die seit Jahrhunderten etablierten, institutionalisierten, immer wieder von einer Generation an die nächste weitergegebenen individuellen und kollektiven Verhaltensweisen des Menschen. Hier stellt sich die Frage, ob die gleichen Verhaltensweisen die dem Menschen bisher sein Überleben ermöglichten, dies auch in Zukunft garantieren.
Es ist sicher unser aller Ziel, eine bleibend hohe Umweltqualität zu erhalten. Optimale Lebensgrundlagen können wir aber auf die Dauer nur garantieren, wenn vorher bestimmte Grundverhaltensweisen des Menschen modifiziert werden, Verhaltensweisen, die wir ruhig als übernommene Atavismen bezeichnen dürfen. Die schnellen Veränderungen in unserer sozialen Umwelt haben die genetisch bedingten Veränderungen in unseren Verhaltensweisen überrundet. In unserer Vergangenheit als Jäger und Sammler war es wohl für das Überleben des durchschnittlich begabten Stammesangehörigen eher förderlich, eine gewisse Trägheit und Sturheit im Denken und Handeln als verbindendes Mittel in der Gruppe beizubehalten. Auch der Glaube an die Autorität des Anführers und Häuptlings und die Profitgier innerhalb und außerhalb der Gruppe (Hackordnung!) dürften zum Überleben des einzelnen beigetragen haben. Heute lassen uns aber gerade diese nicht angepaßten Verhaltensnormen – Trägheit, Profitgier und Autoritätsgläubigkeit – in einem Teufelskreis unbeherrschter Expansion verharren. In einer sich rasch wandelnden Umwelt hemmt dieses unveränderte Verhaltensmuster die Erfassung der aktuellen Lage, was fatale psychische und soziale Folgen hat und unser Überleben in Frage stellt. Es ist ein Teufelskreis: je mehr ihm Technik und Wirtschaft zu bieten vermögen, desto mehr glaubt der Mensch an die Zweckmäßigkeit und an die heilsame Macht dieser Expansion und desto mehr werden Technik und Wirtschaft gefördert. Je mehr Fehler dieses System entwickelt, desto schwerwiegender werden sie («Fehler-

freundlichkeit», vgl. S. 346f.). Ein bekannter Teufelskreis liegt in den **Kläranlagen.**

Phosphate aus Haushaltabwässern werden im Rahmen des organisatorisch und finanziell Möglichen zwar ausgefällt, ein Rest gelangt aber trotzdem in die Gewässer. Durch diese Teilsanierung wird der Verbraucher beruhigt, und damit nimmt der Phosphatverbrauch weiter zu. Die Wirkung der Kläranlagen könnte schließlich fast illusorisch werden, wenn immer mehr Restphosphate in die Gewässer gespült werden!* Ähnlich verhält es sich mit der Verstärkung des entwicklungsgeschichtlich neuen Umweltzustandes. Trotz eingeschalteter Reinigungsprozesse nimmt die Dissipation von Schwermetallen, Düngstoffen und neuen umweltaktiven Chemikalien, nimmt auch die Konzentration an Schadgasen in der Atmosphäre weiterhin zu.

Innerhalb des Teufelskreises wird der Mensch gezwungen, seine Ansprüche und Äußerungen gleichzuschalten, sich termitenhaft an ein **Leben im Gedränge** anzupassen (ständige Zunahme des großstädtischen Bevölkerungsanteils), seine Verantwortlichkeit zu zersplittern (Delegierung an bestimmte Institutionen, Gleichgültigkeit gegenüber dem notleidenden Nächsten).

Nur kleinere Gruppen versuchen, aus dem Teufelskreis auszubrechen; ihre oft intellektuell fundierten Versuche werden als weltfremdes Sektieren abgetan. Viele suchen außerhalb des Kreises unserer Gesellschaft nach dem Idealzustand. Sie geben sich Illusionen hin, denn im sozialen Vakuum außerhalb des Kreises läßt sich nichts ändern. Ihre Bestrebungen verpuffen in Seitenkanälen und Kloaken der Zivilisatiion, in Aggressionen, Kriminalität und Süchten, bestenfalls in Scheinarbeit.

Der einzige realistische Ausweg scheint die – heute noch sehr illusionär anmutende – Besinnung des Menschen auf seine Rolle als Glied einer weltumspannenden **Verantwortungsgemeinschaft** zu sein. In ihr findet jeder seine Rolle und erkennt seinen Einfluß, seine Bedürfnisse und seine Funktion in der Umwelt. Eine Illusion? Vielleicht. Doch läuft eine umweltangepaßte Änderung im Verhalten auf die **Erziehungsfrage** hinaus. Die Erziehung zum Umweltbewußtsein muß schon beim Kleinkind einsetzen, damit die atavistischen Anlagen des Menschen (die möglicherweise zu einem gewissen Teil ererbt sind) entsprechend den modernen Umweltbedingungen umgelenkt und so auf die Erhaltung der Stabilitätsprinzipien in unserer Umwelt ausgerichtet werden.

---

* Dieser Tendenz wird seit einigen Jahren mit anderen Waschmittelzusätzen entgegengewirkt.

Für die Erkenntnis dieser Stabilität hat indes weder das Kleinkind noch der Erwachsene ein besonderes Organ. Ohne erzieherische Steuerung ist dem Dilemma einer «nutzenden Erhaltung» oder stetigen Zerstörung der Umwelt nicht auszuweichen, einem Dilemma übrigens, das den Mensch als «Irrläufer der Natur» (Schießer) schon heute ziemlich schnell in eine «heilsame Katastrophe» führen könnte, die er kaum unverändert überstehen dürfte.

Immerhin ist in Europa doch ein recht hoher Prozentsatz der Bevölkerung überzeugt, daß die moderne Industriegesellschaft die Natur in gefährlicher Weise mißbraucht (vgl. z.B. bei Gschwend 1986, Kaase 1982, Kriesi 1986, Rolle etablierter Parteien, Auswertung der «Univox»-Umfrage bei Knoepfel und Lindner 1986). Somit müssen in enger Zusammenarbeit mit Politikern, Wirtschaftern, Ingenieuren, Wissenschaftlern und Leuten des Volkes die weltumspannenden ökologischen Probleme neu überdacht und muß unser fatales Verhalten den tatsächlichen Begebenheiten angepaßt werden. Dabei muß der Impuls von den Industrienationen ausgehen, also auch von uns selbst! Unsere bequeme Passivität bedeutet, daß wir einem durch uns verursachten Zusammenbruch der Stabilität unserer Umwelt von vornherein zustimmen, einer Umwelt, die wir doch für die kommenden Generationen gestalten und verwalten sollten. Unsere Passivität ist also letztlich nichts anderes als Gleichgültigkeit gegenüber dem Schicksal unserer Nachkommen.

Überwinden wir unsere Trägheit und wagen wir uns an die Erziehungsprobleme heran! Unsere «Profitgier» kann sogar nützlich sein, wenn wir sie in den Dienst unserer Nachkommen stellen. Wenn wir die Natur und ihre Stabilitätsprinzipien als entscheidende Autorität anerkennen, dann sind wir auf dem besten Weg in eine Zukunft, die uns und den kommenden Generationen ein menschenwürdiges Dasein ermöglicht.

Mathematische Ableitungen von Wachstum und Populationsschwankungen

1. Zuwachskurven

Zuwachs (ohne Ein- und Auswanderung) $\Delta N = G - T$[1]
N = Zahl der Individuen, G = Geburten, ΔN = Zuwachs, T = Todesfälle

Im unendlich kleinen Zeitintervall gilt: $\dfrac{dN}{dt} = gN - sN = (g-s)N = rN$

s = Sterberate = μ/N, μ = Mortalität, g = Geburtenrate = ν/N, ν = Natalität, (Annahme: konstant; abhängig von Art, Umwelt, Altersaufbau).
r = Populationszuwachsrate («intrinsisch», d. h. durch innere Veranlagungen gegeben).

Zahl der Individuen zu bestimmtem Zeitpunkt (t):

$\dfrac{dN}{dt} = r N$ somit: $N_t = N_o \cdot e^{rt}$ = Exponentialfunktion.

N_o = Zahl Individuen Zeitpunkt O, N_t = Zahl Individuen Zeitpunkt t.
Dieser Ausdruck beschreibt die **Exponentialkurve**, eine stetig steigende, asymptotisch an eine Senkrechte sich annähernde Kurve.

Verdopplungszeit einer Population:
$2 N_o = N_o \cdot e^{rt}$; $\ln 2 = rt$; $t = 0{,}69/r$ (z. B. Jahreszuwachs in %)
r berechnet sich aus den Individuenzahlen N_1 und N_2 zu verschiedenen Zeitpunkten t_1 und t_2:
$N_2 = N_1 \cdot e^{r(t_2 + t_1)}$; $\ln N_2 = \ln N_1 + r(t_2 - t_1)$
$r = \dfrac{\ln N_2 - \ln N_1}{t_2 - t_1}$ = relative Wachstumsrate

Unter Berücksichtigung einer **Wachstumsgrenze** wird die Formel für exponentielles Waschstum umgewandelt in eine solche für **logistisches Wachstum**, die steilsteigende Exponentialkurve in eine abflachende **Sigmoide**:
$\dfrac{dN}{dt} = rN \cdot \dfrac{(K-N)}{N}$ Bremsfaktor = $\dfrac{K-N}{N}$

Bei kleinem N wird der Bremsfaktor angenähert 1, bei großem N ($N \sim K$) angenähert 0. Bei N = K wächst die Population also nicht mehr. Weitere Ableitungen und Korrekturen siehe Fachliteratur!

---

[1] Weitere Vereinfachungen: alles gleichwertige Individuen, zeitlich träges Verhalten unwesentlich (z. B. Reaktion auf Standortveränderung), keine Schwellenwertphänomene bei der Annäherung an die Tragfähigkeitsgrenze, Tragfähigkeit konstant.

2. Räuber-Beute-Beziehungen, Populationsschwankungen

Die Abnahme der Zahl der Beute-Individuen (N_B) ist proportional der Zunahme der Zahl der Räuber-Individuen (N_R).

Es gilt: $\dfrac{dN_B}{dt} = \varepsilon_B N_B - p N_B \cdot N_R; \quad \dfrac{dN_R}{dt} = -\varepsilon_R N_R + a \cdot p N_B \cdot N_R$

ε_B = **Vermehrungsrate** der Beute B, ε_R = Vermehrungsrate der Räuber R, $\varepsilon = v - \mu$.

p = Verteidigungskoeffizient von B (Maß für R/B-Ereignisse mit Vorteil für B).
a·p = Angriffskoeffizient von R (Maß für Effizienz mit der R Futter B in Jungtiere «verwandelt»).

Bei **Gleichgewicht** gilt:
$dB/dt = 0$, also $\varepsilon_B N_B = p N_B N_R$ und $-\varepsilon_R N_R = a \cdot p N_B N_R$; daraus ergibt sich

$N^*_R = \varepsilon_B/p$ = Maximale Zahl von R, die von der Beute-Population verkraftet wird.

$N^*_B = \varepsilon_R/a.p$ = Minimale Zahl von B, die ein Auskommen der Räuber-Population ermöglicht.

Dies sind die Grenzen der Schwankungen in der Graphik von Lotka und Volterra (s. S. 267).

3. Diversität

Shannon-Wiener-Index (oft irrtümlich Shannon-Weaver-Index genannt) H;
H = Informationsgehalt (entspricht ungefähr der Negentropie, mithin der Unsicherheit in der Voraussage des nächsten Nachbarn)

$$H = - \sum_{i=1}^{s} p_i \log_2 p_i$$

s = Artenzahl ($1/p$), p_i = relative Häufigkeit
E = Äquitabilität (engl. «evenness»; s. unten)

H ist groß bei schlechter Voraussagemöglichkeit, also bei vielen möglichen Zuständen eines Systems; damit wird es thermodynamisch stabiler.
Je besser H vorauszusagen ist, um so geringer ist die Entropie und um so geringer ist die Wahrscheinlichkeit des Systems:

$H_{max} = -s \, (1/s \log 1/s) = \log_2 s$
s maximal, dann $H = \log s$

$E = H/H_{max}$
E ist Maß für die Größe der Differenzen in der Häufigkeit der vorhandenen Arten (inverser Wert zur Dominanz).
H_{max} relativ groß bei $H << 1$ (z.B. Schilfröhricht; dann E sehr klein).
E hoch im tropischen Regenwald, E geringer bei der Nutzung einzelner Arten oder im Sekundärwald.

Mathematische Ableitungen · 417

Simpson-Index D; D entspricht der Wahrscheinlichkeit, eine spezielle Art zweimal hintereinander zu erwischen.

$$D = 1 - \sum_{i=1}^{s} p_i^2$$

Nachteile der Indices
Qualitative Aspekte der Arten bleiben unberücksichtigt:
Nahrungsgefüge
Fortpflanzung
Populationsdynamik
Dispersion (vertikale Schichtung und horizontale Verteilung)
Verhalten
soziale Organisation
Überbetonung dominanter Arten
Saisonale Abfolge von Vegetation und Fauna wird nicht berücksichtigt
Zyklen werden nicht erfaßt (z. B. über Jahre hinweg)
Beeinflussung durch Beobachtung und Sammelmethode bleibt vorbehalten

Beeinflussung der Diversität

1. Zeit: vgl. Evolution!
Bsp. Tropen: Entwicklung seit längeren Zeiträumen; wesentlich höhere Diversität
Bsp. Copepoden: abhängig von Breitengrad!
Gr. Sklavensee (Taiga/Tundra) 4 A. Baikalsee (südl. Taiga und Steppe) 580 Invertebraten im Benthos (Alter des Sees!)

2. Räumliche Heterogenität:
großräumig: viele verschiedene Habitate
kleinräumig: ein reich strukturiertes Habitat
Bsp. Diversität an Vögeln stark abhängig von Struktur der einzelnen Pflanzen und Pflanzengesellschaften

3. Konkurrenz:
vermindert Fitneß zwischen den Arten, allgemeine Tendenz zur Reduktion der Konkurrenz durch Nischendifferenzierung. Selektion von K-Strategien. Erschließund neuer Ressourcen durch Nutzung auf breiterer Basis oder durch Spezialisierung (vgl. S. 228 ff.).

4. Physikalische Umweltfaktoren:
Selektion von r-Strategien in unstabilen Lebensräumen (vor allem in polaren und alpinen Zonen).

5. Umwelt-Stabilität:
Evolutionsrate abhängig von Stabilität (s. S. 82) oder Voraussagbarkeit der Umweltbedingungen.

6. Produktion:
groß, dann größere Zahl von Arten, sofern räumlich und zeitlich getrennt.

7. Räuber/Beute-Beziehungen:
Sofern R die B tief halten kann, ergibt sich eine geringere Konkurrenz unter B und somit besser (oder «mehr») B.

8. Geographische Isolierung und Inseltheorie:
Einwanderung und Aussterben regulieren Diversität (vgl. bei Inseltheorie, s. auch S. 261 ff.).

4. Kohlendioxid

Berechnung der Temperatur-Erhöhung durch Zunahme des CO_2-Gehalts in der Atmosphäre

Wärmestrahlung (F/m^2) für schwarzen Körper mit Temperatur T:

$$F = \sigma T^4$$

Abstrahlung der Erde am oberen Rand der Atmosphäre: 240 W/m^2
$T \sim 255 \text{ K}$; Erdoberfläche: statt $-18\,°C$ (255 K) $+15\,°C$ als Folge der «Treibhauswirkung» des CO_2 in der Atmosphäre
σ = Stefan-Boltzmann-Konstante: $1{,}38 \cdot 10^{-23}$ J/K

Bei Gleichgewicht: mittlere Ausstrahlung der Erde $\sim$ abs. Teil der Sonneneinstrahlung S (A = Albedo, Reflexionsvermögen, Δ = Differenz).

$$S(1 - A) = F = \sigma T^4; \; 2[CO_2] \text{ (Konzentration), dann } -\Delta 4{,}4 \text{ W/m}^2$$

$\Delta F/F = 4\Delta T/T$ entsprechend rel. IR-Fluß-Änderung; bei Ausgleich:

$$\Delta T = 1/4 \cdot 255 \text{ K} \cdot 4{,}4/240 \text{ W/m}^2 = 1{,}2 \text{ K; dazu Rückkopplungseffekte:}$$

1. $+\Delta H_2O$, verstärkter Treibhauseffekt, somit mal 1,7;
2. $-\Delta$Eis, also $-\Delta A$, somit $+\Delta$Sonneneinstrahlung, mal 1,2 (zusätzlich $+\Delta$Staub)

$\Delta T_{korr} \sim 2{,}4 \text{ K}$ (bis 2030 ca. 0,6–1,0 K)
(In höheren Breiten stärkere Erwärmung im Herbst/Winter, häufigere trockenere Sommer. Meeresspiegelanstieg um ca. 20–140 cm.)

5. Art – Areal – Beziehung
(McArthur & Wilson, 1967)

$S = c \cdot A^z$ (aus Beobachtungen)
S = Anzahl Arten, A = Fläche (der Insel), z = Parameter, zwischen 0,18–0,35 (Neigung der Regressionsgeraden zwischen log S u. log A), c = Proportionalitäts-Konstante (von Eigenheiten der Fläche und der taxonomischen Gruppe abhängig)

Beispiel: Abnahme von A auf 10%, dann gilt S/z
Nach diesen Unterlagen kämen auf 1% des Amazonaswaldes nur noch 25% der Arten vor.
Tatsächlich ist S eine kompliziertere Funktion von A, aber bei großem S kann obige Beziehung verwendet werden, wobei z $\sim$ 0,25 beträgt.

Literatur

Allgemeine Literatur

Anonymus (1970): The biosphere. Freeman, San Francisco. 134 S.

Begon, M., Harper, J., Townsend, C. (1991): Ökologie. Individuen, Populationen und Lebensgemeinschaften. Birkhäuser, Basel. 900 S.

Bick, H. (1989): Ökologie. Gustav Fischer, Stuttgart. 327 S.

Cherrett, J. M. (1990): The contribution of ecology to our understanding of the natural world: A review of some key ideas. Physiol. Ecol. Japan 27, 1–16.

Collier, B. D., Cox, G. W., Johnson, A. W., Mittler, P. C. (1973): Dynamic ecology. Prentice Hall, Englewood Cliffs. 563 S.

Grubb, P. J., Whittaker, J. B. (eds.) (1989): Toward a more exact ecology. Blackwell, Oxford. 468 S.

Kikkawa, J., Anderson, D. J. (eds.) (1986): Community ecology: Pattern and process. Blackwell, Oxford. 432 S.

McNaughton, S. H., Wolf, L. L. (1973): General ecology. Hilt, Rinehart and Winston, New York. 710 S.

Meyers Fachredaktion Naturwissenschaft und Medizin (1989): Wie funktioniert das? Die Umwelt des Menschen. Bibliographisches Institut, Mannheim. 607 S.

Müller, H. J. (Hrsg.) (1991): Ökologie. Gustav Fischer, Jena, Stuttgart. 420 S.

Odum, E. P. (1983): Grundlagen der Ökologie. Bde. 1 und 2. Thieme, Stuttgart. 502 und 368 S.

Plachter, H. (1991): Naturschutz. Gustav Fischer, Stuttgart, Jena. 463 S.

Pomeroy, L. R., Alberts, J. J. (eds.) (1988): Concepts of ecosystem ecology. A comparative review. Ecol. Stud. 67, 384 S.

Remmert, H. (1989): Ökologie. Ein Lehrbuch. Springer, Heidelberg, Berlin. 374 S.

Ricklefs, R. E. (1990): Ecology. Freeman, New York. 896 S.

Schaefer, M., Tischler, W. (1983): Wörterbücher der Biologie: Ökologie. Gustav Fischer, Jena. 354 S.

Schubert, R. (Hrsg.) (1991): Lehrbuch der Ökologie. Gustav Fischer, Jena, Stuttgart. 657 S.

Streit, B. (1980): Ökologie. Ein Kurzlehrbuch. Thieme, Stuttgart. 235 S.

Tischler, W. (1984): Einführung in die Ökologie. Gustav Fischer, Stuttgart. 437 S.

von Seager, J. (Hrsg.) (1991): Der Öko-Atlas. J. H. W. Dietz, Bonn. 128 S.

Walletschek, H., Graw, J. (1991): Öko-Lexikon. Stichworte und Zusammenhänge. C. H. Beck, München. 250 S.

Walter, H. (1989): Bekenntnisse eines Ökologen. Erlebtes in acht Jahrzehnten und auf Forschungsreisen in allen Erdteilen mit Schlußfolgerungen. Gustav Fischer, Stuttgart. 365 S.

1 Struktur

Arber, W. (1987): Biologische Evolution und Umweltentwicklung. In: Umweltpolitik 1987. Standortbestimmung und Perspektiven. Schr. R. Stapferhaus auf der Lenzburg 17, 15–24.

Arndt, U., Nobel, W., Schweizer, B. (1987): Bioindikatoren. Möglichkeiten, Grenzen und neue Erkenntnisse. Ulmer, Stuttgart. 288 S.

Beattie, A. J. (1985): The evolutionary ecology of ant-plant mutualisms. Camb. Stud. Ecol., New York. 182 S.

Bengston, S.-A., Enckell, P. H. (eds.) (1983): Island ecology. Oikos 41 (3), 547 S.

Bentley, B. L. (1977): The protective function of ants visiting the extrafloral nectaries of *Bixa orellana* (Bixac.). J. Ecol. 65, 27–38.

Benz, G. (1974): Negative Rückkopplung durch Raum- und Nahrungskonkurrenz sowie zyklische Veränderung der Nahrungsgrundlage als Regelprinzip in der Populationsdynamik des Grauen

Lärchenwicklers, *Zeiraphera diniana* (Guenée) (Lep. Tortricidae). Z. angew. Entomol. 76, 196–228.

Bick, H., Hansmeyer, K.H., Olschowy, G., Schmook, P. (Hrsg.) (1984): Angewandte Ökologie – Mensch und Umwelt. 2 Bde. Gustav Fischer, Stuttgart. 531 und 552 S.

Braun-Blanquet, J. (1964): Pflanzensoziologie. Springer, Wien. 865 S.

Brehm, J., Meijering, M. (1982): Fließgewässerkunde. Quelle und Meyer, Wiesbaden. 311 S.

Breuer, G. (1981): Entstehung der gebänderten Eisensteine. Naturw. Rdsch. 34, 353–354.

Briggs, D., Walters, M. (1973): Die Abstammung der Pflanzen. S. Fischer, Frankfurt. 254 S.

Buckley, R.C. (1987): Ant-plant-homopteran interactions. Adv. Ecol. Res. 16, 53–85.

Burrows, C.L. (1990): Processes of vegetation change. Unwin Hayman, London, Boston. 551 S.

Clay, K. (1988): Fungal endophytes of grass: A defensive mutualism between plants and fungi. Ecology 69, 10–16.

De Duve, Ch. (1991): Blueprint for a cell: The nature and origin of life. Neil Patterson Publ., Burlington. 288 S.

Dylla, K., Krätzner, G. (1986): Das ökologische Gleichgewicht in der Lebensgemeinschaft Wald. Quelle und Meyer, Wiesbaden. 170 S.

Eigen, M. (1981): Rekonstruktion früher Evolutionsstadien aus «molekularen Fossilien» Naturw. Rdsch. 34, 197–198.

Ellenberg, H. (1979): Zeigerwerte der Gefäßpflanzen Mitteleuropas. Scripta Geobot. 9, 122 S.

Erben, H.K. (1990): Evolution. Eine Übersicht, sieben Jahrzehnte nach Ernst Haeckel. F. Enke, Stuttgart. 179 S.

Fabian, P. (1987): Atmosphäre und Umwelt. Chemische Prozesse. Menschliche Eingriffe. Springer, Berlin, Heidelberg. 133 S.

Follmann, H. (1981): Chemie und Biochemie der Evolution. Quelle und Meyer, Wiesbaden. 282 S.

Gardel, A. (1984): Scénarios énergétiques et le dioxyde de carbone. UNESCO/WBZ-Kurs No. 493 über CO_2, 19 S.

Gigon, A. (1975): Über das Wirken der Standortfaktoren: Kausale und korrelative Beziehungen in jungen und in reifen Stadien der Sukzession. Mitt. Schweiz. Anst. forstl. Verwuchsw. 51, 25–35.

Gigon, A. (1984): Typologie und Erfassung der ökologischen Stabilität und Instabilität mit Beispielen aus Gebirgsökosystemen. Verh. Ges. Ökol. 12, 13–29.

Goudie, A. (1986): The human impact on the natural environment. Blackwell, Oxford. 338 S.

Gray, A.J., Crawley, M.J., Edwards, P.J. (eds.) (1987): Colonization, succession, and stability. Blackwell, Oxford. 494 S.

Horgan, J. (1990): Schritte ins Leben. Spektr. Wissensch. 4, 78–87.

Hutchinson, G.E. (1975): A treatise on limnology. Vol. III. Limnological botany. John Wiley, New York. 660 S.

Hütter, R. (1983): Mikrobiologie im Brennpunkt von Biotechnologie und Gentechnologie. Vereinig. höh. Bundesbeamten, Per. Mitt. 1983–84 (3), 1–8.

Izrael, J. (1990): Ökologie und Umweltüberwachung. Gustav Fischer, Jena. 336 S.

Janzen, D.H. (1966): Coevolution of mutualism between ant and acacias in Central America. Evolution 20, 249–275.

Kämpfe, L. (Hrsg.) (1992): Evolution und Stammesgeschichte der Organismen. Gustav Fischer, Jena, Stuttgart. 450 S.

Keel, C. et al. (1990): Suppression of soil-borne pathogens by *Pseudomonas fluorescens* – a multifunctional mechanism. In: Defago, G. (ed.) 2nd Intern. Workshop Plant Growth-promoting Rhizobacteria. ETH, Zürich, Interlaken. 130 S.

Kohler, A. (1982): Wasserpflanzen als Belastungsindikatoren. Dechen. Bh. 26, 31–42.

Landolt, E. (1977): Ökologische Zeigerwerte zur Schweizer Flora. Veröff. Geobotan. Inst. ETH, Stiftg. Rübel, Zürich 64, 208 S.

Larcher, W. (1984): Ökologie der Pflanzen. Ulmer, Stuttgart. 403 S.

Magel, E. (1990): Symbiose zwischen Pflanzen, Milben und Ameisen. Nat.wiss. Rds. 43 (4), 176 S.

Magurran, A. (1988): Ecological diversity and its measurements. Chapman and Hall, London. 192 S.

Malcolm, S. B. (1990): Mimicry: Status of a classical evolutionary paradigm. Trends Ecol. Evol. 5 (2), 57–62.

May, R. M. (Hrsg.) (1980): Theoretische Ökologie. VCH Verlagsgesellschaft, Weinheim. 284 S.

Mayr, E. (1984): Evolution. Spektrum d. Wissensch., Heidelberg. 208 S.

McLain, D. K. (1984): Coevolution: Müllerian mimicry between a plant bug (Miridae) and a seed bug (Lygaeidae) and the relationship between host and plant. Oikos 43, 143–148.

Mooney, H,A., Godron, M. (eds.) (1983): Disturbance and ecosystems. Components of response. Ecol. Stud. 44, 292 S.

Mueller-Dombois, D., Ellenberg, H. (1974): Aims and methods of vegetation ecology. John Wiley, New York. 547 S.

Osche, G. (1983): Optische Signale in der Coevolution von Pflanzen und Tieren. Ber. Deutsch. Bot. Ges. 96, 1–27.

Pascal, L., Belin-Depoux, M. (1991): On the biological rhythm and correlation of plant-ant association: The case of extrafloral nectaries of American Malpighiaceae. CRA Acad. Sci. Ser. III-Sci. Vie. 312, 49–53.

Pirozynski, K. A., Hawksworth, D. L. (eds.) (1988): Coevolution of fungi with plants and animals. Acad. Press, London. 285 S.

Pugh, D. (1990): Sea-level: Change and challenge. Nature and Resources 26, 36–46.

Rahmann, H. (1980): Die Entstehung des Lebendigen. Vom Urknall zur Zelle. Gustav Fischer, Stuttgart. 157 S.

Remmert, H. et al. (1991): Das Mosaik-Zyklus-Konzept der Ökosysteme und seine Bedeutung für den Naturschutz. Akad. Naturschutz u. Landschaftspfl., Laufen. 60 S.

Ricklefs, R. E. (1987): Community diversity: Relative roles of local and regional processes. Science 235, 167–171.

Scherer, S. (1983): Über den Ursprung des Lebens. Naturw. Rdsch. 36, 471–473.

Schubert, R. (Hrsg.) (1991): Bioindikation in terrestrischen Ökosystemen. Gustav Fischer, Jena, Stuttgart. 320 S.

Schüepp, H., Dehn, B., Sticher, H. (1987): Interaktionen zwischen VA-Mykorrhizen und Schwermetallbelastung. Angew. Bot. 61, 85–96.

Schulze, E. D., Zwölfer, H. (1987): Potentials and limitations of ecosystem analysis. Vol. 61. Springer, New York. 435 S.

Sedlag, U., Weinert, E (1987): Biogeographie, Artbildung, Evolution. Gustav Fischer, Stuttgart. 333 S.

Siewing, R. (Hrsg.) (1987): Evolution. Gustav Fischer, Stuttgart. 596 S.

Soule, M. E. (1986): Conservation biology: The science of scarcity and diversity. Sinauer, Sunderland. 584 S.

Spektrum der Wissenschaft (1990): Chaos und Fraktale., 208 S.

Spektrum der Wissenschaft (1990): Evolution., 208 S.

Spicer, R. A., Chapman, J. L. (1990): Climate change and the evolution of high latitude terrestrial vegetation and floras. Trends Ecol. Evol. 5, 279–284.

Streit. B. (Hrsg.) (1990): Evolutionsprozesse im Tierreich. Birkhäuser, Basel. 292 S.

Succow, M. (1988): Seen als Naturraumtypen. Petermanns Geogr. Mitt. 2, 161–170.

Sukopp, H., Kunick, W. (1976): Höhere Pflanzen als Bioindikatoren in Verdichtungsräumen. Landsch. u. Stadt 8, 129–139.

Thomas, B. (1986): The evolution and palaeobiology of land plants. Croom Helm, Bechenham. 320 S.

Trepl, L. (1987): Geschichte der Ökologie vom 17. Jh. bis zur Gegenwart. Athenäum, Frankfurt. 280 S.

Unger, K., Stöcker, G. (Hrsg.) (1981): Biophysikalische Ökologie und Ökosystemforschung. Akademie Verlag, Berlin. 389 S.

Van de Peer, Y., de Baere, R., Cauwenberghs, J., de Wachter, R. (1990): Evolution of green plants and their relationship with other photosynthetic eukaryotes as deduced from 5S ribosomal RNA sequences. Syst. Evol. 170, 85–96.

Vester, F. (1978): Unsere Welt–ein vernetztes System. Klett-Cotta, Stuttgart. 191 S.

Walter, H. (1973): Allgemeine Geobotanik. Ulmer, Stuttgart. 256 S.

Wilmanns, O. (1989): Ökologische Pflanzensoziologie. Quelle und Meyer, Wiesbaden. 382 S.

Winkler, S. (1980): Einführung in die Pflanzenökologie. Gustav Fischer, Stuttgart. 266 S.

Wissel, Ch. (1988): Ziele und Möglichkeiten der theoretischen Ökologie, verdeutlicht am Beispiel der Inseltheorie. Vhdl. Ges. Ökologie 18, 483–490.

Witmer, M. C., Cheke, A. S. (1991): The dodo and the tambalacoque tree: An obligate mutualism reconsidered. Oikos 61, 133–137.

Woese, C. R. (1987): Bacterial evolution. Microbiol. Rev. 51, 221–271.

2 Der Kreislauf

Ackermann-Liebrich, U., Rapp, R. (1988): Luftverschmutzung und Gesundheit. Schr. R. Umweltschutz (BUWAL) 87, 225 S.

Adriano, D. C., Salomons, W. (eds.) (1989/90): Acid precipitation. 5 vols. Springer, Heidelberg, Berlin. 322, 368, 332, 293, 344 S.

Anderson, J. G., Toohey, D. W., Brune, W. H. (1991): Free radicals within the Antartic vortex: The role of CFCs in the Antartic ozone loss. Science 251, 39–46.

Anonymus (1988): Energiepolitische Entscheidungsmöglichkeiten. Ber. Exp.-grpe. Energieszenarien. Bern (EVED), 36 S.

Aragno, M. (1985): Les microorganismes: des outils biologiques pour les conversions d'energie et de matière. Bull. Soc. Vaudoise des Sciences naturelles 368, 273–283.

Bach, W. (1982): Gefahr für unser Klima. Wege aus der CO_2-Bedrohung durch sinnvollen Energieeinsatz. C. F. Müller, Karlsruhe. 317 S.

Bach, W., Hampicke, U. (1980): Klima und Umwelt. Untersuchung der Beeinflussung des Klimas durch anthropogene Faktoren – Die Rolle terrestrischer Ökosysteme im globalen Kohlenstoff-Kreislauf. Münstersche Geogr. Arb. 6, 37–104.

Bach, W., Jung, H., Knottenberg, H. (1985): Modeling the influence of carbon dioxide on the global and regional climate. Schöningh, Paderborn. 114 S.

Bachofen, R. (1981): Bioenergie: heute ... morgen. Neujahrsblatt Naturforsch.ges. in Zürich, 76 S.

Bazzaz, F. A. (1990): The response of natural ecosystems to the rising global CO_2 levels. Annul. Rev. Eco. Syst. 21, 167–196.

Becker, K. H. (1991): Atmosphärenchemie. UWSF-Z. Umweltchem. Ökotox. 3, 48–51.

Böhlmann, D. (1991): Ökologie von Umweltbelastungen in Boden und Nahrung. Gustav Fischer, Stuttgart, Jena. 115 S.

Böhlmann, D. (1991): Ökologie von Umweltbelastungen unserer Atmosphäre. Gustav Fischer, Stuttgart, Jena. 102 S.

Bolin, B., Cook, R. B. (eds.) (1983): The major biogeochemical cycles and their interactions. Scope 21. J. Wiley, Chichester. 554 S.

Bolin, B., Döös, B. R., Jäger, J., Warrick, R. A. (eds.) (1986): The greenhouse effect, climatic change, and ecosystems. Scope 29. J. Wiley, Chichester. 529 S.

Bourdeau, P., Haines, J. A., Krishna Murti, C. R. (eds.) (1989): Ecotoxicology and climate. Scope 38. J. Wiley, Chichester. 412 S.

Bouwman, A. F. (ed.) (1990): Soils and the greenhouse effect. J. Wiley, New York. 596 S.

Brady, N. C. (1984): The nature and properties of soils. Macmillan, Collier. 750 S.

Brimblecombe, P., Lein, A. Y. (eds.) (1989): Evolution of the global biochemical sulphur cycle. Scope 39. J. Wiley, Chichester. 276 S.

Brown, S., Lugo, A. E., Liegel, B. (eds.) (1980): The role of tropical forests on the world carbon cycle.–Carbon dioxide effects. Res. & assessmt. progr. 007. Sympos. Rio Piedras/P. R., March 1980. US Dept. Energy, Office of Environment (Gainesville/Flo.), 156 S.

Brümmer, G. W. (1985): Funktion der Böden in der Ökosphäre und Überlegungen zum Bodenschutz. In: Boden–das dritte Umweltmedium. Forsch. z. Raumentwickl., 14, 1–12.

Brunner, C. U., Baumgartner, A., Müller, E. A., Stulz, R., Wick, B. (1986): Elektrizität sparen. Verminderung des elektrischen Energieverbrauches in Gebäuden. Schweiz. nat. Forschungsprogramm Energie, NFP 44, 197 S.

Bundi, U. (Hrsg.) (1990): Stickstoff in Wasser und Luft. Implikationen für den Gewässerschutz. Mitt. EAWAG, Dübendorf 30, 44 S.

Canby, Th. (1984): El Niño's ill wind. Nat Geogr. Mag. 165 (2), 144–183.

Crutzen, P., Müller, M. (Hrsg.) (1990): Das Ende des blauen Planeten? Der Klimakollaps: Gefahren und Auswege. C. H. Beck, München. 270 S.

Däßler, H.-G. (Hrsg.) (1986): Einfluß von Luftverunreinigungen auf die Vegetation. Ursachen – Wirkungen – Gegenmaßnahmen. Gustav Fischer, Jena. 223 S.

De Angelis, D. L. et al. (1989): Nutrient dynamics and food-web stability. Ann. Rev. Ecol. Syst. 20, 71–86.

Denmead, O. T. (1991): Sources and sinks of greenhouse gases in the soil-plant environment. Vegetatio 91, 73–86.

Dütsch, H. U. (1987): The Antarctic «Ozone Hole» and its possible global consequences. Env. Cons. 14 (2), 95–97.

Eamus, D., Jarvis, P. G. (1989): The direct effects of increase in the global atmospheric CO_2 concentration on natural and commercial temperate trees and forests. Adv. Ecol. Res. 19, 1–55.

EAWAG (1983): Wasser – eine Dokumentation über Wasser und Gewässerschutz. EAWAG, Dübendorf. 164 S.

Eijsacker, H., Quispel, A. (eds.) (1988): Ecological implications of contemporary agriculture. Proceedings 46th Europ. Ecol. Symp., 7–12 Sept. 1986, 211 S.

Ellenberg, H. jr. (1985): Veränderungen der Flora Mitteleuropas unter dem Einfluß von Düngung und Immissionen. Schweiz. Z. Forstwes. 186, 19–39.

Ellenberg, H., Mayer, R., Schauermann, J. (Hrsg.) (1986): Ökosystemforschung. Ergebnisse des Sollingprojekts 1966–1986. Ulmer, Stuttgart. 507 S.

Elsom, D. (1987): Atmospheric pollution. Causes, effects and control policies. Blackwell, Oxford. 319 S.

Enquete-Kommission «Vorsorge zum Schutz der Erdatmosphäre», Deutscher Bundestag (1990): Energie und Klima. Studienprogramm «Internationale Konvention zum Schutz der Erdatmosphäre sowie Vermeidung und Reduktion energiebedingter klimarelevanter Spurengase» 10 Bde. C. F. Müller, Karlsruhe.

Enquete-Kommission des Deutschen Bundestages (1991): Schutz der Erde. Eine Bestandsaufnahme mit Vorschlägen zu einer neuen Energiepolitik, Teilband I und II., 686 und 1010 S.

Ernst, W. H. O., Joose-van-Damme, E. N. G. (1983): Umweltbelastung durch Mineralstoffe. Gustav Fischer, Stuttgart. 234 S.

ETH Zürich (1991): Lufthaushalt, Luftverschmutzung und Waldschäden in der Schweiz. Fachvereine ETH Zürich, Zürich. 121 S.

Fabian, P. (1989): Atmosphäre und Umwelt. Chemische Prozesse, menschliche Eingriffe, Ozon-Schicht, Luftverschmutzung, Smog, Saurer Regen. Springer, Berlin, Heidelberg. 141 S.

FAO-Unesco (1974): Soil map of the world (1:5,000,000). 1. Legend. Unesco, Paris. 163 S.

Fellenberg, G. (1985): Ökologische Probleme der Umweltbelastung. Springer, Berlin, Heidelberg. 188 S.

Fiedler, H. J. (Hrsg.) (1990): Bodennutzung und Bodenschutz. Gustav Fischer, Jena, Stuttgart. 268 S.

Fiedler, H. J., Rösler, H. J. (Hrsg.) (1992): Spurenelemente in der Umwelt. Gustav Fischer, Jena, Stuttgart. 280 S.

Flavin, Ch. (1987): Reassessing nuclear power: The fallout from Chernobyl. Worldwatch Paper 75. Worldwatch, Washington. 91 S.

Flavin, Ch., Lenssen, N. (1990): Beyond the petrolium age: Designing a solar economy. Worldwatch Paper 100. Worldwatch, Washington. 65 S.

Flemming, G. (1990): Klima – Umwelt – Mensch. Gustav Fischer, Jena. 157 S.

Frei, E. (1975): Die Horizontbezeichnung am Bodenprofil. Mitt. eidg. Anst. forstl. Vers. wes. 51, 215–224.

Fröhlich, C. (Hrsg.) (1985): Das Klima, seine Veränderungen und Störungen. Birkhäuser, Basel. 129 S.

Fuhrer, J., Lehnherr, B., Stadelmann, F. X. (1989): Luftverschmutzung in der Schweiz. Abschätzung von Ertragseinbußen mit Hilfe eines Modells. Landwirtschaft Schweiz 2, 669–673.

Gassmann, F. (1991): Die wichtigsten Erkenntnisse zum Treibhaus-Problem. Vjschr. Nat.forsch. Ges. 136, 93–104.

Gisi, U., Schenker, R., Schulin, R., Stadelmann, F. X., Sticher, H. (1990): Bodenökologie. Thieme, Stuttgart. 304 S.

Goudie, A. (1982): The human impact. Man's role in environmental change. MIT Press, Cambridge/Mass. 316 S.

Goy, G. C. et al. (1987): Erneuerbare Energiequellen. Abschätzung des Potentials in der Bundesrepublik Deutschland bis zum Jahr 2000. R. Oldenbourg, München. 410 S.

Greminger, P. (Hrsg.) (1989): Kritische Analyse des Kenntnisstandes in Sachen Ursachenforschung Waldschäden aus verschiedener Sicht (Schwergewicht Pflanzenphysiologie). Tagung an der ETH Zürich vom 5.4.1989. Sanasilva-Tag.ber., 66 S.

Guderian, R. (Hrsg.) (1985): Air pollution by photochemical oxidants. Formation, transport, control, and effects on plants. Ecol. Stud. Anal. and Synth. 52. Springer, Berlin, Heidelberg. 346 S.

Häberli, R., Lüscher, C., Praplan-Chastonay, B., Wyss, Ch. (1991): Kulturboden/Bodenkultur. Schlußber. NFP 22. vdf, Zürich. 192 S.

Hampicke, U., Bach, W. (1980): Die Rolle terrestrischer Ökosysteme im globalen Kohlenstoff-Kreislauf. Münstersche Geogr. Arb. 6, 37–104.

Harley, J. L., Smith, S. E. (1983): Mycorrhizal symbiosis. Academic Press, Orlando.

Hartmann, G., Nienhaus, F., Butin, H. (1988): Farbatlas Waldschäden. Diagnose von Baumkrankheiten. Ulmer, Stuttgart. 256 S.

Hayes, M. J., Cooley, J. H. (eds.) (1987): Tropical soil biology: Current status of concepts. Intecol-Bull. 14, 62 S.

Hayman, D. S. (1986): Mycorrhizae of nitrogen-fixing legumes. Mircen J. Appl. Microbiol. Biotechnol., 2, 121–145.

Hennecke, P., Müller, M. (1990): Die Klima-Katastrophe. J. H. W. Dietz, Bonn. 208 S.

Hirmer, R. (1984): Nährstoffaustrag aus landwirtschaftlich genutzten Flächen. Inform. Ber. Bayer. Landesamtes f. Wasserwirtschaft, H 2/84, 229 S.

Hochachka, P. W., Somero, G. N. (1980): Strategien biochemischer Anpassung. Thieme, Stuttgart. 403 S.

Hough, A. M., Derwent, R. G. (1990): Changes in the global concentration of tropospheric ozone due to human activities. Nature 344, 645–648.

Hov, Ø. (1984): Ozone in the troposphere: high level pollution. Ambio 13, 73–79.

Jaenicke, R. (Hrsg.) (1987): Atmosphärische Spurenstoffe. VCH Verlagsgesellschaft, Weinheim. 443 S.

Jones, P. D., Wigley, T. M. L. (1990): Die Erwärmung der Erde seit 1850. In: Atmosphäre, Klima, Umwelt. Spektrum der Wissenschaft, Heidelberg. 178–186.

Keller, Th. (1973): Die Sauerstoffbilanz der Schweiz. Schweiz. Z. Forstwes. 124, 465–473.

Khalil, M. A. K., Rasmussen, R. A. (1990): Atmospheric methane–Recent global trends. Environ. Sci. Technol. 24 (4), 549–553.

Klapper, B. (1992): Eutrophierung und Gewässerschutz. Wassergütebewirtschaftung, Schutz und Sanierung von Binnengewässern. Gustav Fischer, Jena, Stuttgart. 320 S.

Klee, O. (1991): Angewandte Hydrobiologie. Trinkwasser, Abwasser, Gewässerschutz. Thieme, Stuttgart. 282 S.

Klöpffer, W. (1990): Atmosphärisches Methan als Treibhausgas – Quellen, Senken und Konzentration in der Umwelt. UWSF-Z. Umweltchem. Ökotox. 2 (3), 163–169.

Klötzli, F. (1986): Tendenzen zur Eutrophierung in Feuchtgebieten. Veröff. Geobot. Inst. ETH, Stiftung Rübel, Zürich 87, 343–361.

Kohler, A., Labus, B. L. (1983): Eutrophication processes and pollution of freshwater ecosystems including waste heat. In: Lange, O. L., Nobel, P. S., Osmond, C. B. (eds.). Encycl. Pl. Physiol., N. S. 12D, Physiol. Pl. Ecol. IV, 413–464.

Krupa, S. V., Kickert, R. N. (1989): The greenhouse effect: Impact of ultraviolet-B (UV-B) radiation, carbon dioxide (CO_2), and ozone (O_3) on vegetation. Environm. Pollut. 61 (4), 263–293.

Kummert, R., Stumm, W. (1988): Gewässer als Ökosysteme. Grundlagen des Gewässerschutzes. vdf, Zürich. 242 S.

Lammel, G. (1991): Wolke und Nebel aus luftchemischer und ökotoxikologischer Sicht. UWSF–Z. Umweltchem. Ökotox. 3 (4), 242–251.

Lelieveld, J., Crutzen, P. J. (1991): The role of clouds in tropospheric photochemistry. Atmos. Chem. 12 (3), 229–237.

Likens, G. E., Bormann, F. H., Pierce, R. S., Eaton, J. S., Johnson, N. S. (1977): Biochemistry of a forested ecosystem. Springer, Berlin, Heidelberg. 146 S.

Lovins, A. B. u. L., Krause, F., Bach, W. (1983): Wirtschaftlicher Energieeinsatz: Lösung des CO_2-Problems. Altern. Konz. 42. C. F. Müller, Karlsruhe. 288 S.

Maillard, A., Keller, E. R., Schwendimann, F. (1983): Erhaltung der Ertragsfähigkeit des Bodens auf lange Sicht unter dem Einfluß verschiedener Fruchtfolgen, Düngungs- und Unkrautbekämpfungsverfahren. Z. Acker- und Pflanzenbau, 152, 405–425.

Martin, H. C. (ed.) (1986): Acidic precipitation. Water air soil pollut. 30 (1–4), 525 S.

Maxwell, J. B., Barrie, L. A. (1989): Atmospheric and climatic change in the Arctic and Antarctic. Ambio 18 (1), 42–49.

Mengel, K. (1991): Ernährung und Stoffwechsel der Pflanzen. Gustav Fischer, Jena, Stuttgart. 466 S.

Moll, W. L. H. (1987): Taschenbuch für Umweltschutz IV: Chemikalien in der Umwelt. Ausgewählte Stoffe. E. Reinhardt, München, Basel. 376 S.

Mückenhausen, E. (1985): Die Bodenkunde und ihre geologischen, geomorphologischen, mineralogischen und petrologischen Grundlagen. DLG, Frankfurt/M. 579 S.

Newman, W. S., Fairbridge, R. W. (1986): The management of sea-level rise. Nature 320, 319–321.

Nydegger, A. (1988): Zur Energiedebatte: Bedenkenswertes aus einem Nationalen Forschungsprogramm. (Schlußbericht NFP 44). Schweiz. Inst. f. Aussenwirtsch., -forschg., St. Gallen. 30 S.

Odzuck, W. (1982): Umweltbelastungen. Ulmer, Stuttgart. 341 S.

Oeschger, H. (1987): Die Ursachen der Eiszeiten und die Möglichkeit der Klimabeeinflussung durch den Menschen. Mitt. Naturforsch. Ges. Luzern 29, 51–76.

Oeschger, H., Messerli, B., Suilar, M. (Hrsg.) (1980): Das Klima. Analysen und Modelle, Geschichte und Zukunft. Springer, Berlin, Heidelberg. 296 S.

Parry, M. (1990): Climate change and world agriculture. Earthscan Publications, London. 157 S.

Polourski, J. (1987): Rolle der Ektomykorrhiza im Stoffkreislauf der Waldböden am Beispiel der Phosphoraufnahme. Bulletin BGS 11, 18–24.

Postel, S. (1984): Water: Rethinking management in an age of scarcity. Worldwatch Paper Nr. 62. Worldwatch, Washington. 65 S.

Postel, S. (1989): Water for agriculture: Facing the limits. Worldwatch Paper 93. Worldwatch, Washington. 54 S.

Rankama, K. (1980): Nature's own nuclear reactor. Env. Cons. 7, 237–239.

Rehfuess, K. E. (1990): Waldböden. Entwicklung, Eigenschaften, Nutzung. Parey, Hamburg, Berlin. 294 S.

Reuss, J. O., Johnson, D. W. (1986): Acid deposition and the acidification of soils and waters. Ecol. Stud. 59. Springer, Berlin, Heidelberg. 119 S.

Rheinheimer, G. (1990): Mikrobiologie der Gewässer. Gustav Fischer, Jena, Stuttgart. 290 S.

Rowland, F. S. (1990): Stratospheric ozone depletion by chlorofluorocarbons. Ambio 19, 281–292.

Scheffer, F., Schachtschabel, P. (1991): Lehrbuch der Bodenkunde. Enke, Stuttgart. 510 S.

Schlee, D. (1992): Ökologische Biochemie. Gustav Fischer, Jena, Stuttgart. 480 S.

Schneider, S. H. (1987): Klimamodelle. Spektrum d. Wissensch. 7, 52–59.

Schroeder, D. (1984): Bodenkunde in Stichworten. In: Hirt's Stichwörterbücher. F. Hirt, Unterägeri. 160 S.

Schweizerische Kommission für Klima- und Atmosphärenforschung (Hrsg.) (1987): Klima – unsere Zukunft? Kümmerly und Frey, Bern. 160 S.

Schwoerbel, J. (1986): Methoden der Hydrobiologie – Süßwasserbiologie. Gustav Fischer, Stuttgart. 301 S.

Schwoerbel, J. (1987): Einführung in die Limnologie. Gustav Fischer, Stuttgart. 269 S.

Seifritz, W. (1991): Der Treibhauseffekt. Technische Maßnahmen zur CO_2-Entsorgung. C. Hanser, München. 210 S.

Siegenthaler, U. (1990): Biogeochemical cycles. El Niño and atmospheric CO_2. Nature 345, 295–296.

Siegenthaler, U., Oeschger, H. (1987): Biospheric CO_2-emissions during the past 200 years reconstructed by decovolution of ice core data. Tellus 39B, 140–154.

Smith, W. H. (1990): Air pollution and forests. Interaction between air contaminants and forest ecosystems. Springer, Heidelberg, Berlin. 618 S.

Sprent, J. I., Sprent, P. (1990): Nitrogen fixing organisms. Pure and applied aspects. Chapman and Hall, London, New York, Tokyo. 256 S.

Stadelmann, F. X. et al. (Hrsg.) (1988): Stickstoff in Landwirtschaft, Luft und Umwelt. Schr. R. FAC 7, 191 S.

Steubing, L. (1987): Bewertung der lufthygienischen Situation im städtischen Bereich mittels pflanzlicher Indikatoren. Düsseldorfer Geobot. Kolleg 4, 53–60.

Stumm, W. (1986): Water, an endangered ecosystem. Ambio 15, 201–207.

Stumm, W., Laura, S., Zobrist, J., Johnson, A. (1985): Der Nebel als Träger konzentrierter Schadstoffe. Neue Zürch. Ztg. 12, 71.

Stumm, W., Morgan, J. J. (1981): Aquatic chemistry. Wiley-Interscience, New York. 780 S.

Trabalka, J. R., Reichle, D. E. (eds.) (1986): The changing carbon cycle. A global analysis. Springer, Heidelberg, Berlin. 592 S.

Trüb, E. (1987): Über die Nitratsituation in der Schweiz, unter besonderer Berücksichtigung des Grundwassers. In: Die Nitratsituation. Schr. R. Umweltschutz 7, 27–64.

Uhlmann, D. (1988): Hydrobiologie. Ein Grundriß für Ingenieure und Naturwissenschaftler. Gustav Fischer, Stuttgart. 298 S.

Umweltbundesamt (1984): Daten zur Umwelt 1984. E. Schmidt, Berlin. 399 S.

United Nations Environment Programme (1987): The changing atmosphere. UNEP Environment Brief. 1, 8 S.

Veziroglu. T. N. (1987): Alternative energy sources VII. 6 vols. Springer, Berlin, Heidelberg.

Vogel, M. (1987): Die Leistungsfähigkeit biologischer Systeme bei der Abwasserreinigung. Ber. ANL 11, 197–208.

Wanner, H. U. (1988): Das Ausmaß der Luftverschmutzung in der Schweiz. DISP 93, 35–39.

Waring, R. H., Schlesinger, W. H. (1985): Forest ecosystems. Concepts and management. Acad. Press, S. Diego, New York. 340 S.

Werner, D. (1987): Pflanzliche und mikrobielle Symbiosen. Thieme, Stuttgart. 250 S.

Wittig, R. (1989): Impact of air pollution on ecosystems with particular respect to nature conservation. S. I. T. E. Atti 7, 343–353.

WMO (1986): Report of the international conference on the assessment of the role of carbon dioxide and of other greenhouse gases in climate variations and associated impacts. Villach/A 9–15 Okt. 85. ICSU/UNEP/WMO 661, 78 S.

Woodwell, G. M., Hobbie, J. E., Houghton, R. A., Melillo, J. M., Moore, B., Peterson, B. J., Shaver, G. R. (1983): Global deforestation: Contribution to atmospheric carbon dioxide. Science 222, 1081–1086.

3 Die organismische Beziehung

Arb.-grp. Phytomedizin (DFG) (1985): Herbizid-Forschung. Mitt. XVI Komm. Pfl.-schutz, Pfl.-beh. u. Vorratsschutzmittel, 62 S.

Barbosa, P., Schultz, J. C. (eds.) (1987): Insect outbreaks. Acad. Press, London. 578 S.

Begon, M., Mortimer, M. (1986): Population ecology: A unified study of animals and plants. Blackwell, Oxford. 180 S.

Blab, J. (1986): Grundlagen des Biotopschutzes für Tiere. Kilda, Greven. 220 S.

Boucher, D. H. (ed.) (1985): The biology of mutualism: Ecology and evolution. Croom Helm, Beckenham. 400 S.

Brauns, A. (1991): Taschenbuch der Waldinsekten. Gustav Fischer, Stuttgart, Jena. 860 S.

Brümmer, G. W. (1986): Heavy metal species, mobility and availability in soils. In: Bernhard, M., Brinkmann, E. E., Sadler, P. J. (eds.), The importance of chemical «speciation» in environmental processes. Springer, Berlin, Heidelberg. 169–192 S.

Bundesamt für Umweltschutz (1984): Cadmium in der Schweiz. Schr. R. Umw. Sch. 32, 19 S.

Bundesamt für Umweltschutz (1986): Ausgewählte Probleme in Waldböden. Schr. R. Umw. Sch. 56, 100 S.

Bundesamt für Umweltschutz (1987): Abfallerhebungen. Schr. R. Umw. Sch. 27, 53 S.

Bundesamt für Umweltschutz (1987): Bericht über die Phosphorbelastung durch die Düngung in der Landwirtschaft. Schr. R. Umw. Sch. 71, 60 und 92 S.

Bundesamt für Umweltschutz (1987): Emissionen von luftverunreinigenden Stoffen aus natürlichen Quellen in der Schweiz. Schr. R. Umw. Sch. 75, 15 S.

Bundesamt für Umweltschutz (1987): Luftbelastung. Schr. R. Umw. Sch. 67, 41 S.

Bundesamt für Umweltschutz (1987): Vom Menschen verursachte Schadstoff-Emissionen in der Schweiz. Schr. R. Umw. Sch. 76, 167 S.

Burkart, W. (1987): Tschernobyl-Unfall. Die radiologischen Auswirkungen des Tschernobyl-Ausfalls auf die Schweiz. Schweiz. Ingenieur und Architekt 32, 934–940.

Cornelius, R., Schultka, W., Meyer, G. (1990): Zum Invasionspotential florenfremder Arten. In: Riewenherrm, S., Lieth, H. (Hrsg.). Verh. Ges. Ökol- 19, 20–29.

Cox, C. B., Moore, P. D. (1987): Einführung in die Biogeographie. Gustav Fischer, Stuttgart. 311 S.

Crawley, M. J. (1983): Herbivory: The dynamics of animal-plant interactions. Stud. Ecol. 10. Blackwell Sci. Pub., Oxford. 437 S.

Däßler, H. G. (Hrsg.) (1991): Einfluß von Luftverunreinigungen auf die Vegetation. Gustav Fischer, Jena, Stuttgart. 284 S.

de Lillelund, H., Elster, K., Schwoerbel, S. (Hrsg.) (1987): Bioakkumulation in Nahrungsketten (DFG. Publ.). VCH Verlagsgesellschaft, Weinheim. 327 S.

Deutsche Landwirtschafts-Gesellschaft (Hrsg.) (1981): Landbewirtschaftung und Ökologie. Zwingen ökologische Ziele zu grundlegenden Änderungen der Bewirtschaftung von Acker – Grünland – Wald? DLG-Verlag, Frankfurt. 160 S.

Dierssen, K. (1990): Einführung in die Pflanzensoziologie (Vegetationskunde). Wissensch. Buchges., Darmstadt. 241 S.

Drake, J. A., Money, H. A. et al. (eds.) (1989): Biological invasions. A global perspective. Scope 37, 525 S.

Dueck, T. A. (1986): Impact of heavy metals and air pollutants on plants. Free University Press, Amsterdam. 160 S.

Eiberle, K. (1973): Über die Abhängigkeit der Tiergemeinschaften von der Vegetation. In: Leibundgut, H. (Hrsg.), Wald und Tier. Bh. ZZ. Schweiz. Forstver. 52, 43–67.

Eisenbeis, G., Wichard, W. (1985): Atlas zur Biologie der Bodenarthropoden. Gustav Fischer, Stuttgart. 434 S.

Ellenberg et al. (1983): Ökosystemforschung als Beitrag der Umweltwirksamkeit von Chemikalien. VCH Verlagsgesellschaft, Weinheim. 75 S.

Ellenberg, H. (1982): Vegetation Mitteleuropas mit den Alpen in ökologischer Sicht. Ulmer, Stuttgart. 989 S.

Ewers, U. (1990): Untersuchungen zur Cadmiumbelastung der Bevölkerung in der Bundesrepublik Deutschland. Erich Schmidt, Bielefeld. 166 S.

Fehrmann, H., Mass, G., Schmutterer, H., Wilbert, H. (1986): Herbizide II. Forschungsbericht der DFG. VCH Verlagsgesellschaft, Weinheim. 329 S.

Fellenberg, G. (1985): Ökologische Probleme der Umweltbelastung. Springer, Heidelberg, Berlin. 186 S.

Fiedler, H. J. (Hrsg.) (1990): Bodennutzung und Bodenschutz. Gustav Fischer Verlag, Jena. 268 S.

Figge, K., Klahn, J., Koch, J. (1985): Chemische Stoffe in der Umwelt. Gustav Fischer, Stuttgart. 234 S.

Franz, J. M., Krieg, A. (1982): Biologische Schädlingsbekämpfung unter Berücksichtigung integrierter Verfahren. Parey, Hamburg, Berlin. 252 S.

Gossow, H. (1976): Wildkunde. BLV, München. 316 S.

Gottschall, R. (1985): Kompostierung. Altern. Konz. 45. C. F. Müller, Karlsruhe. 293 S.

Grabherr, G. (1990): Naturschutz und Landwirtschaft. In: Konrad, Ch. et al. (Hrsg.), Umbruch in der Landwirtschaft − Chance für die Kulturlandschaft?. Club Niederösterreich. Int.gem. ländl. Raum 2, 32−42.

Groves, R. H., Burdon, D. J. (1986): Ecology of biological invasions. Cambridge Univ. Press, Cambridge. 166 S.

Hagen, U. (1991): Wirkung niedriger Strahlendosen. Naturwiss. Rds. 44 (4), 130−136.

Halevy, G. (1974): Effects of gazelles and seedbeetles (Bruchidae) on germination and establishment of *Acacia* species. Isr. J. Bot. 23, 120−126.

Hayes, W. J., Laws, E. R. (eds.) (1991): Handbook of pesticide toxicology. Acad. Press, London. 1500 S.

Heinrichsmeyer, W. (Hrsg.) (1986): Belastungen der Land- und Forstwirtschaft durch äußere Einflüsse. Agrarspektrum 11, 286 S.

Hitzinger, O (ed.) (1980−1991): The handbook of environmental chemistry. 5. vols. Springer, Heidelberg, Berlin.

Hoffmann, M., Geier, B. (Hrsg.) (1987): Beikrautregulierung statt Unkrautbekämpfung. Altern. Konz. 58. C. F. Müller, Karlsruhe. 178 S.

Holzner, W., Numata, M. (1982): Biology and ecology of weeds. Dr. W. Junk Publ., La Hague. 464 S.

Internationale Gewässerschutz-Kommission für den Bodensee (1987): Die Entwicklung der Radioaktivität im Bodensee nach dem Unfall von Tschernobyl. Ber. Nr. 36, 72 S.

Kahle, H., Breckle, S.-W. (1990): Schwermetalle − Zeitbombe in unseren Waldböden. Neuere Ergebnisse zur Toxizität von Blei und Cadmium für Baumwuchs. Forsch. an der Univ. Bielefeld 2, 21−26.

Kalusche, D. (1989): Wechselwirkungen zwischen Organismen. Gustav Fischer, Stuttgart. 99 S.

Kaule, G. (1986): Arten- und Biotopschutz. Ulmer, Stuttgart. 461 S.

Keller, E. R., Weisskopf, P. (1987): Integrierte Pflanzenproduktion (IPP). Ergebnisse einer Standortbestimmung in der Schweiz. Landw. Lehrm.zentr., Zollikofen. 196 S.

Kickuth, R. (Hrsg.) (1982): Die ökologische Landwirtschaft. Altern. Konz. 40. C. F. Müller, Karlsruhe. 207 S.

Kikkawa, J., Anderson, D. J. (eds.) (1986): Community ecology. Pattern and process. Blackwell Sci. Publ., Oxford. 432 S.

Klocke, A. (1985): Richt- und Grenzwerte zum Schutz des Bodens vor Überlastungen mit Schwermetallen. In : Boden − das dritte Umweltmedium. Forsch. z. Raumentwickl. 14, 13−24.

Kloft, W. J., Gruschwitz, M. (1988): Ökologie der Tiere. Ulmer, Stuttgart. 333 S.

Koch, R. (1991): Umweltchemikalien. Physikalisch-chemische Daten, Toxizitäten, Grenz- und Richtwerte, Umweltverhalten. VCH Verlagsges., Weinheim. 423 S.

Kornberg, M., Williamson, M. H. (eds.) (1986): Quantitative aspects of the ecology of biological invasions. Philos. Trans. R. Soc. London. B. Vol. 314.

Krebs, J., Davies, N. B. (Hrsg.) (1982): Öko-Ethologie. Parey, Hamburg, Berlin. 377 S.

Kreeb, H. (1990): Methoden der Pflanzenökologie und Bioindikation. Gustav Fischer, Jena, Stuttgart. 327 S.

Krieg, A., Franz, J. M. (1989): Lehrbuch der biologischen Schädlingsbekämpfung. Parey, Hamburg, Berlin. 302 S.

Kümmel, R., Papp, S. (1990): Umweltchemie. Deut. Verlag f. Grundstoffind., Leipzig. 312 S.

Kumpf, W., Maas, K., Straub, H. (Hrsg.) (1989): Müll- und Abfallbeseitigung. Handbuch über die Sammlung, Beseitigung und Verwertung von Abfällen aus Haushaltungen, Gemeinden und Wirtschaft. E. Schmidt, Bielefeld. 808 S.

Lahmann, E., Jander, K. (Hrsg.) (1987): Schwermetalle in der Umwelt. Gustav Fischer, Stuttgart. 29 S.

Larcher, W. (1984): Ökologie der Pflanzen. Ulmer, Stuttgart. 403 S.

Leuthold, W. (1977): African ungulates. A comparative review of their ethology and behavourial ecology. Zoophysiol. and Ecol. 8, 307 S.

Levin, S. A., Harwell, M. A., Kelly, J. R., Kimball, K. D. (1989): Ecotoxicology: Problems and approaches. Springer, Heidelberg, Berlin. 547 S.

Lillelund, K. et al. (Hrsg.) (1987): Bioakkumulation in Nahrungsketten. Forsch. Ber. DFG, 327 S.

Lüthy, P., Wolfsberger, M. G. (1986): Das delta-Endotoxin von *Bacillus thuringiensis*: Struktur und Wirkungsweise. Swiss Biotech. 4, 18–20.

MacArthur, R. H. (1984): Geographical ecology: Patterns in the distribution of species. Princeton Univ. Press, Princeton. 270 S.

Medwedew, G. (1991): Verbrannte Seelen. Die nukleare Katastrophe von Tschernobyl. Hanser, München. 308 S.

Merian, E. (ed.) (1990): Metals and their compounds in the environment. Occurrence, analysis and biological relevance. VCH Verlagsgesellschaft, Weinheim. 1438 S.

Mudrack, K., Kunst, S. (1991): Biologie der Abwasserreinigung. Gustav Fischer, Stuttgart, Jena. 194 S.

Nagel, P. (1989): Bildbestimmungsschlüssel der Saprobien. Makrozoobenthon. Gustav Fischer, Stuttgart. 183 S.

Neubert, S., Blumberg, M., Pauly, U. (1989): Kommunikation im Ökosystem. Ekopan, Kassel. 171 S.

Nievergelt, B. (1990): Ökologische Strategien als Hilfe für das Verständnis von Umweltproblemen bei Tier und Mensch. Vjschr. Natf. Ges. Zürich 135, 31–46.

Odzuck, W. (1982): Umweltbelastungen. Belastete Ökosysteme. Ulmer, Stuttgart. 341 S.

Österr. Statist. Zentralamt (Hrsg.) (1991): Umwelt in Österreich. Umwelt-Bundesamt, Wien. 241 S.

Parlar, H., Angerhöfer, D. (1991): Chemische Ökotoxikologie. Springer, Berlin, Heidelberg. 300 S.

Pimm, S. L. (1987): Determining the effects of introduced species. Trends in Ecology and Evolution 2, 106–108.

Postel, S. (1986): Altering the earth's chemistry: Assessing the risks. Worldwatch paper 71. Worldwatch, Washington. 66 S.

Putnam, A. R., Chung-Shih, T. (eds.) (1986): The science of allelopathy. John Wiley, New York. 317 S.

Rasmussen, L. (1984): Ecotoxicology. Ecol. Bull. 36, 170 S.

Rat von Sachverständigen für Umweltfragen (Hrsg.) (1985): Umweltprobleme der Landwirtschaft. Kohlhammer, Stuttgart. 423 S.

Rheinheimer, G. (1991): Mikrobiologie der Gewässer. Gustav Fischer, Jena, Stuttgart. 288 S.

Rice, E. L. (1984): Allelopathy. Acad. Press, New York. 418 S.

Savchenko, V. K. (1991): The Chernobyl catastrophe and the biosphere. Nature and Resources 27, 37–46.

Schaefer, M. (1980): Chemische Ökologie – ein Beitrag zur Analyse von Ökosystemen? Naturw. Rdsch. 33, 128–134.

Schlee, D. (1992): Ökologische Biochemie. Gustav Fischer, Jena, Stuttgart. 480 S.

Schmidt, G. H. (1986): Pestizide und Umweltschutz. Vieweg, Wiesbaden. 466 S.

Schön, N. (1991): Risikobetrachtung: Probleme, Definitionen, Methoden im Zuge der Altstoff-Bewertung. Z. Umweltchem. Ökotox. 3, 180–183.

Schüepp, H., Dehn, B., Rüegg, J. (1990): Nebenwirkungen von Pflanzenschutzmitteln auf das Bodenökosystem. Bericht 42. Nation. Forsch.-progr. «Boden», Liebefeld, Bern. 161 S.

Schulze, E.-D., Zwölfer, H. (eds.) (1987): Potentials and limitations of ecosystem analysis. Ecol. Stud. 61. Springer, Heidelberg, Berlin. 435 S.

Solon, L. R. (1987): Health aspects of low-level ionizing radiation. Ann. N. Y. Acad. Sci. 502, 32–42.

Soule, M. E., Wilcox, B. A. (eds.) (1986): Conservation biology: The science of scarcity and diversity. Sinauer Associates, Sunderland. 395 S.

Stewart, A., Kneale, G., Mancuso, T. (1980): The Hanford data – a reply to recent criticism. Ambio 9, 66–73.

Stürmer, H.D. (1984): Chemikalien in der Umwelt. Dreisam, Freiburg. 192 S.

Taylor, D.R., Aarssen, L.W., Loehle, C. (1990): On the relationship between r/K-selection and environmental carrying capacity: A new habitat templet for life history strategies. Oikos 58, 239–250.

Topp, W. (1981): Biologie der Bodenorganismen. Quelle und Meyer, Wiesbaden. 224 S.

Umweltbundesamt (Hrsg.) (1988): Mutagene Umweltchemikalien. Erich Schmidt, Bielefeld. 183 S.

Urbanska, K.M. (1992): Populationsbiologie der Pflanzen. Gustav Fischer, Stuttgart, Jena. 300 S.

VEBA (Hrsg.) (1990): Abfallwirtschaft – Fakten und Argumente. VEBA, Düsseldorf. 47 S.

Vogler, K., Schmitt, K.W. (1990): Schwermetalltransfer Boden–Pflanze. Bericht 53. Nation. Forsch-progr. «Boden» 97 S.

Weisch, P., Gruber, E. (1986): Radioaktivität und Umwelt. Gustav Fischer, Stuttgart. 206 S.

Werner, D. (1987): Pflanzliche und mikrobielle Symbiosen. Thieme, Stuttgart. 251 S.

Wichern, M., Breckle, S.-W. (1983): Blei im Eichenholz vom Autobahnrand. Ber. Deutsch. Bot. Ges. 96, 343–350.

4 Die Nutzung und Erhaltung der Ökosysteme

Arndt, U. (1983): Zur Strategie der Luftreinhaltung und ihrer Tragfähigkeit angesichts des «Waldsterbens» Landschaft und Stadt 15, 145–150.

Arndt, U. (1987): Die Stadt als Ökosystem – eine Einführung. In: Ökologische Probleme in Verdichtungsgebieten. Ulmer, Stuttgart. 262 S.

Bähr, J., Klug, H., Stewig, R. (1989): Die Bedrohung tropischer Wälder. Ursachen, Auswirkungen, Schutzkonzepte. Kieler Geogr. Schriften 73, 143 S.

Basler, E., Bianca, St. (1974): Zivilisation im Umbruch. Zur Erhaltung und Gestaltung des menschlichen Lebensraumes. Huber, Frauenfeld, Stuttgart. 195 S.

Berger, K. et al. (1991): Ökologische Verantwortung. J. Klinkhardt, Bad Heilbrunn/Obb.

Binswanger, H.C. et al. (1983): Arbeit ohne Umweltzerstörung. Strategien einer neuen Wirtschaftspolitik. S. Fischer Verlag, Frankfurt. 367 S.

Borgstrom, G. (1973): World food resources. Intext. Educ. Publ., Scranton, U.S.A.

Bothin, J.W., Elmandira, M., Malitza, M. (1981): Das menschliche Dilemma. Zukunft und Lernen. Fritz Nolden, Wien. 208 S.

Bourlière, F. (1983): Tropical savannas. Elsevier, Amsterdam. 730 S.

Braunschweig, A. (1988): Die Ökologische Buchhaltung als Instrument der städtischen Umweltpolitik. Rüegger, Grüsch. 360 S.

Brown, L.R. et al. (1991): State of the world 1991. World Watch, New York. 254 S.

Brugger, E.A., Furrer, G., Messerli, B., Messerli, P. (Hrsg.) (1984): Umbruch im Berggebiet. Die Entwicklung des schweizerischen Berggebietes zwischen Eigenständigkeit und Abhängigkeit aus ökonomischer und ökologischer Sicht. P. Haupt, Bern. 699 S.

Bundesamt für Umweltschutz (Hrsg.) (1984): Globale Bevölkerungs-, Ressourcen- und Umweltprobleme und ihre Konsequenzen für die Schweiz. Schriftenreihe Umweltschutz 28, 52S.

Busch, K.-F., Uhlmann, D., Weise, G. (Hrsg.) (1989): Ingenieurökologie. Gustav Fischer, Jena. 488 S.

Carroll, C.R., Vandermeer, J.H., Rosset, P. (eds.) (1989): Agroecology. Biological resource management. A series of primers on the conservation and exploitation of natural and cultivated ecosystems. McGraw-Hill, New York. 641 S.

Cooley, J.H. (ed.) (1985): Soil ecology and management. Int. Ass. Ecol. (Intecol) 12, 132 S.

Cooley, J.H. (ed.) (1986): Ecology of the

development of tropical and subtropical mountain areas. Int. Ass. Ecol. (Intecol) 13, 141 S.
Corell, R.W., Anderson, P.A. (eds.) (1991): Global environmental change. Springer, Heidelberg, Berlin. 264 S.
Council on Environmental Quality (1980): The global report 2000. Report to the President. Zweitausendeins, Frankfurt. 1508 S.
Cox, G.W., Atkins, M.P. (1979): Agricultural ecology. W.H. Freeman, Oxford. 711 S.
Crutzen, P.J. (1986): Globale Aspekte der atmosphärischen Chemie: Natürliche und anthropogene Einflüsse. Vorträge der Rheinisch-Westfälischen Akademie der Wissenschaften. Reihe N, Bd. 347. Westdeutscher Verlag, Opladen. 72 S.
Cushing, D.H., Walsh, J.J. (1976): The ecology of the seas. Blackwell Sci. Publ., Oxford. 467 S.
Dambroth, M. (1984): Pflanzenproduktion und Ökologie. Inform. z. Raumentwickl. 6, 539–551.
Deutsche Landwirtschafts-Gesellschaft (Hrsg.) (1981): Landbewirtschaftung und Ökologie. Zwingen ökologische Ziele zu grundlegenden Änderungen der Bewirtschaftung von Acker – Grünland – Wald? DLG-Verlag, Frankfurt. 160 S.
DiCastri, F., Goodall, D.W., Specht, R.L. (1981): Mediterranean shrublands. Elsevier, Amsterdam. 643 S.
Donath, P. et al. (1990): Wissenschaft in Sorge um die Umwelt. Birkhäuser, Basel. 118 S.
Dotto, C. (1986): Planet earth in jeopardy. John Wiley, Chichester, New York. 180 S.
Dress, A., Hendrichs, H., Küppers, G. (Hrsg.) (1986): Selbstorganisation. Die Entstehung von Ordnung in Natur und Gesellschaft. Piper, München. 236 S.
Dyllick, Th. (1990): Management der Umweltbeziehungen. Betriebswirtschaftl. Verlag, Wiesbaden. 527 S.
Ehrlich, P.R., Ehrlich, A.M. (1981): Extinction. The causes and consequences of the disappearance of species. Random House, New York. 305 S.
Ehrlich, P.R., Ehrlich, A.M., Holdren, J.P. (1975): Humanökologie. Der Mensch im Zentrum einer neuen Wissenschaft. Springer, Heidelberg, Berlin. 234 S.
Elster, H.-J. (Hrsg.) (1984): Aktuelle Probleme der Welternährungslage. Erfolge und Grenzen der grünen Revolution, ihre ökologischen Grundlagen und Auswirkungen. E. Schweizerbart, Stuttgart. 175 S.
ETH Zürich (Hrsg.) (1991): Ökonomie versus Ökologie in der Landwirtschaft. Orell Füssli, Zürich.
Evenari, M., Noy-Meir, I., Goodall, D.W. (1985/86): Hot deserts and arid shrublands. Elsevier, Amsterdam. 365 und 451 S.
Fornallaz, P. (1986): Die ökologische Wirtschaft. Auf dem Weg zu einer verantworteten Wirtschaftsweise. Ökozentrum, Langebruck. 120 S.
Fritsch, B. (1991): Mensch – Umwelt – Wissen. Evolutionsgeschichtliche Aspekte des Umweltproblems. Teubner, Stuttgart. 369 S.
Gabor, D., Colombo, U. et al. (1976): Das Ende der Verschwendung. Zur materiellen Lage der Menschheit. Ein Tatsachenbericht an den Club of Rome. Deutsche Verlagsanstalt, Stuttgart. 252 S.
Glantz, M.H. (ed.) (1977): Desertification: Environmental degradation in and around arid lands. Westview, Boulder, Col. 346 S.
Gliessmann, S.R. (ed.) (1990): Agroecology. Researching the ecological basis for sustainable agriculture. Springer, Heidelberg, Berlin. 380 S.
Golley, F.B., Cooley, J.H. (eds.) (1985): Organic Production: The relationship between agricultural and natural vegetation production rates. Int. Ass. Ecol. (Intecol) 11, 80 S.
Golley, F.B., Medina, E. (1975): Tropical ecological systems. Ecol. Stud. 11, 398 S.
Gove, A.J.P. (1983): Mires, swamp, bog, fen, moor. Elsevier, Amsterdam. 440 und 479 S.
Haber, W. (1987): Zur Umsetzung ökologischer Forschungsergebnisse in politisches Handeln. Verh. Ges. Ökol. (Graz) XV, 61–69.
Hahlbrock, K. (1991): Kann unsere Erde die Menschen noch ernähren? Piper, München. 254 S.

Hardin, G., Baden, J. (eds.) (1977): Managing the commons. W. H. Freeman, Reading. 294 S.

Harris, D. R. (1980): Human ecology in savanna environments. Academic Press, London. 522 S.

Haug, G., Schuhmann, G., Fischbeck, G. (Hrsg.) (1990): Pflanzenproduktion im Wandel. Neue Aspekte in den Agrarwissenschaften. VCH Verlagsgesellschaft, Weinheim. 609 S.

Hauser, J. A. (1990): Bevölkerungs- und Umweltprobleme der Dritten Welt 1. Paul Haupt, Bern, Stuttgart. 400 S.

Hook, D. (ed.) (1987): The ecology and management of wetlands. Vol. 1, Ecology of wetlands. Vol. 2, Management, use, and value of wetlands. Croom Helm, Beckenham. 550 und 350 S.

Hübler, K. H., Otto-Zimmermann, K. (1989): Umweltverträglichkeitsprüfung. Gesetzgebung, Sachstand, Positionen, Lösungsansätze. E. Blottner, Taunusstein. 200 S.

Huntley, B. J., Walker, B. H. (1982): Ecology of tropical savannas. In: Billings, W. D. et al. (eds.). Ecol. Stud. 42, 700 S.

IUCN, UNEP, WWF (1980): Weltstrategie für die Erhaltung der Natur. 215 S.

Joger, U. (Hrsg.) (1989): Praktische Ökologie. M. Diesterweg, Frankfurt. 334 S.

Jordan, C. F. (1987): Amazonian rain forests: Ecosystem disturbance and recovery. Springer, Heidelberg, Berlin. 133 S.

Klausnitzer, B. (1992): Ökologie der Großstadtfauna. Gustav Fischer, Jena, Stuttgart. 300 S.

Knoepfel, P., Weidner, H. (Hrsg.) (1988): Risiko und Risikomanagement. Helbing und Lichtenhahn, Basel. 134 S.

Koch, E. R., Vahrenholt, F. (1983): Die Lage der Nation. Umwelt-Atlas der Bundesrepublik – Daten, Analysen, Konsequenzen. GEO, (Gruner und Jahr), Hamburg. 464 S.

Kozlowski, T. T., Ahlgren, C. E. (1974): Fire and ecosystems. In: Kozlowski, T. T. (ed.), Physiological ecology. Acad. Press, New York. 542 S.

Kurt, F. (1982): Naturschutz. Illusion und Wirklichkeit. Parey, Hamburg, Berlin. 216 S.

Lamprecht, H. (1989): Silviculture in the tropics. Deutsche Ges. f. tech. Zus.-Arb., Eschborn. 300 S.

Lamprey, H. F. (1963): Ecological separation of the large mammal species in the Tarangire game reserve, Tanzania. E. Afr. Wild Life J. 1, 63–92.

Leibundgut, H. (1983): Der Wald. Eine Lebensgemeinschaft. Huber, Frauenfeld, Stuttgart. 214 S.

Lieth, H. (1977): The gross primary productivity pattern of the land vegetation: A first attempt. Trop. Ecol. 18, 109–115.

Lieth, H., Whittaker, R. H. (eds.) (1975): Primary productivity of the biosphere. Ecol. Stud. 14, 339 S.

Lorenz, K. (1972): Die acht Todsünden der zivilisierten Menschheit. Piper, München. 112 S.

Lubchenco, J. et al. (1991): The sustainable biosphere initiative: An ecological research agenda. Ecology 72 (2), 371–412.

Mainquet, M. (1990): Desertification. Natural background and human mismanagement. Springer, Heidelberg, Berlin. 340 S.

Markl, H. (1986): Natur als Kulturaufgabe. Über die Beziehung des Menschen zur lebendigen Natur. Deutsche Verlagsanstalt, Stuttgart. 392 S.

Meadows, D. et al. (1972): Die Grenzen des Wachstums. Bericht des Club of Rome zur Lage der Menschheit. Deutsche Verlagsanstalt, Stuttgart. 183 S.

Meadows, D., Donella, H. (1974): Das globale Gleichgewicht. Modellstudien zur Wachstumskrise. Deutsche Verlagsanstalt, Stuttgart. 271 S.

Meisel, K. (1984): Landwirtschaft und «Rote Liste»-Pflanzenarten. Natur und Landschaft 59, 301–307.

Mesarovic, M., Pestel, E. (1974): Menschheit am Wendepunkt. 2. Bericht an den Club of Rome zur Weltlage. Deutsche Verlagsanstalt, Stuttgart. 184 S.

Messerli, B. (1986): Universität und «Umwelt» 2000. Berner Rektoratsreden. P. Haupt, Bern. 31 S.

Money, D. C. (1985): Wüsten. Landschaftszonen und Ökosysteme. Klett, Stuttgart. 60 S.

Moore, J. W. (1986): The changing environment. Springer, Heidelberg, Berlin. 239 S.

Morris, D. (1967): The naked ape. Corgi Books, Transworld Publ., London. 219 S.

Morris, D. (1969): The human zoo. Corgi Books, Transworld Publ., London. 222 S.

Müller-Wenk, R. (1980): Konflikt Ökonomie – Ökologie. Schritte zur Anpassung von Unternehmensführung und Wirtschaftsordnung. C.F. Müller, Karlsruhe. 228 S.

Myers, N. (1987): Population, environment, and conflict. Environ. Conservation 14, 15–22.

Myers, N. (Hrsg.) (1987): GAIA. Öko-Atlas der Erde. S. Fischer, Frankfurt.

Niemann, E. (1988): Ökologische Lösungswege landeskultureller Probleme. Stabilität und Produktivität in bewirtschafteten Ökosystemen. Österr. Inst. Raumpl., Wien. 220 S.

Niemitz, C. (Hrsg.) (1990): Das Regenwaldbuch. Parey, Hamburg, Berlin. 223 S.

OECD (1987): OECD environmental data compendium. OECD, Paris. 365 S.

Ovington, J.D. (1983): Temperate broad-leaved evergreen forests. Elsevier, Amsterdam. 241 S.

Plachter, H. (1991): Naturschutz. Gustav Fischer, Stuttgart, Jena. 463 S.

Rapp, A., Le Houerou, H.N., Lundholm, B. (eds.) (1976): Can desert encroachment be stopped? A study with emphasis on Africa. Ecol. Bull. 24, 241 S.

Rat von Sachverständigen für Umweltfragen (Hrsg.) (1983): Waldschäden und Luftverunreinigungen. W. Kohlhammer, Stuttgart. 172 S.

Reichholf, J.H. (1990): Der tropische Regenwald. Die Ökobiologie des artenreichsten Naturraums der Erde. dtv, München. 206 S.

Reichle, D.E. (ed.) (1981): Dynamic properties of forest ecosystems. Cambridge Univ. Press, Cambridge. 683 S.

Riewenherm, S., Lieth, H. (Hrsg.) (1991): Ökologie und Naturschutz im Agrarraum. Verh. Ges. Ökologie 19/3 (Osnabrück), 782 S.

Rottach, P. (Hrsg.) (1986): Ökologischer Landbau in den Tropen. Ecofarming in Theorie und Praxis. Altern. Konz. 47. C.F. Müller, Karlsruhe. 304 S.

Schiesser, W. (1985): Bescheidenheit als Chance. Neue Zürch. Ztg. 261, 37.

Schmid, W.H., Schilter, R.Ch., Trachsel, H. (1987): Umweltschutz und Raumplanung in der Schweiz – Beitr. Akad. Raumforschung u. Landesplanung 95. C.R. Vincentz, Hannover. 52 S.

Schmid-Haas, P. (Hrsg.) (1985): Inventorying and monitoring endangered forests. IUFRO Conference, Zürich 1985. Eidg. Anstalt für das forstliche Versuchswesen, Birmensdorf. 400 S.

Schreiber, K.-F. (1980): Eine Welt – darin zu leben. Entstehung von Ökosystemen und ihre Beeinflussung durch menschliche Eingriffe. Min. f. Umwelt, Raumordnung u. Bauwesen, Saarbrücken. 31–51.

Schultz, Jürgen (1988): Die Ökozonen der Erde. Die ökologische Gliederung der Geosphäre. Ulmer, Stuttgart. 488 S.

Schwarzenbach, F.H. (1987): Grundlagen für die Entwicklung einer allgemein anwendbaren Strategie zur Lösung ökologischer Probleme. EAFV-Berichte 293, 46 S.

Simonis, U.E. (Hrsg.) (1986): Ökonomie und Ökologie. Auswege aus einem Konflikt. Altern. Konz. 33. C.F. Müller, Karlsruhe. 208 S.

Snaydon, R.W. (ed.) (1987): Managing grasslands. Analytical studies. In: Goodall, D.W. (ed.), Ecosystems of the world 17B. Elsevier, Amsterdam. 285 S.

Specht, R.L. (1979/81): Heathlands and related shrublands. Elsevier, Amsterdam. 497 und 383 S.

Stephen, D.D., Stephen, J.M., Droop, P.G., Henson, L., Leon, C.J., Villa-Lobos, J.L., Synge, H., Zantovska, J. (1986): Plants in danger: What do we know? Int. Union for Conservation of Nature and Natural Resources, Gland, Cambridge. 461 S.

Stocker, O. (1963): Das dreidimensionale Schema der Vegetationsverteilung auf der Erde. Ber. dtsch. botan. Ges. 76, 168–178.

Strey, G. (1991): Ökosystem Stadt. Aulis, Deudner, Köln. 100 S.

Sukachev, V., Dylis, N. (1968): Fundamentals of forest biogeocoenology. Oliver and Boyd, Edinburgh. 672 S.

Thomet, P., Thomet-Thoutberger, E. (1991): Vorschläge zur ökologischen Gestaltung und Nutzung der Agrarlandschaft. NFP 22, Liebefeld, Bern. 147 S.

Tiger, L., Fox, R. (1971): Das Herrentier. Steinzeitjäger im Spätkapitalismus. Bertelsmann, Gütersloh. 335 S.

Tischler, W. (1990): Ökologie der Lebensräume. Meere, Binnengewässer, Naturlandschaften, Kulturlandschaften. Gustav Fischer, Stuttgart. 356 S.

Ulrich, J. (1986): Grundlagen der Meereskunde. Schriften des Naturw. Vereins f. Schleswig-Holstein. Sonderband 2, 190 S.

Umweltbundesamt (Hrsg.) (1989): Umweltforschungskatalog 1988 (UFOKAT 88). Erich Schmidt, Bielefeld. 1829 S.

Umweltbundesamt (Hrsg.) (1990/91): Daten zur Umwelt. Erich Schmidt, Bielefeld. 550 S.

United Nations Environment Programme (1987): The disappearing forests. UNEP Environment Brief 3, 8 S.

von Weizsäcker, Ch., von Weizsäcker, E. U. (1984): Fehlerfreundlichkeit. In : Kornwachs, K. (Hrsg.). Offenheit − Zeitlichkeit − Komplexität. Zur Theorie der offenen Systeme. Campus, Forschung, Frankfurt. 167–201.

von Weizsäcker, E. U. (1989): Erdpolitik. Ökologische Realpolitik an der Schwelle zum Jahrhundert der Umwelt. Wiss. Buch Ges., Darmstadt. 295 S.

Walter, H. (1990): Vegetation und Klimazonen. Ulmer, Stuttgart. 382 S.

Walter, H., Breckle, S.-W. (1986): Ökologie der Erde, Bd. 3: Spezielle Ökologie der Gemäßigten und Arktischen Zonen Euro-Nordasiens. Gustav Fischer, Stuttgart. 587 S.

Walter, H., Breckle, S.-W. (1991): Ökologie der Erde, Bd. 1: Ökologische Grundlagen in globaler Sicht. Gustav Fischer, Stuttgart, Jena. 238 S.

Walter, H., Breckle, S.-W. (1991): Ökologie der Erde, Bd. 2: Spezielle Ökologie der Tropischen und Subtropischen Zonen. Gustav Fischer, Stuttgart, Jena. 461 S.

Walter, H., Breckle, S.-W. (1991): Ökologie der Erde, Bd. 4: Spezielle Ökologie der Gemäßigten und Arktischen Zonen außerhalb Euro-Nordasiens. Gustav Fischer, Stuttgart, Jena. 586 S.

Wegener, U. (1991): Schutz und Pflege von Lebensräumen. Naturschutzmanagement. Gustav Fischer, Jena, Stuttgart. 330 S.

Weisser, H., Kohler, A. (Hrsg.) (1987): Feuchtgebiete. Ökologie, Gefährdung, Schutz. J. Margraf, Weikersheim. 326 S.

Weltkommmission für Umwelt und Entwicklung (1987): Unsere gemeinsame Zukunft (Brundtland-Bericht). Eggenkamp, Greven. 421 S.

West, N.E. (1983): Temperature deserts and semi-deserts. Elsevier, Amsterdam. 522 S.

Wittig, R. (1991): Ökologie der Großstadtflora. Gustav Fischer, Stuttgart, Jena. 261 S.

Wolf, E. C. (1986): Beyond the green revolution: New approaches for third world agriculture. Worldwatch paper 73. Worldwatch, Washington. 46 S.

Wolf, E. C. (1987): On the brink of Extinction: Conserving the diversity of life. Worldwatch Paper 78. Worldwatch, Washington. 46 S.

World Resources Institute, International Institute for Environment and Development (Hrsg.) (1988–1990): Internationaler Umweltatlas. Jahrbuch der Welt-Ressourcen. 3 Bde. ecomed, Landsberg.

Zachar, D. (1982): Soil erosion. Soil Science 10, 548 S.

Zuelebil, M. (1986): Nacheiszeitliche Wildbeuter in den Wäldern Europas. Spektrum d. Wissensch. 7, 118–125.

Nachtrag

Meadows, Donella u. D., Randers, J., 1992: Die neuen Grenzen des Wachstums. DVA, Stuttgart, 319 S.

Sachwortverzeichnis

Ohne Namen von Organismen und Autoren.
Kursive Zahlen verweisen auf Stichwörter in Abbildungen oder Tabellen

Abfall s.a. Müll 235, 272, 278f, *235*
- in der Schweiz *279*
-, jährliches Aufkommen *279*
-, radioaktiver 289
-, Wiederverwertung 283
Abfallaufkommen des produzierenden Gewerbes *283*
Abfallenergie 254
Abgase 136, 138, 211, *302*
Abwärme 187, 198
Abwasser, Haushalts- 203
Acker 376
-, Bewirtschaftung 377
-, Flächen weltweit *374*
-, Nutzung und Ertrag *402*
Aerosole 148
-, Bildung *102*
Agriophyten 334
Albedo (Rückstrahlung der Erde) *41*, 45, 192, 368, 376, *402*
Algen 150
-, Eiweißlieferanten 405
-, Grün- 19
-, Schädigung durch DDT *288*
-, Wasserblüte *54*
Algenkalk 114
Allelopathie 231, 234, 235f
Allensche Regel 6
Aluminium 139, *142*, 156, *198*, 283
Amensalismus 234
Ammonifikation *128*
Antagonismus 234
Antibiose 234
Aquakultur 353, 406
Arborizide 294
Archaebakterien 18
Ariditätsindex *387*
Art, Arten (Spezies) 5, 62, 229
Art-Areal-Beziehung 418

Artengefüge *251*
Artenkollaps 266
Artenrückgang *335, 336*
Artenvielfalt 362
Artenzusammensetzung 230
Atmosphäre 9, 13, 38
-, Stockwerkeinteilung *223*
Atombombe 323
Atommüll 289
Au, Sukzession 71
Auenwald 250
Auftriebsgebiet (upwelling) 353f
Ausschließungsunvermögen, Wurzel 167
Aussterbe(rate) (Extinktion) 262, 335, 353
Auto 210f, 319
Autökologie 5
Autozidverfahren 328

Bakterien s.a. Mikroorganismen 19f, *108*, 273, 330
Baumsterben 143
Benthos 252
Bergmannsche Regel 5
Bevölkerungsdichte 257
Bevölkerungsexplosion 258, *401*
Bevölkerungswachstum 407
Biogas 195
Biom *350*
Biomasse 388
-, anaerober Abbau *110*
-, Methanbildung *110*
-, Ökosystem *387*
Biomassenpyramide *248*
Biosphäre *13*, 348
-, Austauschvorgänge *107*
Biotope 50, 334
-, Verlustbilanz 334

Biozönosen 50, 239
-, stabile 70
Blasenrost *339*
Blaualgen 18
Blei s.a. Schwermetalle 287, *303*, 307
-, Autoabgase *302*
-, Emission *139*
-, Verkehrsdichte *303*
-, Wirkung *308*
Bleicherde 161
Boden 2, 70, 273, 364, 374f
-, Acker 377
-, alternative Nutzung 385
-, Aufbau *162*
-, Bildung 149f, *153*, 165
-, Fruchtbarkeit 160, 363
-, Herbizide 297
-, Kalkproblem *231*
-, Kationen-Austauschkapazität 57
-, Nährelemente *158*
-, Nahrungskette 270, 272
-, Neubildung *360*
-, Partikel *155*
-, Rohbodenbildung 150
-, Schadstoffe 289
-, Schwermetallanreicherung *300*
-, Schwermetalle *305*
-, Skelett- 363
-, Stickstoffemission *129*
-, Typen 160
-, Umbruch 377
-, Verwitterung *151*
-, Wüste 369
Bodenatmung 111, 277
Bodenerosion *359*, *360*
Bodengare 273
Bodenlösung 166
Bodennutzung 374
Bodenverschlechterung *401*
Brachland, Flächen, weltweit *374*
Brandrodungsfeldbau 362f
Braunerde 161
Brennstoffe, fossile *42*, 131
Brikollare-Verfahren 280

C_4-Dicarbonsäureweg (C_4-Zyklus) 109
Cadmium s.a. Schwermetalle 307, *308*
Chaostheorie 25, 269
chemische Evolution 10
Chlorradikale 221
Chlorwasserstoff, Auswirkungen *290*
Cyanwasserstoff 9

DDT 275, 285, *288*, 291f
Demökologie (Populationsökologie) 5
Denitrifikation *120*, *130*, 221
Deposition *141*, 214
Desilifizierung *154*, 160, 363
Destruenten (Zerleger) 272
-, Laubstreuschicht 275
-, Nahrungskette 275
Destruktion 270f
Detergentien 203
Dioxine 277, 284, 293
Distickstoffmonoxid *217*
Diversität 83, 88, 345
-, mathematische Ableitungen 416
Drainage 377
Dünger, Düngung 117, *125*, 129f, 142, 203f, 281, 331f, 363, 378f
-, Mineral- *125*
-, Phosphatbilanz *205*
-, Stickstoffbilanz *205*, *208*, 210
-, Verbrauch, BRD *204*
-, Verbrauch, weltweit *384*
Dürre, Ursachen 367

Effektivität 185
Effizienz 253
Einwanderung (Immigration) 262
Einzeller-Protein 405
Eiweißmangel 404
Eiweißproduktion 405
El Niño 354
Emission *40*, *138*, *139*
Endosymbionten-Theorie 19, *20*

Sachwortverzeichnis · 439

Energie 238
-, Abfall- *253*, *254*
- aus Biomasse *47*
-, Einsparung *196*, *197*, *198*
-, erneuerbare Quellen *186*
-, Flußdiagramm der Schweiz *192*
-, Fremd- *195*
-, Gewinnung *180*
-, Gezeiten- *195*
-, globaler Primärverbrauch *182*, *190*
-, Konsum *179*
-, Nutzungsgrad *185*
-, Ökosystem *277*
-, Primärreserven *183*
-, sanfte Formen *195*
-, Sekundär- *183*
-, Sonnen- *195*, *196*
-, Umwandlungsverluste *191*
-, Verwitterungs- *363*
-, Wärmebelastung durch den Menschen *189*
-, Wirkungsgrad *185*, *199*
Energiebedarf
-, Landwirtschaft *380*
-, zunehmender *401*
Energiebilanz
-, Mais *379*
-, Wald *177*, *368*
-, Wüste *368*
Energieeinheiten *178*
Energiefluß 95, *174f*, 247, *248*, *253f*
Energienutzung *254*
-, Meer 353
Energieträger *179*
Energieumsatz
- durch den Menschen *184, 188*
- für Basisprodukte *182*
- in der Schweiz *181*
-, künstlicher *179*
Entgiftung, terrestrische 297
Entropie 199
Entwicklungshilfe 393
Entwicklungsländer 400
Eobionten 11
Episymbionten 19

Equitabilität 89
Erde, Gunst- und Ungunsträume *403*
Erdgas *179*, *190*, *192*
Erdöl 10, 111, 114, *179*, *182*, *183*, *190*, *192*, 353
Erdwärme 195
Erosion s.a. Verwitterung 103, *359*, *360*, *363f*, 389
-, Geschwindigkeit 377
Eukaryoten 19, *20*
Eutrophierung s.a. Überdüngung 203, *291*
-, Gewässer 203
-, natürliche 357
Evolution 9f, *12*, 22
- und Chaos 26
Extinktion 263

Fadenwürmer 273
Fehlerfreundlichkeit 346, 413
Feststoffkreisläufe 149
Feuchttropen 367
Feuer 371, *372*
Feuerbrand *339*
Fische 344
-, radioaktiv verseuchte *316*
Flachmoorboden 164
Flechten 150
Fleischproduktion *386*
Fließgleichgewicht 34, 35
Fluorabgase 136
Fluorchlorkohlenwasserstoffe (FCKW) *217*, 220f
Fossilisation 105
Fraß, Schutzmaßnahmen 238
Fremdorganismen, Aufnahme und Abwehr 228
Fremdstoffe, Aufnahme und Abwehr 228

Ganzkörperdosis (Strahlenbelastung) 321
Garide 371
Gen-Fallen 266
Getreide *200*

Gewässer 53
-, Biomasse *388*
-, Nahrungskette 285
-, Primärproduktion *388*
-, Überdüngung 203f
-, Verschmutzung 394, *401*
Giftstoffe 358
Gley 164
Glogersche Regel 7
Grasland 53, 371f, *370*
-, Biomasse *388*
-, künstliches 374
-, Nutzung und Ertrag *402*
-, Primärproduktion *388*
Großwild, Nutzung 406
Grünalgen 19
Grundwasser 164, 201, *210*
Grüne Revolution 406
Gunsträume *403*

Harnstoff, Düngung *129*
Harnstoffderivate 298
Hausmüll s. Müll
Heide, Verbreitung 349
Heimareale (home range) 249
Herbivoren 244
Herbizide 168, 293f
-, Chemie *297*
-, Einsatz 294
-, Geschichte des Einsatzes *298*
-, Wirkung 294
Hessesche Regel 7
Hochkulturen 375
Hochmoore 164
Holzproduktion, weltweit *402*
Hormesis-Effekt 324
Hornmilben 273
Humus 150, 155f, 160, 271f, 357f, 363, 376
-, Abbau 165
-, Akkumulation *113*
-, Verlust *113*
-, Zusammensetzung *271, 272*
Humusstoffe 363
Hydratation 150
Hydrosphäre 13

Immigration 263
Immissionen, Grenzwerte *214*
Industrialisierung *401*, 407
Industrieländer 400
Insekten *32*
-, Bekämpfung 327
Insektizide
-, biologische 330
-, Resistenz gegen 327
Inseltheorie 261
Inzuchtgruppen 266
Ionen 150
Ionenaufnahme, aktive *168*
Ionenaustausch 160
Irrigation 377

Jauche 123
Jordansche Regel 7

Kali *378*
Kalk 111, 230
Kalkproblem *231*
Kalorienmangel 405
Karnivoren 244
Kastanienkrebs *339*
Kationen-Austauschkapazität 57, *154*, 363
Kehricht s. Müll
Kernkraftwerke 316
Kläranlagen 413
Klärschlamm 280, 301, 307
Klima 2, 6, 78, 357
-, Inversionslage 213
-, System *101*
-, Wärmeaustausch 367
-, Veränderungen, weltweite 194
-, Zonen *351*
Klimagleichung 387
Klimax 70, 78
Klimax-Ökosystem s. Ökosystem
Koevolution 27f
Kohle 114, *178, 179, 190, 191, 192*
Kohlendioxid 21, *38, 39, 43*, 216
-, Auswirkungen *291*
-, Beeinträchtigung der Fixierung *297*
-, Berechnung der Temperaturerhöhung 418

-, Emission *40*
-, Gehalt in der Atmosphäre *41*, 362
-, Temperatur-Regelkreis *42*
Kohlenhydratbildung
-, Pflanzen *108*
-, Schwefelbakterien *108*
Kohlenmonoxid 216
-, Auswirkungen *290*
-, Emission *139*
Kohlenstoff *109*
-, Bilanz *112*
-, Kreislauf 106, *114*
- -Sauerstoff-Bilanz *116*
-, Umsatz *113*
Kohlenwasserstoffe
-, Auswirkungen *290*
-, chlorierte *292*
Kommensalismus *234*
Kompartimentierung *229*
Kompostierung 280
Konkurrenz 228, *230*, *233*, *234*, 249, 417
-, intra-, interspezifische 228
Konsumenten 244, *247*, *250*, *272*, 345
Kontaminationswege *285*
Konvergenz 7
Kooperation 232, *233*
Kreislauf, Kreisläufe
-, Acker 226, 227, 276, *376*
-, Feststoff- *149*
-, Gas *96*, *97*
-, Kohlenstoff 106, *114*
-, Phosphor *172*
-, Prinzipien *95*, *96*
-, Sauerstoff 103, *104*
-, Schwefel 131, *132*
-, Stickstoff *117*, *124*
-, Wasser 98f, *100*, *149*
Kulturland
-, Biomasse *388*
-, Primärproduktion *388*
Kulturlandschaft 261
Kunstdünger s. Mineraldünger
Kunststoffe, chlorhaltige 281
Kybernetik 3

Landbau
-, biologischer 93, 331
-, konventioneller 332
Landschaft, Wärmehaushalt *189*
Landwirtschaft
-, Energiebedarf *380*
-, Entwicklung *393*
-, Erträge *386*
Laterisierung 161
Lateritkrusten 161
Laubholzbestand, Stoffkreislauf *276*
Lebensgemeinschaften s. Biozönosen
Lebensqualität *409*, *410*
Lebensraum 245
-, Belastbarkeit *409*
Lemminge 258, *259*, *260*
Löß 165
Luftaustausch 367
Lufttemperatur *39*
Luftverschmutzung 210, *401*, 213
-, Zeigerorganismen 215
Luftzirkulationssystem 367f

Macchie 371
Mais, Energiebilanz *379*
Meer 43f, 105, 173, 202, 351
-, Beutetiere *353*
-, Nahrungsgrundlage *353*
-, Nahrungsketten *353*
-, Nahrungspyramide *353*
-, Nutzung und Ertrag *402*
-, Population *354*
-, Pufferwirkung *351*
Mensch 23, 334
-, Erziehungsfrage 413
-, Lebensqualität *409*
-, Sterblichkeit und Luftverschmutzung 213
-, Strahlendosis 318
-, Verantwortungsgemeinschaft 413
-, Verseuchung durch Radioaktivität *313*
-, Verstädterung *399*
Menupuzzle *242*
Methan 45, *216*
-, Bildung aus Biomasse *110*

-, Gehalt in der Atmosphäre *41*
Mikroklima 79
Mikroorganismen 83, *110*, 178, 292, 297
Mimikry *33*, 34
Mineraldünger 125
Mineralstoffe 169
Minimumgesetz 59
Mist 123
Modell von Bariloche 407
Moder 160
Monokulturen 89, *90*, *93*
Moore 377
Moränen, Sukzession *68*
Mosaik-Zyklus-Theorie 81
Müll s.a. Abfall
-, Atom- 289
- in der Schweiz *280*
-, Zusammensetzung *278*
Mullhumus 160
Müllverbrennung 280
Mungo 342
Mutualismus 232, *233*
Mykorrhiza *84*, 143, 310, 364
Myrmekochorie 29

Nachhaltigkeit 348
Nachkommen, Anzahl *257*
Nährelemente, Boden *158*
Nährionen 363
Nährstoffe 203, *360*, 364
-, aktive Aufnahme 168
-, Auswaschung *360*
-, Beispiel eines Kreislaufs *171*
-, Ein- und Ausfuhrwege *169*
-, Entwicklung eines Kreislaufs *206*
-, Toleranzgrenzen *208*
Nährstoffluß 118
Nährstoffgradient 166
Nährstoffspeicher 357
Nährstofftransport, Pflanzen *165*
Nahrung 243
-, Energieaufwand 381
Nahrungsangebot, Meer 353
Nahrungskette 244f, *250*, 251, 284, 287

-, Expansion der Produktion *391*
-, Gewässer 285
-, Meer 353
-, Prinzipien 249
- und Radioaktivität 312
-, Wiese *270*
Nahrungsmittel
-, Komponenten der Produktion *385*
-, Expansion der Produktion *391*
-, Reserven 376
-, Weltproduktion *384, 402*
Nahrungspyramide 244f, *246*, 251, 272, 345
-, Meer 353
-, Spezialisten 249
-, Stufen *248*
Nettoprimärproduktion (NPP) 108
Neunaugen *344*
Neutralismus 234
Niederschlag
-, saurer *140*
-, Wüste 366
Niederschlagswasser, Chemismus 357
Nitrat 124f, 290, 360
-, Auswirkungen *290*
Nitratbildner *123*
Nitrifikation 117, 120, *124, 143*, 236, 332,
Nitrifikationsgifte 123
Nitrilotriessigsäure 305
Nitrit 125
no-till-system 377
NO_x-Gase *217*
Nucleinsäuren 11
Nutznießer, räuberische 275

Oasen 367, 369
Oberflächenabfluß *358*
Oberflächenwasser 170
Oklo-Phänomen 313
Ökologie 1, *4*
ökologische Nische 237f, 343, 348
Ökosphäre 348
Ökosystem, Ökosysteme 50, *51*, 111f, 179, 348, 372f

Sachwortverzeichnis · 443

-, Abbauvorgänge 229f, 246, 250, 253f, 270
-, alternative Nutzung 327
-, belastetes 58
-, bewirtschaftetes 76, 77
-, Beziehungen 229
-, Biomasse 387
-, Diversität 83, 88
-, Energie 277
-, Energiefluß 253
-, Energiekonsum 179f
-, Energienutzung 254
-, Energiezufuhr 52, 382
-, fehlgeleitetes 404
-, feuchttropisches 364
-, Feuerwirkung 372
-, geschlossenes 52, 357
-, gestörtes 53
-, Grasland 370
-, Klimax- 179
-, Land- 79
-, Nahrungskette 250, 287
-, natürliches 77
-, offenes 52
-, Produktion 387
-, saisoniertes 362
-, Schadstoffe 286
-, Schadwirkungen 287
-, Stabilisierung 348
-, Stabilität 82, 86, 88
-, Stabilitätsprinzipien 347
-, Stickstoffverteilung 125
-, Stoffumsatz 277
-, Süßwassersee 173
-, Typen 52
-, ungestörtes 53
-, unreifes 76
-, urban-industrielles 394
-, Verbreitung 349
-, Wald 355f, 356
-, Wechselbeziehungen 367
-, Wüste 364f
-, Zersetzung 277
Ökotoxikologie 284
Organismen, Toleranzgrenzen für Standortfaktoren 64

Organismengeschichte 24
organismische Beziehung 228
Osmose 166
Ozeane
-, Biomasse 388
-, Primärproduktion 388
Ozon 211
-, Abbau 219
-, Bildung 219
-, troposphärische Bildung 212
Ozonloch 221
Ozonschicht 220
-, photochemische Prozesse 224
Ozonschild 148, 218
-, Abnahme 222

Parabraunerde (Lessivé) 161
Parasitismus 234
Passatwinde 354, 368
Pestizide 286, 291
Pettkau-Effekt 316, 324
Pflanzen 165f, 176, 230, 237f, 293f, 334f
-, Artenrückgang 336
-, Beziehung zum Boden 166
-, gentechnologische Veränderungen 385
-, ökologisches Verhalten 62
-, physiologisches Verhalten 62
-, Nährstofftransport 165
-, Wirkstoffe 235
Pflanzenepidemien 339
Pflanzenfresser s. Herbivoren
Pflanzenproduktion, integrierte 332
Pflanzenzelle, Schema 167
Phenoxiessigsäure 295
Pheromone 252
Phosphat, Phosphate 170, 226, 378
-, Auswirkungen 291
-, Bilanz 205
-, radioaktives 312
Phosphor, Kreislauf, weltweiter 172
photochemische Oxidation 18
Photodissoziation 11, 102
Photooxidantien 212

Photosynthese 18, 106, 116, 137, 142, 149, 174, 288, 296f, 384f
-, Beeinträchtigung 296
-, Wirkungsgrad 384
Phytoalexine 330
Pilze 273, 330
Plankton *135*, 170, *288*
Plutonium 312
Podsol 164
Polyvinylchlorid (PVC) *182*, 281
Population, Meere *354*
Populationsschwankungen, mathematische Ableitungen 416
Prärie *250*
Primärenergie *182, 183, 190*
Primärproduktion *176*, 388f, 402
-, Meere *355*
-, Netto- (NPP) 108
Produzenten 244, *247, 250*, 272, 293, 345
Prokaryoten *20*
Protein-Kalorien-Fehlernährung 404
Protisten 273
Psilophyten 21
-, Boden- 134, 141, 153
Pufferwirkung, Meer 351
Pyrolyse 281

Quecksilber s.a. Schwermetalle 302, *304*, 307
-, Chromosomenbrüche *310*
-, Wirkung *308*
Quellung, innerkristalline 160

Radioaktivität 287, 310f, *311*, 312
-, Abfall 289
- in Mitteleuropa 320
-, Maßeinheiten *319*
-, Verseuchung *313*
-, Wirkung *323*
Radionuclide *313, 325*
-, Anreicherung *314, 315*
-, Auswirkungen *291*
- in der Luft *317*
Rasen *232*

Räuber-Beute-Beziehung *234*, 249f, 266f
-, mathematische Ableitungen 416
Recycling s.a. Abfall, Wiederverwertung 194f, 283f
-, Rohstoffe *299*
-, Abfall- *283*
Reduktion 270
Reduzenten (Zerleger) 272, 345
Regelkreis 36, 48f
Regenwald 362
Regenwürmer 273
Rendzina 161
Reproduktion, Strategie 256
Ressourcen, natürliche 407
Restmineralgehalt 363
Rezirkulationswirtschaft 194
Riff 353
Rodung 359, *360*, 361, 362, 364, 374
-, Folgen *366*
Rohbodenbildung 150
Rohhumus 160
-, saurer 161
Röhricht 57, 92, 93
Rohstoffe
-, Nutzung 408
-, Verbrauchssteigerung *299*
-, Wiedergewinnung *299*
Rote Liste *336, 338*
Roterde 161
Rubefizierung 161
Rückkopplung 48, 255
-, genetische 28, 38
-, negative 36, 249, 348
-, positive 36, 357, 364, 368
-, verschachtelte 36

Saatgut 304
Sahelzone 364, 365, *367*
Salze 149
Saprobiensystem 55, 56
Sauerstoff 21, 23, 103f, 362
-, Kreislauf 103, *104*
-, Verteilung *105*
Sauerstoffdefizit *218*
Sauerstoffvorrat 218

Sachwortverzeichnis · 445

Sauerstoffzehrung 103
Säuren 155f
saurer Regen 133, 138, *140*, 290
-, Entstehung *134*
Savanne 364, 375
-, Baum- 371
-, Verbreitung *349, 350*
Schadgase 131, *137*, 210
-, Wirkung *142*
Schadinsekten s.a. Insekten 86, 327
Schädlingsbekämpfung 286, *378*
-, Autozidverfahren 328
-, Bekämpfung mit natürlichen Feinden 328
-, biologische 293, 327f
-, integrierte 293
- mit Insektenhormonen 329
Schadstäube 210
Schadstoffe 23, 270, 275, *286*, 289
-, Ablagerung 305
-, Anreicherung 284
- aus Automotoren *211*
- aus Müllverbrennungsanlagen *281*
-, Auswirkungen *290*
Schelfmeere 353
Schicht-Silikate 57
Schlüssel-Schloß-System 240, 343
Schwarzerde (Tschernosem) 165
Schwefel 131, 144
-, Kreislauf 131, *132*
Schwefelbakterien, photoautotrophe *108*
Schwefeldioxid 131, *217*
-, Auswirkungen *290*
Schwermetalle 277, 286, 299f, 314
-, Auswirkungen *291*
-, Beeinflussung der Zellteilung 310
-, Erkrankungen durch 307
-, Quellen *301*
See *59*, 135f, 172, 206, 277
-, Wärmeschichtung *173*
Seekreide 114
Seeufer, erodierendes *58*
Sekundärenergie s.a. Energie 183
Selektion 232
Silikate 156, 230

Smog 138, 210f, *212*, *290*
Sonnenenergie 195
-, biologische Nutzung *196*
Sorptionsvermögen 160
Springschwänze 273
Spurengase *119*, 216
Stabilität 82, 86f, 228f, 348, 364, 417
-, Boden 362
- durch Wechselbeziehungen 240
Stabilitätsprinzip 228
Stadt 394
-, Wärmehaushalt *189*
-, Wärmeinseln 193
Stadtklima 187, 394
Standortfaktoren *64*, 237
Standortindikatoren s.a. Zeigerarten 60
Standortkonstanz 60
Staub 290, 301,
Steppe 375
-, Fruchtbarkeit 376
-, Verbreitung *349, 350*
Stickoxide 221
-, Auswirkungen *290*
Stickstoff 117f, 123, *361*, 369, *378*, 379
-, Austauschraten *125, 130*
-, Bilanz *205, 208, 210*
-, Emission *129*
-, Fixierung 118
-, Folgen der Düngung *131*
-, im Ökosystem *125*
-, Kreislauf *117, 124*
-, Umsetzungsprozesse *127*
-, Verteilung, weltweite *130*
-, Vorkommen *126*
-, Wald *124*
Stickstoffknöllchen 122
Stillwasser 252
Stoffkreisläufe s.a. Kreisläufe *227*, 276
-, Störungen 226
Stomata 98, 142
Strahlenbelastung 321
Strahlendosis 318
Strahlenpilze *123*

Strahlungsdepression 368
Strahlungshaushalt, Erde-Atmosphäre *175*
Straßenverkehr 138, *139*
Strategie (r-, K-) 26, 255f
Streß 257
Streue 156, 160, 164, *177*, 277
Strontium *313*
-, Anreicherung *315*
Substitutionswerkstoffe *306*
Sukzession 66, 70f, 78f
-, Vegetation 156
-, Veränderungen der Umwelt *80*
Sumpf *72f*
Symbiose 29, 232, *233*
Synergetik 27
Synökologie 5

Taiga, Verbreitung *350*
Temperatur, Durchschnitts- *44*
Temperaturdifferenz 102
Thermodynamik, Grundlagen 198
Tiefenwasser 170
Tiere
-, Aussterben *337*
-, gefährdete Arten *338*
-, Verhalten *61*
Toleranzgesetz 59
Ton-Humus-Komplex 57, 165
Tonminerale *156*
-, Bindefähigkeit *363*
-, Entstehung *154*
-, Quellung 160
Torf 164
Tragfähigkeit 255
Transpiration 168
Treibgase 220
treibhausaktive Gase 38f, *121*
Treibhauseffekt 10, 38, 45f, 119f, *291*
Treibstoff 198
Triazine 298
Trinkwasser 201
Tropen
-, Böden 160
-, Landnutzung *390*

Tschernobyl *317*, 322, 325f
Tundra 374
-, Verbreitung *349*, *350*

Überdüngung (Eutrophierung) 92, 170f, 208, *209*
-, Gewässer *203*
-, Meer *353*
Überweidung 36, 364f, *366*
Ubiquisten 229
Ulmensterben *339*
ultraviolette Strahlung 11
Umwelt 1f, 9, 228, 345
-, Belastung *285*
-, Nutzung *400*
-, Veränderungen *394*
-, Verschmutzung *394*, *400*, *401*
Umweltfaktoren 9
-, physikalische *59*
-, Reaktion von Organismen *8*
Umweltgifte 289
Unkraut 332
Unkrautbekämpfung 168, 236, 293f, *298*
-, biologische 298, 330
Uran 312
Urkaryoten 18
Ursuppe 10
Urwälder 81
-, Entwicklungszyklus *82*

Vegetation 70, 260f, *372*
-, Anfälligkeit *137*
-, Schadeinflüsse *137*
-, Sukzession 67, 156
-, Wüste *367*
Vegetationszonen *351*
-, Verschiebung *376*
Verbiß *373*
Verdrängung *233*
Verdunstung 103
Verhalten
- bei Pflanzen *62*
- bei Tieren *61*
-, symbiontisches *28*
Verlandung 76

Sachwortverzeichnis · 447

'ermehrung 30
, Gesetze 255
-, Räuber-Beute 266
Vermoorung 76
Versalzung 369f, 391
Verschmutzung 199
-, Gewässer 202, 394, 401
-, Luft 210, 215, 401
-, Meere 355
Versickerung 358
Vertisol 363
Verwitterung s.a. Erosion 103, 151
Verwitterungsenergie 363
Verwüstung 364
Vielfalt s. Diversität
Vögel 344
Vulkanismus 16, 104

Wachstumshemmer 296
Wachstumskurve 256
Wald, Wälder 46, 53, 63, 67, 83, 138f, 171, 177, 277,355f, 356, 375
-, Biomasse 388
-, Eigenschaften 357
-, Energiebilanz 177, 368
-, Erscheinungsformen 357
-, Flächen 374
-, Nutzung und Ertrag 402
-, Primärproduktion 388
-, Regen- 362
-, Stickstoffkreislauf 124
-, Sukzession 67
-, Verbreitung 349, 350
-, Wasserspeicher 359
Waldrand 250
Waldschäden 136, 141, 143
Waldsterben
-, Phänologie 149
-, Physiognomie 149
-, Symptome 145
-, Ursachen 145, 148
Wasser s.a. Gewässer 98

-, Eigenschaften 98
-, Oberflächen- 170
-, Verbrauch in der Landwirtschaft 200
-, Verteilung, weltweite 100
Wasserblüte 54
Wasserhaushalt 357, 359
-, Wüste 366
Wasserkreislauf 98f, 100, 149
Wasserqualität, Beurteilung 209
Wasserspeicher 359
Wasserverbrauch 201
Wasserverschmutzung 202
Wasserversorgung 200
Weide 37, 366, 374, 389, 390
-, Flächen, weltweite 374
Weidengesellschaft 250
Weltbevölkerung, Zunahme 399
Wiederverwertung 194f, 283f, 299
Wiese, Nahrungskette 270
Wurzel, Ausschließungsunvermögen 167
Wüste 53, 364, 365
-, Biomasse 388
-, Energiebilanz 368
-, Fläche weltweit 374
-, Kultivierung 369
-, Nutzung und Ertrag 402
-, Primärproduktion 388
-, Strahlungsverhältnisse 368
-, Verbreitung 349, 350
-, Wasserhaushalt 366

Zeigerarten 60
Zeigerorganismen, Luftverschmutzung 215
Zeitalter, geologische 12
Zerleger s.a. Destruenten, Reduzenten 272
Zersetzung 111, 277
Zuwachskurve 255
-, mathematische Ableitung 415

Naturschutz

Von Prof. Dr. Harald **Plachter**, Marburg

1991. XIV, 463 S., 99 Abb., 110 Tab., kt. DM 44,80 **(UTB 1563)**

Ausführlich werden in diesem Lehrbuch die Belastungen der Natur im mitteleuropäischen Raum behandelt. Eine umfassende Darstellung der Auswirkungen der verschiedenen Landnutzungsformen und des hieraus resultierenden Handlungsbedarfes vor allem im Bereich des Arten- und Flächenschutzes, einschließlich Pflege und Biotopneuschaffung, schließen sich an. Besonderer Schwerpunkt liegt hierbei auf den Methoden spezifischer Analyse- und Bewertungsverfahren. Auch die neuen Aufgabenfelder und Arbeitsmethoden des Naturschutzes, z. B. im landwirtschaftlichen Bereich oder im biologischen Pflanzenschutz, werden berücksichtigt. Ein Überblick über die Gesetzgebung und Organisation des Naturschutzes in Mitteleuropa beschließt den Band.

Preisänderungen vorbehalten

Populationsbiologie der Pflanzen

Grundlagen – Probleme – Perspektiven

Von Prof. Dr. Krystyna M. **Urbanska**, Zürich

1992. XII, 374 S., 105 Abb., 57 Tab., kt. DM 39,80 **(UTB 1631)**

Erkenntnisse aus der Populationsbiologie der Pflanzen können wesentlich dazu beitragen, wissenschaftlich fundierte Lösungen für aktuelle Umweltprobleme zu finden – beispielsweise bei der Renaturierung von Ökosystemen, bei demographischen Untersuchungen und im integrierten Naturschutz.

Dieses grundlegende Lehrbuch vermittelt den aktuellen Stand der Kenntnisse über die Populationsbiologie der Pflanzen. Die Autorin ist eine international anerkannte Wissenschaftlerin. Sie behandelt in diesem Taschenbuch die grundlegenden Begriffe und die methodischen und konzeptionellen Probleme der Populationsbiologie der Pflanzen sowie die Beziehungen zu verwandten Forschungsgebieten. Der Schwerpunkt liegt auf der Biologie ein- und zweikeimblättriger Pflanzen.

.ndolt
nsere Alpenflora
. Aufl. 1992. 318 S., 480 Farbabb.
auf 120 Taf., geb. DM 48,–

Schaefer/Tischler
Ökologie
Mit englisch-deutschem Register
2. Aufl. 1983. 354 S., 38 Abb.,
6 Tab., kt. DM 26,80 **(UTB 430)**

Schlee
Ökologische Biochemie
2. Aufl. 1992. 587 S., 243 Abb.,
61 Tab., geb. DM 138,–

Wittig
**Ökologie
der Großstadtflora**
1991. VIII, 261 S., 52 Abb.,
45 Tab., kt. DM 29,80 **(UTB 1587)**

Kull
**Grundriß
der Allgemeinen Botanik**
1992. Etwa 440 S., 335 Abb.,
9 Tab., kt. etwa DM 48,–

Preisänderungen vorbehalten

Tischler
Ökologie der Lebensräume
1990. XII, 356 S., 91 Abb., 2 Tab.,
kt. DM 34,80 **(UTB 1535)**

Tischler
**Ein Zeitbild
vom Werden der Ökologie**
1992. X, 186 S., 20 Abb.,
kt. DM 28,–

Bick
Ökologie
1989. X, 327 S., 104 Abb., 16 farb.
Taf., 23 Tab., kt. DM 58,–

Schubert
Lehrbuch der Ökologie
3. Aufl. 1991. 657 S., 354 Abb.,
59 Tab., geb. DM 98,–

Müller
Ökologie
2. Aufl. 1991. 415 S., 114 Abb.,
11 Tab., kt. DM 34,80 **(UTB 1318)**

Weish/Gruber
Radioaktivität und Umwelt
3. Aufl. 1986. VI, 206 S., 60 Abb.,
23 Tab., kt. DM 19,80